BASTEI LÜBBE

Über die Autoren:

Lesley und **Roy Adkins** sind studierte Archäologen und Mitglieder der Londoner »Society of Antiquaries«. Mit ihren Büchern öffnen sie vielen Lesern den unprätentiösen Blick auf antike Lebenskulturen und die Geschichte ihres Faches. Dabei interessieren sie immer die menschlichen Schicksale hinter den nüchternen Fakten. Das Forscherehepaar lebt in Devon, England.

LESLEY UND ROY ADKINS

DER CODE DER PHARAONEN

DER DRAMATISCHE WETTLAUF UM DIE ENTZIFFERUNG DER ÄGYPTISCHEN HIEROGLYPHEN

Aus dem Englischen
von
Nikolaus Gatter

BASTEI LÜBBE

BASTEI LÜBBE TASCHENBUCH
Band 64 201

1. Auflage: Februar 2004

Die im Text verwendeten Hieroglyphen
wurden von Nigel Strudwick gezeichnet nach Entwürfen von Cleo Huggins.

Vollständige Taschenbuchausgabe
der im Gustav Lübbe Verlag erschienenen Hardcoverausgabe

Bastei Lübbe Taschenbücher und Gustav Lübbe Verlag
sind Imprints der Verlagsgruppe Lübbe
Titel der Originalausgabe:
The Keys of Egypt: The Race to read the Hieroglyphs
Für die Originalausgabe:

Published by arrangement with HarperCollins*Publishers*,
77–85 Fulham Palace Road, Hammersmith, London W6 8JB
Für die deutschsprachige Ausgabe:

Textredaktion: Marion Voigt, Zirndorf
Titelbild: Collage unter Verwendung von 3 Bildern des Archivs
für Kunst und Geschichte (AKG), Berlin
Umschlaggestaltung: Tanja Østlyngen
Satz: Kremerdruck GmbH, Lindlar
Druck und Verarbeitung: Clausen & Bosse, Leck
Printed in Germany
ISBN 3-404-64201-5

Unseren Lieben gewidmet:
Liz, Jon und Poppy

INHALT

VOM ANFANG DER ZEIT

Das Haus Nr. 28 in der Rue Mazarine zu Paris, wo Jean-François Champollion lebte und seine Hieroglyphen studierte, lag kaum 200 Meter vom Institut de France, in dem sein Bruder Jacques-Joseph sein Büro hatte. An jenem 14. September 1822 gegen Mittag legte Champollion die Entfernung in denkbar kürzester Zeit zurück. Seine Papiere, Notizen und Zeichnungen an sich klammernd, stürzte er über die enge, düstere Straße, lief um eine Ecke und ins Institut. Eben erst von seiner letzten schweren Erkrankung genesen und aufgeregt wie er war, schnappte er nach Luft, als er in das Büro seines Bruders stürmte und ihm mit den Worten »Je tiens l'affaire!« (»Ich hab's!«) das Manuskript auf den Schreibtisch warf. Seit der Morgenfrühe hatte er die neuesten Kopien von Inschriften aus Abu Simbel durchforstet, und plötzlich war ihm die Struktur aufgegangen, die der scheinbar unergründlichen ägyptischen Bilderschrift zugrunde lag. Jetzt war es nur noch eine Frage der Zeit, bis er imstande war, jeden beliebigen Hieroglyphen-Text zu entziffern. Stammelnd begann er, Jacques-Joseph seine Entdeckung zu erklären, doch nach wenigen Worten brach er ohnmächtig zusammen. Für einen Moment musste sein Bruder befürchten, Jean-François Champollion habe der Schlag getroffen.

Dieser Augenblick sollte sich – wenn auch vielleicht nicht ganz in der Weise, die er sich erhofft hatte – als Wendepunkt in Champollions bewegtem Leben herausstellen. In den Jahren seiner zunehmend intensiven Beschäftigung mit Hieroglyphen hatte er dieses Ziel immer vor Augen gehabt. Die ersten behutsamen Schritte waren längst getan, bevor er seine Lebensaufgabe fand und ehe er zum ersten Mal, getrieben von unersättlicher Wissbegier nach den Ursprüngen der Welt, mit Hieroglyphen konfrontiert worden war.

Seit frühester Kindheit wurde Jean-François, während seine Eltern offenbar wenig Zeit für ihn hatten, von seinem Bruder und seinen drei Schwestern verhätschelt, die das aufgeweckte Nesthäkchen der Familie abgöttisch liebten.

Der Bruder war es auch, der frühzeitig Champollions überragende Intelligenz und seine außergewöhnliche Sprachbegabung erkannt und beschlossen hatte, dass dieses Talent nicht vertan werden durfte. Die Wirren der Revolution hatten seine eigene Ausbildung vorzeitig unterbrochen. Dieses Los wollte Jacques-Joseph seinem Bruder möglichst ersparen, indem er ihn zunächst selbst unterrichtete, als sämtliche Schulen geschlossen waren. Später fand sich ein Privatlehrer für den Jungen, bis unter der Herrschaft Napoleons eine gewisse politische Stabilität einkehrte und die Gymnasien ihre Pforten wieder öffneten.

Im Alter von zwölf Jahren zeigte Champollion überragende Leistungen im Lateinischen und Griechischen, weshalb man ihm erlaubte, Hebräisch, Arabisch, Syrisch und Chaldäisch zu studieren. Schon die Latein- und Griechischkenntnisse taten ihm einen ganzen Kosmos von Büchern über die verschiedensten Gegenstände auf. Doch der Eifer für die Sprachen des Orients erschien beim Sohn des Dorfbuchhändlers aus der entlegenen Stadt Figeac im Südwesten Frankreichs zunächst wie eine eigentümliche Marotte. In Wahrheit hatte sich Champollion bereits einer schier unbezwinglichen Herausforderung des menschlichen Geistes verschrieben: Nichts Geringeres als das Rätsel der Erschaffung der Welt und des Beginns aller Zeiten wollte er lösen.

Mochte die Revolution die katholische Kirche an den Rand gedrängt und die Religion weitgehend unterdrückt haben: Für die Anfänge der Welt war das allein gültige Denkmodell noch immer im Alten Testament vorgegeben. Die Bibel hielt man für die maßgebliche Geschichtsschreibung der Menschheit seit dem ersten Schöpfungstag. Gelehrte, die sich dem Studium dieser Theorie widmeten, mussten gute Kenntnisse der orientalischen Sprachen mitbringen, um frühe Versionen des Bibeltextes und verwandter Quellen zu vergleichen.

Damals herrschte noch immer die Überzeugung, dass die Welt bald nach ihrer Erschaffung von Menschen bevölkert worden war. Es schien daher nahe liegend, die Methoden der Geschichtsforschung und der Philologie anzuwenden, um nach dem Ursprung zu suchen. Die Ergebnisse von Archäologie und Geologie zählten demgegenüber wenig, denn sie galten kaum als seriöse Wissenschaften. Champollions unersättliche Neugier lockte ihn in immer neue Wissensgebiete, doch nachdem er die Faszination des ägyptischen Altertums entdeckt hatte, war ihm klar, worauf er seine Forschungen konzentrieren würde. Dieses Land der Mysterien ergriff Besitz von ihm, dies biblische, mit der Geschichte des Volkes Israel verknüpfte Land.

Doch die Geschichte Ägyptens und im Grunde genommen der ganze Reichtum der ägyptischen Kultur waren noch immer durch die Hieroglyphen-Schrift versiegelt, die niemand zu lesen verstand. Welche unsagbaren Mysterien mochten sich in diesen Texten verbergen – womöglich gar ein getreuer Bericht von den Anfängen der Welt! Hier erkannte Champollion eine Aufgabe für sein Sprachtalent, die reichen Lohn verhieß: geheimes, seit Jahrtausenden in der Vergessenheit schlummerndes Wissen, das sich allein dem offenbarte, der die Hieroglyphen zu entziffern vermochte.

Außer seiner überragenden Sprachbegabung brachte Champollion noch eine weitere Gabe mit, die für seinen Erfolg maßgeblich war: ein vorzügliches Bildgedächtnis, das ihm erlaubte, unter Tausenden von Hieroglyphen, die er studieren musste, ähnliche Zeichen und Zeichengruppen zu erkennen. Anfangs war ihm das Bildgedächtnis beim Lesen- und Schreibenlernen eher hinderlich gewesen. Als Kind hatte er Worte als Bilder gesehen und Bilder als Worte; zwischen Zeichnen und Schreiben gab es für ihn keinen Unterschied. Dieser freie, unbekümmerte Zugang war wohl durch seine früheste Kindheit mit bedingt. Damals hatte er versucht, sich selbst das Schreiben beizubringen, und Worte aus einem Buch abgemalt: ein weiteres Beispiel dafür, wie er auf eigentümliche, unverwechselbare Weise Schwierigkeiten zu meistern pflegte.

In der unbefangenen Freiheit jener frühen Jahre, ohne regelrechten Unterricht entwickelte er eine Neugier auf alles und jedes, die später zur wichtigsten Triebfeder seines Handelns wurde. Gleichzeitig neigte er dazu, sich von den verschiedensten interessanten Details ablenken zu lassen.

Dieses frühkindliche Erbe kam ihm allerdings nicht immer zustatten. Die mit der Revolution einhergehenden sozialen Unruhen machten die Straßen für Jugendliche zu unsicher. Drinnen blieb Champollion wenigstens die Freiheit, nach Lust und Laune zu forschen. Doch gerade deshalb fiel es ihm später schwer, sich an die Klassendisziplin zu gewöhnen und an die Notwendigkeit, auch Fächer wie beispielsweise Rechnen und Mathematik zu lernen, denen er keinerlei Neigung entgegenbrachte. Es dauerte Jahre, bis er sich mit dem Leben als gewöhnlicher Pennäler abgefunden hatte, und ganz gelang es ihm nie, weil er eben kein gewöhnlicher Pennäler war. Mit seinem ausgeprägt sarkastischen Humor legte er immer mehr Ironie und beißenden Spott an den Tag, um sich gegen die Strenge des Schulalltags zu behaupten. Nur seinen Freunden und seiner Familie gegenüber verhielt er sich stets freundlich und duldsam.

Heftige Irrungen und Wirrungen des Gefühls waren die Folge, wenn Champollion im Stumpfsinn seiner ersten Schuljahre nur widerwillig Lektionen beiwohnte, die ihm unverständlich oder quälend gleichförmig vorkamen, gehalten von Lehrern, die gereizt und wenig aufmunternd reagierten. Desto schwerer fiel es ihm, seinen Ärger über Ungerechtigkeiten und Schlendrian im Zaum zu halten. Was sich allerdings kaum verbergen ließ, waren der Lerneifer und das Geschick des Knaben in Fächern, die sein Interesse erregten. Anfangs zeichnete er eher zum Spaß, später wurde es zu einer Kunstfertigkeit, die er immer weiter vervollkommnete und die ihm beim Studium der Hieroglyphen entscheidend weiterhalf. Auch die Botanik blieb zeitlebens sein Steckenpferd, und zu seiner sprachlichen

Begabung und Besessenheit gesellte sich bald ein gründliches Studium der antiken Geschichte.

Während seine Ausbildung ihren Lauf nahm, zeichneten sich in seiner Freizeit bereits die Qualifikationen ab, die für sein späteres Hieroglyphen-Studium ausschlaggebend werden sollten. Hatte er sich erst ein Ziel vorgenommen, dann widmete sich Champollion den kniffligsten Problemen und trug mit Geduld und Sorgfalt sämtliche erreichbaren Quellen der Erkenntnis zusammen. Er pflegte das gesammelte Material aufzulisten, zu klassifizieren und zu analysieren, bevor er aus der streng logischen Beweiskette seine Schlüsse zog. Doch vor allem war er ein Sturkopf. Mochte er gezwungen sein, ein Vorhaben zurückzustellen oder abzubrechen, mochte er hundertmal abgelenkt oder behindert werden – ganz aufgeben würde er nie.

An Mut und Aufgeschlossenheit, Probleme unbefangen anzugehen, hat es ihm nicht gefehlt. Er war ein Kind seiner Zeit, der Epoche der Französischen Revolution, in der die Religion offiziell abgeschafft war und aktiv unterdrückt wurde. Gleichwohl blieb seine Erziehung Menschen anvertraut, die dem katholischen Glauben anhingen – nicht wenige von ihnen waren vor dem Umsturz Priester und Mönche gewesen. Dies verlieh ihm eine Bandbreite des Denkens, die das Verständnis der Hieroglyphen erleichtern half. Während seine Konkurrenten zur Fraktionsbildung und Polarisierung neigten (für oder gegen die Kirche, für oder gegen Napoleon) und ihre Theorien nicht weniger dogmatisch vortrugen, wog Champollion die Argumente gegeneinander ab und zog seine eigenen Schlüsse. Dieser Ansatz erwies sich als Fluch und Segen zugleich: förderlich, wenn es um akademische Fragestellungen ging, doch zugleich in Zeiten politischer Umbrüche äußerst riskant. Champollion, anfangs ein Gegner Napoleons, wurde in den so genannten Hundert Tagen vor dessen endgültiger Abdankung zum glühenden Anhänger Bonapartes – ein unglückseliger Entschluss, der ihn bei der monarchistischen Reaktion sogleich wieder in Misskredit brachte und ihm lebenslang den Hass und die Feindschaft zahlreicher Royalisten eintrug.

Ein letztes Element, das den Erfolg Champollions ausmachte, war die Verfügbarkeit des Materials. Zuvor hatten die Gelehrten nur eine äußerst knapp bemessene Auswahl von Hieroglyphen-Texten gekannt, und diese Hieroglyphen stammten hauptsächlich von ägyptischen Monumenten und Kunstdenkmälern, die schon lange Zeit zuvor nach Europa gebracht worden waren. Jahrhundertelang war Ägypten von der Außenwelt abgeschlossen. Die Arbeit an der Entzifferung vorhandener Hieroglyphen war ins Stocken gekommen; die magere Quellenlage ließ den Versuch aussichtslos erscheinen. Doch während Champollion seine ersten Schulstunden absolvierte, unternahm Napoleon einen bedeutenden Feldzug in Ägypten, der den Westeuropäern und ganz besonders den Franzosen alles Ägyptische wieder ins Gedächtnis rief. In militärischer Hinsicht erwies sich dieses napoleonische Abenteuer als Fehlschlag, doch hatten die mitreisenden Gelehrten – zum Staunen der wissenschaftlichen Welt – Aufzeichnungen, Zeichnungen und Kunstgegenstände in überwältigender Fülle nach Frankreich mitgebracht.

Die Erinnerungen heimkehrender Veteranen beschworen das Bild eines exotischen Landes der starken Kontraste herauf – Geschichten, die bei jedem Weitererzählen verlängert und fantasievoll ausfabuliert wurden. Angefangen bei Napoleon bis hinab zum einfachen Soldaten, hatte die ägyptische Expedition bei jedem Teilnehmer unvergessliche Eindrücke hinterlassen, und eine regelrechte Schwärmerei für Ägypten, das ja im Grunde genommen ein neu entdecktes Land war, erfasste ganz Europa. In den folgenden Jahrzehnten verblasste diese Ägyptomanie wieder, doch die heimliche Liebe der Franzosen zu Ägypten, jener Kolonie, die sie nie erobert haben, hält bis heute an.

Im Jahr 1807 kam Champollion nach Paris, wo seinerzeit die hervorragendsten Sprachwissenschaftler ganz Europas zu Hause waren. Überdies befand sich hier ein Großteil des verlockenden, freilich noch kaum aufbereiteten Materials, das eben erst mit der Expedition aus Ägypten eingetroffen war. Die Bibliotheken waren überfüllt mit kostbaren Büchern und Manuskripten, die napoleonische Truppen überall in Europa erbeutet hatten. Die ersten Versuche Champollions, die Bilderschrift zu lesen, gerieten bald zum abenteuerlichen Wettkampf zwischen ihm und seinen Konkurrenten: ein merkwürdiges Schattengefecht, bei dem sich die Teilnehmer untereinander kaum dem Namen nach kannten, bevor ihre ersten Ergebnisse publik wurden. Akademiker in aller Welt widmeten sich dem Hieroglyphen-Studium, wobei die meisten den erst vor kurzem entdeckten Stein von Rosette heranzogen. Von seinen drei Inschriften wurde angenommen, sie könnten einen simplen Übersetzungsschlüssel liefern; man brauchte ja bloß die griechische mit den ägyptischen Fassungen zu vergleichen!

Immer zahlreicher wurden die Beteiligten an diesem Rennen, doch die eigentliche, seriöse Auseinandersetzung spitzte sich zu einem Zweikampf zwischen Männern zu, von denen – bedenkt man die politische Lage der damaligen Zeit, eine Ironie der Geschichte – der eine Franzose war und der andere Engländer: Jean-François Champollion und Thomas Young. Die Teilnahme stand jedem offen, der sich an der Lektüre versuchen wollte, doch war kein Preis ausgeschrieben, keine Belohnung, keine Medaillen, und vor allem gab es keine Spielregeln. Und doch begriff jeder der Beteiligten, was auf dem Spiel stand: ein Ehrenplatz in der Geschichte, der Ruhm desjenigen, der das ägyptische Altertum aus dem anhaltenden Dunkel der Unkenntnis erlöste, die Unsterblichkeit eines Entdeckers, der als Erster Hieroglyphen zu lesen verstand.

1. DAS LAND ÄGYPTEN

Josephine hat Ägypten nie gesehen. Angefleht hatte sie Napoleon Bonaparte, mitkommen zu dürfen, doch der Feldherr reagierte ausnahmsweise unentschlossen. Er wusste, dass seine ägyptische Expedition ein Nullsummenspiel war: Falls die französische Kriegsflotte, beladen mit Truppen, Nachschub und Waffen, der britischen Marine in die Hände fiele, bestünde kaum noch Aussicht auf Verteidigung oder Flucht. Hätte Josephine Napoleon begleiten dürfen, wäre sie die erste Frau der westlichen Welt gewesen, die seit über 1000 Jahren Ägypten bereiste. Damals waren die Bedingungen so riskant, dass ein Ausflug ins Niltal nur etwas für Draufgänger, Dummköpfe oder Lebensmüde war.

Am 19. Mai 1798 gab Napoleon seiner Flotte den Befehl, in See zu stechen. Am Ende hatte er sich gegen die Begleitung durch seine Ehefrau entschieden, er wollte sie jedoch nachkommen lassen, sobald seine Flotte den Engländern glücklich entronnen war. Diesmal hatte er die Teilnahme von Frauen an der Expedition sogar ausdrücklich untersagt, abgesehen von wenigen zugelassenen Wäscherinnen oder Näherinnen. Doch ansonsten war es keineswegs ungewöhnlich, dass Frauen ihre Ehemänner und Geliebten auf Feldzüge begleiteten, und selbst jetzt noch wurden Napoleons Anordnungen nicht überall streng befolgt. Einige

Ehefrauen von Befehlshabern schlossen sich offiziell an, andere hielt man versteckt oder verkleidete sie als Männer. Alles in allem reisten immerhin rund 300 Frauen mit nach Ägypten.

Man war kaum vier Tage auf See, als es sich Napoleon anders überlegte und seine Gattin nachholen lassen wollte. Die Fregatte »Pomone« wurde zu ihr entsandt. Doch als sie bei Josephine eintraf, war diese erkrankt und mochte sich keine Seereise zumuten. In Toulon hatte sie Napoleons Aufbruch noch abgewartet und sich anschließend in das lothringische Heilbad Plombières begeben, um eine Wasserkur anzutreten. Am 20. Juni erlitt sie einen schweren Unfall, als sich unter ihr ein Holzbalkon löste und sie fünf Meter tief auf die Straße stürzte. Drei Monate lang dauerte die qualvolle Rekonvaleszenz; währenddessen traktierte der Dorfarzt sie mit Kompressen von gekochten Kartoffeln, Branntwein und Kampfer, mit Blutegeln, heißen Bädern und regelmäßigen Aderlässen. Als sie wieder die Feder führen konnte, klagte sie in Briefen an ihre Freundinnen, dass sie auf die Seefahrt nach Ägypten verzichten müsse:

»Von Bonaparte erhielt ich einen entzückenden Brief. Ohne mich könne er nicht leben, schreibt er, ich solle an seine Seite eilen und in Neapel an Bord gehen. Ich würde auf der Stelle abreisen, wenn es meine Gesundheit erlaubte, aber meine Genesung will kein Ende nehmen! Keine zehn Minuten kann ich aufrecht stehen oder dasitzen ohne grässliche Schmerzen in den Lenden und im Unterleib. Ich kann nur noch weinen!«

Dieser Unfall beschwor für Napoleon und Josephine eine Krise herauf. Als sie wiederhergestellt und reisefähig war, hatte man Napoleon Indizien für ihre Untreue zugespielt, und er wollte sie nicht mehr in Ägypten sehen. Einst hatte er diese Frau vergöttert, die sechs Jahre älter war als er und mit der er seit zwei Jahren verheiratet war; nun wandelte sich ihre Beziehung von Grund auf. Kurze Zeit später nahm sich Napoleon die erste einer ganzen Reihe von Geliebten: Pauline Fourès, frisch gebackene Ehefrau eines Lieutenants, die ihrem Mann in der Uniform eines Soldaten gefolgt war und bei der Truppe als »Kleopatra« bekannt war: ein Name, der – geschrieben in Griechisch und in Hieroglyphen – zum wichtigsten Schlüssel beim Entziffern der Bilderschrift werden sollte.

Napoleon Bonaparte, der 1769 als Abkömmling von geringem Adel in Ajaccio auf Korsika zur Welt gekommen war, hatte seine Militärlaufbahn in Frankreich begonnen und war 1785 ins Artillerieregiment der französischen Armee eingetreten. Vier Jahre später brach die Französische Revolution aus und beschwor den Krieg mit zahlreichen europäischen Mächten herauf, die ein Übergreifen sozialer Unruhen fürchteten. Napoleon selbst führte ein Heer nach Italien und errang Aufsehen erregende Siege gegen die Österreicher. Für eine kurze Periode lag Frankreich nur noch mit einem unversöhnlichen Feind in Fehde: Großbritannien. Ohne die Kontrolle der Seewege hielt Napoleon den Versuch einer Invasion und Besetzung der Insel für allzu riskant. Stattdessen wollte er England in die Knie zwingen, indem er Ägypten eroberte. Die Herrschaft der Franzosen würde den Handel Englands mit seiner reichsten Kolonialprovinz Indien unterbinden, und Ägypten wäre zugleich eine Basis für militärische Expeditionen auf den Subkontinent.

Außerdem kam es Napoleon damals gerade recht, sich aus dem politischen Alltag in Paris zurückzuziehen. Insgeheim wollte er im Triumph aus Ägypten heimkehren und sich an die Spitze eines Staatsstreichs stellen, den andere bereits für ihn ins Werk setzten. Die Mitglieder des Direktorats – ein Gremium von fünf Direktoren, die gemäß der Revolutionsverfassung vom 22. August 1795 die Exekutivgewalt ausübten – waren ihrerseits froh, den Störenfried loszuwerden. Sie rechneten fest mit einem Scheitern des Feldzugs und einem Dämpfer für den ehrgeizigen jungen General, das heißt dem Ende seiner politischen Karriere. Als Napoleon den Vorschlag machte, den Feldzug auszurichten, hatten sie eilends ihre Zustimmung gegeben.

Knapp sechs Wochen nach dem Aufbruch erreichte die Flotte Ägypten. Das Land war damals über drei Jahrhunderte lang Teil des Osmanischen Reiches gewesen. Die Türken hatten die Nachfolge der Araber angetreten, die ihrerseits rund 900 Jahre zuvor in Ägypten eingefallen waren. Vor Napoleon waren nur wenige Reisende – ausschließlich Männer – südlich über das Nildelta hinausgelangt. Der spärliche Handel beschränkte sich vorwiegend auf Kairo, Alexandria, Rosette und Damiette; für Kaufleute aus dem Westen war Kairo das Zentrum, wo sie ihr eigenes ummauertes Viertel bewohnten, dessen Eingang von türkischen Soldaten bewacht wurde. Selbst am Nildelta war es riskant, derartige Ansiedlungen ohne bewaffneten Schutz zu verlassen; an eine Reise flussaufwärts in den Süden war kaum zu denken. Kein Wunder, dass die 50 bis 60 französischen Händler, die sich in Ägypten niedergelassen hatten, über das Land nur wenig zu berichten wussten. Erst bei ihrer Ankunft wurde Napoleon und seinen Generälen klar, wie fremd ihnen das Land war, das sie zu erobern trachteten.

Dass die Segler in den letzten Junitagen 1798 die ägyptische Küste erreichten, war reine Glückssache. Der machtvollen britischen Marine, die das Mittelmeer durchkämmte, um sie aufzuspüren und zu vernichten, waren sie um Haaresbreite entkommen. Das Expeditionsheer an Bord der 400 Transportschiffe war rund 38 000 Mann stark, führte 60 Feldhaubitzen und 40 Artilleriekanonen mit sich, doch nur 1200 Pferde für rund 3000 Berittene. Napoleon gedachte, die Wegstrecken an Land mit Kamelen zurückzulegen.

Auch Wissenschaftler waren an Bord: Obwohl man sie zu einer Tropenreise eingeladen hatte, ohne das Ziel zu nennen, schlossen sich über 150 Mitglieder des Institut de France der Expedition bereitwillig an. Diese 1795 gegründete Forschungseinrichtung war mit hervorragenden Kapazitäten aus allen Forschungszweigen besetzt; Napoleon seinerseits war stolz darauf, dass er 1797 selbst hinzugewählt worden war, was wohl auch dazu beigetragen hatte, Experten in so großer Zahl für einen Sprung ins Ungewisse zu gewinnen (nach offiziellen Passagierlisten sollen es sogar 167 gewesen sein). Hätten die Engländer die französische Flotte entdeckt und versenkt, wäre die Elite der französischen Wissenschaft und Kunst dahingerafft worden. Aus diesem Grund wurden die einzelnen Teams auseinander gerissen und verteilt; insgesamt reisten die Gelehrten auf mindestens 17 verschiedenen Schiffen.

Zu diesen Expertenteams gehörten Astronomen, Zivilingenieure, technische Zeichner, Sprachforscher, Orientalisten, Kunstmaler, Dichter und Musiker, darunter Berühmtheiten wie der geniale Mathematiker und Physiker Jean

Baptiste Joseph Fourier, der Mathematiker und Physiker Gaspard Monge, der die deskriptive Geometrie entwickelt hat, und der Chemiker Claude-Louis Berthollet. Auch der Erfinder und Ballonfahrer Nicolas Conté reiste mit, den manche wegen seiner Erfindung des Grafitstifts kennen; der Mineraloge Déodat Gratet de Dolomieu, nach dem die Dolomiten benannt sind, der Naturforscher Geoffrey Saint-Hilaire, der Künstler und Grafiker Dominique Vivant Denon, der Dichter François Auguste Parseval Grandmaison und der Ingenieur und Geograf Edme-François Jomard wären noch zu nennen.

Die wahren Motive Napoleons, hoch begabte Zivilpersonen in so großer Zahl auf ein gefährliches militärisches Abenteuer mitzunehmen, sind nicht bekannt. Ihre Teilnahme lieferte ihm allerdings die nützliche Ausrede, sein Vorstoß sei keine kriegerische Eroberung, sondern gelte einer friedlichen Mission. Man hatte sich sogar vorgenommen, die Meerenge von Suez zu durchstoßen und dadurch eine neue Wasserstraße nach Osten zu schaffen. Dieser Aspekt reizte Napoleon wohl am meisten. Schließlich betrachtete er sich als Nachfolger Alexanders des Großen, der als Grieche aus Makedonien die Herrschaft über Ägypten errang, bevor er seinen Eroberungszug durch das Persergebiet nach Indien und Afghanistan jenseits des Hindukusch unternahm. Nachdem Alexander der Große in Babylonien am Fieber verstorben war (oder vergiftet wurde), überführte man den Leichnam in seine ägyptische Neugründung Alexandria. Auch er hatte Gelehrte auf seinen persischen Feldzug mitgenommen; die von ihnen gesammelten Erkenntnisse waren in den folgenden Jahrhunderten maßgeblich für das, was Europa über den Orient wusste. Die Experten Napoleons konnten sich wohl mit denen des Alexander-Feldzugs messen – oder haben diese noch übertroffen.

Für jene kleine Gruppe, die sich damals für Denkmäler des ägyptischen Altertums interessierte, begann mit diesem Feldzug das eigentliche Abenteuer der Entzifferung der Hieroglyphen-Schrift. Insgesamt wurde von den Wissenschaftlern erwartet, Erkenntnisse aller Art über Land und Leute zu dokumentieren: Geologie, Bewässerung, Flora und Fauna, Religion, Handwerk und Landwirtschaft. Für den militärischen Zweck der Expedition waren diese Protokolle völlig wertlos. Das Verzeichnen altägyptischer Bauwerke wurde mitnichten als vordringlich betrachtet, weil sich nicht einmal die Fachleute eine solche Fülle noch vorhandener Altertümer träumen ließen. Wenn sich irgendein praktischer Nutzen aus der Teilnahme der Wissenschaftler und Ingenieure ziehen ließ, dann allenfalls bei der Einschätzung der wirtschaftlichen und strategischen Lage und der Entwicklungsmöglichkeiten des Landes im Hinblick auf eine künftige Kolonialisierung – damals, angesichts der inneren politischen Zerrissenheit Frankreichs, noch ein Ding der Unmöglichkeit.

In Wahrheit folgte Napoleon bei seinem Entschluss, Gelehrte nach Ägypten mitzunehmen, nur seiner fixen Idee, in die Fußstapfen Alexanders des Großen zu treten. Doch ohne diese Marotte wären die Hieroglyphen wohl bis heute noch nicht entziffert. Als die Überlebenden des Forschungsteams zurückkehrten, brachten sie Zeichnungen zu Tausenden mit, die sie nach den Inschriften auf Gräbern und Tempelmauern kopiert hatten. Damit war das Interesse an den Hieroglyphen neu entfacht, und ihrem Studium stand eine Fülle neuen Materials zur Verfügung, das in drei gefahrvollen und mörderischen Jahren zusammengetragen werden musste. Zugleich war dies der Zündfunken, der die französische Ägyptomanie auslöste.

Nachdem die ägyptische Küste erreicht war, durften die Ankömmlinge keine Zeit verlieren, schon weil jederzeit das Eintreffen britischer Kriegsschiffe zu erwarten war, bevor die Männer an Land gingen und ihre Boote in Schlachtformation aufkreuzen konnten. Die Landung begann am 1. Juli 1798 gegen Mittag am Strand von Marabout im Westen Alexandrias. Die Boote waren noch rund drei Seemeilen entfernt, dazwischen Felsen und Klippen, und das Wetter verschlechterte sich zusehends. Das erste Boot ging gegen acht Uhr abends vor Anker; das Ausladen der Truppen dauerte die ganze Nacht hindurch. Wegen heftiger Brandung und umständlichen Manövrierens brauchten die Landungsboote von den Schiffen bis zum Strand nahezu acht Stunden. Zahlreiche Passagiere wurden verletzt oder gingen über Bord, während sie bei rauer See von den Schiffen in die Boote umstiegen. Napoleon räumte später ein, dass 19 Männer bei diesem Unternehmen ertrunken seien, doch diese geringe Zahl war vermutlich Schönfärberei und sollte die tatsächlichen, weit größeren Verluste überdecken.

Erst am 3. Juli endete das Landungsmanöver der Armee, doch so lange wollte Napoleon nicht warten. Im Morgengrauen des 2. Juli begann er an der Spitze einer Marschkolonne von rund 5000 Soldaten den Sturm auf Alexandria, obwohl weder Artillerie noch Pferde oder auch nur Trinkwasser von Bord gebracht worden waren. Die erschöpften, hungrigen Soldaten führten nichts mit sich als ihre Waffen und die Kleider, die sie auf dem Leibe trugen. Von der Landestelle führte keine befestigte Straße nach Alexandria, und die wenigen Brunnen und Zisternen waren von nomadisierenden Beduinen zerstört worden, die immer wieder die Franzosen angriffen und Nachzügler gefangen nahmen. Als sich herumgesprochen hatte, welche Grausamkeiten die Beduinen an ihren Gefangenen verübten, beeilten sich die Soldaten der nachfolgenden Kolonnen, bei der Fahne zu bleiben. Gegen acht Uhr morgens erreichten die Franzosen den Stadtrand von Alexandria. Den Truppen, ausgelaugt von Hunger und Durst wie sie waren, befahl Napoleon den sofortigen Sturmangriff. Die Einwohner der Stadt waren schlecht bewaffnet, fürchteten sich vor den Eindringlingen und hatten noch in der Nacht Emissäre mit der Bitte um Verstärkung nach Kairo entsandt. So beschwerlich der Kampf für die Franzosen war, angesichts des schwachen Widerstands konnten sie die Stadt nach nur drei Stunden in ihre Gewalt bringen.

Erst am 4. Juli wurden auch die Gelehrten an Land gebracht. Man erachtete sie für unbedeutend; manche von ihnen waren schlecht behandelt worden. Sie mussten an Deck schlafen und bekamen nichts mehr zu essen, nachdem die Hauptstreitmacht von Bord gegangen war. Die meisten setzte man umstandslos am Stadtrand von Alexandria aus, wo sie sich selbst überlassen blieben.

Alexandria war für sie ein Schock und eine Enttäuschung. Von der Stadt, die als kulturelles und gelehrtes Zentrum der Alten Welt gegolten hatte, mit ihrer Bibliothek von 700 000 Bänden, ihren Theatern, Palästen, dem Grab Alexanders des Großen, war buchstäblich nichts mehr übrig. Einst hatte sich die Stadt über sechseinhalb Quadratkilometer erstreckt; ihre beiden Häfen wurden vom berühmten Leuchtturm Pharos überstrahlt, der im 3. Jahrhundert v. Chr. errichtet worden war und zu den sieben Weltwundern zählt. Die Einwohnerzahl soll über 300 000 betragen haben, vielleicht sogar eine Million. Doch seit der arabischen Eroberung um die Mitte des 7. Jahrhunderts n. Chr. war es stetig bergab gegangen, und infolge von Erdbeben und Verrottung rutschte ein Großteil des Stadtgebietes unter Wasser. Erst in unseren Tagen bringen Unterwasserarchäologen in mühsamer Arbeit die ganze Pracht des ehemaligen Alexandria zum Vorschein. Damals gab es, zum Kummer der Gelehrten, nicht viel mehr zu sehen als ein paar windschiefe Hütten, die um schmuddelige enge Straßen gruppiert waren und eine Bevölkerung von weniger als 6000 Personen beherbergten.

Die Militärverwaltung kümmerte das Schicksal der Wissenschaftler wenig, die tagelang ein Unterkommen suchten: einige bei Europäern, die in Alexandria angesiedelt waren; andere in der Villa des britischen Konsuls, der die Stadt kurz vor Ankunft der Franzosen verlassen hatte. Erst der Protest, den der Mineraloge Dolomieu persönlich bei Napoleon einlegte, führte dazu, dass man ihnen wenigstens Verpflegung zukommen ließ, wenn auch nicht mehr als die Ration einfacher Soldaten. Napoleon drängte darauf, so bald wie möglich von Alexandria weiterzuziehen, weshalb überall hektisches Chaos herrschte. General Caffarelli, der sich um die Forscher kümmern sollte, interessierte sich nur für die Militäringenieure unter ihnen und ignorierte den Rest. Im weiteren Verlauf des Feldzugs gewöhnten sich die Forscher daran, wie Armeeangehörige behandelt zu werden, doch war es ihnen anfangs gar nicht recht, dass sie weniger wichtig genommen wurden als der einfachste Landser. Viele fühlten sich missbraucht und hielten es für eine Vergeudung ihrer Geistesgaben, wenn sie als Sekretäre und Meldegänger dienen sollten (derartige Aufgaben hatte Caffarelli den lautstärksten Beschwerdeführern zugedacht).

Spannungen zwischen Soldaten und Wissenschaftlern hatten sich bereits während der Überfahrt angebahnt, und alle beklagten sich bei Napoleon. Als Angehöriger beider Lager begriff er die Ursache nicht und reagierte unwirsch auf Beschwerden. Eigentlich verschlimmerte er alles noch, indem er tägliche Gesprächskreise einberief, oft genug an Deck der Schiffe, an denen Gelehrte und Armeeoffiziere teilnehmen und alle möglichen Themen diskutieren mussten. Damit sollte vermutlich ein ägyptologisches Institut vorweggenommen werden, das Napoleon zu gründen gedachte. Die Soldaten bedienten sich diverser abfälliger Ausdrücke für die Forscher, von denen »Maultiere« noch der schmeichelhafteste war. Unterwegs wurden dann die echten Maultiere, die das Gepäck trugen, scherzhaft als »Halbgebildete« bezeichnet. Und wenn sich die Reihen formierten, um ein Verteidigungskarree zu bilden, löste der gebrüllte Befehl »Maultiere und Forscher mitten auf den Platz« unvermeidliches Gelächter unter den Männern aus.

Während ihres vorübergehenden Aufenthalts fanden die Forscher nichts in den staubigen Straßen Alexandrias, was sie neugierig machte, von wenigen antiken Überresten abgesehen. Unübersehbar war die Säule des Pompejus, ein römischer Steinpilaster auf einem die Stadt überragenden Hügel. Zwar erinnert ihr Name an den römischen General Pompejus, dessen abgeschlagenes Haupt Julius Cäsar überreicht worden war, als dieser 48 v. Chr. bei der Verfolgung des Generals in Ägypten landete. Doch in Wirklichkeit wurde die Säule erst unter der Herrschaft Diokletians errichtet (284–305 n. Chr.), um an dessen Besuch in Alexandria zu erinnern; er war der letzte regierende römische Kaiser, der Ägypten besucht hat. Da waren die »Nadeln Kleopatras« schon interessanter: eigentlich zwei Obelisken, von denen der eine noch stand, der andere umgestürzt und halb vergraben im Sand lag, beide mit Hieroglyphen übersät. Dies waren die ersten echten Altertümer Ägyptens, mit denen die Franzosen konfrontiert wurden. Allerdings hatten sie mit Kleopatra gar nichts zu tun und standen ursprünglich um 1500 v. Chr. vor einem Tempel der alten Stadt Heliopolis, die heute unter den Vorstädten von Kairo begraben liegt. Erst im Jahr 10 v. Chr. hatte der römische Kaiser Augustus sie nach Alexandria schaffen lassen, doch der Fuß des stehenden Obelisken war tief im Boden versunken, sodass die griechischen und lateinischen Inschriften unsichtbar blieben. Die Gelehrten, die keine Hieroglyphen lesen konnten, ahnten nichts davon, dass diese Denkmäler schon durch Ägypten gereist waren: von einem Steinbruch bei Assuan weit im Süden nach Heliopolis, wo sie aufgestellt wurden, und weiter zu ihrem neuen Standort Alexandria. Jahrzehnte später brachte man den liegenden Obelisken ans Ufer der Themse nach London, wo er noch immer als »Nadel Kleopatras« gilt, während sein Gegenstück nach New York kam und den Central Park schmückt.

Soweit die Gelehrten die Inschrift auf dem Obelisk sehen konnten, enthielt sie einen hohen Anteil von klangvollen Namen wie

,

was »Sohn des Sonnengotts Ra, Ramses, Liebling des Amun« bedeutet. Aber damals ahnten sie noch nicht, dass derartige Weiheschriften, die fast ausschließlich aus Namen und Titeln der Pharaonen bestehen, gar nicht so weit verbreitet sind. Denn es war der einzige Inschriftentyp, der ihnen schon vertraut war: eingemeißelt auf Obelisken und anderen Großskulpturen in Rom, die rund 1500 Jahre zuvor als Beutegut von Legionären aus Ägypten mitgebracht worden waren. Erst nach Monaten konnten die Gelehrten die Fülle der ägyptischen Altertümer ermessen, die südlich des Nildeltas auf sie warteten. Vorläufig hatten sie nichts gesehen als Wüste und die ernüchternden Relikte des alten Alexandria.

Die jährlichen Überschwemmungen des Stroms hinterlassen im Niltal einen dichten Teppich aus feuchtem und fruchtbarem schwarzem Schlamm, der in auffallendem Kontrast zum Wüstensand steht. Daher rührt einer der alten Namen Ägyptens:  (kemet, »das schwarze Land«) – ein Boden, so fruchtbar, dass er das wahre Gold Ägyptens hervorbringt: 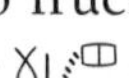 (»Getreide«).

Seit Jahrtausenden hatte der Überschwemmungszyklus einen Lebenswandel zur Folge, der sich von Generation zu Generation nur unmerklich veränderte. Weizen und andere Feldfrüchte brachten erheblichen Wohlstand ins Land. Dadurch erst wurde es möglich, Arbeitskräfte in großer Zahl zu ernähren – eher Dienstverpflichtete als Sklaven –, die man für den Bau gewaltiger Königsgräber und den Göttern geweihter Tempelanlagen benötigte. Und solange die Götter die jährliche Nilschwemme regulierten und die Sonne täglich scheinen ließen, gab es keinen Anlass, etwas zu ändern. Derart idyllische Verhältnisse forderten den Neid der Nachbarn heraus, weshalb Ägypten ständig Krieg führen musste. Später wurde es von den aufeinander folgenden Eroberern unterjocht: Alexander der Große entriss Ägypten den Persern; die Ptolemäer, die regierende Dynastie seiner Nachfolger, wurden im Jahr 30 v. Chr. von den Römern abgelöst, denen Kleopatra VII. unterlag, bevor sie freiwillig aus dem Leben schied. Neuer Herrscher Ägyptens wurde der römische General Oktavian, der nach Italien zurückkehrte, um seine Feinde auszuschalten und als Augustus erster Kaiser in Rom zu werden. Gleichzeitig wurde Ägypten eine Provinz seines Weltreichs.

Für die Römer war diese Provinz ein Beutestück erster Güte: ein Land voller fremder Götter und unermesslicher Schätze. Die Menge des Weizens, der aus dem fruchtbaren Nildelta kam, war so bedeutend für Rom, dass Ägypten fortan vom Kaiser direkt regiert wurde. Mit Goldvorräten war Ägypten reichlich gesegnet, Silber stellte einen vergleichsweise teuren Importartikel dar. Mehrere römische Kaiser besuchten nacheinander das Land und ließen sich von seinen uralten Denkmälern faszinieren. Mit Obelisken, Sphingen und Statuen aller Art, übersät mit geheimnisvollen Hieroglyphen, kehrten sie heim. Die Ägypten-Mode verbreitete sich rasch im Römischen Reich; Häuser und Gärten wurden in ägyptischem Stil dekoriert und überall pyramidenförmige Grabmäler errichtet. Man ging so weit, falsche Hieroglyphen-Imitate in schlichte glatte Obelisken zu meißeln, um ihnen ein ägyptisches Flair zu geben. Das führte zu einiger Verwirrung bei denen, die sie entziffern wollten, als – ausgelöst von Napoleons Expedition – auch Frankreich von einer Ägyptomanie heimgesucht wurde. Erneut war ägyptischer Stil der letzte Schrei, und auf den Friedhöfen von Paris tauchten Pyramiden und Obelisken auf wie vor den Stadtmauern Roms 18 Jahrhunderte zuvor.

Unter römischer Herrschaft ging der Gebrauch von Hieroglyphen immer weiter zurück. Die Ausbreitung des Christentums brachte es mit sich, dass die heidnischen Tempelbezirke verödeten und die mit ihnen verbundene Hieroglyphen-Schrift ganz aufgegeben wurde. Die späteste datierbare Inschrift wurde am 24. August 394 n. Chr. an den Eingang eines Tempels auf der Insel Philae bei Assuan in Oberägypten gemeißelt. Mit der Zeit konnten immer weniger Menschen Hieroglyphen lesen, und selbst ein so einfacher Text wie 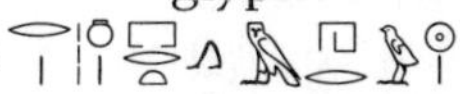 blieb unverständlich, bis Champollion die Entzifferung gelang.

Fünf Tage nach Napoleons Ankunft in Alexandria im Juli 1798 wurden die Wissenschaftler in drei Gruppen geteilt. Gaspard Monge und Claude-Louis Berthollet begleiteten den Feldherrn, der am 7. Juli eine Streitmacht zur Eroberung Kairos anführte. Anderntags machte sich eine zweite Gruppe unter General Menou auf den Seeweg nach Rosette. Die Übrigen blieben mit General Kléber in Alexandria. Napoleon, der so rasch wie möglich Kairo erreichen wollte, hatte zuvor schon die Generäle Desaix und Reynier mit einem Vortrupp über die Wüstenstraße nach Damanhur entsandt, wo sie sich mit den anderen vereinigen sollten. Die Soldaten waren auf einen solchen Gewaltmarsch nur unzureichend vorbereitet. Außer trockenen Keksen führten sie keinen Proviant mit sich, nicht einmal Feldflaschen. Nur wenige konnten sich rechtzeitig mit Wasserbehältern versehen, und der Marsch endete in einer quälenden Suche nach jedem durstlöschenden Tropfen.

Kaum hatten die Truppen Alexandria verlassen, als sie wieder von Beduinen angegriffen wurden, die ihnen bis Kairo keine ruhige Minute mehr gönnten. Es war Sommer in Ägypten, die heißeste Jahreszeit, und obwohl sie noch vor der Dämmerung aufbrachen, litten die Soldaten in ihren wollenen Uniformen schon kurz nach Sonnenaufgang unter sengender Hitze und waren praktisch ohne einen Schluck Wasser. Brunnen und Zisternen waren rasch erschöpft, sofern die Beduinen sie nicht schon zerstört hatten. Die von Desaix geführten Männer tranken das meiste Wasser und ließen oft nichts übrig für diejenigen, die unter Reynier folgten. Fand man eine funktionierende Zisterne, kämpften die Soldaten um den Vortritt, denn selten reichte es für alle. Da wenig oder nichts übrig blieb, um die trockenen Kekse aufzuweichen, war der Hunger kaum geringer als der Durst. Manchmal erblickten sie einen See oder ein Wasserloch in der Nähe, umgeben mit üppiger Vegetation, und rannten darauf zu, bis sich alles in Luft auflöste. Von Fata Morganas hatten die Männer noch nie gehört, und so wurden sie in ihrer Gier nach Wasser oft genug enttäuscht. Gaspard Monge konnte die Ursache später erklären, nachdem er das Fata-Morgana-Phänomen wissenschaftlich untersucht hatte. Doch auf dem Marsch von Alexandria nach Kairo trieb es die Soldaten zur Verzweiflung, und viele wurden wahnsinnig oder erschossen sich.

Rund 18 000 waren von Alexandria nach Damanhur aufgebrochen; einige Hundert wurden von Beduinen getötet, suchten den Freitod, erlagen der Hitze oder der Auszehrung. Aus der Sicht Napoleons waren diese Verluste gering, doch der 72-Kilometer-Marsch stellte sich als nicht enden wollende Tortur für die Soldaten heraus, von denen alle

200 Meter einer auf der Strecke blieb. Einer der Offiziere hat später berichtet, dass ihr Weg mit Leichen gesäumt war. Der Kampfgeist, um den es nach der unruhigen Überfahrt, dem gefährlichen Landemanöver und der Eroberung Alexandrias ohnehin nicht gut bestellt war, geriet auf einen Tiefpunkt. Offiziere wie Soldaten gaben wohl nicht ganz unbegründet ihrem Anführer und seinem Verwaltungsapparat die Schuld am Fehlen der notwendigen Ausrüstung und Verpflegung. Napoleon wusste nur zu gut, dass allein ein nachhaltiger und beutereicher Sieg über die Mamelucken die Moral der Truppe wiederherstellen konnte.

In der Spätzeit des Osmanischen Reiches wurde Ägypten zwar noch vom Sultan in Konstantinopel regiert, doch eigentlich unterstand es der Herrschaft der Mamelucken. Mamelucke ist ein arabischer Ausdruck und bedeutet »gekaufter Mann«. Obwohl die Mamelucken als Kindersklaven gekauft wurden, nicht selten im Kaukasus, bildete man sie zu Kriegern aus. Sobald sie ein militärisches Kommando übernahmen, waren sie freie Männer. Die Mamelucken bildeten die eigentliche Aristokratie in Ägypten und lebten in verschwenderischem Luxus, der aus den von der übrigen Bevölkerung erpressten Steuern stammte. Mamelucken-Banden unter lokalen Anführern, Beys genannt, terrorisierten das Land und führten zuweilen sogar Krieg mit den osmanischen Türken. Die beiden mächtigsten, die zur Zeit der napoleonischen Invasion als Statthalter des Sultans in Ägypten regierten, waren Ibrahim Bey und Murad Bey. Reiten, Töten und Vernichten, oft mit beachtlichem Wagemut, war die ganze Kunst der Mamelucken, doch ebenso rasch konnten sie, wie Napoleon bald herausfand, den Rückzug antreten.

Am 9. Juli hatten die überlebenden Franzosen Damanhur erreicht, und Napoleon führte die vereinte Streitmacht nach El Rahmaniya am Nilufer. Obwohl der Nil auf dem niedrigsten Stand des Jahres war, führte er noch immer genug Wasser, sodass die Soldaten sich mit hysterischer Freude hineinstürzten. Stundenlang schwelgten sie im Bad; einige tranken nach der langen Austrocknung zu schnell und zu viel und krepierten jämmerlich daran. Von hier aus zog Napoleon nilaufwärts. Den Kundschaftern zufolge näherte sich acht Kilometer südlich ein Mamelucken-Heer unter Murad Bey der Stadt Schubra Khit. Murad Bey war ein stattlicher, grausamer und raffinierter Heerführer, der ausschließlich für das Kriegshandwerk lebte und sich nie eine Niederlage eingestand, obwohl er niemals siegte. Eine kleine, als Transportmittel in Rosette erbeutete Flotte von Kriegsschiffen begleitete Napoleon auf dem Nil; sie sollte sich den mameluckischen Kriegsschiffen entgegenstellen, die Murad Bey angeblich mit sich führte. Außerdem fuhren hier auch die Nichtkombattanten mit, darunter Gaspard Monge, Claude-Louis Berthollet und Pauline »Kleopatra« Fourès.

Am 13. Juli erreichten die Franzosen Schubra Khit und standen zum ersten Mal einer Mamelucken-Armee gegenüber. Obwohl sich die Mamelucken vorwiegend auf die Kavallerie stützten, verfügten sie auch über Infanterie – größtenteils ägyptische, mit nichts als Keulen bewaffnete Bauern. Die französische Infanterie formierte sich zu Karrees, mit Kanonen an jeder Ecke. Die unerhebliche Kavallerie hielt sich zum Schutz in der Mitte auf. Von dieser Formation irritiert, setzten die Mamelucken nichtsdestoweniger auf einen Frontalangriff, dem sie am besten gewachsen waren. In der Schlacht wurden Mamelucken selten gefangen genommen; sie waren Überraschungsangriff und Rückzug gewohnt, wobei sie entweder siegten und sich in Windeseile aus dem Staub machten oder ihr Leben ließen. Schwer bewaffnet mit Krummsäbeln, Wurfspießen, Keulen, Streitäxten, Dolchen und Karabinern sowie häufig mehreren Pistolen, waren die Mamelucken oft üppig gekleidet in bunter Seide und Musseline. Jeder trug sein persönliches Vermögen in Münzen oder Juwelen am Leib. Ihre Kampftechnik war die Offensive; erst feuerten sie die Karabiner, dann die Pistolen ab, die sie danach hinter sich warfen, damit sie von Dienern eingesammelt werden konnten. Nach dem Werfen der Speere griffen sie schließlich mit den Säbeln an; einige nahmen sogar die Zügel zwischen die Zähne und führten zwei Säbel in jeder Hand.

Stundenlang umzingelte die Mamelucken-Reiterarmee die Franzosen und suchte nach einem Schwachpunkt, doch zum Angriff kam es erst, als die beiden gegenüberliegenden Kriegsflotten mit Kanonen aufeinander feuerten. Als sie in Reichweite waren, vertrieb das französische Sperrfeuer von Kanonen, Musketen und Pistolen die Mamelucken, ohne dass diese einen Streich führen konnten, und nach über einer Stunde kehrten sie auf ihre Ausgangsposition zurück. Unterdessen trugen die französischen Kriegsschiffe die Hauptlast der Schlacht, und selbst die Zivilisten beteiligten sich am Kampf. Napoleon befahl seinen Truppen, den Kriegsschiffen Feuerschutz zu geben. In Kürze hatte eines von ihnen das Flaggschiff der Mamelucken direkt getroffen, das mit großem Spektakel in die Luft flog. Die Franzosen quittierten dies mit grölendem Gelächter, worauf die mameluckische Reiterei abdrehte und davonsprengte, gefolgt vom Rest der Mameluckenarmee.

Das siegreiche Scharmützel von Schubra Khit konnte die Stimmung der Franzosen kurzfristig heben, doch waren Murad Bey und seine Armee entkommen. Der Gewaltmarsch nach Kairo wurde fortgesetzt, die Auszehrung der französischen Streitmacht durch Hitzschlag, Durst und Selbstmorde ging weiter. Am 20. Juli trafen die Franzosen vor Kairo ein, wo sie feststellten, dass Murad Bey seine Truppen im Norden der Stadt bei Embaba, auf beiden Ufern des Nil zusammengezogen hatte. Anderntags gegen zwei Uhr nachmittags, als die Hitze am größten war, erreichten die Franzosen Embaba. Rund 30 Kilometer weiter waren die Pyramiden zu sehen, weshalb das Ereignis unter dem Namen »Schlacht bei den Pyramiden« in die Annalen einging. In seinen Memoiren behauptet Napoleon, er habe auf die Pyramiden gedeutet und zu seinen Männern gesagt: »Vierzig Jahrhunderte blicken auf euch herab!« Ob die Angesprochenen begriffen haben oder sich auch nur dafür interessierten, was die Pyramiden sind, ist fraglich. Jedenfalls waren die Kampfeinheiten über ein so großes Gebiet verteilt, dass nur die wenigen ihn gehört haben dürften, die Napoleon am nächsten standen. Es wird sich demnach eher um eine Bemerkung zu seinen Offizieren gehandelt haben als um eine anfeuernde, den Zuhörern einen vermeintlichen Ehrenplatz in der Geschichte in Aussicht stellende Rede.

In Viereckformation bewegten sich die Franzosen außerhalb der Reichweite der verschanzten feindlichen Artillerie und provozierten die mameluckische Reiterei. Keinen Schuss gaben die Franzosen ab, bevor die Mamelucken auf 50 Meter herangekommen waren; ihre erste Salve brachte die Angreifer unmittelbar zum Stehen. Eine weitere Stunde verbrachten die Mamelucken mit vergeblichen Attacken auf die Karrees und zogen sich schließlich in ihre befestigten Stellungen zurück, als diese gerade durch Stoßtrupps unter den Generälen Desaix und Reynier angegriffen wurden. Die Verwirrung unter den Mamelucken endete in heilloser Flucht: Murad Bey machte sich mit einem Teil der Reiterei davon, während die Mehrheit der mameluckischen Infanterie über den Nil zu entkommen suchte. Von der geglückten Flucht Murad Beys abgesehen, war dies der durchschlagende Erfolg, auf den Napoleon gesetzt hatte. In der darauf folgenden Woche fischten seine Männer immer wieder tote Mamelucken aus dem Nil, um Gold, Juwelen und andere Wertsachen zu plündern. Aber Napoleon hatte den Sieg auch bitter nötig gehabt, um eine desillusionierte und potenziell meuternde Armee in den Griff zu bekommen. Am anderen Morgen, dem 22. Juli, kam eine Abordnung aus Kairo, um mit Napoleon die Bedingungen der Übergabe auszuhandeln. Zwei Tage später zog er in die Stadt ein.

Seit den ersten Landemanövern Anfang Juli 1798 hatten die Franzosen nur einen knappen Monat gebraucht, um Alexandria und Kairo zu erobern, während die britische Flotte unter Nelsons Kommando noch immer auf der Suche nach der französischen Expedition das östliche Mittelmeer durchkämmte. Horatio Nelson war 1770 in die Kriegsmarine eingetreten und hatte viele Jahre in Westindien gedient. Obwohl er 1794 bei Korsika ein Auge und drei Jahre später den rechten Arm bei Teneriffa verloren hatte, war er ein überragender Konteradmiral und ein Meister der Seegefechtsführung. Am 1. August kreuzte Nelson vor Alexandria auf und erfuhr, dass die französische Flotte ein paar

Meilen weiter östlich vor Anker lag. Mit günstigem Wind segelte er kurzerhand nach Abukir. Admiral Brueys, Befehlshaber von Napoleons Flotte, hatte die französischen Transporter und kleineren Segler im Hafen von Alexandria festmachen lassen. Wegen der dortigen Untiefen und widrigen Winde zog er es jedoch vor, die größeren Kanonenboote, insgesamt 17, in einer gekrümmten Verteidigungslinie in der Bucht von Abukir zu versammeln. Die französischen Seeleute waren mit der Suche nach Proviant beschäftigt. Fast ein Drittel von ihnen hielt sich an Land auf, einige zogen plündernd durch Alexandria und Rosette. Trotz ihres martialischen Eindrucks waren die Boote lediglich für einen Angriff auf See ausgerüstet; die landwärts gerichteten Kanonen waren unbemannt und zum Teil durch Ladung und Gepäck blockiert.

Gegen zwei Uhr nachmittags umschiffte die Vorhut der Nelson-Flotte die Landzunge von Abukir. Während ihrer ausgedehnten Suchaktion im Mittelmeer hatten Nelson und seine Kapitäne die Zeit für strategische Überlegungen genutzt. Zur Verblüffung der Franzosen rüsteten die Engländer unverzüglich zum Angriff. Die französischen Kapitäne befanden sich bei einer Lagebesprechung an Bord der »L'Orient« und gelangten mit knapper Not auf ihre Boote zurück. Gegen vier Uhr waren 14 Segler der Engländer an der Landzunge aufgekreuzt; die Schlacht begann zwei Stunden später, als es schon zu dämmern begann. Brueys hatte die Gefahr erkannt und den Landgängern die sofortige Rückkehr an Bord zur Vorbereitung der Seeschlacht befohlen. Doch seine Boote ankerten über drei Kilometer vor der Küste und fast einen Kilometer vor den Untiefen, die der französischen Flotte landeinwärts Flankenschutz gewährt hätten. Die Vorhut der Engländer ging das erhebliche Risiko ein, landeinwärts hinter die feindliche Linie zu segeln. Auf diese Weise konnte die britische Flotte von beiden Seiten angreifen und mit je zwei Booten nacheinander einen französischen Segler nach dem anderen in die Zange nehmen, ohne dass ihn die übrigen weiter hinten decken konnten.

Die Schlacht dauerte den ganzen Abend und bis in die Nacht. Jede Breitseite der Franzosen wurde mit mindestens zwei Breitseiten auf ihre Segler beantwortet. Nelson, der sich an Bord der »Vanguard« aufhielt, litt unter heftigem Zahnschmerz, und vor Beginn der Kampfhandlungen hatte er seinen Offizieren erklärt: »Noch vor morgen um diese Zeit habe ich entweder die Peerswürde errungen oder [ein Grab in] Westminster Abbey!« Abends gegen halb neun wurde er von einem Eisenschrapnell getroffen, ein abgerissener Hautlappen hing ihm über dem linken Auge und blendete ihn endgültig. »Mich hat's erwischt, gebt meiner Frau einen Gruß!«, murmelte er, als er Captain Berry in die Arme sank.

Der Bordarzt überzeugte Nelson, dass seine Wunde keineswegs tödlich war, und nach der Behandlung konnte er wieder ein wenig sehen und sich vorübergehend an Deck aufhalten. Dort beobachtete er, wie das französische Flaggschiff »L'Orient« zerstört wurde. Der Blitz war bis Alexandria zu sehen, die Erschütterung spürte man noch 40 Kilometer weit. Captain Berry notierte: »Mit einer kolossalen Explosion ging die ›L'Orient‹ in Flammen auf. Es folgte eine Furcht erregende Pause von rund drei Minuten in tödlicher Stille. Dann stürzten die zerschmetterten Masten, Rahe etc., die in die Höhe geschleudert worden waren, ins Wasser oder auf die nächstgelegenen Schiffe.«

Die Schlacht endete mit einem Sieg der Engländer. Nur zwei der eingeschlossenen Kriegsschiffe gelang es, auszubrechen. Die Verluste auf französischer Seite waren erheblich: 1700 Tote und 1500 Verletzte, überdies verloren die Franzosen zahlreiche Güter, die nicht rechtzeitig entladen werden konnten, darunter manche unentbehrlichen Ausrüstungsgegenstände der Wissenschaftler. Das Flaggschiff »L'Orient« hatte Gold, Silber und Juwelen geladen – Beute aus Malta, das man bei der Überfahrt von Europa überfallen hatte. Später hat ein französisches Archäologenteam die Untergangsstelle der »L'Orient« ausfindig gemacht und konnte Goldmünzen, ein Messingschild mit dem Namen bergen, identifizierbare Wrackteile sowie Überreste von einigen aus der Mannschaft.

Die Zerstörung der »L'Orient« und der restlichen Flotte setzte Napoleons Ehrgeiz, die arabische Halbinsel zu erobern, ein Ende. Obwohl der Feldherr es mit Fassung trug und noch immer davon sprach, eine Armee nach Indien zu führen, saßen die Franzosen in der Klemme. Zwar verfügten sie über Transporter, nicht jedoch über Kriegsschiffe zum Schutz vor der britischen Marine, die den Nachschub aus Frankreich behinderte. Weit bedeutender als der militärische Erfolg waren die politischen Konsequenzen: Die französische Expedition war derart geschwächt, dass die Türkei augenblicklich ihre Verhandlungen mit Frankreich abbrach und der Allianz der Napoleon-Feinde beitrat. Bald darauf sammelte sich eine türkische Armee und rückte gegen die Eindringlinge in Ägypten vor. Auch der Verlust von Gold und Silber an Bord der Kriegsschiffe war ein Rückschlag. Denn statt seiner üblichen Praxis zu folgen und den Soldaten zu gestatten, sich aus dem eroberten Land zu versorgen und nach Lust und Laune zu requirieren, suchte Napoleon die einfache Landbevölkerung für sich zu gewinnen, indem er für alles bezahlte, was die Armee benötigte. Jetzt würde ihm rasch das Geld ausgehen.

Der Sieg in der Bucht von Abukir war aufseiten der Allianz der glänzendste im Revolutionskrieg und der erste größere Rückschlag für Napoleon, den die französische Propaganda bis dahin als unbesiegbar rühmte. Nelson wurde britischer Nationalheld, und die *Times* rief ihn bereits als »Lord Nelson« aus, noch bevor ihm König George III. die Peerswürde verlieh. Bekannter als unter dem Namen Schlacht von Abukir wurde sie unter dem Namen Schlacht am Nil. Aus Nelson wurde Graf Nelson of the Nile, und für den Rest seines Lebens erhielt er eine jährliche Pension von 2000 Pfund Sterling. Unter den vielen ehrenvollen Präsenten, die Nelson empfing, war eines auf makabre Weise praktisch: Captain Hallowell von der »Swiftsure«, einem der an der Versenkung der »L'Orient« beteiligten Schiffe, verehrte Nelson einen Sarg. Hallowells Begleitbrief zu diesem Geschenk wurde mit den Worten eingeleitet: »Meine Lordschaft, anbei übersende ich Ihnen einen Sarg, der aus dem Holz des Hauptmasts der ›L'Orient‹ getischlert wurde: damit, wenn Sie des Lebens müde geworden sind, eine Ihrer eigenen Trophäen Ihre letzte Ruhestätte sein wird.« Dieser Sarg war es denn auch, der am 9. Januar 1806 mit Lord Nelsons Leichnam in eine Gruft der Londoner St. Paul's Cathedral hinabgelassen wurde.

Für die Gelehrten brachte die Schlacht am Nil den Verlust der meisten ihrer Nachschlagewerke und zahlreicher Messinstrumente mit sich. Zerstört war auch die Hoffnung auf rasche Heimkehr nach Frankreich, sobald ihre Dokumentation des Landes abgeschlossen wäre. In Alexandria befürchtete man zuerst, die britische Kriegsflotte werde nunmehr den Hafen angreifen. Deshalb ließ der Erfinder Nicolas Conté in den Schmieden Kanonenkugeln gießen, um die Feinde damit zu bombardieren, und eine Wasserpumpe gegen Feuersbrunst aufstellen. Später richtete Conté in Kairo Werkstätten ein, in denen die verlorene wissenschaftliche und militärische Ausrüstung zum Großteil wiederhergestellt werden konnte. Hauptsorge waren die Werkzeuge für die Herstellung von Präzisionsgeräten. Die von den Werkstätten fabrizierten Hilfsmittel waren Kompasse, Mikroskope, Fernrohre, chirurgische Instrumente, Zeichen- und Messgeräte; der Armee wurden Schwertklingen, Signalhörner, Tuch und sogar Uniformknöpfe geliefert.

Am 22. August 1798 gründete Napoleon in Kairo das Ägyptische Institut der Künste und Wissenschaften, wobei ein siebenköpfiges Komitee weitere Mitglieder wählen sollte. Das Institut war in vier Sektionen gegliedert (Mathematik, Physik, politische Ökonomie sowie Künste und Literatur) und versammelte die hervorragendsten und viel versprechendsten Geister; der Naturwissenschaftler Joseph Fourier amtierte als ständiger Sekretär. Die Forschungsergebnisse dieser Einrichtung waren von bleibendem Wert, und ihr Nutzen hielt lange vor, selbst als die kriegerischen Auseinandersetzungen in Ägypten und die großen Opfer der Seeschlacht von Abukir und des ägyptischen Feldzugs von Napoleon längst nur noch Fußnoten in der Geschichte waren. Napoleon hielt das Institut und die Tätigkeit der Gelehrten grundsätzlich für wertvoll, was sich an der Lokalität zeigt, die er ihm in der Kairoer Vorstadt Nasriya bestimmt hatte: ein Gebäudekomplex rund um einen alten

Mamelucken-Palast. Hier gab es Konferenzräume, ein chemisches Laboratorium, eine Bibliothek, ein Observatorium, eine Druckerpresse, zoologische und botanische Gärten, Landgüter für agrarische Experimente, Contés Werkstätten, selbst mineralogische und archäologische Sammlungen sowie ein kleines naturkundliches Museum. Die Gelehrten lebten in den Sälen des Palasts und in einigen der umliegenden Häuser: Dort, wo früher der Harem residierte, hielten sie regelmäßig Konferenzen ab, während man sich ansonsten abends zu zwanglosen Gesprächen in den Gärten traf.

Die Zielsetzung des Instituts war weit gefasst: Erforschung, Studium und Publikation von Erkenntnissen über Natur und Umwelt, Wirtschaft und Geschichte Ägyptens sowie die Verbreitung der entsprechenden Resultate. Von Anbeginn verfolgte das Institut bei allen Fragestellungen, mit denen es konfrontiert wurde, einen interdisziplinären Ansatz. Mit der Zeit übernahm es die Aufsicht über den Bau von Krankenhäusern, Bewässerungssystemen, Abwasseranlagen, Quarantänestationen zur Seuchenbekämpfung und über ein Netzwerk für den Postverkehr. Zugleich verfolgte es Projekte zur Erforschung nahezu aller Aspekte der Landeskunde. Diverse Arbeiten des Instituts wurden von 1809 bis 1828 unter dem Titel *Description de l'Égypte* (»Beschreibung Ägyptens«) veröffentlicht. Viele widmeten sich den Altertümern des Landes, was der Ägyptologie (ein Begriff, der allerdings erst Mitte des 19. Jahrhunderts geläufig wurde) zu einem ungeahnten Aufschwung verhalf – nicht zuletzt deshalb, weil sich hier einzigartige Schilderungen von Denkmälern finden, die nach dem Abzug der Franzosen aus Ägypten zerstört wurden. Die an den Monumenten eingemeißelten Hieroglyphen wurden nach und nach publiziert, was Möchtegern-Entzifferern eine begehrte Sammlung von Originalquellen bot. Erst als man diese Texte später, nach der Entzifferung, mit den ursprünglichen Monumenten verglich, stellte sich heraus, wie viele Lesefehler und Missdeutungen sich eingeschlichen und die Forscher auf Abwege geführt hatten.

Nachdem sie sich im Nasriya-Viertel eingerichtet hatten, waren die Gelehrten guter Dinge, und obwohl jeder in seinem eigenen Gebiet fachsimpelte, genossen sie die ungeahnten Möglichkeiten der Kooperation mit anderen Spezialisten. Sie ließen sich von allem beeindrucken, was man über das Land herausfand, und allmählich gewöhnten sie sich an seine Sitten und Gebräuche. Mehrere Gelehrte gewöhnten sich an, türkischen Kaffee zu trinken und die Nargileh (Wasserpfeife) zu rauchen. Nachdem sie feststellten, dass die Rasur das Kennzeichen der Sklaven war, ließen sie sich Bärte wachsen. Aber ihr Interesse an der regionalen Kultur erstreckte sich nur in seltenen Fällen auf Kairo selbst. Die meisten Soldaten und Gelehrten waren sich in ihrer Meinung über die Stadt einig. Der Ingenieur Villiers du Terrage, der immerhin die Schönheit der 300 Moscheen würdigen konnte, entdeckte in Kairo verdrießlich eine »massenhafte Bevölkerung, endlose zu überbrückende Entfernungen, dafür keine einzige schöne Straße, kein einziger schöner Blickfang: nichts als ein leerer Platz, der wie ein Brachfeld erscheint… Paläste, die von Mauern umgeben sind und der Straße ein eher trauriges als schmuckes Ansehen geben; die Wohnquartiere der Armen sind verwahrloster als irgendwo sonst«. Napoleon urteilte über Kairo mit seinen 300 000 Einwohnern, es sei die Stadt mit dem »abstoßendsten Pöbel der Welt«.

Wurden die Franzosen in Kairo nicht recht heimisch, so konnten sich die meisten Einwohner ihrerseits nicht mit den Franzosen anfreunden, die sich in mancher Hinsicht über das ortsübliche Gewohnheitsrecht und religiöse Überlieferungen hinwegsetzten. So verbot man die Bestattung von Personen im Stadtinneren, ganz gleich, wie fromm sie gelebt hatten, erhob eine Gebäudesteuer, deren Voraussetzung die Einsichtnahme in Baupläne war, auf Privatbauten, die mitunter als religiöse Weihestätten galten. Hinzu kamen zahlreiche belanglosere Maßnahmen wie die Anordnung, regelmäßig die Straßen zu kehren und den Müll zu entsorgen. Das Auftreten der Franzosen in der Öffentlichkeit wurde als unschicklich bewertet von den Einwohnern, die auch nicht begreifen konnten, weshalb jene sich weiblicher Prostituierter bedienten statt der jungen Knaben. Erst recht zeigten sich die Männer besorgt, als ihre Frauen und Töchter begannen, die europäische Lebensart nachzuahmen, sich unverschleiert und Arm in Arm mit den Eindringlingen in den Straßen zu zeigen. Als die Franzosen 1801 die Herrschaft über Ägypten aufgeben mussten, wurden viele dieser Frauen für ihr Benehmen enthauptet. Religiöse Fanatiker und mameluckische Agenten machten sich das wachsende Unbehagen zunutze; man munkelte, das osmanische Heer sei bereits unterwegs, um die Fremden aus Ägypten zu verjagen, und rief die frommen Muslime zum heiligen Krieg gegen Frankreich auf. Obwohl derartige Aufrufe während der Gebete fünfmal täglich von den Minaretten der Moscheen verkündet wurden, verkannten die Franzosen den Ernst der Lage, und der Aufstand vom 21. Oktober traf sie völlig unvorbereitet.

Die Revolte begann in den frühen Morgenstunden, als Barrikaden in den Straßen errichtet wurden. In den Moscheen versammelten sich bewaffnete Männer; die Läden blieben geschlossen. Die Besatzungstruppen wurden gegen acht Uhr früh in Alarmbereitschaft versetzt. Doch die Führung war sich der Gefahr noch immer nicht bewusst: Napoleon und drei seiner Generäle entfernten sich sogar, um die vor der Stadt entstehenden Festungsanlagen zu besichtigen. Gegen zehn Uhr erreichte Napoleon die Nachricht von der Revolte; eilends trat er den Rückweg an. Die Straßen waren schon mit Leichen übersät, Feuer brach im Zentrum aus, die Wohngebiete der nichtmuslimischen Bevölkerung Kairos wurden ebenfalls angegriffen. Im Haus von General Caffarelli hatte der Mob vier Gelehrte umgebracht und einige wissenschaftliche Instrumente gestohlen oder zerstört.

Nur die Zitadelle, die Baracken, die Hauptquartiere der Armee an der Esbekiya und die Gebäude des Ägyptischen Instituts waren noch in französischer Hand. Als sie fast das gesamte Stadtgebiet in ihrer Gewalt hatten, begannen die Aufständischen, Läden zu plündern, ohne Rücksicht darauf, ob sie Christen oder Muslimen gehörten. Das Ägyptische Institut, rund drei Kilometer von der Esbekiya entfernt, wurde von einer feindseligen Menge umringt. Erst gegen Abend kam eine Kompanie Grenadiere zu Hilfe und brachte 40 Musketen mit, in deren Gebrauch nur die wenigsten Wissenschaftler geübt waren. Um vor allem Instrumente und Ausrüstungsgegenstände zu schützen, organisierte der Mathematiker Gaspard Monge die Verteidigung des Instituts. Aber die Nacht verlief ruhig, und am anderen Morgen hielt man die Angreifer zwei Stunden lang mit sporadischem Musketenfeuer in Schach, bis zwei französische Armeepatrouillen anrückten. Napoleons Angriffsbefehl konzentrierte sich auf das Zentrum des Aufstands, die Moschee El Azhar, die er mit Geschützfeuer belegte. Drei Bataillone mit eingelegten Bajonetten und 300 Reiter mit gezücktem Säbel drangen in die Moschee ein und eroberten sie im Handstreich. Mehrere hundert Rebellen wurden gefangen genommen, die Moschee systematisch ausgeraubt und rücksichtslos geschändet. Als der Abend kam, legte sich der Tumult. Die Franzosen hatten Verluste von rund 300 Mann zu beklagen; möglicherweise bis zu 5000 Einwohner kamen ums Leben.

Der Aufstand in Kairo blieb der bei weitem schwerwiegendste, doch auch anderswo kam es zu Erhebungen gegen die französische Besatzung, die überall rasch niedergeschlagen wurden. Auch die Mamelucken-Gefahr war noch immer gegenwärtig. Nach seiner Niederlage bei den Pyramiden war Murad Bey entkommen und sammelte ein neues Heer um sich. Am 25. August 1798, acht Wochen vor dem Oktoberaufstand, hatte General Desaix Murad Beys Spur in Oberägypten aufgenommen. Mit sich führte er eine Streitmacht von 2861 Infanteristen und zwei Feldkanonen; für den Marsch von fast 5000 Kilometern brauchten sie mehrere Monate. Desaix war ein gewiefter Stratege, aber gegen Murad Bey, der das Wüstengelände zu seinem Vorteil zu nutzen verstand, hatte er keine Chance. Für die Ägyptologie und die Hieroglyphen-Kunde war der legendäre Zug jedoch von unschätzbarem Wert, denn auf einem Großteil der Strecke nahm auch der Künstler Vivant Denon daran teil. Nachdem er Anfang November zu Desaix gestoßen war, durfte Denon neun Monate lang das Niltal bereisen, in Begleitung von Militärkommandos unter Befehl der Generäle Desaix und Belliard, dessen Truppen zur Verstärkung eingetroffen waren.

Mit seinen 51 Jahren gehörte Dominique Vivant Denon zu den älteren wissenschaftlichen Teilnehmern der Expedition. Er hatte bereits eine eindrucksvolle Karriere am Hof Ludwigs XV. hinter sich, wo er die Gunst der Madame Pompadour genossen hatte. Er hatte Kunst und Literatur studiert, zahllose Gemälde und Kupferstiche verfertigt und mehrere Bücher geschrieben, darunter eines mit erotischen Zeichnungen sowie ein erfolgreiches Drama. Als Diplomat war er in Russland, Schweden, der Schweiz und Italien unterwegs gewesen. Zu Beginn der Französischen Revolution hielt er sich in Venedig auf. Obwohl es ihm gelang, heimzukehren und sich aus den Proskriptionslisten streichen zu lassen, war sein gesamter Besitz konfisziert worden. Seitdem musste er sich mühsam mit dem Verkauf von Kupferstichen und mit seiner Romanschreiberei durchschlagen. In Paris schloss sich Denon dem Kreis von Künstlern und Intellektuellen an, die den Salon von Josephine Beauharnais besuchten, und er lernte dort ihren Gatten Napoleon kennen. Angesichts seines Alters und seiner Verbindungen mit der vorrevolutionären Monarchie zögerte Napoleon zunächst, Denon auf die ägyptische Expedition mitzunehmen. Josephine überredete ihn jedoch, die wissenschaftliche Begleitgruppe um diesen Künstler zu ergänzen. Damit setzte sie eine Kettenreaktion in Gang, die letztendlich dazu führte, die westliche Welt stärker denn je für das alte Ägypten zu interessieren – für Jahrzehnte gerieten europäische Mode und Kultur unter ägyptischen Einfluss.

Seit der Landung in Ägypten hatte Denon jede freie Minute damit verbracht, alles zu skizzieren, was er zu

Gesicht bekam, und besaß schon eine stattliche Anzahl von Zeichnungen. Schon fürchtete er, ihm könnten die Bleistifte ausgehen, denn den Gelehrten fehlte es ständig an Nachschub, und sie forderten immer mehr Stifte von Conté, der sie in den Werkstätten Kairos herstellen ließ. Blieben die Lieferungen an Desaix' Armee aus, improvisierte Denon, indem er Bleikugeln schmolz. Schlimmer als das Fehlen von Bleistiften wirkte sich der Zeitmangel aus; um seine Sicherheit zu gewährleisten, sollte Denon stets beim Heer bleiben, das auf der Suche nach Murad Bey rasch vorrückte und sich nur selten länger an einem Ort aufhielt. Oft musste er komplette Skizzen in wenigen Minuten beenden, bevor er gezwungen war, weiterzuziehen.

Die Armee wanderte südwärts, das Niltal hinauf, das zu beiden Seiten von Wüste eingeschlossen ist. Die Enttäuschung über die ägyptischen Altertümer – keines in Alexandria und nur die Pyramiden und der Sphinx bei Kairo – wich bald ungläubigem Staunen beim Anblick der oberägyptischen Tempel- und Grabanlagen. Denon nutzte jede Gelegenheit, deren Überbleibsel zu studieren und Grobskizzen anzufertigen, und fand bald heraus, dass fast alle Ruinen mit Hieroglyphen übersät waren. Die Grenzen seiner Kunst waren ihm schmerzlich bewusst, wenn er das Hauptproblem der Hieroglyphen-Kunde so zusammenfasste: »Monate würden notwendig sein, sie zu lesen, wenn man auch ihre Sprache verstände! Jahre würde man aber brauchen, um sie zu kopieren!«

Als die Armee Dendera erreichte, waren auch Soldaten und Offiziere von den Tempeln fasziniert, weshalb sie spontan die Kolonne verließen und davoneilten, um sie sich anzusehen. Für diesmal hatte Denon den Rest des Tages

Zeit zum Skizzieren, aber ebenso wie die Soldaten war er überwältigt von dem erhabenen Anblick und wusste kaum, wo er anfangen sollte. Jede Facette dieser Architektur, die Reliefskulpturen und Wandmalereien und die Fülle der Inschriften, die fast die gesamte Wandfläche des Tempels von Dendera innen und außen bedeckt, all das nahm seine ganze Aufmerksamkeit in Anspruch.

»Die Reißfeder in der Hand, irrte ich von einem Gegenstand zum nächsten«, schrieb er. »Immer angezogen, immer vom Gefühl neuer Schönheiten ergriffen, fehlten mir Augen, Hände und ein umfassender Kopf, zu sehen, zu entwerfen und in einer gewissen Ordnung alles aufzubewahren, dem Gedächtnisse zu vertrauen, was mich so allgewaltig gerührt, entzückt hatte. Ich schämte mich der ärmlichen Zeichnungen, der mageren Entwürfe, die ich von diesen erhabenen Gegenständen gemacht hatte.«

Völlig versunken zeichnete Denon, bis das Tageslicht schwand, und jetzt erst wurde er gewahr, dass die Armee den Ort längst verlassen hatte. Alle waren fort, außer seinem Freund, dem General Belliard, der geblieben war, um vorsichtshalber auf ihn aufzupassen. Sie mussten ihren Pferden die Sporen geben, um die Marschkolonnen noch vor Einbruch der Nacht zu erreichen.

Dendera war die erste größere antike Stätte, die das Heer aus der Nähe sah, und sie ließ kaum einen der Soldaten unberührt. In einem bis dato völlig unbekannten architektonischen Stil errichtet, war die Tempelanlage von Hieroglyphen übersät. In einem der Säle schmückte eine großartige Darstellung des Tierkreises die Decke. Unter dem Eindruck der Ruinen notierte Denon: »Wie gern möchte ich meinen Lesern die Szene versinnbildlichen, ihnen das

Gefühl mitteilen, das der Anblick dieser großen erhabenen Gegenstände in mir erweckte; die Bewegung der Soldaten, eines Heeres, dessen Empfänglichkeit für alles Schöne mich glücklich machte, mit ihnen zu reisen, stolz, der großen Nation anzugehören.«

An jenem Abend wandte sich ein jüngerer Offizier an ihn und sprach aus, was wohl viele dachten: »Krank und verdrießlich war ich, seitdem ich Ägyptens Küste betrat, Tintyra [Dendera] hat mich geheilt und ausgesöhnt mit ganz Ägypten. Was ich heute gesehen habe, hat mir all mein Ungemach gezahlt. Wenn mir auch der Ruhm bleibt, für die Nation an der Expedition teilzunehmen, so wird schöner noch die Erinnerung des verflossenen Tages vor meiner Seele stehen und ewig teuer, ewig festlich meinem Gefühl der Moment vorüberwallen, in dem ich Tintyras Anblick genoss.«

Die Armee setzte ihre Jagd auf den Mamelucken-Führer Murad Bey fort. Denon hatte seine Zeichnungen »gewöhnlich auf meinem Knie, oder stehend, oder sogar zu Pferde gemacht… Nie konnte ich eine einzige nach Wunsch vollenden, weil ich in einem ganzen Jahre nicht ein einziges Mal einen Tisch angetroffen habe, der gut genug war, ein Lineal darauf anzulegen«. Doch mitunter hielten ihm hilfreiche Soldaten das Reißbrett oder beschatteten ihn vor der grellen Sonne. Am 27. Januar 1799 marschierte die Kolonne um eine Wegbiegung und sah zum ersten Mal das Panorama des alten Theben vor sich. Vor Staunen blieben die Soldaten stehen und klatschten spontan Beifall. Für Denon war die Enttäuschung groß, denn das Heer konnte hier nicht stehen bleiben. Ihm blieb nichts übrig, als mit einer berittenen Eskorte von Tempel zu Tempel, zu den Gräberanlagen und zurück zu galoppieren, bevor man sich eilen musste, um noch mit dem Heer Schritt zu halten. Noch viele andere Stätten lagen auf ihrem 400-Kilometer-Marsch nach Süden, für den sie zehn Tage benötigten.

Am 2. Februar erreichten sie Assuan: Nur zwei Tage zuvor waren die Mamelucken von hier aufgebrochen. General Belliard hielt in seinem Tagebuch fest, dass ihm die Schwindel erregenden Katarakte und riesigen Sandwüsten ringsumher als ein Mahnruf der Natur erschienen: *Halt ein, geh nicht weiter!* Kaum zwei Tage später brachen sie von Assuan wieder in Richtung Norden auf, und in den nächsten 50 Tagen legten sie über 400 Kilometer zurück, während sie nilauf- und -abwärts nach den Mamelucken fahndeten.

Da die Armee einige der antiken Kultstätten mehrmals berührte, konnte Denon nach und nach von jeder eine ganze Serie von Skizzen anfertigen. Seine Zeichenmappe wurde auf diese Weise immer kostbarer: Nie ließ er sie aus den Augen und benutzte sie als Kopfkissen, wenn er schlief. Außerdem sammelte er, was er an handlichen Antiquitäten finden konnte, wie Töpfereien, Statuetten und sogar einen mumifizierten weiblichen Fuß, auf den er in einem Grab im Tal der Könige stieß. Später inspirierte dieser Fuß Théophile Gautier zu seiner Novelle *Le pied de momie* (»Der Fuß der Mumie«), die 1840 erschien: zwar nicht das erste belletristische Werk, das von einer Mumie handelt, aber der Auftakt eines Genres romantischer Gruselgeschichten, das später in eine ganze Serie von Horrorfilmen mündete.

Denons ganzer Stolz war eine Papyrusrolle mit Hieroglyphen, die er in Theben erworben hatte. Während mit einigen Scheichs verhandelt wurde, die ihre Waffen niederlegen sollten, brachte man ihm eine Mumie mit einem gerollten Papyrus in der Hand. Fast hätte ihn die Rührung übermannt: »Die Stimme versagte… Ich wusste nicht, was ich mit meinem Schatz anfangen sollte, so sehr war ich in Furcht, ihn zu beschädigen. Ich wagte das Buch nicht zu berühren, das älteste, was wir bis jetzt kennen… Ohne daran zu denken, dass die Schrift in diesem Buch ebenso wenig mehr bekannt war als die Sprache, in welcher es geschrieben war, bildete ich mir einige Zeit ein, einen Auszug der ägyptischen Literatur zu haben.«

Während Denon sich umsah, dokumentierte und Antiquitäten sammelte, gelang es der Armee mehrmals, die Mamelucken zu stellen und zu Scharmützeln zu zwingen. Murad Beys Taktik blieb immer gleich: ein paar Tage vor den Franzosen in einer bestimmten Gegend eintreffen, die ortsansässigen Bauern mit Propaganda verhetzen und sie anschließend für seine Armee rekrutieren. Griffen die Franzosen an, sorgte Murad Bey dafür, dass die Bauern den Löwenanteil des Kampfgeschehens ausfochten, und während die Franzosen sich mit den Vortrupps herumschlugen, verschwanden die Mamelucken schon wieder in die Wüste. Obwohl die Bauern zu Tausenden niedergemetzelt wurden, hatten die Franzosen unweigerlich immer größere Verluste zu beklagen als die Mamelucken, die sich anderswo im Niltal niederließen, um ihre Taktik mit einem neuen Bauernkontingent als Verstärkung fortzusetzen.

Aus französischer Perspektive hätte dies so weitergehen können bis zum völligen Ende der Armee; doch unter den Beys brachen Zwistigkeiten aus. Die meisten neigten dazu, sich so schnell wie möglich zurückzuziehen, sobald sie die Franzosen in die Schlacht gelockt hatten. Jeder sorgte dafür, die eigenen Leute heil herauszubekommen, während seine Rivalen und deren Truppen der Wut der Franzosen zum Opfer fielen. Mitte März 1799 löste sich Murad Beys Streitmacht zunehmend auf. Damit überließen sie theoretisch die Herrschaft den Franzosen. Diese konnten aber die Jagd auf die Beys nicht einstellen, denn die Beys hätten sie jederzeit mit erneut vereinten Kräften überwältigen können. Desaix teilte seine Armee ständig auf, um mit versprengten Mamelucken-Banden fertig zu werden, während ein separates Kommando unter Belliard nach wie vor stromauf- und stromabwärts das Niltal durchkämmte, um die Mamelucken zu schlagen, wo immer man auf sie stieß.

Im selben März wurde eine Gruppe von Technikern unter Chefingenieur Pierre Girard von Kairo zu General Belliard entsandt, um den Nil zu untersuchen; mit seiner Hilfe wollte man den Boden fruchtbarer machen. Zwei Techniker, Prosper Jollois und Édouard de Villiers du Terrage, zeigten sich zutiefst beeindruckt von den jahrtausendealten Ruinen, weshalb sie beschlossen, möglichst viel davon festzuhalten. Bestärkt wurden sie darin von Vivant Denon, mit dem sie am 25. Mai in Qena zusammentrafen und der ihnen seine Zeichnungen von der fantastischen Tempelanlage in Dendera zeigte.

Während ihres Aufenthalts in Qena, am anderen Nilufer, unternahmen sie zahlreiche Besuche in Dendera, zeichneten Grundrisse, Ausschnitte und Perspektiven, studierten Architektur und Bauweise. Da sie Ingenieure und keine Künstler waren, betrachteten sie die Ruinen eher unter wissenschaftlichem Gesichtspunkt, und ihre Wiedergabe des Tierkreises nimmt sich präziser aus als das, was Denon zu leisten imstande war. Bei Girard stieß ihr Interesse an den alten Gemäuern auf Ablehnung, und er widersetzte sich ihrem Vorhaben, so gut er konnte. Doch gelang es ihnen, die hydrologischen Messungen am Nil durchzuführen und die verbleibende Zeit den Monumenten zu widmen. Immerhin nahm sie General Belliard, der sich durch Denon von der Bedeutung ihrer Arbeit überzeugen ließ, gegen Girard in Schutz. Die beiden Ingenieure besichtigten außer Dendera auch die Insel Philae bei Assuan, die Tempel von Kom Ombo, Edfu und Esna sowie die Tempelanlagen und Gräber von Theben, fertigten Lage- und Baupläne an und kopierten Hunderte von Hieroglyphen. Wie Denon gingen auch ihnen die Bleistifte aus, die Conté in Kairo hergestellt hatte, und sie mussten improvisieren, indem sie Kugeln einschmolzen und in Schilfrohr gossen.

Am 19. Juli 1799 setzte Napoleon zwei wissenschaftliche Kommissionen unter Leitung der Physiker Joseph Fourier und Louis Costaz ein, die eine gründliche Studie und einen exakten Bericht über die antiken Denkmäler im Nildelta vorlegen sollten. Doch erst Mitte August, als Denon nach Kairo zurückkehrte, erkannten sie die Größe ihrer Aufgabe. Während Denon von allem berichtete, was er gesehen hatte, und seine Zeichnungen und Sammlungen vorzeigte, erkannten sie zu ihrer Verblüffung, dass sich die wenigen unterägyptischen Denkmäler einschließlich der Pyramiden nicht mit den Wundern von Dendera und Theben vergleichen ließen. Wie wichtig die Hieroglyphen waren, die nahezu überall eingemeißelt waren, wurde tatsächlich erst aus Denons Materialien deutlich. Den Sinn der Denkmäler würde erst begreifen, wem es gelang, die Bilderschrift zu entziffern. Fürs Erste blieb ihnen nichts anderes übrig, als sie zu kopieren. In ihren Berichtsheften schilderten die

Gelehrten lediglich das Vorkommen und die Gestalt dieser Hieroglyphen, ohne ihren Sinn deuten zu können.

Die beiden Kommissionen brachen am 20. August in Kairo auf und trafen bei ihrer Ankunft in Oberägypten mit Jollois und Villiers zusammen. Fourier und Costaz waren klug genug, die Arbeit der beiden Ingenieure nicht zu wiederholen und sich auf das zu beschränken, was es noch zu dokumentieren galt. Im Ergebnis trugen sie zahlreiche Notizen, Zeichnungen, Papyri, Mumien, Statuetten und eine ganze Reihe weiterer Gegenstände zusammen, die zur gründlicheren Untersuchung nach Kairo abtransportiert wurden.

Am selben Tag, als Napoleon die Kommissionen für Oberägypten ins Leben rief, wurde einer der wichtigsten Schlüssel für das Verständnis der Hieroglyphen bei Rosette entdeckt. Man hatte eine Einheit Soldaten zu Schanzarbeiten am verfallenen Fort Rachid abkommandiert, das ein paar Kilometer nordwestlich von Rosette lag und von den Franzosen in Fort Julien umbenannt worden war. Soeben riss man eine Ruinenmauer ein, als ein Soldat namens d'Hautpoul eine fragmentarische dunkelgraue Steinplatte freilegte, die auf einer Seite mit Inschriften bedeckt war. Der zuständige Offizier, Lieutenant Pierre François Xavier Bouchard, hielt den Fund für bedeutend und informierte seinen Vorgesetzten, Michel-Ange Lancret.

Bei näherer Betrachtung konnte Lancret drei unterschiedliche Inschriften ausmachen: Eine war erkennbar griechischen Ursprungs, eine weitere bestand aus Hieroglyphen und die dritte aus anderen unbekannten Schriftzeichen. Nachdem der griechische Text übersetzt war, ließ sich die Inschrift als Dekret der Priester von Memphis identifizieren. Es stammte vom 27. März 196 v. Chr. und war König Ptolemaios V. Epiphanes gewidmet, der Ägypten von 204 bis 180 v. Chr. regiert hatte. Sogleich unterstellte man, dass die drei Inschriften ein und denselben Text zeigten, in drei verschiedenen Sprachen und Schriftzeichen. Damit war der Schlüssel zur Entzifferung der Hieroglyphen gefunden.

Der massive, fast vier Meter hohe Klotz wog eine Dreivierteltonne. Man überließ es Bouchard, ihn nach Kairo zu transportieren, während Lancret, der erst kürzlich zum Mitglied des Ägyptischen Instituts ernannt worden war, seine Kollegen informierte: »Bürger Bouchard, der Ingenieuroffizier, hat in der Ortschaft Rosette einige Inschriften gefunden, deren Untersuchung viel versprechend erscheint.« Als die Gelehrten in Kairo den Stein zu Gesicht bekamen, überlegten sie sogleich, auf welche Weise möglichst getreue Kopien der Inschriften anzufertigen wären. Später entstanden mehrere Zeichnungen, Frottagen und Abgüsse. Schon die bloße Vorstellung, bei der Deutung der Hieroglyphen einen Durchbruch erzielt zu haben, brachte sie aus der Fassung, aber ihre Euphorie erwies sich als verfrüht. Es sollten noch 23 Jahre harter Arbeit und bitterer Enttäuschungen vergehen, bevor man die ersten Hieroglyphen auch nur ansatzweise lesen konnte. Die Gelehrten nannten den Fund von Fort Rachid abkürzend den »Stein von Rosette«, und es dauerte nicht lange, bis er eines der berühmtesten Denkmäler der Weltkultur wurde.

Während die Wissenschaftler erste spektakuläre Ergebnisse ihrer mühseligen Arbeit ernteten und die von den Generälen Desaix und Belliard geführten Korps das Niltal wieder unter französische Kontrolle brachten, war der

Hauptstreitmacht unter Führung Napoleons weniger Glück beschieden. Die britische Blockade Ägyptens sorgte dafür, dass kaum noch Nachschub, Truppenverstärkung oder Informationen durchdringen konnten. Bedenklicher noch war die offene Feindseligkeit der Türken. Im Februar 1799 erfuhr Napoleon, dass sie einen Zangenangriff planten und einen Teil ihres Heers auf dem Seeweg, einen anderen von Süden her über Syrien nach Ägypten eindringen ließen.

Um dieser Gefahr zu begegnen, nahm Napoleon den Großteil seiner Truppen zu einer Expedition nach Syrien mit. Dort wollte er die türkischen Landstreitkräfte zerschlagen, bevor sie sich vollends formierten. Wäre seine Rechnung aufgegangen, dann hätten sich Mamelucken und Araber der Besatzerarmee angeschlossen – Napoleons Wunschtraum wäre wohl in Erfüllung gegangen und er selbst als neuer Alexander nach Indien aufgebrochen. Doch diesmal versagte Napoleons sprichwörtliche Fortüne. Die syrische Kampagne schlug fehl, er musste sich überstürzt von Acre zurückziehen und konnte den türkischen Vormarsch auf Ägypten allenfalls hinauszögern, nicht jedoch abwenden.

Bei seiner Rückkehr ließ Napoleon am 14. Juni einen Triumphzug in Kairo durchführen, als hätte er einen Sieg errungen. Doch war es offenkundig nur noch eine Frage der Zeit, bis ihm die Herrschaft über Ägypten wieder entgleiten würde, wenn kein Nachschub und keine Verstärkung mehr aus Frankreich zu erwarten waren. Im Juli wurde gemeldet, dass bei Abukir, wo vor wenigen Monaten die französische Flotte durch Nelson zerstört worden war, ein türkisches Geschwader unter britischem Feuerschutz ein riesiges Heer an Land setzte. Die Franzosen marschierten im Eiltempo nach Abukir, wo sie die Türken vernichtend schlugen. Als er mit dem Kommandanten der Engländer Gefangene austauschte, erfuhr Napoleon, dass sich die Wirtschaftskrise in Frankreich verschärft hatte, Royalisten die Wiedereinführung der Monarchie anstrebten und ein Staatsstreich zur Entmachtung des Direktoriums bevorstand. Es war die Gelegenheit zur Machtergreifung, auf die Napoleon längst gewartet hatte. Dennoch sah es so aus, als könne er nicht mehr rechtzeitig nach Paris kommen.

Am 17. August brach er in großer Hast nach Alexandria auf und setzte fünf Tage später nach Frankreich über. In seiner Begleitung befanden sich die Generäle Berthier, Lannes und Murat, eine kleine Gruppe militärischer Berater und Leibwächter, von den Wissenschaftlern die Zivilisten Monge, Berthollet und Denon, auch unter den Soldaten waren drei Mitglieder des Ägyptischen Instituts. In letzter Minute ging noch der Dichter Parseval Grandmaison, der von der geheimen Abreise Wind bekommen hatte, an Bord eines der Schiffe und flehte um die Erlaubnis, heimreisen zu dürfen; nur der Einspruch der übrigen Gelehrten hinderte Napoleon daran, ihn ins Meer werfen zu lassen.

Dass er so kurz nach der Nachricht vom Sieg über die türkischen Truppen bei Abukir in Frankreich eintraf, ermöglichte Napoleon, seinen ägyptischen Feldzug in günstigem Licht erscheinen zu lassen. Nach einem knappen Monat hektischer Intrigen seiner Anhänger gelang es ihm, am 9. November in einem Staatsstreich die Macht zu übernehmen. Künftig sollte Frankreich nicht mehr von einem Direktorium, sondern von einem Triumvirat von Konsuln regiert werden. Napoleon wurde für einen Zeitraum von zehn Jahren zum Ersten Konsul ernannt. Später verzichtete er auf diese scheindemokratische Camouflage, entmachtete die beiden anderen Konsuln und setzte sich im Dezember 1804 selbst die Kaiserkrone auf.

Nachdem Napoleon Ägypten verlassen hatte, übernahm General Kléber das Oberkommando, der absichtlich nicht von der Abreise unterrichtet worden war und Napoleon grollte, weil dieser die Expedition im Stich gelassen hatte. Kléber ignorierte die schriftlichen Instruktionen Napoleons (in denen es einleitend hieß: »Wenn Sie dies lesen, Bürger General, befinde ich mich bereits auf hoher See…«) und nahm augenblicklich Kontakt mit den britischen Befehlshabern auf, um den freien Abzug der Franzosen aus Ägypten auszuhandeln. Eine Vereinbarung wurde getroffen und ein Abkommen unterzeichnet. Am 4. Februar 1800 bereiteten rund 40 Gelehrte ihre Abreise vor. Zunächst wurden sie durch eine plötzlich ausgebrochene Pestepidemie aufgehalten, doch am 27. März gingen sie in Alexandria an Bord, mitsamt ihren Sammlungen, einschließlich des Steins von Rosette; später gesellten sich noch weitere Wissenschaftler hinzu. Wären sie in diesem Moment in See gestochen, würde der Stein von Rosette heute wohl im Louvre gezeigt werden statt im British Museum. Doch als man in London Nachricht von dem Abkommen erhielt, wurde es von der britischen Regierung nicht anerkannt, die auf der bedingungslosen Kapitulation der Franzosen bestand, weshalb auch die erwartete Genehmigung zum Ablegen ausblieb.

Nachdem sie in der täglich erneuerten Hoffnung, nach Frankreich zu segeln, einen Monat an Bord verbracht hatten, wurde ihnen allmählich klar, dass es vorbei war mit der sofortigen Abreise. Die Gelehrten gingen wieder an Land. Bitter enttäuscht und der Widrigkeiten müde, die sie in Ägypten erdulden mussten, nahmen sie ihre Forschungen zögernd wieder auf. Es sollte noch 18 Monate dauern, bevor sie endlich abreisen konnten. In den fortdauernden Verhandlungen mit den Engländern wurde umständlich geprüft, welche ihrer Funde sie mitnehmen durften; das Feilschen grenzte mitunter an nackte Erpressung. Schließlich erlaubte man den Wissenschaftlern, ihre sämtlichen Aufzeichnungen und einen Großteil ihrer Schätze zu behalten, doch die wichtigsten, darunter auch den Stein von Rosette, nahmen die Engländer an sich.

Schon kurz nach der Entdeckung im Jahr 1799 hatte man Tintenfrottagen der drei Inschriften auf dem Rosette-Stein aus Ägypten an Wissenschaftler in ganz Europa entsandt, auch an das Institut de France in Paris. Infolge der französischen Kapitulation wurden die ausgelieferten Antiquitäten im Umfang von 50 Tonnen nach England verschifft. Im Februar traf der Stein von Rosette in Portsmouth ein, auf einer Fregatte, die den passenden Namen HMS »L'Egyptienne« trug und im Hafen von Alexandria von den Franzosen erbeutet worden war. Von dort wurde der Rosette-Stein in die Society of Antiquaries in London transportiert, wo man Gipsabgüsse für die Universitäten von Oxford, Cambridge, Edinburgh und für das Trinity College in Dublin nahm.

Kupferstiche wurden für die Verteilung an große akademische Institute in ganz Europa angefertigt, sogar für die Nationalbibliothek in Paris, als die Feindseligkeiten zwischen Großbritannien und dem revolutionären Frankreich vom März 1801 bis zum Mai 1803 vorübergehend ruhten. Der Stein selbst wurde schließlich gegen Ende 1802 im British Museum deponiert, aber veröffentlicht wurden die

Kupferstiche der griechischen, demotischen und hieroglyphischen Inschriften erst 1815 durch die Society of Antiquaries.

Da die offiziellen Zahlen Napoleons manipuliert sind, lässt sich die Zahl der Opfer seines Feldzugs nicht präzise angeben. Doch von den 50 000 Mann, die er nach Ägypten mitgenommen hatte, starben über die Hälfte; mehrere Tausend erblindeten oder wurden verkrüppelt. Auch unter den Gelehrten forderte das dreijährige Abenteuer seinen Tribut. Mindestens 25 starben in Ägypten (zumeist an der Pest und anderen Krankheiten, manche fielen aber auch in der Schlacht oder wurden gar ermordet), und fast alle wurden irgendwann krank. Gesundheitliche Beschwerden waren für Soldaten und Zivilisten an der Tagesordnung. In der Ära vor Erfindung der Sonnenbrille litten fast alle unter Ophtalmia, einer durch starke Sonneneinstrahlung und Reizung durch Sand- und Staubstürme hervorgerufenen Augenentzündung. Die schlimmsten Ophtalmia-Fälle führten zu dauernder Erblindung: Mindestens einem von fünf Ägyptern fehlte mindestens ein Auge, und viele der Gelehrten konnten ihrer Augenleiden wegen über Wochen oder gar Monate nicht wie gewohnt arbeiten. Außerdem litten Zivilisten und Soldaten gleichermaßen unter Blutegeln in Kehle, Magen und Nasenschleimhaut wegen des Genusses von unsauberem Wasser. Die Ruhr war weit verbreitet, und immer wieder kam es zu Hitzschlägen und verschiedenen, auch typhoiden Fiebern. Allgegenwärtig war zu allem Unglück auch die Beulenpest, der einige Wissenschaftler und Hunderte von Soldaten erlagen.

Vom militärischen Standpunkt aus gesehen, war die Expedition gescheitert. Nach drei Jahren Krieg hatten die

Franzosen kein Reich im Orient erkämpft, sondern mussten Ägypten wieder räumen. Erfolgreich war die Kampagne nur darin, den Würgegriff zu lockern, mit dem die Mamelucken das Land erpresst hatten. Nun wurde die osmanische Herrschaft wieder errichtet, und ein Jahrzehnt später wurden die Mamelucken vernichtet. Als Folge der Expedition wurde die Fahrt auf dem Nil stromaufwärts immer sicherer, und bald fingen europäische Reisende an, das Land zu erkunden. Für Napoleons politische Ambitionen war es ein Nullsummenspiel gewesen, doch war es ihm gelungen, rechtzeitig heimzusegeln und die Herrschaft über Frankreich anzutreten. Den eigentlichen Sieg trugen allerdings die Gelehrten davon. Dass sie mit ihren Berichten und Sammlungen nach Frankreich zurückkehrten, war ein Triumph der Wissenschaften, der das militärische Debakel ausgleichen konnte. Seitdem gab es stets ein besonderes Band zwischen Frankreich und Ägypten.

Da er 1799 mit Napoleon abreisen konnte, war Vivant Denon einer der ersten Experten, die nach Frankreich zurückkehrten. Umgehend machte er sich daran, seine Aufzeichnungen zu publizieren und von seinen Skizzen Kupferstiche anzufertigen. Das Ergebnis war der illustrierte Prachtband *Voyage dans le Basse et la Haute Égypte* (»Reise nach Unter- und Oberägypten«), dem bei seinem Erscheinen im Jahr 1802 ein Riesenerfolg beschieden war. Im Laufe des 19. Jahrhunderts erschienen über 40 Auflagen des Buchs, das in mehrere Sprachen übersetzt wurde. Mehr als alles andere war es dieser Bestseller, der die Aufmerksamkeit des Publikums auf Ägypten lenkte – nicht nur in Frankreich, sondern in ganz Westeuropa. Später wurde es ergänzt durch andere Rückkehrer von Ägypten, die ihre Erlebnisse niederschrieben.

Der offizielle Arbeitsbericht der Gelehrten brauchte wesentlich länger bis zu seiner Fertigstellung. Die ersten Herausgeber (Nicolas Conté und sein Nachfolger, Michel-Ange Lancret) starben, bevor auch nur der erste Band erschien. Dritter Herausgeber wurde der Ingenieur und Geograf Edme-François Jomard, und er brauchte zwei Jahrzehnte, um das Werk zu vollenden, das in Paris unter dem Titel *Description de l'Égypte* in 20 stattlichen Bänden zwischen 1809 und 1828 erschien, mit einem Vorwort zur Geschichte des Landes von Joseph Fourier. Mit Hunderten von Illustrationen, viele davon koloriert, hatte dieses Monumentalwerk in der westeuropäischen Gelehrtenwelt mindestens ebenso viel Einfluss wie das Buch von Denon beim allgemeinen Publikum. Doch schon des Umfangs wegen war es fast unerschwinglich. Nur wenige Exemplare wurden hergestellt; nur einige Bände erlebten mehrere Auflagen.

Die Publikationen, die aus Napoleons ägyptischer Expedition hervorgingen, boten den Lesern etwas, von dem sie nie etwas gesehen oder gehört hatten: die Überreste einer 1000 Jahre alten Zivilisation. Schon ihre bloße Existenz war zuvor nur wenigen Gelehrten bekannt gewesen. Wie Denon sich ausdrückte, war Ägypten »ein Land, das Europa kaum mehr als dem Namen nach kennt«. Von Westeuropa aus gesehen, wurde die Welt mit einem Mal größer, älter und exotischer denn je. Dies allein reichte schon aus, eine internationale Welle der Ägyptomanie auszulösen, und in Frankreich wurden ägyptische Themen von Napoleon selbst aktiv in Szene gesetzt. Ein Stil, der seinem Imperium und seinem Hofstaat Ehre machte, ohne die Symbole des Ancien Régime zu verwenden, kam ihm sehr gelegen. Nachdem er die politische Macht innehatte, konnte Napoleon das Fiasko seiner Armee in Ägypten als Triumph ausgeben. Ägyptische Motive in der Architektur, auf Möbeln und in der Ornamentik fanden begeisterte Aufnahme. Von 15 neuen Brunnen, die aufgrund eines Dekrets von 1806 in Paris errichtet wurden, ahmten sechs den ägyptischen Stil nach. Sphingen, Pylonen und Pyramiden nutzte man als architektonische Versatzstücke. Dieser Gebrauch lenkte erst recht das Interesse auf die ägyptische Kunst, ebenso wie die ägyptischen Schauplätze in Dramen und Opern. Zu den eindrucksvollsten Bühnenbildern der Zeit gehörte das der *Zauberflöte* von Wolfgang Amadeus Mozart, die in ganz Europa aufgeführt wurde.

Die Bildtafeln in Denons Buch wurden von Bauzeichnern und Designern als Inspirationsquelle genutzt; besonderen Einfluss hatten sie auf die Möbelschreinerei und andere Bereiche der Innenarchitektur. Schon damals war Paris die Welthauptstadt der Mode. So boten die Porzellanmanufakturen in Sèvres ein ägyptisches Service an, das mit Ansichten aus dem Niltal nach Zeichnungen von Denon dekoriert war; Prunkstück war ein prachtvoller Tafelaufsatz mit Modellen eines Tempels von Philae, von Obelisken aus Luxor, den Pylonen der Tempelanlage bei Edfu und einer Phalanx aus widderköpfigen Sphingen.

Im Bemühen, eine klare Abgrenzung zu den alten königlichen Dynastien Frankreichs vorzunehmen, ersetzte Napoleon das alte Fleur-de-lys-Symbol (die mit den Bourbonen assoziierte Lilie) durch eine stilisierte Biene: ein Wappenzeichen, das auch in der ägyptischen Bilderschrift wiederkehrt. Dass die Biene auch das Hieroglyphen-Zeichen für Unterägypten bildet, wusste man damals noch nicht. Pharaonen, die über ganz Ägypten herrschten, wurden als 𓇓𓏏𓆤𓏏 begrüßt (»Der vom Schilf und von der Biene«). Möglicherweise hatte Napoleon das Bienensymbol angenommen, weil der römische Geschichtsschreiber Ammianus Marcellinus (um 325 – um 395 n. Chr.) die Biene als ägyptisches Königszeichen hervorhebt: »In einem Herrscher sollte sich die Süße mit dem Stachel verbinden.« Die Biene wurde zum dominierenden Emblem des napoleonischen Reiches, doch fanden auch andere Zeichen wie Sterne oder Lorbeerblätter Verwendung. Lorbeer war eine Anspielung auf das klassische Siegeremblem; römische Kaiser hatten den Lorbeerkranz als Herrschaftszeichen benutzt. Der Stern war fünfzackig, oft ganz ähnlich gestaltet wie die Hieroglyphe 𓇼, die man irrtümlich mit »göttlich« übersetzte (in Wahrheit bedeutet sie nichts anderes als »Stern«). In dieser Bedeutung wurde sie in der napoleonischen Ikonografie manchmal mit der Biene kombiniert, was als Attribut des Gottkönigtums galt.

Die Ägyptomanie, von der sich Europa hinreißen ließ, war ein besonderer Ansporn, die Hieroglyphen lesen zu können. Viele Gelehrte entdeckten hier eine Chance, ihren Nachruhm zu begründen und überdies noch ein Vermögen zu machen – sofern es ihnen gelänge, einen Schlüssel zu den Symbolen zu finden. Doch die Suche danach führte in den folgenden Jahren zu mancher Rivalität und zu erbitterten Anklagen gegeneinander.

2. DER ZÖGLING

Nachdem Jean-François Champollion die Hieroglyphen entziffert hatte, wurde er in Frankreich zur Legende. Man ging so weit, Anekdoten und Wundergeschichten aus seiner Kindheit zu erzählen, die seinen genialen Erfolg vorauskünden sollten. Heutzutage fällt es gar nicht leicht, in den Schilderungen seiner frühen Jahre zwischen Tatsachen, Übertreibungen und Erfundenem zu unterscheiden.

Sein Vater, Jacques Champollion, war fliegender Buchhändler und stammte aus Valbonnais südlich von Grenoble in den französischen Alpen. In dieser Gegend herrschte eine bedrückende Armut, weshalb junge und auch ältere Männer ihre Familien verließen, um monatelang als Hausierer oder gar Bettler unterwegs zu sein. 1770 ließ sich Jacques in Figeac nieder, im Südwesten Frankreichs, am Westrand der Auvergne in der Region Quercy. Dort betrieb er seinen ersten Bücherstand auf dem Markt und verkaufte eine bunte Auswahl von Neuerscheinungen oder antiquarischen Werken, darunter religiöse Traktate, Gebetbücher, politische Schriften und Pamphlete, Lexika, Zeitungen und praktische Ratgeber zu medizinischen oder landwirtschaftlichen Themen. Figeac lag an einer der Pilgerstraßen auf dem Weg nach Santiago de Compostela in Spanien, und von Anfang an fand Jacques dort sein Auskommen. Zwei

Jahre später kaufte er sich sogar ein Haus. 1773 heiratete er Jeanne-Françoise Gualieu. Sie stammte aus einer alteingesessenen Bürgerfamilie, die von einer Art Manufaktur lebte, doch für die Frau eines Buchhändlers war es merkwürdig, dass sie nie lesen und schreiben lernte. Sie und Jacques waren beide 30, als sie heirateten, und sollten insgesamt sieben Kinder bekommen, wenn auch zwei Söhne vorzeitig starben: Guilleaume bei seiner Geburt und Jean-Baptiste mit knapp zwei Jahren. Jean-François war das jüngste Kind der Familie, zu der ein weiterer Sohn (Jacques-Joseph) und drei Töchter gehörten (Thérèse, Pétronille und Marie-Jeanne).

Im Januar des Jahres, als Jean-François Champollion geboren wurde, lag seine Mutter krank darnieder und war fast gelähmt von rheumatischen Schmerzen. Die Ärzte glaubten, nichts mehr für sie tun zu können. Ein Wunderheiler namens »Jacqou der Zauberer« wurde herangezogen, und nach einer Behandlung mit Heilkräutern ging es ihr ein wenig besser. Jacqou überbot seinen Erfolg noch und weissagte, Jeanne-Françoise werde vollständig genesen und, obwohl ihre letzte Geburt schon acht Jahre zurücklag, einen Sohn zur Welt bringen, dessen Ruhm noch Jahrhunderte überstrahlen werde. Während sie sich zunehmend erholte, zeichnete sich das Eintreffen des ersten Teils der Prophezeiung bereits ab, und die Einwohner Figeacs stellten sich in freudiger Erwartung darauf ein, dass auch der zweite Teil wahr würde.

So erzählt man sich noch heute unter den Einwohnern die Vorgeschichte von Champollions Geburt, und es fällt nicht schwer, sie ins Reich der Fabel zu verweisen. Doch abgesehen von der Wahrsagerei, ist die Geschichte nicht völlig unglaubwürdig. Warum sollten in einer Zeit, als man von ärztlicher Seite Blutegel so häufig verschrieb wie moderne Mediziner Aspirin, die Heilkräuter eines »Zauberers« nicht wesentlich wirksamer gewesen sein? Dass eine 46-jährige Frau eine schwere Krankheit übersteht und kaum ein Jahr später von einem gesunden Sohn entbunden wird, ist angesichts der kargen Gesundheitsversorgung gewiss bemerkenswert. Jedenfalls erblickte Jean-François Champollion in seinem Elternhaus in Figeac das Licht der Welt, als der Morgen des 23. Dezember 1790 anbrach, in den dunkelsten Stunden des Jahres. Noch am selben Tag erhielt er die Taufe in der mittelalterlichen Kirche Notre-Dame-du-Puy, die noch immer hoch über der Ortschaft auf einer Anhöhe liegt. Sein Pate war der zwölfjährige Bruder Jacques-Joseph Champollion, als Patin nahm die Tante Dorothée Gualieu an der Zeremonie teil.

Champollion war ein Kind der Französischen Revolution. Sein Geburtshaus in der schmalen, düsteren Rue de la Boudousquerie lag kaum 30 Meter von dem kleinen Platz entfernt, wo man die Guillotine aufgestellt und den Freiheitsbaum gepflanzt hatte, das Wahrzeichen der neuen Zeit, und wo politische Versammlungen und Feste stattfanden. In frühester Kindheit musste der Junge das Gejohle von Schaulustigen bei den grausamen Hinrichtungen und die rohen Späße der Revolutionäre auf dem Platz miterleben. Als Folge der wachsenden Kluft zwischen der privilegierten und von Steuern weitgehend befreiten Adelskaste und dem Rest der Bevölkerung, der von Klerus und Staat ausgepresst und zunehmend unterdrückt wurde, war 1789, im Jahr vor seiner Geburt, die Revolution ausgebrochen. Im darauf folgenden Jahrzehnt wurde die Bourbonendynastie von ihrem angestammten Thron vertrieben; König Ludwig XVI. und zahllose Adlige endeten unter dem Fallbeil. Die katholische Religion wurde unterdrückt, und auf die Monarchie folgte eine Serie improvisierter Regierungen.

Manche Zeitgenossen entledigten sich während dieser Umwälzungen ihrer unliebsamen Nachbarn, indem sie behaupteten, diese stünden dem neuen Regime feindlich gegenüber, und sie bei den Behörden anschwärzten. Viele wurden hingerichtet, bloß weil sie auf die jeweilige Revolutionsregierung geschimpft haben sollten. In Figeac war das Spielen in den Straßen für Kinder ebenso gefährlich wie überall sonst in Frankreich, und die meisten Schulen blieben geschlossen, weil sie zuvor von religiösen Orden geleitet worden waren. Champollion, der die meiste Zeit zu Hause verbrachte, erlebte eine freudlose Kindheit, aber kindlich war er im Grunde genommen nie gewesen. Wie viele aufgeweckte Sprösslinge war er seinen Altersgenossen schon bald überlegen und fühlte sich unter Erwachsenen wohler. Bis er sieben wurde – im selben Jahr, als Napoleon mit seiner Expedition nach Ägypten aufbrach –, erhielt Jean-François keine vernünftige Erziehung. Seine Mutter scheint noch häufiger krank geworden zu sein und war nicht imstande, sich um ihn zu kümmern; sein Vater war oft abwesend, und vermutlich blieb er zumeist in der Obhut seines Bruders und seiner Schwestern. Den größten Teil des Tages verbrachte er mit stiller Selbstbeschäftigung daheim oder im Buchladen. Für eine Familie mit fünf Kindern war das Haus viel zu beengt. Ringsum von größeren Gebäuden umgeben, hatte es ein Erdgeschoss, zwei Stockwerke und ein *soleilho* unterm Dach. Viele Häuser in dieser Region verfügen über solche offene oberste Stockwerke mit einem Dach, das von Stein- oder Holzsäulen getragen wird. In der dicht besiedelten Kleinstadt nahmen die *soleilhos* die Funktion von Hinterhöfen ein. Hier stapelte man Feuerholz, trocknete die Wäsche und zog sogar Grünpflanzen – zweifellos nutzten die Kleinen sie auch als Spielplätze.

Champollions hohe Intelligenz brachte es mit sich, dass er sich schnell langweilte. Der eingeengte Horizont machte alles noch schlimmer und führte nicht selten zu einem Auf und Ab wechselnder Launen: Mal nahm er teil am ausgelassenen Spiel seiner Geschwister, im nächsten Moment hing er seinen Gedanken nach oder vertiefte sich in irgendetwas, das seine Aufmerksamkeit geweckt hatte. Seine sich allmählich herausbildende Charakterstärke half ihm später dabei, mit der Kehrseite seines heißblütigen Temperaments, seiner nagenden Ungeduld, fertig zu werden. Zum Lieblingstier hatte er sich den Löwen erkoren, und er nannte sich selbst *lion* (Löwe) – vielleicht als leichter auszusprechendes Kürzel zu »Champollion«. Als Student in Paris hat er später manche Briefe mit der arabischen Wendung *Assad Saïd al-Mansour* (siegreicher Löwe) unterzeichnet.

Von Büchern umgeben, doch ohne gründliche Anleitung, versuchte er sich das Lesen und Schreiben selbst beizubringen, offenbar mit einigem Erfolg – wieder eine Legende, auf die seine Leidenschaft für die Entzifferung unbekannter Schriften zurückgeführt wird. Ferner fing er an, Zeichnungen zu kopieren (»Schreiben« war für Champollion ja zunächst das Abmalen von Wörtern gewesen). Damit erschloss er sich ein Talent, aus dem eine lebenslange Leidenschaft für die Malerei werden sollte. Die geistige Flexibilität, die ihm ermöglichte, Handschriften als eine Ansammlung von Bildern, Bilder als aussagekräftige

Handschriften anzusehen, mag aus dieser Phase herstammen. Außerdem zeigte sich schon früh ein weiterer Zug, der sein Leben lang anhalten sollte: Immer fand man ihn ganz nah am Herd kauernd; wie Napoleon hatte es Champollion gern warm und verabscheute es, zu frieren. Die Feuerstelle in der Wohnung seiner Eltern zeigte auf dem steinernen Kaminsturz ein abgewetztes altes Wappen, das vermutlich zwei springende Hunde mit einem Baum in der Mitte zeigte. In den Augen Champollions waren diese Tiere Löwen, was die Liebe zu seinem selbst gewählten Emblem womöglich noch mehr anfachte.

Champollion war erst vier, als sein 16-jähriger Bruder Jacques-Joseph seine erste Anstellung im Gemeindeamt von Figeac bekam. Zwar hatte auch er nur eine sporadische, durch die revolutionären Wirren abgebrochene Ausbildung genossen, doch Jacques-Joseph war ehrgeizig und lernte schnell. Bald war er für das Eintragen neuer Gesetze und für das Visieren der Pässe zuständig, für Reisedokumente, die jedermann brauchte, der innerhalb Frankreichs reiste, nicht bloß für Auslandsreisen. Schon damals war er ein Bücherwurm und interessierte sich für alte Geschichte, was sich auch auf den kleinen Bruder übertrug. Doch wie viele junge Männer zu dieser Zeit war er ebenso begeistert von den Eroberungen Napoleons, des »unbesiegbaren« Generals. Anfang 1798 hörte Jacques-Joseph Gerüchte, dass Napoleon eine Expedition ausrichtete, wollte unbedingt teilnehmen – und erlebte die doppelte Enttäuschung, von der Armee abgewiesen zu werden und später zu erfahren, dass Ägypten das Ziel gewesen war. Wenige Monate später, im Juli, konnte der Vater mithilfe seiner Cousins Jacques-Joseph im fernen Grenoble unterbringen, bei Chatel, Champollion & Rif, einem kleinen, auf Textilien spezialisierten Import-Export-Geschäft, das immerhin bis in die Vereinigten Staaten lieferte.

In den Monaten vor seiner Übersiedlung nach Grenoble hatte Jacques-Joseph seinen Bruder zu unterrichten begonnen. Der jüngere Champollion musste sich daher nicht nur von seinem geliebten Bruder trennen, auch mit der Ausbildung war es zunächst einmal vorbei. Erst im November 1798, kurz vor seinem achten Geburtstag, kam er auf die eben wieder eröffnete Grundschule für Knaben in Figeac. Dort fühlte er sich allerdings gar nicht wohl. An Disziplin war er nicht gewöhnt, und die meisten Unterrichtsfächer missfielen ihm. Manche Fächer waren ihm zu simpel, andere interessierten ihn nicht, und die mechanischen Paukmethoden gingen ihm auf die Nerven. Mathematik war ihm grundsätzlich verhasst, vor allem das Kopfrechnen; dies und seine unkonventionelle Rechtschreibung brachten ihn ständig in Schwierigkeiten. Bald erkannte man, dass er für die Schule ebenso wenig taugte wie die Schule für die besonderen Bedürfnisse dieses hoch begabten Kindes. Auf Drängen seines Bruders nahm man ihn herunter und übergab ihn der Obhut von Dom Calmels, einem Hauslehrer.

Der ehemalige Benediktiner (bis zur Aufhebung der Klöster durch die Revolutionsregierung) gab Champollion zwei Jahre lang Privatunterricht. Zu seinen Lehrmethoden gehörten Spaziergänge durch Figeac und Umgebung, bei denen über alles und jedes diskutiert wurde, was der Schüler beobachtete oder wissen wollte. Auf diese Weise wurden Auffassungsgabe und Denkvermögen des Schülers trainiert. Damals war Figeac eine deltaförmige Ansammlung meist mittelalterlicher Sandsteinbauten, dicht an dicht innerhalb der alten Stadtmauern gedrängt und von engen Straßen unterbrochen. Auf der sanften Anhöhe am Nordufer des Flüsschens Celé gelegen, bot die eigentliche Siedlung nur an wenigen Stellen Ausblick auf die grüne Hügelkette ringsum.

Gute Fortschritte machte Champollion im Lateinischen und Griechischen, worin sich seine frühe Veranlagung für Sprachen zeigt. Die Ausflüge ins Umland weckten seine Neugier, und er begann, sich für Naturgeschichte ebenso zu interessieren wie für Kunst und Architektur. Doch insgesamt lernte er nur unsystematisch. Lese- und Rechtschreibschwächen blieben, und noch immer litt er unter heftigen Stimmungswechseln. Nach einem Jahr Unterricht schrieb Dom Calmels an Jacques-Joseph, wie sein Bruder vorankam, räumte jedoch ein, dass er »Geschmack und großen Lerneifer an den Tag legt, doch werden Geschmack und Eifer von einer Apathie überlagert, einer Nachlässigkeit, mit der schwer auszukommen ist. An manchen Tagen will er alles auf einmal wissen, an anderen rührt er keinen Finger«. Es scheint, als sei Champollion damals nur durch Zuneigung und Achtung für seinen älteren Bruder motiviert worden, und von nun an bemühte sich Jacques-Joseph jahrelang, ihn zu ermutigen, anzuspornen und manchmal regelrecht zu zwingen, an sich zu arbeiten.

Mit der Zeit wuchs Champollions Wissen über das seines Lehrers hinaus, und Dom Calmels schlug vor, in Grenoble nach einem geeigneteren Ausbilder für die unverkennbaren Geisteskräfte des jungen Wunderkinds zu suchen. Infolgedessen schrieb Jacques-Joseph seinem Bruder und warnte ihn: »Wenn du wirklich bei mir leben willst, musst du rasch etwas Ordentliches lernen; Einfaltspinsel taugen nichts!« Im März 1801 trat Champollion die über 320 Kilometer weite Reise nach Grenoble an; seine Mutter sah ihn nie mehr wieder. Schon aus der Ferne war Jacques-Joseph die treibende Kraft in der Ausbildung des Bruders gewesen; jetzt gewann er vollends die Oberhand.

Als der Junge in Grenoble eintraf, war er zehn Jahre alt, von dunkler Hautfarbe, schwarz gelocktem Haar und sehr dunklen, mandelförmigen Augen, deren Funkeln von lebhafter Intelligenz und heftigem Temperament kündete. Als er aus der Kutsche stieg, befand er sich mitten in einer wohlhabenden, aufstrebenden Kleinstadt. Grenoble im Südosten Frankreichs liegt mitten im Gebirge, und von der Grande Rue, der Hauptstraße, konnte man nach allen Richtungen Ausschau halten und ringsum Berge entdecken, deren Gipfel oft das ganze Jahr mit Schnee bedeckt sind. Damals setzten die – heute größtenteils beseitigten – Befestigungsanlagen aus dem 17. Jahrhundert der Stadtentwicklung in der Ebene am Zusammenfluss von Isère und Drac enge Grenzen. Die beiden Flüsse sind schnell und oft reißend, weshalb es zahlreiche Überschwemmungen gab. Weit mehr als sein Geburtsort Figeac sollte Grenoble die Stadt sein, in der Champollion zu Hause war und die er liebte.

Angenehm war an Grenoble, dass es weitgehend frei war von Erinnerungen an revolutionäre Exzesse und Blutvergießen, was in so vielen französischen Städten die jüngere Geschichte überschattete. Die Angehörigen des Adels gehörten hierzulande zu den Vorkämpfern der Revolution und hatten den König schon zehn Jahre vor dem Ausbruch aller Kampfhandlungen genötigt, die französischen Generalstände einzuberufen. Von Terror und bürgerkriegsähnlichen Auseinandersetzungen, die anderswo das Geschehen bestimmten, blieb die Gegend im Großen und Ganzen verschont. Lediglich auf dem Gipfel der Schreckensherrschaft waren Ruhe und Ordnung in Grenoble gefährdet, als die Nachricht kam, dass eines jener Revolutionskomitees, mit denen die blutige Verfolgung unschuldiger Opfer betrieben wurde, in der Stadt installiert werden sollte. Doch der Führer der Revolutionsregierung während der Schreckensherrschaft, Maximilien Robespierre, wurde im Juli 1794 selbst verhaftet und hingerichtet.

Der Zusammenbruch seines Regimes rettete Hunderten das Leben, die in den Gefängnissen von Paris auf ihre Hinrichtung warteten, darunter auch einer jungen Aristokratenwitwe namens Marie-Joseph-Rose de Beauharnais. Der Höhepunkt der Krise war überschritten, und in den folgenden Jahren entwickelte sich Grenoble zum wirtschaftlichen und intellektuellen Zentrum, wo Champollion seine Jugendjahre verbrachte – während die junge Witwe Madame de Beauharnais wieder heiratete und Josephine Bonaparte wurde, die künftige französische Kaiserin.

Bald nach seiner Ankunft in Grenoble hatte Jacques-Joseph seinen Nachnamen in Champollion-Figeac geändert. Manche haben darin einen Versuch sehen wollen, sich von seinem Bruder Jean-François zu unterscheiden: als hätte sich schon früh gezeigt, dass dieser zu Höherem bestimmt war. Wahrscheinlicher ist, dass sich Jacques-Joseph von seinen Cousins Champollion in Grenoble unterscheiden wollte; außerdem kennzeichnete es ihn als Vertreter des aufstrebenden Bürgertums. Wer höher hinauswollte, schmückte sich gern mit wohlklingenden Nachnamen und hängte zusätzlich den Geburtsort an den eigenen. Vor der Revolution hätte Jacques-Joseph womöglich seinen Namen in »Champollion de Figeac« umgewandelt, um ihm einen aristokratischen Beiklang zu geben. Doch auch nach dem Ende der Schreckensherrschaft war es noch immer nicht ratsam, sich als Aristokrat auszugeben. Selbst Madame de Beauharnais hatte, wie viele ihrer adligen Standesgenossen, das »de« aufgegeben und nannte sich nur noch »Bürgerin Beauharnais«. Obwohl auch Jean-François später gelegentlich mit dem Nachnamen Champollion-Figeac geführt wurde, scheint er die modische Namensänderung nicht mitgemacht zu haben. Er selbst zeichnete gern mit »Champollion le Jeune« (Champollion der Jüngere).

Von frühester Kindheit an war er sich – trotz seiner Rechtschreibschwäche – der Bedeutung des Wortes und einer präzisen Übermittlung von Botschaften bewusst. Später benutzte er originelle Wendungen und besonders Spitznamen wie scharf geschliffene Dolche. Dass er sich beharrlich weigerte, den von seinem Bruder angenommenen Nachnamen zu tragen, zeigte schon in dieser frühen Zeit seine eigensinnige Haltung zur Gesellschaft. Champollion hat den sozialen Ehrgeiz seines Bruders nie geteilt, und zu seinem Leidwesen fehlten ihm auch der Takt und die diplomatische Raffinesse, die Jacques-Joseph in jener turbulenten Zeit so manche Wege ebneten.

Während der ersten 20 Monate seines Aufenthalts in Grenoble wurde Champollion zuerst von einem Hauslehrer unterrichtet, später allein von seinem Bruder. Noch immer zeigte er Stimmungsschwankungen, von denen Jacques-Joseph teilnahmsvoll an Dom Calmels schrieb: »Gelegentlich enthusiastisch und übereifrig, scheint er zu fürchten, dass seiner Lernbegierde Grenzen gesetzt sind, dann wieder faul und erschlafft, als gebe es immer nur Hindernisse zu überwinden und Schwierigkeiten zu meistern« – Kommentare, die mit den früheren Berichten Dom Calmels auffallend übereinstimmen. Jacques-Joseph glaubte, Champollions Verstand sei die Ursache solcher Eigenheiten, weil er sich nicht gewissenhaft auf eine einzelne Aufgabe einstellen wolle. Doch dieses Fehlverhalten sollte sich rasch ändern. Im November 1802 besuchte Champollion erstmals die Privatschule des Abbé Dussert, der als Lehrer einen außerordentlichen Ruhm genoss und sich seine Dienste entsprechend gut bezahlen ließ. Jacques-Joseph erbrachte kein geringes Opfer, indem er das Schulgeld für den denkbar besten Unterricht seines Bruders zahlte. Zugleich war es ein überzeugender Beweis für Champollions Sprachbegabung, dass der Mensch, der ihn am besten kannte, keine Ausgaben scheute, um dieser Veranlagung die bestmögliche Entwicklungschance zu geben.

Dusserts Schule arbeitete eng mit der École centrale zusammen, einer der wichtigsten staatlichen Bildungsstätten jener Zeit. Champollion lernte Sprachen bei Abbé Dussert, doch für die meisten anderen Fächer musste er die École centrale aufsuchen. Sofort zeigte sich seine erstaunliche Auffassungsgabe für Fremdsprachen, und nach einem Jahr zeigte er so große Fortschritte in Latein und Griechisch, dass man ihm erlaubte, das Hebräische zu studieren sowie die drei anderen semitischen Sprachen: Arabisch, Syrisch und Chaldäisch. Die letzteren wählte er aus, um die Forschungen voranzubringen, die er in seiner Freizeit begonnen hatte. Obwohl erst zwölf, war er fasziniert von den Ursprüngen der Menschheit, und da die Bibel als ältester bekannter historischer Text die Erschaffung der Welt schildert, wollte er die Fehler der späteren Übersetzungen vermeiden und den Text in der Originalversion lesen. Schon hatte er begonnen, eine *Chronologie der ältesten Völker* zu erstellen, worin er von seinem Bruder bestärkt wurde. Jacques-Joseph sammelte Unmengen von Büchern und profitierte vom niedrigen Preis, zu dem sie von Leuten verkauft wurden, die während der Revolution alles verloren hatten. Seine wachsende Bibliothek war seinem Bruder beim Studium von großem Nutzen.

Anfangs scheint sich Champollion in Grenoble sehr wohl gefühlt zu haben, nicht nur, weil er sich auf die antiken Sprachen stürzen konnte, sondern weil er Vergnügen an den Lektionen in der École centrale fand. Zwar blieb er mit der Mathematik auf dem Kriegsfuß, doch seine Zeichenkünste verbesserten sich immer mehr. Überdies fand er besonderes Vergnügen an der Botanik und wanderte in die umliegenden Berge, um Pflanzen zu sammeln und zu trocknen – ebenso, wie er zuvor mit seinem Hauslehrer in Figeac spazieren gegangen war und über alles diskutierte, was ihnen begegnete.

Schon zu Beginn seiner Zeit in Grenoble genoss er außerdem das unglaubliche Privileg, sich mit dem kürzlich ernannten Präfekten zu treffen und zu unterhalten. Dieser Präfekt war kein Geringerer als Jean Baptiste Joseph Fourier, einer der hervorragendsten Gelehrten bei Napoleons ägyptischer Expedition, der eine Schlüsselrolle bei der Gründung des Ägyptischen Instituts in Kairo gespielt hatte. Schon vor der Expedition hatte er sich als Mathematiker und Naturwissenschaftler einen Namen gemacht, und bei seiner Rückkehr nach Frankreich im Alter von

33 Jahren beauftragte man ihn, die historische Einleitung zur *Description de l'Égypte* zu schreiben. Anfang 1802, ein paar Monate nach seiner Ankunft in Europa, als er seine neue Stellung als Präfekt des Départements de l'Isère in Grenoble antrat, war Fourier schon ein berühmter Mann.

Die Gelehrten, die an der Expedition teilgenommen hatten, nannten sich selbst »Ägypter« und waren noch immer fasziniert von allem, was mit diesem Land zu tun hatte. Darin war Fourier keine Ausnahme. Und während er die *Description de l'Égypte* vorbereitete, studierte er zahlreiche Aspekte des ägyptischen Altertums, insbesondere die Astronomie – soweit es seine Amtspflichten als Präfekt zuließen. Zu diesen gehörte auch die Aufsicht über staatliche Schulen. Bei einer Inspektion war er so beeindruckt von der Ägypten-Begeisterung, die ein Schüler namens Jean-François Champollion an den Tag legte, dass er ihn einlud, um ihm seine Sammlung von Antiquitäten zu zeigen. Als man ihn zur Präfektur zitierte und er den berühmten Wissenschaftler, »Ägypter« und mächtigsten Mann in Grenoble vor sich sah, war der Elfjährige so nervös, dass es ihm die Sprache verschlug und er auf keine der Fragen etwas herausbrachte, die Fourier ihm stellte. Als ihm der Präfekt von seiner Zeit in Ägypten erzählte und einige Mitbringsel zeigte, fasste Champollion sich wieder. Erstmals sah er Hieroglyphen, deren Sinn niemand zu deuten vermochte, geschrieben auf Steintafeln und Papyrusfragmenten. Als Champollion wieder entlassen war, hatte er den Entschluss gefasst, die alte Schrift nicht nur zu studieren und zu entziffern, sondern unmissverständlich erklärt, dass es ihm eines Tages gelingen werde. Ob das nun eine Weissagung war oder nur die kühne Selbsteinschätzung eines jugendlichen

Enthusiasten: Fortan nahmen beide, Präfekt und Schüler, großen Anteil aneinander bis zu Fouriers Tod im Jahr 1830, und tatsächlich liegen heute sogar ihre Gräber auf dem Pariser Friedhof Père-Lachaise nebeneinander.

Wie Fourier in Grenoble erfuhr, war Ägypten noch immer Tagesgespräch in ganz Frankreich. Die offizielle Propaganda hatte Napoleons Expedition als überwältigenden Erfolg ausgegeben, die Ägyptomanie hielt immer noch an und wurde durch Niederschrift und Publikation der *Description de l'Égypte* weiter angefacht. Während in der Hauptstadt die Autoren des Monumentalwerks ihre Aufzeichnungen redigierten, arbeitete Fourier in Grenoble am Vorwort. Champollion musste unterdessen seine Zeit einteilen in Privatstunden bei Abbé Dussert und dem staatlichen Unterricht an der École centrale, wo er sich allmählich eingelebt hatte. Leider wurde das staatliche Ausbildungssystem soeben einer drastischen Reform unterzogen, und es sollte noch eine Weile dauern, bis ihm das Lernen wieder solche Freude machte.

Als letzte revolutionäre Regierung war das Direktorat 1799 von Napoleon bei seiner Rückkehr aus Ägypten gestürzt und durch das Dreier-Konsulat ersetzt worden. In seiner Stellung als Erster Konsul war Napoleon der eigentliche Diktator. Über mehrere Jahre hinweg befasste er sich persönlich mit der Neustrukturierung des französischen Schulwesens. Ein Gesetz von 1802 sorgte für die Gründung von 45 Lycées (Gymnasien) im ganzen Land, in denen die Regierung für jeweils 180 Schüler das Schulgeld übernahm. Die Lycées sollten Eliteschulen für Knaben werden, in denen die Regierung einen Lehrplan, Schuluniformen und militärische Disziplin vorschrieb. Selbst die 526 Bücher der einzelnen Schulbibliotheken wurden von der Regierung festgelegt, um sicherzustellen, dass alle Schulen dasselbe Lehrmaterial gebrauchten. Diese Liste enthielt 56 Titel aus der französischen Literatur gegenüber 142 klassischen Texten der Antike. Den Schwerpunkt des Kanons bildeten lateinische und griechische Schriften sowie Mathematik, außerdem die Fächer Naturgeschichte, Chemie, Technisches Zeichnen und Geografie. Philosophie wurde absichtlich weggelassen, eine Konzession an die kürzlich rehabilitierte katholische Kirche, und der Geschichte als einem potenziell kontroversen Fach blieb nur ein geringer Anteil.

Die Lycées waren Grundschulen, in denen alle Jungen einheitliche Kleidung und Zweispitz tragen mussten. Ursprünglich waren blaue Uniformen vorgesehen, doch weil die Färbemittel aus den französischen Kolonien kamen und wegen der Seeblockade der feindlichen Allianz nur noch schwer zu bekommen waren, ordnete man Grau als einheitliche Farbe an. Die Jungen wurden militärisch gedrillt, in Kompanien und Ranglisten eingeteilt, die denen eines Infanterieregiments ähnelten, und jeden Termin ihres alltäglichen Stundenplans, von halb sechs in der Frühe bis neun Uhr abends, markierte ein martialischer Trommelwirbel. In Grenoble wurde das Lycée erst 1804 gegründet, wobei man die Einrichtungen der ehemaligen École centrale übernahm. Zu Beginn dieses Jahres hatte Champollion das Examen bestanden, das zur Aufnahme in ein Lycée berechtigte, sowie ein Stipendium für sein Schulgeld erhalten. Doch an seinen Platz in der neuen Schule, die er bereits resigniert ein »Gefängnis« nannte, dachte er mit gemischten Gefühlen.

Auf dem Kontinent herrschte damals eher angespannte

Stille als echter Friede, während die Großmächte wie Österreich und Russland am französischen Imperium festhielten und ihre Stunde abwarteten. Aber im Mai 1803 kam es zu erneuten Feindseligkeiten zwischen Großbritannien und Frankreich. Am Ende des darauf folgenden Jahres erreichte Napoleon den Gipfel seiner Macht, als er sich am 2. Dezember 1804 zum Kaiser und Josephine zur Kaiserin krönte. Ungefähr um dieselbe Zeit fühlte sich Jean-François Champollion, inzwischen fast 14 Jahre alt, vollkommen machtlos: Seit 14 Tagen war er auf dem Lycée und dachte ernstlich ans Weglaufen. Voll Bitterkeit und Abscheu gegen die Schulordnung, die er für sinnlosen Zwang und Zeit raubenden Drill hielt, wünschte er sich nichts sehnlicher als die Freiheit, nach Herzenslust zu lernen. Außerdem vermisste er seine ehemaligen Schulfreunde – und, allen voran, seinen geliebten Bruder.

Champollion blieb fast zweieinhalb Jahre als Interner im Lycée und schrieb in dieser Zeit fast täglich an seinen Bruder. Daher kennen wir viele Details, Gedanken und Gefühle aus seinem damaligen Leben, doch sind die meisten Briefe undatiert, und in den wenigsten finden sich Hinweise darauf, aus welcher Zeit sie stammen, woran schon Jacques-Joseph Anstoß nahm: »Ich habe, mein lieber Bruder, den Brief erhalten, den du mir geschrieben hast – wann, weiß ich allerdings nicht, denn nach deiner Gewohnheit trägt er kein Datum.« Auch ärgerte sich Jacques-Joseph über die nachlässige Art und Weise, wie sein Bruder seine Briefe zu Papier brachte, und warnte ihn: »Was die Sprache betrifft, wäre es mir lieb, du würdest mit mehr Sorgfalt deine Briefe schreiben. Das ist ein schwer wiegender Fehler, denn einen schlechten Stil kann man sich auch angewöhnen.« Auf den ersten Blick schien Champollions Schreibweise höheren Ansprüchen gerecht zu werden, doch es sollte noch einige Jahre dauern, bis seine Briefe mehr als hastige, manchmal etwas wirre Botschaften enthielten.

Nachdem er eingesehen hatte, dass Weglaufen zwecklos war, bat er Jacques-Joseph immer wieder, ihn auf eine andere Schule zu schicken, obwohl im klar war, dass sein Bruder es dabei belassen wollte: »Könntest du mich nicht vom Lycée herunternehmen? Bis jetzt habe ich mich zusammengerissen, um dich nicht zu enttäuschen. Aber inzwischen ist es kaum noch zu ertragen. Ich spüre, dass ich nicht dazu tauge, so eingeengt wie hier zu leben... Muss ich noch lange bleiben, weiß ich nicht, wie lange ich das überlebe.«

Mag sein, dass Champollions Unbehagen mit dem Stress zu tun hatte, den viele Internatsschüler erleiden – eine neue Schule besuchen und erstmals längerfristig von zu Hause getrennt sein. Doch Champollion bekam ernsthafte Probleme mit dem Drill des Lycée.

In einen starren Lehrplan eingezwängt, bei dem ihm manche Lektionen viel zu leicht erschienen und andere völlig uninteressant, wie beispielsweise Mathematik, durchlitt Champollion wieder die heftigen Stimmungstiefs wie schon als Erstklässler. Mal zeigte er sich restlos begeistert, dann wieder schwermütig und vollkommen apathisch. Doch selbst in seinen besten Zeiten trugen ihm sein unabhängiger Geist und sein Genie manche Feinde unter den Lehrern ein, die ihn immer nur als faulen, launischen und widerspenstigen Burschen wahrnehmen wollten. Die Querelen mit pingeligen Vorstehern der Lycée-Verwaltung waren jedoch nicht seine einzige Sorge. Sein Stipendium deckte nicht viel mehr als drei Viertel der Kosten, für das restliche Viertel musste Jacques-Joseph aufkommen, der nicht allzu viel Geld für seinen Bruder erübrigen konnte. Champollion war ständig pleite. Seine knappe Barschaft machte sich desto unangenehmer bemerkbar, als viele seiner Kommilitonen aus reichen Familien stammten und ein mehr als großzügiges Taschengeld erhielten. Ihm hingegen fehlte es an Schuhen, Kleidern und vor allem Büchern. Die Mittellosigkeit war damals ein wiederkehrendes Thema in seinen Briefen an den Bruder, und zu Champollions Unglück sollte sie ihm lebenslang immer wieder zu schaffen machen.

Noch weniger erträglich als die Lektionen war die Tatsache, dass man ihm verboten hatte, während der Freizeit eigenen Forschungsneigungen nachzugehen. Er war gezwungen, die Bücher über seine lehrplanfernen Lieblingsthemen zu verstecken, wie die Hebräisch- und Arabisch-Lehrbücher, die er hastig im Dunkeln überflog, während ein Nachtwächter seine Runden drehte. Seine allnächtlichen geheimen Studien zehrten nicht nur an seinen Kräften, sondern zogen auch seine Sehkraft in Mitleidenschaft, besonders auf dem linken Auge, denn er musste beim Lesen auf einer Seite liegen, um vom Schimmer einer nahe gelegenen Straßenlaterne zu profitieren. Champollion schwelgte immer wieder in seinem Selbstmitleid, wenn er den Kummer seines Daseins mit den Freuden eigener Forschung aufwiegen wollte: »Den orientalischen Sprachen, meiner Leidenschaft, kann ich mich nur einmal am Tag widmen… Griechisch, Hebräisch mit seinen Dialekten und Arabisch: Da hast du, wonach ich lechze und was ich zu lernen wünsche!«

Wiederkehrende Geldforderungen und Bücherwünsche, die von Sachkenntnis und Frühreife künden, prägen seine Briefe: »Vergiss nicht die übrigen Bücher… und ich bitte inständig, mir das Wörterbuch und die äthiopische Grammatik von Ludolph beizulegen! Sei versichert, dass sie mich nicht von den übrigen Fächern ablenken werden… Ich flehe dich an, mein lieber Bruder, mir einen Homer zu schicken, egal in welcher Ausgabe; ich wäre überglücklich, wenn es noch heute Abend ginge, ich brauche ihn äußerst dringend!«

Doch selbst in seinen rüdesten Bettelbriefen findet er immer wieder Worte der Liebe und Dankbarkeit für seinen Bruder: »Glaubst du, ich vergäße nur für einen Augenblick, was ich der Güte und väterlichen Fürsorge verdanke, die du mir erweist, seit ich zurückdenken kann?« Später sollte er sich für diese Güte revanchieren, indem er durch dick und dünn zu Jacques-Joseph hielt und jahrelang dessen Kinder unterrichtete. Auch war sich Champollion nur zu bewusst, dass nicht nur seinem Bruder die Mittel zu seinem Unterhalt fehlten, sondern dass er seine Eltern in noch schwierigerer Lage zurückgelassen hatte. Als ihm sein Vater seinen Beistand zusicherte, war Champollion einfühlsam genug, taktvoll abzuwehren:

»Mir fehlt nichts. Aber ich danke dir für dein freundliches Angebot. Mein Bruder sorgt für alles, was ich brauche. Bitte richte ihm aus, wie dankbar ich ihm bin. Wenn ich aus seinem brüderlichen Beistand das Bestmögliche mache, kann ich hoffentlich einst den Beweis erbringen, dass er sich keiner undankbaren Person angenommen hat.«

Während er allmählich, im stetigen Wechsel zwischen langen, öden Wintermonaten im Lycée und den flüchtigen sonnigen Wochen der Schulferien, die er bei Jacques-Joseph verlebte, ins Jünglingsalter kam, entwickelte sich bei Champollion das Bewusstsein für Freiheit in jeglicher Form, besonders aber für die Freiheit des Gedankens. In seiner Liebe und Verehrung für den Bruder, die an Vergötzung grenzte, ahnte er wohl, dass ihm das Lycée die beste erreichbare Ausbildung bot. Seine Dankbarkeit für Jacques-Josephs Hilfe hinderte ihn daran, die Schule abzubrechen. Sosehr er die Lektionen verabscheute und sich abhängig fühlte, ganz nutzlos waren sie ihm nicht. Mit vielen seiner Mitschüler war Champollion gut befreundet. In mehreren gelehrten Vereinen, zu deren Gründung die Absolventen des Lycée ermuntert wurden, war er die treibende Kraft. Oftmals wurde er von den Klassenkameraden zum »Korporal« gewählt, ein mit dem Schulsprecher vergleichbares Amt, das man für 15 Tage bekleidete; auch wenn ihm der Unterricht gegen den Strich ging, war er doch einer der besten Schüler.

Doch die Beschränkungen, die das Lycée seiner eigenen Forschung auferlegte, empörten ihn, zumal er in den Sommerferien 1804 – bevor er in den Kreis der Internen aufgenommen wurde – den Aufsatz ausgearbeitet hatte, den er später seine »erste Dummheit« nannte: die »Remarques sur la fable des géants d'après les étymologies hébraïques« (Bemerkungen über die Legende von den Riesen nach der hebräischen Etymologie). Darin analysierte er Namen aus der griechischen Sagenwelt und leitete sie – oftmals irrig – von vermeintlichen Ursprüngen in den orientalischen Sprachen ab, die er erlernt hatte. Mochten die Ergebnisse fragwürdig sein, die Methode selbst faszinierte ihn, und er kam zu dem Schluss, dass sich die Antike über die Etymologie am besten studieren ließ. Zwar hatte er sich schon eine

Weile mit Ägypten befasst, doch noch war er nicht von Hieroglyphen besessen: Nach wie vor begeisterte er sich für die Chronologie der Menschheit und deren Anfänge. Zu diesem Zweck verschlang er die entsprechende Literatur und ließ seine Kommilitonen weit hinter sich. Doch bald stellte sich heraus, dass man sich neue und noch unerschlossene Quellen zur frühesten Menschheitsgeschichte – älter noch als die biblische Überlieferung – über das Koptische (die Sprache der ägyptischen Christen) und die Hieroglyphen aneignen konnte. Eine Schrift, die den Gelehrten seit über 1000 Jahren verschlossen war, musste doch endlich ihre Geheimnisse preisgeben!

Während des 15. und 16. Jahrhunderts waren eine Unmenge griechischer und lateinischer Texte hierzu entdeckt und veröffentlicht worden – einige zählen zu den frühesten gedruckten Büchern überhaupt. Keiner dieser antiken Autoren hatte Hieroglyphen lesen können, doch verbreiteten sie die irrige Ansicht, dieses Schreibsystem – bestehend aus wiedererkennbaren Bildern natürlicher oder von Menschen hergestellter Dinge und Lebewesen – enthielte mystische oder allegorische Botschaften. 1419 gelangte ein griechisches Manuskript der *Hieroglyphica* nach Italien, das Werk eines Autors aus dem 4. oder 5. Jahrhundert mit dem Namen Horapollo. Seine 189 Abschnitte beschäftigen sich jeweils mit einzelnen Hieroglyphen, und obwohl der Autor über einige Kenntnisse in der Hieroglyphen-Kunde verfügte, lieferte er zugleich fantasievolle allegorische Deutungen und fabulierte sogar erfundene Hieroglyphen hinzu. Mehrmals wurden Abschriften des Manuskripts angefertigt, die in Florenz kursierten. Im Jahr 1505 wurde es erstmals gedruckt und erlebte in den folgenden Jahrhunderten zahlreiche Auflagen. Bei Künstlern und Intellektuellen der Renaissance in Italien und anderswo weckten die *Hieroglyphica* reges Interesse für Hieroglyphen. In einer Zeit, als alles und jedes – Träume, die Landschaft, Kometen – als Gleichnis für etwas anderes aufgefasst und interpretiert wurde, glaubte man in den Hieroglyphen den Schlüssel zum wahren Wissen zu erkennen. Der alten ägyptischen Religion sagte man nach, das Christentum prophezeit zu haben. Hieroglyphen galten als die Gleichnisse dieser Religion, als Ausdruck göttlicher Wahrheiten, die nicht in profanen Worten ausgedrückt werden und vor den Uneingeweihten verborgen bleiben sollten.

Die Vorstellung, dass Hieroglyphen verschlüsselte mystische Botschaften enthalten, setzte in den folgenden 300 Jahren eine Kettenreaktion missglückter Entzifferungsversuche in Gang. Antiken Autoren zufolge sollen sich die Ägypter zweierlei Schriften bedient haben: einer heiligen, allegorischen, und einer gewöhnlichen. Der griechische Historiker Herodot benutzte hierfür die Begriffe »heilig« *(hiera)* und »gewöhnlich« *(demotika)*. Was die frühen Gelehrten nicht wussten: Aus den Hieroglyphen hatte sich eine vereinfachte Kursive (»Handschrift«) entwickelt, die den alltäglichen Gebrauch einer Schriftform der ägyptischen Sprache erleichterte. Das Hieratische war die früheste derartige Kursive; im Verlauf der Geschichte Ägyptens war sie über lange Zeit gebräuchlich. Wie sich die ägyptische Sprache im Laufe von Jahrhunderten veränderte, wandelte sich auch die hieratische Schrift, bis um 650 v. Chr. sowohl Sprache als auch Schrift solche Eigenständigkeit erlangt hatten, dass man ihnen später den Namen »demotisch« geben konnte. Als eine Schrift, die schwer zu lesen und kaum noch als Nachfolgerin des Hieratischen und der Hieroglyphen erkennbar ist, wurde das Demotische auch für manche Inschriften benutzt, zum Beispiel auf dem Stein von Rosette, obwohl auch Hieroglyphen noch in Gebrauch waren. In römischer Zeit kam dann ein neues, unter dem Namen »koptisch« bekanntes Zeichensystem in Gebrauch – bestehend aus einer Mixtur griechischer und demotischer Buchstaben –, um die sich allmählich weiterentwickelnde ägyptische Sprache zu verschriftlichen. Trotz der Einführung des arabischen Sprach- und Schriftsystems in Ägypten im 7. Jahrhundert beharrten die Christen darauf, die ägyptische (»koptische«) Sprache zu sprechen – »Kopt« heißt nichts anderes als »Ägypter«. Diese koptische Sprache stieß bei Champollion zunehmend auf Interesse.

Die erwähnten Sprachen im Überblick:

Schriftform	**gesprochene Sprache**
Hieroglyphen (formale Schrift)	Altägyptisch
Hieratisch (kursive »Handschrift«)	
Demotisch (seit 650 v. Chr., nur für die demotische Sprache gebraucht)	Demotisch (eine Spätentwicklung des Altägyptischen)
Koptisch (seit 250 n. Chr., nur für die koptische Sprache in Gebrauch)	Koptisch (aus dem Demotischen entwickelt)

Hieroglyphen muss man sich als förmlichen Text in Druckschrift vorstellen, wie man ihn heute in Büchern oder an Denkmälern findet, während hieratische Schrift mit der feinen (wie gestochenen) Kalligrafie vergleichbar wäre. Stellt Hieratisch die gestochene Schönschrift dar, so lässt sich Demotisch als Gebrauchsschrift für den Alltag bezeichnen. Verglichen mit der Klarheit und Schönheit der Hieroglyphen und der hieratischen Schrift, wirkt das Demotische oft nur wie Gekritzel. Obwohl sich die koptische Sprache zum Teil aus der demotischen entwickelt hat, unterscheidet sich das verschriftliche Koptisch grundlegend von den Hieroglyphen sowie von hieratischen und demotischen Inschriften, da es vor allem auf dem griechischen Alphabet und einer Hand voll demotischer Zeichen beruht. Zum ersten Mal wurden auch Vokale niedergeschrieben.

Nach der ersten Veröffentlichung der *Hieroglyphica* im Jahr 1505 erschienen zahlreiche weitere gelehrte Werke, die allesamt der herkömmlichen, fehlgeleiteten Interpretation der Schriftbilder und ihrer Bedeutung folgten. Von der Hieroglyphen-Kunde besessen, verfasste Piero Valeriano einen Kommentar in 58 Bänden, den er ebenfalls *Hieroglyphica* nannte. Das Buch kam erst 1558 nach Valerianos Tod heraus und gliederte die Hieroglyphen in feste Kategorien wie heidnische Götter, Körperteile und Pflanzen. Bei jedem einzelnen Zeichen wurde der religiöse und philosophische Hintersinn erörtert. Hier irrte der Autor ebenso wie alle seine Vorgänger, doch stellte sein Werk für nahezu 200 Jahre die einzige anerkannte Autorität dar, erlebte zahlreiche Auflagen und wurde ins Italienische, Französische und Deutsche übersetzt. Der allegorischen Interpretation der Hieroglyphen waren prinzipiell keine Grenzen gesetzt, doch nur wenige Forscher gaben sich Mühe, die in jüngster Zeit erfundenen Hieroglyphen von den echten ägyptischen zu unterscheiden.

Ernst zu nehmende Versuche der Hieroglyphen-Lektüre wurden erst im 17. Jahrhundert durch Athanasius Kircher unternommen. Kircher war ein gelehrter Orientalist, der im Dreißigjährigen Krieg aus Deutschland nach Rom emigrierte. Als Kenner des Koptischen hatte er mehrere Studien über koptische Wörterbücher und Grammatiken verfasst, die erst kurz zuvor als Handschriften aus Ägypten gekommen waren. Zu Recht setzte Kircher voraus, dass die von ägyptischen Christen in der Liturgie noch immer verwendete koptische Sprache dieselbe sein konnte wie die der alten Pharaonen und dass demnach die Kenntnis des Koptischen für das Verständnis und die Entzifferung von Hieroglyphen nötig sei. Indem er sich an authentische ägyptische Denkmäler und Kunstwerke hielt, die in Rom wiederentdeckt worden oder noch immer zu sehen waren, wurde Kircher der erste Gelehrte, der echte Hieroglyphen-Kunde betrieb. Doch auch er verfolgte die – angeblich in den Bildern enthaltenen – obskuren allegorischen Botschaften, anstatt sie als Schrift zu betrachten, weshalb seine Übersetzungen wertlos sind. Das größte Verdienst seiner Arbeit war, dass koptische Studien unter Wissenschaftlern Anerkennung fanden.

Die Lehre Kirchers und anderer, die in Ägypten den Quell der Weisheit vermuteten, wich nach und nach einer realistischeren Betrachtungsweise. Reiseberichte zerstörten den Ruf Ägyptens als eines mystischen Morgenlands. Von 1738 bis 1744 veröffentlichte der anglikanische Bischof William Warburton sein Buch *The Divine Legation of Moses*

(»Das göttliche Erbe des Moses«); die in Band IV enthaltene längere Abhandlung über Hieroglyphen wurde 1744 auch ins Französische übersetzt. Auch wenn Warburton keine echten Hieroglyphen heranzog: Was er über die Methode der Entzifferung zu sagen hatte, kam der Wahrheit ziemlich nahe, und wären seine Ansichten einer ernsthaften Prüfung unterzogen worden, hätten sie vielleicht schon viel früher den Weg zur Entzifferung gebahnt. Selbst die Ableitung der hieratischen Schrift von den Hieroglyphen nahm er vorweg. Anders als die Renaissance-Gelehrten stellte er die verblüffende, aber durchaus korrekte Behauptung auf, die Bilderschrift sei keine heilige Erfindung der alten Ägypter gewesen, »um ihre Weisheit zu verbergen und vor der Kenntnis des Pöbels zu bewahren«. Mit vehementen Angriffen gegen Kircher und dessen mystische Glaubenssätze leitete Warburton eine neue Ära des wissenschaftlichen Nachdenkens über Hieroglyphen ein.

Rund 20 Jahre nach ihm machte Abbé Jean-Jacques Barthélemy im Münzkabinett von Paris die Entdeckung, dass der in vielen hieroglyphischen Inschriften vorkommende ovale Ring mit dem Stäbchen an einer Seite (heutzutage »Kartusche« genannt) die Namen von Königen oder Gottheiten markieren soll. Joseph de Guignes, Professor für syrische Sprachen am Collège royal in Paris, griff diese These wenige Jahre später auf. Von Sinologie-Studien her kannte de Guignes den Gebrauch von Kartuschen in der chinesischen Schrift zur Markierung von Eigennamen und ordnete sie bei ägyptischen Inschriften den Königsnamen zu. Fatalerweise verleitete ihn diese Parallele zu der sonderbaren Deutung, China sei einst von Ägyptern besiedelt worden, und während das Griechische die ägyptische Sprache korrumpiert habe, stellten die chinesische Sprache und Schrift das echte, unverfälschte Ägyptisch dar. Daher unterstellte er, Chinesisch und nicht Koptisch führe bei der Entzifferung der Hieroglyphen ans Ziel – eine Idee, die ungeheuer populär wurde und zahlreichen potenziellen Entzifferern eine völlig verkehrte Richtung wies. Was Champollion an Büchern zugänglich war, enthielt eine bunte Fülle derartiger Theorien, denn der mutmaßliche Zusammenhang des Chinesischen mit den Hieroglyphen war noch immer nicht schlüssig widerlegt.

Von den neueren Arbeiten stammte die wichtigste von einem dänischen Gelehrten und Koptisch-Experten namens Georg Zoëga. 1783 war er nach Rom gegangen, hatte die Obelisken umfassend erforscht, dabei auch die Hieroglyphen kommentiert und viele Irrtümer seiner Vorgänger kritisiert. Zoëga war der Erste, der ein Korpus der Hieroglyphen erstellte, von denen er insgesamt 958 unterschied. Er sortierte sie jeweils nach den abgebildeten Gegenständen, wie Pflanzen, Werkzeuge oder Körperteile von Säugetieren, statt nach Bedeutungen, die ja noch immer unbekannt waren. So bezeichnen  unterschiedliche Aspekte von Menschen und  verschiedene Vögel. Außerdem machte er die wichtige Beobachtung, dass Inschriften immer in Gegenrichtung zur Orientierung der Zeichen zu lesen sind. Daher ist der hieroglyphische Satz 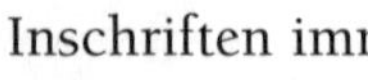, der so viel bedeutet wie »möge er leben, gedeihen und gesund sein«, von links nach rechts zu lesen, weil die Hieroglyphen nach links weisen. Derselbe Satz lässt sich auch so schreiben: 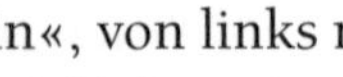 und bedeutet dann genau das Gleiche, nur wird er von rechts nach links gelesen, weil die Hieroglyphen nach rechts ausgerichtet sind.

Hieroglyphen »blicken« immer zum Anfang einer Zeile im Text; vertikale Kolumnen von Hieroglyphen werden aber stets von oben nach unten gelesen. Zoëga selbst unternahm keinen Versuch, die Hieroglyphen zu lesen, aber er bekräftigte die These, dass Kartuschen Eigennamen oder religiöse Formeln enthielten. Später veranlasste diese Feststellung andere Gelehrte, diesen Aspekt der Hieroglyphen mit dem Stein von Rosette in Beziehung zu setzen.

Bevor mit einem Paukenschlag – durch die Entdeckung des Rosette-Steins – der Beitrag der Teilnehmer am ägyptischen Feldzug Napoleons bekannt wurde, waren alle Versuche der Entzifferung von Hieroglyphen wenig mehr als ein Stochern im Nebel. Erst die Armee Napoleons, mit den Gelehrten im Schlepptau, bahnte sich den Weg ins Innere Ägyptens, wo eine unglaubliche Vielfalt hieroglyphischer Zeichen zu entdecken war. Die meisten hatte man außerhalb von Ägypten nie zu Gesicht bekommen; erst jetzt wurde den Wissenschaftlern klar, dass alle früheren Deutungen auf einer verschwindend geringen Textgrundlage beruhten und deshalb vergebens waren.

Der Stein von Rosette ist zweisprachig, zeigt drei Texte in zwei Sprachen: das Griechische in Großbuchstaben, das Ägyptische in der Hieroglyphen-Schrift (leider auf dem am stärksten beschädigten obersten Teil des Steins) und die dritte Inschrift in einer Spätform des Ägyptischen, verfasst in demotischer Schrift. Abschriften und Gipsabgüsse des Rosette-Steins, die von Expeditionsteilnehmern aus Ägypten mitgebracht worden waren, hatte man bereits in Paris untersucht, und der griechische Teil war übersetzt worden. Was der Text inhaltlich bot, war für sich genommen nicht besonders interessant; es handelte sich um ein priesterliches Dekret aus dem Jahr 196 v. Chr., das den Kult des regierenden Herrschers, des makedonischen Griechen Ptolemaios V. Epiphanes, einführte. Die weitschweifigen Lobeshymnen werden eingeleitet mit den Worten: »In der Regierung des Jünglings, der das Königtum von seinem Vater ererbt hat, Herr der Könige, groß an Ruhm, der Ägypten befestigt hat und den Göttern fromm dient, der über die Feinde triumphiert und das zivilisierte Leben der Menschheit wiederhergestellt hat, Herr des Dreißig-Jahre-Festes…« und so weiter – in ähnlich lautenden Formulierungen. Die Bedeutung des Textes liegt vielmehr darin, dass ein und dieselbe Botschaft in Hieroglyphen-Schrift, Demotisch und Griechisch eingemeißelt wurde und dadurch den Schlüssel für die Entzifferung der demotischen und hieroglyphischen Schriftzeichen lieferte.

Im Jahr 1802, als Champollion erst elf Jahre alt war und noch nicht das Lycée in Grenoble besuchte, wollte es der Orientalist Silvestre de Sacy in Paris mit dem Rosette-Stein aufnehmen. Er begann mit der Identifikation von Eigennamen in der demotischen Schrift, die im griechischen Text auftauchen, war aber wenig erfolgreich, indem er nur vage die Zeichengruppen für »Ptolemaios« und »Alexander« ausmachen konnte. Dann gestand er sich sein Scheitern ein und reichte die Kopie des Textes auf dem Rosette-Stein an seinen Schüler Johan David Åkerblad weiter, den ehemaligen Gesandten Schwedens in Konstantinopel, der sich vor allem für Sprachwissenschaften interessierte. So unglaublich es klingt, aber innerhalb von zwei Monaten gelang es Åkerblad, im demotischen Text alle Eigennamen auszumachen, die auch im Griechischen wiederkehren. Ferner wies er nach, dass sie in phonetischen Alphabetzeichen verfasst waren – Zeichen, die einen einzigen Klang repräsentieren wie die Buchstaben des Alphabets. Namen wie Ptolemaios, Kleopatra, Alexander, Berenike, Arsinoë und Alexandria konnten jetzt in demotischer Schrift gelesen werden. Indem er seine Kenntnis des Koptischen auf die demotische Schrift übertrug, identifizierte Åkerblad weitere Wörter wie »Tempel«, »ägyptisch« und »griechisch«. Er wies nach, dass einige Wörter im Koptischen und Demotischen ziemlich ähnlich waren, woraus hervorging, dass Koptisch in Wahrheit eine alte ägyptische Sprache war. Außerdem stellte er ein Alphabet aus 29 demotischen Buchstaben auf, auch wenn sich die Hälfte davon später als irrig erwies. Seine Resultate legte er als ausführlichen »Brief über die ägyptischen Inschriften von Rosette an den Bürger Silvestre de Sacy« vor *(Lettre sur l'inscription égyptienne de Rosette, adressée au Citoyen Silvestre de Sacy)*, der 1802 gedruckt wurde. In seiner Antwort hatte de Sacy einige Erkenntnisse Åkerblads kritisiert, er schloss aber mit den ermutigenden Worten: »Sollten Sie beabsichtigen, den Brief drucken zu lassen, mit dem Sie mich beehrt haben, so wäre ich sehr geschmeichelt, wenn Sie ihm meine Erwiderung anfügen wollten; mir würden Sie damit die Genugtuung verschaffen, dass ich Sie als Erster zu Ihrer Arbeit beglückwünschen durfte.«

Weitergehende Fortschritte im Demotischen sind Åkerblad und de Sacy nicht gelungen, denn sie blieben bei ihrer Überzeugung, dass die gesamte demotische Schrift, ebenso wie die griechische, alphabetisch sei. Von einigen kleineren Leistungen bei den Ziffern abgesehen, waren sie nicht einmal bis zu den Hieroglyphen vorgedrungen. Noch immer hatte niemand auch nur ein einziges hieroglyphisches Wort zu entziffern vermocht. Der schwedische Orientalist und Diplomat Graf Nils Gustaf Palin versuchte sich ebenfalls am Rosette-Stein, wobei ihm allerdings nur eine schlechte Kopie der Inschrift vorlag. Während Åkerblad bereits daran arbeitete, veröffentlichte Graf Palin mehrere Aufsätze über das Thema, doch seine Theorien waren so kurios wie Joseph de Guignes' Auffassung von China als einer ägyptischen Kolonie. Graf Palin behauptete, chinesische und hieroglyphische Bildzeichen seien in Ursprung und Bedeutung identisch, und folgerte: »Wir bräuchten nur die Psalmen Davids ins Chinesische zu übersetzen und sie in den alten Schriftzeichen dieser Sprache zu schreiben, um ägyptische Papyri zu erhalten, wie sie bei den Mumien gefunden werden.« Das Leben des Grafen nahm später einen tragischen Ausgang, als er seine reiche ägyptische Antikensammlung in Rom vor Räubern schützen wollte und dabei ermordet wurde.

Zu Beginn des 19. Jahrhunderts gab es keine brauchbaren Ansätze zur Entzifferung von Hieroglyphen, obwohl immer wieder neue Anwärter das Rätsel lösen wollten. Schließlich wurde daraus ein heimlicher Wettlauf ohne Startschuss, bei dem die Konkurrenten einander kaum kannten. Manche schieden aus dem Rennen, bevor es überhaupt begonnen hatte, wie de Sacy und Åkerblad. Hieroglyphen wurden zum Modethema, und »viel wurde über sie geschrieben und gesagt von Käuzen und Sonderlingen, die im Allgemeinen vollkommen ungebildet waren«. Die Verheißung des Steins von Rosette erwies sich als trügerisch, und das einmal geweckte Interesse verflog bald wieder. Als der Stein entdeckt wurde, glaubten die Franzosen, es bräuchte allenfalls ein paar Wochen, bis er seine Geheimnisse preisgeben würde. Doch es sollte ganz anders kommen. Eine rasche Lösung war nun nicht mehr in Sicht – was die Gelehrten nicht davon abhielt, über den Stein zu zanken, als wäre er der einzige Schlüssel zum Verständnis der Hieroglyphen. Selbst Jacques-Joseph befasste sich mit ihm; sein Referat über die griechische Inschrift stellte er im Sommer 1804 in der Akademie von Grenoble vor.

Während er in der Firma seiner Cousins in der Grand Rue arbeitete, hatte Jacques-Joseph seine Privatstudien nach Kräften fortgesetzt. Er sammelte immer mehr Bücher und frequentierte regelmäßig die gebildeten und literarischen Kreise des Bürgertums von Grenoble. Inzwischen war er ein kompetenter Sprachenkenner und beschäftigte sich eingehend mit der allgemeinen Geschichte des Altertums; während ihrer gemeinsamen Zeit in Grenoble ergänzten sich die Interessen der beiden Brüder mehr oder minder. Seine Untersuchungen alter Gebäude in der Stadt hatten Jacques-Joseph außerdem den Ruf eines kundigen Historikers eingetragen, was selbst Joseph Fourier nicht entging, der sich als Veteran des ägyptischen Feldzugs ebenfalls intensiv für Geschichte interessierte. Der Präfekt von Isère beauftragte Jacques-Joseph damit, alte lateinische Inschriften zu sammeln, die bei Bauarbeiten in Grenoble ans Tageslicht traten – immerhin war die Stadt auf den Trümmern des römischen Gratianopolis errichtet.

Wenig später, zum Jahresende 1803, wurde Jacques-Joseph in die Académie delphinale aufgenommen. Wie alle gelehrten Vereine in Frankreich war diese Akademie während der Revolution per Dekret aufgelöst worden; 1795 wurde sie unter dem Namen Gesellschaft der Künste und Wissenschaften in Grenoble erneuert und nahm später ihren Ursprungsnamen wieder an. Die Akademie war eine der renommiertesten gelehrten Einrichtungen der Region und genoss Ansehen in ganz Frankreich und im Ausland. Die Aufnahme von Jacques-Joseph Champollion-Figeac, der mit seinen 25 Jahren kein Universitätsstudium absolviert hatte und erst seit fünf Jahren in Grenoble lebte, spricht für seine Fähigkeiten und sein Engagement. Durch die Mitgliedschaft in der Akademie und die Freundschaft mit Fourier sicherte sich Jacques-Joseph seine gelehrte Laufbahn ebenso wie einen guten Ruf bei seinen Mitbürgern.

Durch die Verbindung mit Fourier wurde Jacques-Joseph auch in die Vorbereitung der Publikation von Forschungsergebnissen der ägyptischen Expedition einbezogen. Er half bei Recherchen für die ausführliche Einleitung, die Fourier für die *Description de l'Égypte* verfassen sollte. Jean-François Champollion war ebenfalls in diese Vorarbeiten einbezogen und redigierte Berichte zu verschiedenen Themen, aber es scheint, als hätte Fourier anfangs nichts von seiner Mitwirkung gewusst. Um 1804 waren beide Brüder in das Studium des ägyptischen Altertums vertieft, und noch im selben Jahr wurde Jacques-Joseph stellvertretender Sekretär der Akademie. Zwei Jahre später löste er den ersten Sekretär ab und wurde in den folgenden Jahrzehnten immer wieder in dieses Amt gewählt. Einen Fourier gewidmeten Aufsatz veröffentlichte er unter dem Titel *Lettre sur une inscription grecque du temple de Denderah* (»Brief über eine griechische Inschrift am Tempel in Dendera«).

Champollion selbst vergrub sich immer tiefer in alles, was mit dem alten Ägypten zu tun hatte. Die Lektüre älterer Forschungsliteratur bestärkte ihn darin, dass es tatsächlich einen Zusammenhang des Koptischen mit der alten ägyptischen Sprache geben müsse. Deshalb hielt er die Notwendigkeit, Koptisch zu lernen, für vordringlich – keine leichte Aufgabe angesichts der Beschränkungen seiner Nebentätigkeit im Lycée. Doch lernte er 1805 Dom Raphaël de Monachis kennen, einen ehemaligen christlich-koptischen Mönch, der Grenoble besuchte. Nachdem er mit der zurückkehrenden ägyptischen Expedition eingereist war, verschaffte ihm Napoleon eine Stelle als Arabisch-Lehrer an der Schule für orientalische Sprachen in Paris. Während seines Aufenthalts in Grenoble gab er Champollion eine Einführung ins Koptische; einige Monate später kehrte er zurück und brachte eine Reihe Bücher mit, darunter eine koptische Grammatik. Offenbar hatte Champollion in der Zwischenzeit beschlossen, Ägypten zu seinem Lebensthema zu machen, wie er ausdrücklich erklärte: »Dieser Nation des Altertums will ich eine gründliche, umfassende Forschungsarbeit widmen… Ich muss gestehen, von allen Völkern, die ich hoch schätze, ist keines so tief wie die Ägypter in meinem Herzen verwurzelt!«

Zu jener Zeit war sich Champollion wohl kaum bewusst, dass seine Rivalen bereits an der Entzifferung von Hieroglyphen arbeiteten; jedenfalls verblasste der Gedanke an die Konkurrenz hinter seinen Problemen im Verhältnis zu Lehrern und Mitschülern. Immerhin stand ihm wenigstens einer der Kameraden nahe, Johannis Wangehis, aber wir würden wohl nicht einmal seinen Namen kennen, hätte nicht ein Lehrer in seinem Argwohn gegen Champollion versucht, die beiden Schüler nach Möglichkeit auseinander zu bringen. In den Briefen an seinen Bruder macht Jean-François keinen Hehl aus seiner Erbitterung über die, wie er meinte, kleinliche Rachsucht seiner Lehrer:

»Mein Freund hat alle ihre Ermahnungen in den Wind geschlagen und war stets mein einziger Trost. Diese Ungeheuer waren so erbost, ihn immer noch an meiner Seite zu sehen, dass sie seinen Lehrplan geändert haben. Ich begegne ihm nur noch im Vorübergehen… Mir vergehen die Sinne, so aufgebracht bin ich. Wann hört die Schinderei endlich auf?… Wenn in diesem Lycée jemand unglücklich und verzweifelt ist, bin *ich* es! Sie werden mich noch um den Verstand bringen.«

Spätere Biografen haben eine homosexuelle Beziehung zwischen den beiden Jugendlichen unterstellt, vor allem, weil Champollion in einem der Briefe an seinen Bruder darüber klagt, Wangehis sei vor der Freundschaft mit ihm gewarnt worden, weil er »verdorben« sei. Wahrscheinlicher ist, dass die Pädagogen den jungen Champollion für so aufgeweckt und schwierig hielten, dass sie seinen Einfluss möglichst zurückdrängen wollten, um ihn zu bändigen. In seinen Briefen an Jacques-Joseph ist die Trennung von Wangehis aufs Engste verbunden mit weiteren Beschwerden über das Kollegium; einen seiner Lehrer schilt Champollion einen Heuchler und Frömmler, der sogar gewagt habe, von Jacques-Joseph schlecht zu reden. Champollions fatale und sein Leben bestimmende Neigung, sich unbeliebt zu machen, zeigte sich schon damals. Mit seinem Mangel an Takt und seiner Offenheit in Lob und Tadel verletzte er oft andere, ohne es zu wollen.

Wenige Monate nach der Trennung der beiden Kameraden erkrankte Wangehis und musste schließlich sogar das Lycée verlassen, um von seiner Familie gepflegt zu werden. Auch Champollion fühlte sich nicht ganz wohl, selbst wenn ihm die Schulprotokolle eine ausgezeichnete Gesundheit bescheinigten. Abgesehen von seinem angegriffenen Augenlicht wegen des unersättlichen Lesens bei schummeriger Beleuchtung und nervöser Erschöpfung aus Mangel an Schlaf, gab es – den Briefen an Jacques-Joseph zufolge – noch andere Beschwerden mit unterschiedlichen Symptomen. Wie schwer sie wiegen, ist nicht ganz leicht zu beurteilen, doch da die Klagen häufig mit der Bitte um Entlassung aus dem Lycée einhergehen, dürften sie zumindest teilweise übertrieben sein. In anderen Briefen an Jacques-Joseph entschuldigte er sich wiederholt dafür, dass er sich so verhielt und nicht stärker zusammenriss, und dankte dem Bruder überschwänglich für dessen Unterstützung.

Während der gesamten Zeit am Lycée durchlebte Champollion ein Wechselbad der Gefühle. Sein Bruder nahm große Opfer in Kauf, um ihm die bestmögliche Ausbildung angedeihen zu lassen, half ihm auch bei seinen Privatstudien weiter – da musste er doch das Beste aus sich machen. Und doch hasste er das Reglement, den übertriebenen Napoleon-Kult, der sich im Lycée breit machte, die kleinliche Missgunst, die er von einigen Lehrern erfuhr, die drückenden Einschränkungen und vor allem das Fehlen jeglicher Freiheit, sein selbst gewähltes Wissensgebiet zu studieren.

Im August 1806 wurde Champollion ausersehen, vor dem Präfekten Joseph Fourier öffentlich eine Rede zum Ende des Schuljahrs zu halten und so die Qualität der Ausbildung im Lycée zu dokumentieren. In seiner Panik, vor so vielen Leuten aufzutreten, bat er den Bruder, ihn davor möglichst zu bewahren: »Die Ehre, die mir der Herr Präfekt erweisen will, verdrießt mich; mein Lampenfieber kann ich einfach nicht überwinden. Wenn ich schon vor vier Zuhörern nervös werde, wie viel mehr dann vor tausend! Ich flehe dich an, alles zu unternehmen, was in deiner Macht steht, um es zu verhindern!«

Doch als es so weit war, überwand er seine Hemmungen. Seine Erläuterung eines Abschnitts der Genesis fand stürmischen Beifall, und die Lokalzeitung konnte berichten, der Präfekt sei mit Champollions Auftritt sehr zufrieden gewesen. Trotz seiner Reizbarkeit begann sich herumzusprechen, wie außergewöhnlich begabt der junge Champollion war. Als er mit knapp 16 Jahren im November ins Internat zurückkehrte, hatte er in den Sprachen und seinen ägyptologischen Studien bemerkenswerte Fortschritte vorzuweisen. Seine immer noch flehentlichen Bitten, das Lycée endlich verlassen zu dürfen, wurden dringender und sachlicher. Tatsächlich gab sich Jacques-Joseph alle Mühe, seinem Schützling ein Studium in Paris zu ermöglichen. Lieber heute als morgen wäre Champollion davongelaufen, aber dann fügte er sich zähneknirschend in die Bedingung, bis zum Umzug in die Hauptstadt noch ein ganzes Jahr im Lycée auszuharren.

Schon die vage Aussicht, das Lycée verlassen zu dürfen, verlieh ihm neue Kräfte, denn als Nächstes machte er sich daran, aus dem im Laufe der Jahre angehäuften Material ein *Lexikon des Orients* zusammenzustellen. Ein Nachschlagewerk zu verfassen kam Champollions Neigung zur Kompilation und Klassifikation von Datenmaterial wohl besonders nahe. Um alles lesen zu können, was – in welcher Sprache auch immer – über Ägypten geschrieben wurde, brachte er sich Italienisch, Englisch und Deutsch bei – und schaffte es nur in der deutschen Sprache nicht, sie zu meistern. Die Recherchen für sein Lexikon dehnte er auf die

Bibel aus, die er nicht bloß als gläubiger Christ, sondern mit dem kritischen Verstand des Historikers las. Dass der in Ägypten aufgewachsene Moses die ersten fünf biblischen Bücher verfasst hatte, bezweifelte Champollion, weil sie nicht in seiner Muttersprache Ägyptisch überliefert waren. Gleichzeitig machte sich der Junge ganze Bündel von Notizen über »die symbolische Sprache der Ägypter«. So vertiefte er sich vor allem in die *Hieroglyphica* des Horapollo, die zwar höchst unzuverlässig waren, aber immer noch als bester älterer Text über die Bedeutung der Hieroglyphen galten.

Dieses intensive Studium wurde durch eine Revolte der Internatsschüler des Lycée zu Beginn des Jahres 1807 abrupt unterbrochen. Der Auslöser war offenbar eine ungerechte, harte Maßregel gegen einige Zöglinge gewesen. Eine Gruppe von Schülern hatte tagsüber unbemerkt Stöcke und Steine gesammelt; in der Nacht begannen sie zu randalieren. Sie warfen die Fenster des Schlafsaals ein, zerschlugen die Scheiben und hämmerten mit Nachttöpfen gegen die Gitter. Appelle des stellvertretenden Direktors, der die Gemüter beruhigen wollte, verhallten ungehört. Erst als Bewaffnete mit Bajonetten die Schlafsäle stürmten, konnten sie den Tumult niederschlagen und für Ordnung sorgen. In einem Brief an seinen Bruder beteuerte Champollion seine Unschuld (»Ich habe mich gar nicht eingemischt«), doch das ist schwer zu glauben angesichts seines Ingrimms gegen die Verhältnisse im Lycée. Die Fortsetzung des Briefs enthält denn auch einen Augenzeugenbericht über die Vorgänge. Doch wie auch immer, profitiert hat er von der Schülerrevolte nicht. Jedenfalls erneuerte Champollion den Wunsch, sein Bruder möge ihn aus dem Lycée nehmen, und er wurde darin sogar durch Präfekt Fourier unterstützt. Jacques-Joseph erlöste ihn schließlich. Der Junge durfte wieder bei seinem Bruder wohnen und das Lycée zu ausgewählten Unterrichtsstunden als Tagesschüler besuchen. Dadurch gewann er mehr Zeit und durfte eigene Forschungen betreiben, mit denen er rasch vorankam.

Inzwischen war ausgemacht, dass Champollion im Herbst 1807 das Studium in Paris aufnehmen würde. Den Sommer wollte er für intensive Vorbereitungen nutzen. Doch dann überstürzten sich die Ereignisse. Am 19. Juni, als er gerade seinen Eltern geschrieben und sie eingeladen hatte, ihn vor der Abreise nach Paris noch einmal zu besuchen, starb seine Mutter. Im darauf folgenden Monat verbrachten beide Brüder ein paar Tage in der Provence. Auf der Messe von Beaucaire trafen sie mit ihrem verwitweten Vater zusammen, der alljährlich dort war, um Bücher zu kaufen und feilzubieten. Seit Beginn des 16. Jahrhunderts wurden Messen wie diese immer wichtiger für Handelsreisende aus ganz Westeuropa. So hatte sich der internationale und deutsche Buchhandel anfangs auf die Messe in Frankfurt am Main konzentriert. Um 1750 war der Ruhm Frankfurts als Messeplatz gesunken, und Leipzig hatte sich durchgesetzt. Doch war kein einziger französischer Buchhändler mehr in Leipzig vertreten; vielmehr tätigte man die Geschäfte jetzt hauptsächlich in Paris oder auf regionalen Märkten wie in Beaucaire.

Beim Wiedersehen der Brüder mit ihrem Vater hatte sich Jacques-Joseph soeben mit Zoë Berriat verheiratet, der Tochter einer angesehenen bürgerlichen Familie in Grenoble. Die Hochzeit hatte Anfang Juli stattgefunden. Der Vater der Braut war Vorsitzender des städtischen Anwaltsvereins, und obwohl die Familie nicht besonders wohlhabend war, gehörte zu ihrer Mitgift ein Landhaus in Vif im Süden von Grenoble. Champollion fühlte sich seinem Bruder eng verbunden, legte jedoch überraschenderweise keine Eifersucht an den Tag, sondern freute sich über die Hochzeit und verstand sich gut mit seiner Schwägerin. Sie konnte ihn necken, ohne seinen Jähzorn herauszufordern, und sie schmeichelte ihm, wenn sie gegen seinen Spitznamen *cadet* (Junior) protestierte, den er als Nesthäkchen der Familie trug. Er hatte sich angewöhnt, seine Briefe mit Cadet statt mit dem Vornamen zu zeichnen, doch inzwischen das arabische Wort *seghir* gelernt, was ungefähr dasselbe bedeutet. Zoë bestand darauf, dass er den Spitznamen wechselte, und von da an hieß er bei Freunden und Angehörigen immer nur Seghir.

Der 27. August 1807 markierte das Ende des Schuljahrs und war ein Feiertag für die Zöglinge des Lycée. Champollion erhielt ein »Leistungs- und Führungszeugnis«; in Paris war er bereits als Student eingeschrieben. Nicht seine Lernerfolge waren für ihn ein Grund zum Feiern, sondern seine ehrgeizigen Zukunftspläne und vor allem die Erlösung aus einer Anstalt, die ihm schon so lange verhasst war. Die Feierlichkeiten nahmen ihn derart mit, dass er ohnmächtig zusammenbrach. Spielte schon der Unterricht im Lycée längst nicht mehr die Hauptrolle in seinem Leben, so bedeutete ihm auch das Zeugnis nicht viel verglichen mit dem, was ihm fünf Tage später in der Académie delphinale widerfuhr. Vor einer Versammlung auserlesener Gelehrter und Intellektueller aus der Region durfte der 16-Jährige seinen »Versuch der geografischen Beschreibung Ägyptens bis zur Eroberung durch Kambyses« präsentieren. Seine außerordentliche Sprachbegabung hatte sich bereits herumgesprochen, doch dieser Vortrag stellte erstmals unter Beweis, dass er eigenständige Forschungen durchführen, Quellen zusammentragen und analysieren und anschließend die Ergebnisse überzeugend darstellen konnte. Die Zuhörer waren von der Qualität seiner Arbeit beeindruckt und schlugen vor, Champollion zum Mitglied der Akademie zu wählen – eine bemerkenswerte Ehrung, die ein halbes Jahr später mit einem Zertifikat besiegelt wurde und ihn überglücklich machte. An Jacques-Joseph schrieb er: »Meine Aufnahme in die Akademie von Grenoble entzückt mich über die Maßen. Doch am meisten schmeichelt mir, dass ich dadurch *ein bisschen mehr dein Bruder bin.*«

3. DIE STADT

Die beiden Brüder brachen am 10. September 1807 in aller Frühe von Grenoble auf. Die fast 500 Kilometer nach Paris legten sie in einer der pferdebespannten Kutschen zurück, die man Diligence nennt. Über zwei Jahre sollte Champollion Grenoble nicht wiedersehen. Nach einer ermüdenden, nachts fortgesetzten Reise über schlechte Straßen durch einen großen Teil Frankreichs, mit wenig Schlaf und in ständiger Gefahr, ausgeraubt zu werden, trafen sie drei Tage später in Paris ein. Einen Tag später, am 14. September, wurde über die Zukunft Ägyptens entschieden, als die Engländer ein Rückzugsabkommen unterzeichneten. Als die französische Expedition gegen Ende des Jahres 1801 endlich heimgekehrt war, hatte es einen Machtkampf gegeben, an dem die Türkei, Großbritannien und verschiedene ägyptische Parteien beteiligt waren. Kurz nach der Niederlage Frankreichs hatten sich die Engländer erst zurückgezogen, dann aber erneut zum Eingreifen nötigen lassen, um die Partei der Mamelucken zu unterstützen, doch dieser Einmarsch wurde zum Fiasko. Schließlich führten die Verhandlungen zwischen Engländern, Mamelucken und einer Streitmacht albanischer Söldner unter Kommando von Mehemet Ali zur Evakuierung der britischen Truppen; seitdem übte Mehemet Ali im Namen des Osmanischen Reiches die unbeschränkte Regierungsgewalt in Ägypten aus.

Nachdem Champollion den Ausbruch aus dem Lycée jahrelang herbeigesehnt hatte, war es wohl unvermeidlich, dass die großen Erwartungen, mit denen er nach Paris kam, enttäuscht wurden. Sein Missfallen galt nicht den Lehrern oder den Bildungseinrichtungen, sondern der Metropole selbst. Verglichen mit der großartigen Schönheit der Bergwelt rings um Grenoble und der idyllischen Natur im Célé-Tal bei Figeac, kam ihm Paris schmutzig, laut und verwahrlost vor. Der Wechsel von der bedrückenden Enge der Gemeinschaft im Internat in eine Großstadt, wo er sich neue Freunde suchen musste, weckte auch Gefühle von Heimweh. An Jacques-Joseph, der nach Grenoble zurückgekehrt war, richtete er den Appell: »Noch nie habe ich dich verlassen, und jetzt bin ich allein; schreib mir oft!« Schlimmer noch wirkte sich das schwüle Flachlandklima von Paris auf die Gesundheit und die Stimmung des Jungen aus, der die saubere Bergluft der Alpen gewohnt war: »Ich habe große Schmerzen in der Seite. Die Luft von Paris laugt mich aus, ich spucke wie ein Verrückter, meine Kräfte schwinden dahin. Die Gegend hier ist scheußlich, ständig hat man nasse Füße, der Dreck fließt in Strömen (ohne Übertreibung!) durch die Straßen, und ich leide unsäglich darunter.«

Paris hatte zu dieser Zeit das Erscheinungsbild einer schäbigen, ungepflegten Ortschaft. Viele Häuser waren baufällig, andere standen leer oder waren allen Inventars beraubt. Denkmäler und historische Stätten hatte man verunreinigt oder demoliert, die Straßen waren äußerst eng, kaum befestigt, verdreckt und stinkend, ohne Bürgersteige,

Rinnsteine und Gullys. Jeder erdenkliche Abfall häufte sich in den Straßen, das meiste davon wurde in die Seine gespült – einen Fluss mit schmalen Ufern und spärlichen Brücken, der als großer offener Abwasserkanal genutzt wurde. Erst Jahrzehnte später, unter der Regierung von Josephines Enkel, sollte sich Paris in die Stadt der breiten, mondänen Boulevards verwandeln. Das Paris, das Champollion kennen lernte, war feucht, ungepflegt und von Seuchen geplagt. Viele von der Revolution hinterlassene Schäden waren noch immer nicht beseitigt.

Im Gegensatz dazu war das intellektuelle und kulturelle Niveau von Paris beispiellos in Europa. Im Lycée hatte sich Champollion über die blinde Verehrung Napoleons geärgert und eine Meinung gebildet, die antikaiserlich geprägt war. Und doch war Ägypten unter diesem Kaisertum für die westliche Welt erschlossen worden, während sich Paris zu einem Zentrum der europäischen Gelehrsamkeit entwickelte. Die Bibliotheken von Paris quollen über vor Büchern und Manuskripten aus den von Napoleon geplünderten Territorien; öffentliche Museen und private Sammlungen füllten sich mit den Kunstschätzen Europas. Im November schrieb Champollion seinem Bruder: »Kürzlich wurde im Musée Napoleon eine Sammlung herrlicher Gemälde ausgestellt, die in Deutschland, Preußen und Russland erbeutet worden sind, dazu Fragmente zahlreicher antiker Stücke sowie ägyptische Statuen.«

Besondere Bedeutung maß Napoleon dem Institut de France zu. Eminente Gelehrte, die als Staatsdiener angesehen wurden und bescheidene Stipendien erhielten, sorgten dafür, dass diese prestigeträchtige Einrichtung stets auf dem neuesten Forschungsstand war. Schon zuvor war Paris ein Mittelpunkt vieler akademischer Disziplinen gewesen, doch mittlerweile zog es die besten und berühmtesten Lehrer aus Frankreich und aus anderen Ländern an. So entstand in der Mitte des Kontinents ein Brennpunkt der wissenschaftlichen und künstlerischen Neuerungen. Selbst Engländer wurden, jedenfalls in der kurzen Friedensphase, die den Krieg mit Frankreich unterbrach, in Scharen von dieser Metropole des Geistes angezogen. Im Jahr 1814, als man Napoleon zum ersten Mal in die Verbannung schickte, gab es so viele Besucher, dass man einen populären Gassenhauer sang mit dem Refrain »Alle Welt ist in Paris«. Vor Napoleons großen Niederlagen, in deren Folge die Beutekunst größtenteils wieder in die Ursprungsländer zurückkehrte, namentlich nach Italien und Deutschland, bot Paris die besten Voraussetzungen für Studium und Forschung, und Champollion hatte das Glück, in jener ruhmvollen Epoche zu studieren.

Seine Abneigung gegen die Hauptstadt hatte immerhin den Vorteil, dass er sich nicht durch deren sonstige Attraktionen vom Lernen ablenken ließ. Er musste seine Zeit gut einteilen zwischen dem Collège de France, der École spéciale des langues orientales vivantes (Fachschule für orientalische Gegenwartssprachen), der Nationalbibliothek und der ägyptischen Kommission, die für die Herausgabe der *Description de l'Égypte* zuständig war. Binnen weniger Monate hatte er sich einen anspruchsvollen und erschöpfenden Stundenplan zurechtgelegt, wechselte täglich mehrmals von einem Seine-Ufer zum anderen und beschrieb dem Bruder seinen Wochenplan wie folgt:

»Montagmorgens breche ich um 8.15 zum Collège de France auf, wo ich um 9.00 Uhr eintreffe. Du weißt ja, wie weit das zu laufen ist – es liegt an der Place Cambrai nahe dem Panthéon. Um neun besuche ich den Persisch-Kurs von Monsieur de Sacy bis zehn. Weil mittags der Hebräisch-, Syrisch- und Chaldäischkurs beginnt, verfüge ich mich unverzüglich zu Monsieur Audran, der mich jeweils montags, mittwochs und freitags von zehn bis zwölf empfängt. Er residiert im Collège de France. In diesen zwei Stunden treiben wir Konversation in den orientalischen Sprachen und übersetzen aus dem Hebräischen, Syrischen, Chaldäischen oder Arabischen. Jeweils eine halbe Stunde widmen wir seiner *Chaldäischen und syrischen Grammatik*. Gegen Mittag gehen wir gemeinsam hinunter, und er gibt den Hebräischkurs. Mich nennt er den ›Klassenpatriarchen‹, weil ich der Beste bin. Nach diesem Kurs muss ich in einer Stunde ganz Paris durchqueren bis zur École spéciale, wo um 14.00 Uhr das Seminar von Monsieur Langlès beginnt, der sich besondere Mühe mit mir gibt… An Dienstagen besuche ich um 13.00 Uhr das Seminar von Monsieur de Sacy in der École spéciale. Mittwochs gehe ich um neun ins Collège de France und um zehn hinauf zu Monsieur Audran. Mittags besuche ich seinen Kurs. Um ein Uhr begebe ich mich in die École spéciale in das (zweistündige) Seminar von Monsieur Langlès und nachmittags um fünf in das von Dom Raphaël, der uns Fabeln von Lafontaine ins Arabische übersetzen lässt. Donnerstags um eins ins Seminar von Monsieur de Sacy. An Freitagen gehe ich, ebenso wie montags, ins Collège de France und zu Monsieur Audran. An Samstagen bin ich um 14.00 bei Monsieur Langlès.«

Die übrige Zeit widmete er eigenen Forschungen, besuchte die Kirche von Saint-Roch, wo ein koptischer

Priester die Messe las, um sein Koptisch zu verbessern, und machte diverse Besorgungen für seinen Bruder.

Auf die Dauer nahm sich Champollion die Freiheit, Seminare zu besuchen, die ihn geistig beflügelten, zwang sich nicht mehr zum Absolvieren von Fächern, die ihn langweilten, und ging selbst gewählten Aufgabenstellungen nach. Damals brachte er sein Talent zur Geltung, sich auf das Wesentliche zu konzentrieren, und die Hartnäckigkeit, an einmal gefundenen Zielen allen Rückschlägen und Widrigkeiten zum Trotz festzuhalten. Sein Studium in Paris verschaffte ihm nicht nur die nötigen Kenntnisse und Fertigkeiten, sondern auch Kontakte und vielfach Freundschaften mit hervorragenden Sprachgelehrten und Orientalisten. Zwei seiner Professoren, Louis Langlès und Silvestre de Sacy, zählten damals zu den angesehensten europäischen Orient-Experten.

Antoine Isaac Silvestre de Sacy war es gelungen, als Royalist und Anhänger der katholischen Kirche die Wirren der Revolution zu überstehen; Napoleon hatte ihn 1803 zum Ritter der Ehrenlegion ernannt. Drei Jahre später, mit 47 Jahren, berief ihn das Collège de France auf den Lehrstuhl für Arabisch. Dieser phänomenale Sprachwissenschaftler brachte Champollion Persisch und Arabisch bei, nahm auch sonst Einfluss auf sein Leben und ermutigte ihn zu seinen Forschungen. Auch wenn de Sacys eigene Versuche, den Stein von Rosette zu entziffern, nahezu vergeblich blieben, hielt sein Interesse an Hieroglyphen an; bei allen gelehrten Disputen und Kontroversen über das alte Ägypten mischte er mit. Anfangs fühlte sich Champollion in seiner Gegenwart eingeschüchtert und gehemmt. Nach einer Weile kam er jedoch mit de Sacy besser zurecht, der zwar bescheidener auftrat als Langlès, doch offenbar mit niemandem freundschaftlich verkehrte. Seinerseits notierte de Sacy später, er habe »jene erste Zusammenkunft nie vergessen, die bei mir tiefe, unauslöschliche Eindrücke hinterließ. Überflüssig zu sagen, dass der neue Schüler seiner Berufung treu blieb und eifrig den Lektionen folgte, für die er eigens in die Hauptstadt gekommen war«.

Das Verhältnis Champollions zu Langlès gestaltete sich nicht ganz so herzlich. Louis-Mathieu Langlès war einer der Gründer der École spéciale des langues orientales vivantes, wo er Champollion im Persischen unterrichtete. Ehemals hatte Langlès selbst bei de Sacy studiert; jetzt konnte er niemanden mehr leiden, außer jene Schüler, die sich rückhaltlos und von ganzem Herzen den asiatischen Sprachen verschrieben. Anfangs versuchte Langlès, das Interesse Champollions für Ägypten auf das asiatische Gebiet zu locken, doch nachdem das misslungen war, legte er eine Feindseligkeit gegen ihn an den Tag, die umgehend erwidert wurde. Mit seinem Instinkt für treffende und humorvolle Spitznamen schrieb Champollion den Namen Langlès als *l'Anglais* (der Engländer), ein Spott, der angesichts des erneuten englisch-französischen Krieges ganz besonders anzüglich war.

Der namhafte Hebräischkundler Prosper Audran lehrte Champollion nicht nur Hebräisch, sondern auch verwandte Sprachen wie Aramäisch, und war sehr beeindruckt von der Vielsprachigkeit seines Schülers. Zwischen beiden entwickelte sich eine innige Freundschaft; Audran gab Champollion zusätzliche Privatstunden und zog ihn für seine eigenen Arbeiten zurate: eine syrische Grammatik sowie die vergleichende Grammatik des Aramäischen und Hebräischen. Das beträchtliche Vertrauen, das er in die Fähigkeiten des 17-Jährigen setzte, zeigt sich auch darin, dass er ihn zusammen mit viel älteren Kommilitonen unterrichtete, vorwiegend Kleriker, die das Hebräische für ihr Bibelstudium brauchten. Nur wenige von ihnen waren sprachbegabt, und der Spitzname, den Champollion von Audran erhielt – »der Patriarch« –, muss sie ziemlich gefuchst haben. In bester Laune schrieb Champollion seinem Bruder: »Ich habe bereits die Gunst von Monsieur Audran, unserem Professor, gewonnen: ›Sie sind jung, Sie haben Mut, aus Ihnen können wir etwas Nützliches machen.‹ Das sind seine eigenen Worte; er bezeigt mir viele Freundlichkeiten.«

Nachdem er dem Internatsschüler geholfen hatte, in Grenoble die Anfangsgründe des Koptischen zu lernen, unterrichtete Dom Raphaël ihn jetzt in Koptisch und Arabisch, wobei Champollion selbstironisch schrieb: »Ich *keuche* das Arabische schon ganz schön!« Nach einem Jahr hinterließ die intensive Sprachpraxis ihre Spuren: »Schlimmer noch, das Arabische hat mir gänzlich die Stimme verändert; es hat sie gedämpft und in Kehllaute umgewandelt. Ich spreche beinahe, ohne die Lippen zu bewegen.« Dom Raphaël unternahm es auch, ihm Geha Cheftitchi vorzustellen, den Priester der Kirche von Saint-Roch, der die koptische Konversation praktisch mit ihm übte und Auskunft über zahlreiche koptische Namen von Menschen und Ortschaften in Ägypten geben konnte.

Inzwischen war sich Champollion durchaus bewusst, dass auch andere über Hieroglyphen arbeiteten, doch mit dem Selbstvertrauen der Jugend vertraute er fest darauf, die Siegespalme davonzutragen. Doch vorerst verlegte er sich auf das Koptische und andere Sprachen des Orients, für die er gleichermaßen Talent und Begeisterung mitbrachte: »Monsieur Langlès ist sehr zufrieden mit mir wegen des Persischen; das Übersetzen geht mir leicht von der Hand. Wenn Arabisch die schönste aller Sprachen ist, dann ist Persisch die süßeste. Ich habe Blut und Wasser geschwitzt, in das Äthiopische einzudringen, und es geschafft. Ich habe die Anknüpfungspunkte mit dem Hebräischen und Arabischen studiert, und jetzt bin ich so weit, es ohne große Mühe zu übersetzen.«

Das Lernen orientalischer Sprachen, um ältere und vermeintlich glaubwürdigere Versionen der Bibelgeschichte kennen zu lernen, galt während Champollions Studienzeit in Paris nicht mehr als skurrile und esoterische Beschäftigung, sondern als entscheidende Voraussetzung seriöser Forschung. Das Auseinanderdriften verschiedener Fakultäten der Gelehrsamkeit hatte gerade erst begonnen, und noch waren Kunst und Wissenschaft nicht durch Abgründe getrennt. Die Datierung des Weltanfangs und die Frühgeschichte beruhten immer noch ausschließlich auf der von den Büchern des Alten Testaments abgeleiteten Chronologie. Und dieses Datengerüst blieb unwidersprochen, bis einige Gelehrte mit der ägyptischen Antike eine Epoche untersuchen wollten, die weit vor dem Bericht der biblischen Schöpfungsgeschichte datiert werden musste – eine denkbar schockierende Feststellung.

Seine Bekanntschaft mit Joseph Fourier in Grenoble, der noch immer an Beiträgen zur *Description de l'Égypte* arbeitete, verschaffte ihm Zugang zu anderen in Paris forschenden Mitarbeitern. Auch Edme-François Jomard lernte er auf diese Weise kennen, der als Ingenieur, Geograf und Historiker mit Napoleon in Ägypten gewesen war und später die Herausgeberschaft der *Description de l'Égypte* übernommen hatte. Obwohl man seit Jahren daran arbeitete, war der Einführungsband noch immer nicht erschienen.

Als sie sich kennen lernten, machte Champollion aus seinen ehrgeizigen Plänen keinen Hehl und zeigte Jomard eine Landkarte der ägyptischen Frühzeit, die er für seinen Vortrag in der Akademie von Grenoble gezeichnet hatte. Jomard arbeitete an geografischen Beiträgen zum Sammelwerk und hatte sich selbst zum Ziel gesetzt, die Hieroglyphen zu entziffern. Die Dreistigkeit des studentischen Jünglings kränkte ihn zutiefst, und er fasste sofort eine tiefe, unwillkürliche Abneigung gegen Champollion, in dem er einen gefährlichen und begnadeten Rivalen erkannte. Trotz guten Einvernehmens mit Jacques-Joseph blieb Jomard mit dessen Bruder lebenslang verfeindet und behinderte Champollions Fortkommen, wo immer er konnte. Weit besser verstand sich Champollion mit Prosper Jollois und Édouard de Villiers du Terrage, den beiden Ingenieuren, die während der Expedition bei der Erfassung und Beschreibung der antiken Stätten und Denkmäler eine führende Rolle gespielt hatten. Durch seine Kontakte zu Mitarbeitern an der *Description de l'Égypte* verschaffte sich Champollion einen Überblick über den aktuellen Diskussionsstand in der Ägyptologie und die auf Tempeln und Grabmälern entdeckten Hieroglyphen, noch bevor sie publiziert wurden. Damit war er seinen Konkurrenten bei der Entzifferung überlegen.

Seit Champollion jede wache Minute des Tages auf das Lernen und die Forschung verwandte, wofür er von einer Vorlesung zur anderen durch die Straßen von Paris hetzte, fühlte er sich gesundheitlich nicht mehr wohl. Heftiges

Kopfweh plagte ihn, Schmerzen in unterschiedlichen Organen, Atemnot und Reizhusten gehörten zu seinen wiederkehrenden Beschwerden, auch Erschöpfung und fliegende Hitze. Gegen Letztere wurden ihm kühlende Getränke verschrieben, die einige Linderung brachten. Seine Berichte an den Bruder klingen freilich ganz anders als die Briefe aus dem Lycée: Aus Paris schrieb Champollion in wesentlich sachlicherem Tonfall als früher, und so eindringlich seine Klagen sich ausnehmen, sie waren nie mit der Bitte gekoppelt, ihn aus seiner Misere herauszuholen. Und doch war er gegen Ende des Jahres 1807 so ausgezehrt, dass in seiner Umgebung der Verdacht aufkam, er leide an Tuberkulose. Im Juli des folgenden Jahres hieß es, er sei noch magerer geworden; seine Haut warf Falten wie die eines Fakirs.

Die körperlichen Gebrechen schienen seine Studien nicht ernsthaft zu beeinträchtigen und waren vielleicht eher lästig als bedrohlich. Schuld war wohl weitgehend seine chronische Mittellosigkeit. Während seiner Zeit in Paris lebte er teilweise noch kärglicher als auf dem Internat; Jacques-Joseph hatte sich vergebens um eine staatliche Beihilfe und eine Anstellung für ihn bei der Nationalbibliothek bemüht. Das Stipendium, das Champollion aus Grenoble erhielt, deckte gerade mal drei Viertel seines Unterhalts; für den Rest musste Jacques-Joseph aufkommen. Champollion schwelgte gewiss nicht im Luxus, doch machte er stets das Beste aus dem wenigen, was er hatte. Waren seine Briefe an den Bruder mit ständigen Geldforderungen gespickt, so ließ es dieser an Ermahnungen zur Sparsamkeit nicht fehlen. Jacques-Joseph verdiente zwar mehr als einst, als sein Bruder noch das Lycée besuchte, doch stellten die

Lebenshaltungskosten des Studenten in Paris eine ungleich höhere Belastung dar.

Außerdem war Jacques-Joseph inzwischen Vater eines Sohnes geworden, und noch vor der Geburt bat er Champollion, einen arabischen Namen für ihn auszusuchen: »Nach dem Namen meines künftigen Neffen brauchte ich nicht lange zu suchen. Er wird Ali heißen (der Vielgeliebte), was ein auch in französischen Ohren wohlklingender Name ist. Wenn es eine Nichte wird, soll ihr Name Zoraïde sein (Blume des Frühlings), was der Jahreszeit entspricht, zu der sie geboren wird.«

Jahre später gab Champollion seiner eigenen Tochter den Namen Zoraïde. Jacques-Joseph musste sich von nun an noch mehr einschränken. Offenbar erwartete er von seinem Bruder, dass er in Paris immer wieder kleinere Besorgungen für ihn erledigte. Im Herbst 1808 stellten sich erste Spannungen zwischen den Brüdern ein. Champollion war in einer verzweifelten Lage; seine Kleider waren kaum besser als Lumpen, und er schämte sich, damit unter die Leute zu gehen. An Jacques-Joseph schrieb er:

»Die Ripshosen kann ich nicht mehr anziehen, die aus Nankingseide, die ich seit dem Sommer trage. Jetzt bin ich ein echter Sansculotte und habe doch weder die entsprechende Weltanschauung noch die Neigung dazu... Wenn ich besser gekleidet und beschuht bin, will ich alle Aufträge erledigen, egal was es ist, denn nur dann kann ich mich in die Öffentlichkeit wagen. Ich würde sogar den Kaiser selbst aufsuchen, wenn es dir gefällt.«

Revolutionäre Extremisten, die man *sans culottes* (ohne Hosen) nannte, hatten diesen Spitznamen angenommen, weil *culottes* – Kniebundhosen – zur standesgemäßen

Kleidung der Aristokratie gehörten. An die Sansculotten konnte man sich noch lebhaft erinnern, aber ihr Radikalismus war nicht mehr gefährlich; die Bevölkerung konnte sich ohne Furcht vor Repressalien über sie lustig machen. Als er seiner Hauswirtin Madame Mécran die Miete nicht mehr zahlen konnte, wiederholte Champollion die eindringlichen Appelle, ihm finanziell unter die Arme zu greifen: »Mme. Mécran lässt mir keine Ruhe mit der Bezahlung für das Zimmer«, heißt es in seinen Briefen, und: »Schick mir das Geld möglichst bald, wenn noch nicht geschehen!« Ein Tiefpunkt war erreicht, und schließlich wusste sich Jean-François nicht anders zu helfen, als seinen Vater um Hilfe zu bitten. Jetzt bekam er endlich etwas Geld. Als Jacques-Joseph es herausfand, kam es zum erbitterten Bruderzwist mit Vorwürfen von beiden Seiten. Das führte aber nicht zum Bruch zwischen den beiden, vielmehr hat diese Krise ihr Verhältnis offenbar erneut gefestigt, und gegen Ende des Jahres waren alle Missverständnisse beigelegt.

Seine angegriffene Gesundheit hinderte Champollion nicht an der intensiven Arbeit, und Entbehrungen war er gewohnt. Was er am meisten fürchtete, war die Einberufung zum Militärdienst. Als Champollion nach Paris kam, befand sich Napoleon auf dem Höhepunkt seiner Macht; inzwischen hatte ein unmerklicher Niedergang eingesetzt. Um die Sollstärke seiner Armeen zu wahren, musste er zunehmend junge Leute zwangsverpflichten. Seit seinem 17. Geburtstag am 23. Dezember 1807 schwebte Champollion ständig in der Angst, einberufen zu werden. Gegen Ende des darauf folgenden Sommers nahm Napoleon, dem es wieder an Soldaten fehlte, neue Rekrutierungen vor.

In seiner Panik schrieb Champollion seinem Bruder, der ihm vertraulich mitteilte, er brauche sich keine Sorgen zu machen. Wieder einmal nutzte ihm der Einfluss seines Gönners Fourier, der Napoleon selbst »im Interesse der Wissenschaften« um eine Ausnahme für diesen Studenten bat – und Champollion wurde auch diesmal nicht eingezogen.

Die beiden Brüder waren Joseph Fourier ebenso zu Dank verpflichtet wie er ihnen für die Hilfe bei seiner Einleitung zur *Description de l'Égypte*. Gleichwohl erkannte Jacques-Joseph, dass auch die schützende Hand des Präfekten nicht überallhin reichte. Er riet Champollion daher, die Aufnahme in die École normale zu beantragen, eine neue Einrichtung, die eine kostenlose zweijährige Ausbildung anbot; dafür mussten sich die Studenten zu einer mindestens zehnjährigen Lehrtätigkeit im Schuldienst verpflichten. Der Vorteil war, dass Absolventen der École normale anders als andere Studenten vom Militärdienst befreit waren. Zu den Nachteilen gehörte der rigorose Drill, mit dem die Hochschule betrieben wurde. Für Champollion war die geistlose Monotonie der École normale nicht viel besser als das Herumkommandiertwerden beim Militär. Schlimmer noch, sie würde ihn jahrelang davon abhalten, seinen Forschungen nachzugehen oder zu verwirklichen, wovon er träumte, beispielsweise eine Reise nach Ägypten. Daher weigerte er sich, die Aufnahme zu beantragen, und zog es vor, das ständige Risiko einer Einberufung mit ihren bedenklichen Folgen in Kauf zu nehmen.

Während die Armee nach gesunden jungen Männern Ausschau hielt, wurden für den diplomatischen Dienst fähige Studenten an der École spéciale des langues orientales vivantes gesucht, die als französische Botschafter entsandt werden sollten. Langlès, der Champollion Persisch beigebracht hatte und selbst nicht gern reiste (rund ein Jahrzehnt zuvor hatte er sogar Napoleons Einladung zur ägyptischen Expedition ausgeschlagen), wollte ihm die Ehre angedeihen lassen, persischer Konsul zu werden. Champollion lehnte rundheraus ab und bat um Verständnis. Von da an mied er jede Begegnung mit seinem Lehrer, nur um ein paar Monate später herauszufinden, dass Langlès seinen Namen trotzdem auf die Vorschlagsliste gesetzt hatte. Wie er seinem Bruder erklärte, wäre Ägypten der einzige Ort, wo er mit Freuden einen Gesandtschaftsposten übernehmen würde: »Es ist weit heruntergekommener als die Schlachtfelder von Konstantinopel, Troja und Persepolis, dennoch würde mir das Land Attraktionen in Fülle bieten, um jede Beschwernis in Kauf zu nehmen.« Unglücklicherweise war der Posten des ägyptischen Konsuls nicht frei, und einmal mehr musste Jacques-Joseph seinen Einfluss geltend machen, um Champollion aus der Klemme zu helfen. Dass er die Berufung nicht annahm, empörte Langlès, und er vergalt es Champollion damit, dass er ihm für dieses Jahr kein Zeugnis ausstellte.

Die meiste Zeit für seine Forschungen fand Champollion in den Semesterferien, die er in Paris verbrachte, weil ihm das Geld für die Heimreise nach Grenoble fehlte. Zu den größeren Projekten zählte die Ausarbeitung seiner Geografie Ägyptens, die er im August 1807 in Grundzügen der Akademie von Grenoble vorgestellt hatte. Am Ende des ersten Studienjahrs in Paris hatte er die Erstfassung eines Buchs fertig, das er mittlerweile *L'Égypte sous les pharaons* (»Ägypten unter den Pharaonen«) nannte und das auf seiner gründlichen und ständig wachsenden Kenntnis koptischer Ortsnamen beruhte.

Meist führten ihn seine Recherchen in die Nationalbibliothek, wo ihm der Leiter der Antikenabteilung zur Seite stand – Aubin-Louis Millin de Grandmaison, der seit Jahren mit Jacques-Joseph regelmäßig korrespondierte und das *Magasin encyclopédique* herausgab. In dieser Bibliothek genoss Champollion privilegierten Zugang zu einer Unmenge ausländischer Bücher, die Napoleon bei seinen Feldzügen erbeutet hatte und die noch immer nicht vollständig katalogisiert waren. Er machte sich daran, sämtliche koptischen, größtenteils aus der vatikanischen Bibliothek in Rom stammenden Schriften zu lesen. Jahre später, als die Manuskripte wieder nach Italien zurückgebracht wurden, bemerkte der englische Historiker Sir William Gell: »Was Champollion und das Koptische betrifft, möchte ich annehmen, dass nur wenige koptische Bücher existieren, die er nicht in Augenschein genommen hätte. Einer meiner gelehrten Freunde hat mir berichtet, es gebe im Vatikan keine Schrift in dieser Sprache ohne Randbemerkungen von Champollion aus der Zeit, als er in Paris war.«

Champollion hatte schon früh festgestellt, wie unzulänglich die damals kursierenden Wörterbücher und Grammatiken in dieser Sprache waren. Während er über den Texten saß, begann er zugleich mit der Herkulesarbeit, eine koptische Grammatik und ein Wörterbuch des Koptischen zusammenzustellen. Sie sollten der wichtigste Grundstock für seine Hieroglyphen-Studien werden.

In diesem Stadium seiner Recherche betrachtete Champollion die Bilderschrift grundsätzlich noch als ein Alphabet zum Buchstabieren ägyptischer Wörter. Die Abweichungen des Koptischen vom Altägyptischen hielt er für geringfügig. Träfe das zu, so hätte er – ausreichende Fertigkeit im Koptischen vorausgesetzt – die koptischen alphabetischen Zeichen nur den Hieroglyphen richtig zuordnen müssen, um sämtliche Texte der alten Ägypter zu entziffern. Dass diese Theorie von völlig falschen Voraussetzungen ausging, wurde ihm erst später bewusst. Zwar ist das Koptische ein später Ausläufer des Ägyptischen, doch bilden die Hieroglyphen kein simples Alphabet. Immerhin hatte Champollion mit dieser These einen Ansatz gefunden, von dem aus er das Problem der Entzifferung angehen konnte. Die übrigen Sprachen, die Champollion beherrschte, wie Arabisch oder Hebräisch, zeigen Vokale nur formelhaft (als diakritische Zeichen). Die koptische Schrift hingegen hat Vokale, die bei der Verschriftlichung aus dem griechischen Alphabet entlehnt wurden. Seine profunde Kenntnis der koptischen Sprache erleichterte Champollion die Entdeckung alter ägyptischer Wörter, die – ohne Vokale aufzuweisen – in den Hieroglyphen dargestellt sein mussten.

Zu den Schwierigkeiten bei der Lektüre von Hieroglyphen gehört nämlich, dass viele Wörter wie Abkürzungen in modernen Sprachen geschrieben sind. So ergeben beispielsweise die Wörter »frndl.«, »dtspr.«, »Grtn.« für sich genommen keinen Sinn, doch im Kontext einer Anzeige für Ferienwohnungen wären sie als Kürzel für »freundlich«, »deutschsprachig« und »Garten« erkennbar. Ähnlich wird der Name des berühmtesten Pharao, Tutanchamun, wie folgt geschrieben: 𓇋𓏠𓈖𓅱𓏏𓋹. Die Transkription dieser Hieroglyphen wäre *imntwt'nḫ*. Der Name besteht aus drei Teilen, die »Amun« 𓇋𓏠𓈖, »Bild des« 𓅱𓏏 und »lebend« 𓋹 bedeuten und als »das lebende Abbild der Gottheit Amun« übersetzt werden. Der Name *imntwt'nḫ* enthält keine Vokale – das *w* wird gewöhnlich als »u« ausgesprochen, und die phonetischen Zeichen *i* und ' stehen für so genannte schwache Konsonanten (mitunter »Halbvokale« genannt), die sich in semitischen Sprachen wie dem Hebräischen finden. Das phonetische Zeichen *ḫ* wird ungefähr wie »ch« ausgesprochen. So wie man wissen muss, dass »Grtn.« für »Garten« steht und nicht für Gurrtöne, waren den alten Ägyptern die Vokale bekannt, die in jedem einzelnen Wort gebraucht wurden, um es aussprechen zu können. Doch von den Überbleibseln im Koptischen abgesehen, war dies im Laufe der Jahrhunderte in Vergessenheit geraten.

Um alle Namen der Pharaonen aussprechen zu können, wurden jetzt Vokale zwischen die Konsonanten gestellt. Aus bloßer Gewohnheit wurde oft »e« gebraucht, weshalb *imntwt'nḫ* als »Ementutench« ausgesprochen wurde. Mitunter wurden auch andere Vokale benutzt, um einen Namen weniger monoton zu gestalten, sodass dieser spezielle Name »Amuntutanch« lautete. Die alten Ägypter setzten aus Pietät die Namen der Götter voran, doch heutzutage werden die Wörter nach dem Sinn neu geordnet: »lebendes Bild des Amun« ist so viel wie »Tutanchamun«. Noch komplizierter ist die Sachlage, weil der Name des Pharaos Tutanchamun einen Gott nennt, der auch in altgriechischen Texten und in der Bibel als »Amun« oder »Ammon« vorkommt (was allerdings nicht klärt, ob ihn auch die alten Ägypter so ausgesprochen haben). Aus diesem Grund wird der Name heute zumeist als »amin«, »amon« oder »amen« buchstabiert. Ähnlich ergeht es vielen Pharaonennamen, weshalb eine Vielzahl von Versionen und Aussprachen miteinander konkurrieren, ohne dass eine einzige für sich beanspruchen könnte, die korrekte ägyptische zu sein.

Abgesehen von seinen koptischen Studien, glaubte Champollion schon jetzt, es mit dem Stein von Rosette und seinen drei Inschriften aufnehmen zu können. Damals hielt er sie für leicht zu bewältigen. Im Sommer 1808 verfügte er über eine Abschrift des Steins, die der alte Abbé de Tersan im Londoner British Museum angefertigt hatte. Sie gehörte einem Kenner namens Charles Philipp Campion de Tersan. Dieser nannte eine umfassende Antikensammlung in Abbaye-aux-bois sein Eigen, wo ihn Champollion gelegentlich besuchte. Zunächst nahm er die demotischen Inschriften in Augenschein und schrieb eine Anzahl Schriftzeichen heraus, die er mit der griechischen Version und anschließend mit seinen Koptisch-Kenntnissen abglich. Zu seinem Entzücken stimmten seine Resultate mit denen von Johan Åkerblad überein. Dieser hatte sechs Jahre zuvor seinen Forschungsbeitrag in Form eines Briefs an Silvestre de Sacy, den jetzigen Lehrer Champollions, publiziert.

Gleichzeitig vertiefte sich Champollion in einzelne Papyri mit hieratischer Schrift (der hieroglyphischen »Kursive«), um sie mit der demotischen Inschrift auf dem Rosette-Stein zu vergleichen. Damals ahnte er noch nicht, dass Demotisch und Hieratisch ganz verschiedene Kursiven sind. Ende August wollte er sogar den Nachweis erbringen, sie seien identisch, und behauptete, er könne einen Satz aus einem Papyrus lesen, den Vivant Denon aus Ägypten mitgebracht hatte. Wenige Wochen später schrieb Champollion seinem Bruder, er habe zwar jetzt anderthalb Zeilen eines Papyrus entziffert und auf der Basis des Rosette-Steins ein Alphabet erstellt, doch seien damit seine Bemühungen ins Stocken geraten: »Ich komme einfach nicht weiter! Gruppen [von Zeichen] stehen mir im Weg. Ich habe sie untersucht, tagelang über ihnen gebrütet… und nichts begriffen!«

Stattdessen war er auf einmal völlig von der blühenden vorrömischen Kultur der Etrusker eingenommen, »denn die Etrusker stammen aus Ägypten«, wie er meinte. In der Kollektion des Abbé Tersan gab es viele etruskische Antiquitäten, die Champollion faszinierten und zu dem Fehlschluss verleiteten, die Etrusker seien – über das Volk der Phönizier in Nordafrika – mit den Ägyptern verwandt. Das phönizische Alphabet stamme von der ägyptischen Schrift ab, die Champollion ihrerseits für ein Alphabet hielt. Auf der Stelle begann er, alles damit Zusammenhängende zu studieren, was seinen Bruder Jacques-Joseph zur Verzweiflung trieb, der ihm vorwarf, die Hieroglyphen-Kunde zu vernachlässigen: »Anderthalb Zeilen hast du übersetzt, ein Alphabet hast du, und willst dabei stehen bleiben? Ich erkenne dich nicht wieder! Wo ist deine Leidenschaft für alles Ägyptische geblieben?«

Es muss ein herber Schlag gewesen sein, als Marie-Alexandre Lenoir zum Jahresende 1808 unvermittelt den ersten von vier Bänden *Nouvelles explications des Hiéroglyphes* (»Neue Kommentare zu den Hieroglyphen«) auf den Markt brachte und darin behauptete, die Bilderschrift entziffert zu haben. Lenoir war fast 30 Jahre älter als Champollion; er kannte sich eher im französischen Mittelalter aus als im Orient und im Altertum. Während der Revolution hatte er, manchmal unter Einsatz seines Lebens, viele altfranzösische Denkmäler vor der Zerstörung bewahrt – eine Leistung, für die ihn die Society of Antiquaries in

London später zum Ehrenmitglied ernannte. Unter Napoleon nahm er eine denkbar mächtige Stellung ein. Kraft seines Amtes musste er der Kaiserin Josephine als Kurator dienen, und er half ihr bei der Auswahl von Objekten aus dem Musée nationale des monuments français, mit denen sie Schloss Malmaison, ihr Landhaus im Westen von Paris, ausstaffierte. Bevor er ein Exemplar von Lenoirs Buch in der Hand hielt, fürchtete Champollion schon, im Wettlauf um die Deutung der Hieroglyphen unterlegen zu sein. Doch als er es las, hielt er es für gänzlich misslungen – nicht nur, weil Lenoir noch immer am mystischen Symbolismus der Hieroglyphen festhielt, was schon viele Wissenschaftler auf Abwege geführt hatte. Champollion ging so weit, Lenoirs Hieroglyphen-Theorie seinem Bruder als Medizin, genauer gesagt, als Abführmittel zu empfehlen, um sich von der Sorge um seine vermeintliche Untätigkeit zu kurieren.

Doch das Erlebnis mit Lenoir schreckte Champollion aus seiner selbstgefälligen Gewissheit, der Erste zu sein, dem die Entzifferung gelingen würde. Plötzlich wurde ihm klar, dass er noch immer an den Grundvoraussetzungen arbeitete, während er doch gleichzeitig im Wettstreit mit zahlreichen, möglicherweise unbekannten Konkurrenten stand, die jederzeit ihre Ergebnisse vorlegen und die Siegespalme für sich selbst einfordern konnten. Wie exzentrisch, besessen, eifersüchtig und sogar nachtragend Rivalen auf dem Gebiet der Wissenschaft sein können, sollte Champollion noch erfahren, nachdem er selbst das Rennen gemacht hatte. Gleichwohl ließ er sich von seinem selbst gesteckten Ziel nicht abbringen, gründlich und flüssig Koptisch zu lernen, und erklärte seinem Bruder im März 1809: »Ins

Koptische habe ich mich jetzt voll und ganz gestürzt. Ich will das Ägyptische so gut beherrschen wie mein Französisch, denn auf dieser Sprache beruht mein Hauptwerk über ägyptische Papyri.«

Einen Monat später stellte er fest: »Ich träume nur noch koptisch und ägyptisch... Ich bin so sehr Kopte geworden, dass ich zum Vergnügen alles ins Koptische übersetze, was mir einfällt... Es ist das beste Mittel, mir das reine Ägyptisch [Koptisch] einzuprägen. Anschließend setze ich mich an den Papyrus, und dank meiner heroischen Tapferkeit hoffe ich durchzukommen. Ich bin schon einen großen Schritt weiter!«

Abermals versuchte er sein Glück mit dem Stein von Rosette, korrigierte das demotische Alphabet, das er im Sommer zuvor erarbeitet hatte, und erklärte, die Arbeit an den Papyri nicht länger ruhen zu lassen: »Die Papyri stehen mir immer wieder vor Augen... wie schön, solchen Lorbeer zu pflücken! Ich hoffe, dass er mir bestimmt ist!«

Trotz seiner Nervosität bei Lenoirs Veröffentlichung war Champollion noch immer derart überzeugt von sich, dass er frühere, gescheiterte Versuche leichtfertig abtat. Åkerblad sei, kritisierte er, »unfähig, auch nur drei aufeinander folgende Worte einer ägyptischen [d.h. demotischen – der Begriff ›ägyptisch‹ wurde abwechselnd für demotische, hieratische und gelegentlich koptische Schrift gebraucht] Inschrift zu lesen«. An Zoëga, der kurz zuvor einen umfassenden Korpus hieroglyphischer Bildzeichen gesammelt hatte, ohne sie zu entziffern, beanstandete Champollion, er habe »eine beachtliche Menge an Baumaterial herbeigeschafft... und nicht Stein auf Stein zu setzen vermocht«! Nutzlos erschienen ihm auch Graf Palins Arbeiten über den Stein von Rosette. Er hielt es für besser, bei null anzufangen, statt eine der vorangegangenen Fehldeutungen zu Hilfe zu nehmen. Das Material, mit dem Champollion arbeiten konnte, war überraschend dürftig. Einer der Briefe an seinen Bruder enthält eine Liste sämtlicher hieroglyphischen oder hieratischen (nach seinen Worten »kursiven«) Inschriften auf Papyri oder Mumienbändern in Frankreich und anderswo, die er in vollständigen oder fragmentarischen Abschriften kannte, und es waren nicht mehr als 17! Allerdings wusste er, dass einige weitere kurz vor der Publikation standen, und er hatte Hieroglyphen an Bauwerken gesehen, die während des ägyptischen Feldzugs von den Gelehrten abgezeichnet worden waren.

Im Juni 1809 erschien der erste Band der *Description de l'Égypte* und brachte eine Fülle von Informationen, die auf Napoleons Expedition nach Ägypten gesammelt worden waren. Dazu gehörte auch die Beschreibung ägyptischer Sternbilder wie in Dendera sowie weiterer Denkmäler an vielen Fundstätten in Oberägypten. Auf den beigefügten Kupferstichen waren die Hieroglyphen abgebildet. Bei ihrem Anblick freute sich Champollion über die »zahlreichen ägyptischen Manuskripte, die in diesem prächtigen Sammelwerk mit erstaunlicher Detailtreue abgebildet sind, ebenso die Drucke, Zeichnungen und Gravuren, die der Altertumsforschung ein solides Fundament liefern«. Doch sparte er auch hier nicht mit Kritik an den von Jomard geleiteten Entzifferungsversuchen: »Großen Respekt habe ich nicht vor ihnen; sie vermögen uns erstklassige Zeichnungen zu liefern, doch ihre Erläuterungen taugen nicht mehr als das Wasser in der Blutwurst.« Das klingt überheblich, doch sein Urteil erwies sich als zutreffend, und Champollion äußerte solch harsche Kritik normalerweise nur in vertraulichen Briefen an seinen Bruder.

Der Hauptteil seines Buchs *L'Égypte sous les pharaons* – seine Untersuchung der Geografie, Geschichte und Sprache Ägyptens – war nun seit über vier Monaten fertig, auch wenn sich die mühevolle Ausarbeitung einer Karte des Niltals mit authentischen Ortsnamen verzögerte. Besonders hinderlich war, dass die präzisen Aufnahmen der Landvermesser, die Napoleons ägyptische Expedition begleitet hatten, aus militärischen Gründen Staatsgeheimnis waren und erst knapp 20 Jahre später veröffentlicht wurden. Jacques-Joseph riet seinem Bruder, das Buch umgehend drucken zu lassen, doch während er noch darüber nachdachte, kamen im Juni 1809 von Étienne-Marc Quatremère die *Recherches critiques et historiques sur la langue et la littérature de l'Égypte* heraus (»Kritische und historische Untersuchungen zur Sprache und Literatur Ägyptens«). Als einstiger Schüler de Sacys bekleidete Quatremère mittlerweile einen Posten in der Nationalbibliothek; Champollion nannte ihn einen »missgünstigen Menschen, nichts weiter als ein Egoist«. Quatremère hatte eine Geschichte des Koptischen und Studien zur ägyptischen Frühzeit vorgelegt, was Champollion als seine ureigenste Domäne betrachtete, denn dies war eine Grundvoraussetzung der Entzifferung von Hieroglyphen. In seine Enttäuschung mischte sich Eifersucht, als Professor de Sacy höchstpersönlich die Publikation der Arbeit des Konkurrenten enthusiastisch begrüßte.

Champollion reagierte, indem er sich noch stärker in das Studium des Koptischen hineinkniete. Das kam auch seinem eigenen Buch zugute, weil es zum Großteil auf schriftlichen koptischen Quellen beruhte. Jacques-Joseph ermahnte seinen Bruder zunehmend besorgt, die Hieroglyphen-Studien mit aller Energie voranzutreiben. Er forderte ihn auf, den griechischen Text des Rosette-Steins ins Koptische zu übersetzen – vielleicht lieferte das den Schlüssel für die demotische Schrift und damit auch für den Hieroglyphen-Text? Nach einiger Überlegung erklärte Champollion diesen Vorschlag für unpraktikabel. Die Namen im demotischen Text, die Åkerblad identifiziert hatte, tauchten offenbar im griechischen Abschnitt an ganz anderen Stellen auf. Daraus folgerte er, entweder müsse die Wortfolge im Demotischen völlig anders sein als in der griechischen Version, oder die demotischen Zeichen gaben womöglich eine ganz andere Inschrift wieder. Dabei hatte er noch nicht begonnen, die Hieroglyphen des Steins zu untersuchen, ebenso wenig wie Åkerblad und de Sacy vor ihm.

Im Sommer 1809 schloss er sein Studium in Paris ab, ohne dass sein Traum von der Hieroglyphen-Lektüre in Erfüllung gegangen war. Jacques-Joseph kam im August in die Hauptstadt und half ihm beim Zusammenpacken. Wie Champollion erfuhr, stellte man ihm eine Position an der geschichtlichen Fakultät der Universität in Aussicht, die demnächst in Grenoble entstehen sollte. Die Zukunft war viel versprechend, doch abermals drohte ihm unversehens die Einberufung. Inzwischen starben Jahr für Jahr 20 000 Franzosen allein im spanischen Bürgerkrieg, und Kaiser Napoleon musste immer jüngere Rekruten verpflichten. Die Überlebenschancen für diese jungen Burschen waren gleich null; zehn Prozent der Soldaten desertierten, viele weitere versteckten sich vor der Einberufung oder griffen zum Mittel der Selbstverstümmelung, um sich dienstuntauglich zu machen. Auch die Zahl der Heiraten stieg sprunghaft, denn nur Junggesellen wurden eingezogen. Allein Professor Louis Langlès hätte Champollion vor dem Militärdienst bewahren können, doch der war noch immer verbittert, weil sein Schüler den diplomatischen Dienst in Persien abgelehnt hatte, und unternahm nichts für ihn. Schließlich musste erneut Fourier als Präfekt der Provinz Isère eingreifen und den Einberufungsbefehl abwenden – wenigstens fürs Erste.

4. DER LEHRER

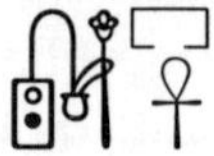

Nach zwei Jahren intensiven Studiums in Paris kehrte Jean-François Champollion am 15. Oktober 1809 heim nach Grenoble – zum Dozenten an einer Universität ernannt, die es noch gar nicht gab. Im Zuge einer umfassenden Reform des Erziehungswesens hatte Napoleon ein nationales Hochschul-Netzwerk gründen lassen, und an der für Grenoble vorgesehenen Anstalt wurde Champollion eine halbe Professorenstelle für Geschichte des Altertums zugeteilt. Dass man eine solche Stellung einem 18-Jährigen anvertraute, zeugt von der Anerkennung seiner bemerkenswerten Fähigkeiten. Jacques-Joseph, der damals 30 war, hatte einige Wochen zuvor die Handelsfirma seiner Cousins verlassen; nun übernahm er – bei gleich bleibendem Gehalt – eine Professur für Griechisch und das Amt eines Sekretärs an der Faculté des lettres. Schon jetzt war er Bibliotheksassistent an der Stadtbücherei. Grenoble war eine der ersten Städte in Frankreich gewesen, die eine solche Institution gründeten; den Grundstock hatte man 1772 mithilfe öffentlicher Spenden erworben: eine wertvolle Sammlung von 34 000 Bänden aus dem Nachlass eines kürzlich verstorbenen Bischofs. Die Bibliothek und ein kleines Museum nahmen einen Teil des ersten Stockwerks im Lycée ein, das Champollion so verhasst war, und in ihrem Zentrum lag die Académie delphinale, die gelehrte Gesellschaft, deren Sekretär Jacques-Joseph nach wie vor war. Übrigens hatte seine Familie seit kurzem wieder Zuwachs bekommen – im Juli 1809 war eine Tochter namens Amélie-Françoise geboren worden.

In den ersten Monaten nach seiner Rückkehr bemühte sich Champollion mehr um die Vorbereitung seines Seminars an der Universität als um eigene Forschungsziele. Dann erhielt Jacques-Joseph im März 1810 einen überraschenden Brief von Silvestre de Sacy, der seinem ehemaligen Schüler Champollion von weiteren Versuchen der Hieroglyphen-Deutung abraten wollte. Damals erschien dieser Vorstoß völlig unfassbar. Offenbar fürchtete de Sacy, sein eigener Ruhm werde von dem seiner Studenten überstrahlt; einige von ihnen wurden noch Jahre später von ihm diffamiert. Er hoffe zwar, Champollion werde die orientalischen Sprachen nicht vernachlässigen, doch zugleich schrieb de Sacy: »Der Entzifferung der Inschrift des Rosette-Steins sollte er sich nicht verschreiben, glaube ich. Bei derartigen Unternehmungen ist der Erfolg eher dem Zusammentreffen günstiger Umstände als hartnäckigem Fleiß zu verdanken.« Falls er geglaubt haben sollte, sein Rat würde beherzigt werden, dann kannte er Champollion schlecht, der bald darauf seinem Studienfreund Antoine-Jean Saint-Martin in Paris schrieb, er werde allen Bedenken de Sacys zum Trotz weiter an den Hieroglyphen arbeiten.

Die Universität Grenoble wurde Ende Mai 1810 eröffnet. Einem Erlass Napoleons zufolge sollte eine Berufung an die neuen Universitäten mit der Promotion gleichgesetzt werden, weshalb Champollion und Jacques-Joseph vier Monate zuvor den Doktortitel erhielten. Seiner Jugend wegen wurde Champollion zunächst nur ein Jahresgehalt von 750 Francs zugebilligt – die Hälfte von dem, was er als Student in Paris bekommen hatte! Doch ansonsten wurden alle Professoren der neuen Universität gleichgestellt, keiner durfte Anciennität beanspruchen, was bei einigen von Champollions Kollegen von Anfang an Neid auf seinen Erfolg weckte. Titularprofessor des Doppellehrstuhls war der greise Jean-Gaspard Dubois-Fontanelle, der damals auch als Dekan der Faculté des lettres und Bibliotheksleiter der Stadtbücherei amtierte. In diesen Funktionen stand ihm Jacques-Joseph zur Seite, dem seinerseits von Champollion assistiert wurde. Großzügigerweise gab Dubois-Fontanelle die Hälfte seines Professorengehalts an Champollion ab, dessen Salär damit auf 2250 Francs stieg.

In den Monaten vor Eröffnung der Universität verwendete Champollion viel Mühe auf die Vorbereitung einer ausgefeilten Reihe historischer Vorlesungen. Bei seiner Hochschulgründung hatte Napoleon festgelegt, wie die Dozenten unterrichten sollten: die Tatsachen vermitteln ohne Kommentar und Kritik, Philosophie oder Rhetorik und die Studenten einer nachhaltigen Auslese unterziehen – kurz: nichts durchnehmen, was die Vollkommenheit des herrschenden Regimes infrage stellen könnte. Dieser Ansatz widersprach Champollions Ideal der Geistesfreiheit, weshalb er von vornherein an die vom Kaiser gesetzten Schranken stieß oder sie überschritt. Seine Vorlesungen, die einen Skandal verursachten, beruhten auf einer Kombination von Geografie und Geschichte, kritischer Untersuchung der Quellen sowie seinen Lieblingsthemen Chronologie und Ursprung der Menschheit. Damit kamen sie einer offenen Kampfansage an die Kirche und ihre

Lehre, die Welt sei erst vor 6000 Jahren erschaffen worden, gefährlich nahe.

Champollions akademische Laufbahn hatte gerade erst begonnen, als Josephine ihre Rolle als Kaiserin ausgespielt hatte. Unter Napoleons direkten Verwandten hatte sie viele Feinde; die meisten waren gegen ihre Ehe gewesen und hatten Napoleon immer wieder beschworen, sich scheiden zu lassen. Der Kaiser, der seine Frau nach wie vor liebte, hatte vor diesem Schritt zurückgeschreckt, und hätte Josephine ihm einen Sohn und Erben geschenkt, wäre es gewiss nie so weit gekommen. Doch blieb die Ehe kinderlos, und Napoleon wollte eine Dynastie gründen. Schließlich gab er im November 1809 ihre Trennung bekannt; zwei Monate später wurde die Ehe annulliert. Anschließend wurde eine standesgemäße politische Heirat mit Erzherzogin Marie-Louise, der Tochter des Kaisers von Österreich, arrangiert, die Napoleon im April 1810 zur Frau nahm. Zwar war sie bei den Franzosen nie so beliebt wie Josephine, doch respektierte man sie als Kaiserin, und aller Tadel verstummte, als sie im folgenden Jahr einem Sohn das Leben schenkte. Dem Knaben wurde sogar der Titel »König von Rom« verliehen in der Hoffnung, er werde eines Tages das vereinte Italien regieren, und grundsätzlich hielt man damit die Erbfolge des Kaiserthrons für gesichert. Napoleon war voller Zuversicht – so sehr, dass er der Ehefrau des österreichischen Botschafters, Madame von Schwarzenberg, die ihm zur Geburt seines Sohns gratulierte, einen Steinskarabäus mit eingravierten Hieroglyphen schenkte, den er seit seinem ägyptischen Feldzug stets bei sich getragen hatte: »Er hat mir immer als Talisman gedient«, erklärte er. »Nehmen Sie ihn, ich brauche ihn nicht mehr!« In Wahrheit brauchte er ihn nötiger denn je, denn der Zerfall seines Weltreiches war schon besiegelt.

Champollion litt eine Zeit lang weniger unter den politischen Wechselfällen seines Vaterlands als unter den Feindseligkeiten mancher Kollegen und Studenten. Einige der jungen Männer, die seine Vorlesung besuchten, waren im Lycée seine Schulkameraden gewesen und gönnten ihm den raschen Aufstieg zum Professor nicht. Schlimmer noch war der Neid anderer Professoren, die in seiner Schulzeit noch als Lehrer am Lycée unterrichtet hatten. Einige beschwerten sich beim Kaiser persönlich, weil sie sich zugunsten Champollions und seines Bruders, die jünger waren und weniger Erfahrung mitbrachten, übergangen fühlten – Klagen, die Napoleon kurzerhand abwies. Typisch für Champollion war, dass er seinen Gegnern an der Universität mit Hohn und Spott begegnete. Eine Satire, die er unter dem Titel *Scholasticomanie* schrieb, erhielt viel Beifall in den Salons von Grenoble. Obwohl sie anonym und ohne sein Zutun verbreitet wurde, ahnten diejenigen, an denen er sein Mütchen kühlte, wer der Autor war, was die Fronten noch mehr verhärtete.

Aus den akademischen Ränkespielen wurde Champollion abrupt aufgeschreckt, als er knapp zwei Monate nach der feierlichen Eröffnung der Universität die Aufforderung erhielt, sich binnen 48 Stunden in der nächsten Kaserne zu melden, um mit den frisch ausgehobenen Truppen in den spanischen Krieg zu ziehen. Nach dem französischen Sieg über Österreich bei Wagram im Juli 1809 war der Hauptkriegsschauplatz inzwischen die Iberische Halbinsel. In den Graffiti auf Häuserwänden spanischer Dörfer, aus denen sie vertrieben wurden, artikulierten die französischen Truppen ihren Unmut: »Spanien: Schicksal der Generäle, Ruin der Offiziere, Tod der Soldaten!« Ansonsten herrschte ein trügerischer Friede in Europa: die Ruhe vor dem Sturm. Doch wieder einmal kam Joseph Fourier zu Hilfe. Der Präfekt nutzte seinen Einfluss, um eine Ausnahme für Champollion zu erwirken, der angeblich »die Aufnahme in die École normale anstrebt« – deren Studierende blieben noch immer von der Militärpflicht verschont. Einen Studienplatz an der École normale hat Champollion nie angetreten, doch sein beharrliches »Streben« danach genügte, um ihm die Zwangsrekrutierung zu ersparen.

Er hatte sich kaum in seinem neuen Amt zurechtgefunden, als er sich wieder ägyptischen Forschungen zuwandte. Die Fülle des in Paris angehäuften Materials stand ihm allerdings nicht mehr zur Verfügung. Das Problem der Entzifferung schien nach wie vor unüberwindlich. Bestes Beispiel war der Stein von Rosette: Sein griechischer Text war in griechischen Schriftzeichen verfasst und auch lesbar, doch weder seine Hieroglyphen noch die demotische Schrift ließen sich entschlüsseln, und niemand wusste mit Sicherheit, in welcher Sprache oder welchen Sprachen diese beiden Inschriften abgefasst waren. Um Hieroglyphen zu lesen, musste man nicht nur die Funktion jedes einzelnen Zeichens begreifen (ob es einen Laut repräsentiert oder eine abstrakte Idee oder ob es nur ein Abbild des Gemeinten darstellt), sondern auch, wie es sich zu der Sprache verhält, die mit ihm aufgezeichnet wird. Waren Hieroglyphen mit dem europäischen Alphabet vergleichbar, das mit ein und denselben Zeichen viele unterschiedliche Sprachen repräsentieren kann? Oder handelte es sich um Hunderte von Piktogrammen wie im Chinesischen, das sich nur für die Verschriftlichung der chinesischen und einiger nahe verwandter Sprachen eignet? Ebenso unbekannt war die Beziehung zwischen hieroglyphischer, demotischer und griechischer Schrift, wenn es denn eine gab. Die vielen unbekannten Größen und spärlichen Anhaltspunkte ließen de Sacys Einschätzung, dass die Entzifferung, wenn sie je gelänge, eher ein Glücksfall als das Ergebnis harter Arbeit wäre, gar nicht so abwegig erscheinen.

Die Schwierigkeit des Problems lässt sich an den wechselnden Hypothesen ablesen, die Champollion aufstellte, und an der Vehemenz, mit der er sie wieder verwarf. Kaum hatte er eine Theorie begeistert aufgenommen, löste er sie schon durch die nächste wieder ab, um nachträglich einzusehen, dass sie alle verfehlt waren. Dabei hatte man bereits Hunderte unterschiedlicher Hieroglyphen identifiziert – wenn auch nicht entziffert –, was die Forscher vor die Frage stellte, was sie von einer derart großen Anzahl von Zeichen halten sollten. Anfang August 1810 hielt Champollion, damals erst 19 Jahre alt, einen längeren Vortrag vor der Académie delphinale, in dem er seine aktuellen Ideen über die ägyptische Schrift entwickelte. Darin wies er die Vorschläge von Gelehrten wie Kircher und Warburton zurück, die das Ägyptische mit dem Chinesischen verknüpfen wollten.

Von den Autoren des griechischen Altertums beeinflusst, die ihn bis zu einem gewissen Grad ebenfalls in die Irre führten, unterschied Champollion zwischen vier Typen der ägyptischen Schrift: Eine werde für alltägliche Zwecke und Geschäfte verwendet (demotisch), eine zur Niederschrift heiliger Priestertexte (hieratisch), die anderen beiden gehörten zur Hieroglyphen-Schrift; eine sei für

Inschriften auf Monumenten, die andere ausschließlich von Priestern als allegorische Geheimschrift genutzt worden. Das war zwar weit von der Wahrheit entfernt, doch immerhin erkannte er im Demotischen und Hieratischen zwei unähnliche Kursivschriften, deren Beziehung zu den Hieroglyphen freilich ungeklärt blieb. In diesem Stadium unterstellte er, dass Hieratisch und Demotisch aus Buchstaben ein und desselben Alphabets bestünden und sich nur durch die Anordnung der Zeichen unterschieden. Aus diesen beiden Schriften sei dann ein komplexeres Hieroglyphen-System hervorgegangen, mit Zeichen, die – ausgenommen bei ausländischen Namen – keine Laute, sondern Begriffe vertreten. Immerhin löste sich Champollion damit von der jahrhundertealten Theorie, dass Hieroglyphen in ihrer Gesamtheit »allegorisch« oder »ornamental« verstanden werden müssten – also nicht als Schriftkultur zum Austausch von Informationen, sondern als Arsenal mystischer Embleme zur Verschlüsselung geheiligter Wahrheiten, die niemandem außer einigen Auserwählten geoffenbart werden durften.

Champollions Dilemma bestand darin, dass er sich zwar zahlreiche Theorien ausdachte, aber zu große Skrupel hatte, weshalb er seine Erkenntnisse für sich behielt und nichts publizierte, bevor er von der Richtigkeit absolut überzeugt war – oder bis er durch irgendeine Krise dazu gezwungen wurde. Ein Vortrag in der provinziellen Akademie von Grenoble war nicht gerade zweckdienlich, seinen Beitrag zur künftigen Entzifferung in der Forschungslandschaft zu positionieren. Erst die Kontroverse mit Étienne-Marc Quatremère, dem ehemaligen Lieblingsschüler de Sacys, zwang Champollion dazu, mit der Veröffentlichung seiner

Arbeiten über Geografie und Geschichte Ägyptens Ernst zu machen – einem Werk, das er vor drei Jahren in Grenoble begonnen und in Paris fortgesetzt hatte und auf dessen Drucklegung sein Bruder seit über einem Jahr drängte.

Quatremère hatte seine Stellung an der Nationalbibliothek aufgegeben und an der Universität von Rouen die Professur für griechische Sprache und Literatur übernommen, um kaum zwei Jahre später, im Jahr 1811, nach Paris zurückzukehren. Im Juni 1809 hatte er seine koptische Sprachlehre vorgelegt, sehr zum Ärger Champollions, der seine Geografie noch weiter vervollkommnen wollte, anstatt sie herauszugeben. Inzwischen lautete der Titel *L'Égypte sous les pharaons ou recherches sur la géographie, la langue, les écritures et l'histoire de l'Égypte avant l'invasion de Cambyse* (»Ägypten unter den Pharaonen, oder: Studien zur Geografie, Sprache, Schrift und Geschichte Ägyptens bis zum Einfall des Kambyses«). Zu seinem Schrecken erfuhr Champollion jetzt, dass Quatremère ein Konkurrenzprojekt plante und dabei ganz ähnliche Wege einschlug: die Untersuchung der koptischen Versionen ägyptischer Städte- und Flurnamen, aus denen er die ursprünglichen, seinerzeit in Hieroglyphen und hieratischen Zeichen verschriftlichten altägyptischen Namen ableiten wollte. Dass sein eigenes Werk über die Geografie Ägyptens gründlicher und gewissenhafter war als das, was Quatremère vorbereitete, weil Champollion auch koptische und arabische Manuskripte heranzog, konnte das literarische Publikum ja nicht ahnen, solange er mit der Publikation zögerte. Das Erscheinen von Quatremères Buch stand unmittelbar bevor, als sich Champollion mit Jacques-Joseph darüber beriet. Um Zeit zu gewinnen, beschlossen sie, den ersten Abschnitt seines

Geografiewerks als *Introduction* (»Einführung«) gesondert herauszugeben. Dreißig Exemplare dieser 67-seitigen Broschur wurden im Oktober 1810 gedruckt, doch die Auslieferung, auf die sie keinen Einfluss hatten, erfolgte zu spät.

Daher war es Quatremère, der das Rennen machte; im Januar 1811 erblickte sein zweibändiges Konkurrenzwerk, die *Mémoires géographiques et historiques sur l'Égypte et sur quelques contrées voisines* (»Geografische und historische Abhandlungen über Ägypten und einige Nachbarländer«), das Licht der Öffentlichkeit. Champollions eigene *Introduction* kam erst zwei Monate später heraus. Wie wenig er von seinem Rivalen hielt, teilte er seinem Freund Saint-Martin in Paris im Februar mit: Quatremère kenne nur 104 Ortsnamen, während er selbst 174 Ortsnamen nachgewiesen habe. Unterdessen begann in der akademischen Szene der Hauptstadt eine Flüsterkampagne gegen Champollion, den man des Plagiats bezichtigte. In Wahrheit hatten weder er noch Quatremère abgeschrieben, und die Unterschiede im wissenschaftlichen Ansatz gehen aus ihren beiden Publikationen deutlich hervor. Gerade solche Vorwürfe hatten die beiden Brüder befürchtet, doch besonders empörte es Champollion, dass sein alter Lehrer und Förderer de Sacy die vorzeitige Publikation der *Introduction* missbilligte und den Plagiatsvorwürfen Glauben schenkte. Champollions Freunde in Paris bemühten sich, die Anschuldigungen zu widerlegen, doch ihr übertriebener Beifall machte alles noch schlimmer.

Im Laufe des Jahres rezensierte de Sacy die *Introduction* und lobte Quatremère überschwänglich – auf Champollions Kosten. Für Champollion kam das einer Kriegserklärung gleich. Jacques-Joseph war so wütend über den

Angriff gegen seinen Bruder, dass er de Sacy schriftlich ins Gewissen redete, der sich seinerseits zu verteidigen suchte: »Mein sehnlichster Wunsch war es seit jeher, die jungen Leute zu ermutigen, vor allem jene, die heutzutage noch den Mut zu einem Studium aufbringen und eine Laufbahn wählen, die voller Dornen ist und keine Kronen verspricht… ich habe nicht im Traum daran gedacht, M. Champollion einen Diebstahl geistigen Eigentums anzulasten.«

Zwar wollte er sein Material über das ägyptische Schriftsystem noch immer nicht preisgeben, doch war *L'Égypte sous les pharaons* keineswegs Champollions erste Publikation. Mehrere Artikel hatte er bereits in akademischen Zeitschriften und Journalen untergebracht; von seinen Berichten hatten auch Jacques-Joseph und Fourier bei ihren Beiträgen für die *Description de l'Égypte* der ägyptischen Expedition profitiert. Nüchtern befand Champollion jetzt, er sei »ein raues Metier, der Schriftstellerberuf«.

Während er sich in die Forschung vertiefte, ließen ihn die Vorgänge außerhalb der Universität keineswegs gleichgültig, denn sie konnten unabsehbare Folgen für sein Leben haben. So kam es damals zu einer Entfremdung Fouriers von den Brüdern. Schuld daran war nicht zuletzt, dass der Präfekt wegen ihrer Mitarbeit an den *Annales du département de l'Isère: Journal administratif* (»Annalen des Départements de l'Isère: Verwaltungsblatt«) in Schwierigkeiten geriet. Jacques-Joseph hatte die Zeitung seit 1808 redigiert, und sein jüngerer Bruder lieferte gelegentlich Artikel. Die Presse stand unter strenger kaiserlicher Aufsicht, und mehrmals musste Jacques-Joseph eine Zensur seiner Beiträge für das Blatt hinnehmen. Doch was den Zwiespalt noch vergrößerte, war die Mitwirkung der Brüder am Vorwort der *Description de l'Égypte*, denn Fourier hatte ihre Hilfe bei der Niederschrift mit keinem Wort des Dankes gewürdigt. Davon enttäuscht, hörten sie überdies von ihren Freunden in Paris, Fourier habe ihre Beteiligung geradezu bestritten. Fourier wollte offenbar auf Abstand gehen, mied den persönlichen Umgang mit den Brüdern und gab sich längst nicht so jovial wie früher, sondern betont förmlich. »In dieser Zeit«, schrieb Jacques-Joseph später, »war ich nicht mehr so vertraut mit Fourier, sah ihn seltener; etwas schien zwischen uns zu stehen.«

Fourier schien zu der Überzeugung gelangt zu sein – womöglich unter Einfluss seines Sekretärs, Ambroise Lepasquier, der neidisch auf Jacques-Joseph war –, dass ihm eine allzu enge Verbindung mit den Brüdern gefährlich werden könne. Als einer der einflussreicheren Gegner der Champollions war Lepasquier verbittert, dass Fourier ihm Jacques-Joseph vorzog. Mehrmals hatte er den Älteren der beiden an Lepasquiers Stelle für den Sekretärsposten gewinnen wollen, doch Jacques-Joseph wehrte jedes Mal ab. Dass sich Fourier bereden ließ, langjährige Freunde im Stich zu lassen, kann angesichts der blühenden politischen Intrigen nicht überraschen. Die Rekrutierung nahm immer größere Ausmaße an; die Geschäfte gingen schlecht, weil die Männer einberufen wurden, andere versteckten sich, um dem Militär zu entgehen, oder kehrten als Krüppel aus dem Krieg zurück. Viele Familien trauerten um ihre Väter, Söhne und Brüder, und der generelle Glaube an die Unbesiegbarkeit Napoleons fand kaum noch Anhänger.

Als der Kaiser 1812 in Russland einmarschierte, weil das Bündnis mit diesem Land auseinander gebrochen war, herrschten in Frankreich Arbeitslosigkeit und wachsende Inflation. Hunderte von Firmen gingen Bankrott, und auch wenn die Reichen noch immer genug zu essen hatten, waren Importgüter nur noch zu Wucherpreisen auf dem Schwarzmarkt erhältlich. Zehntausende der Ärmsten starben jährlich durch Mangelernährung. Und zu allem Unglück deckten die in den eroberten Gebieten erhobenen Kontributionen längst nicht mehr die Kosten der napoleonischen Armee; jetzt musste er auch noch die Franzosen mit einer Kriegssteuer belasten. Der Einmarsch in Russland endete in einer Katastrophe. Von der Armee der 600 000 Mann, die Napoleon nach Moskau führte, kehrten weit unter 100 000 zurück, wobei die meisten Toten der Kälte, dem Hunger oder epidemischen Krankheiten zum Opfer gefallen waren. Die Verluste des Russlandfeldzugs kurbelten die Einberufungen weiter an. An Männern und Jungen begann Frankreich auszubluten: Die Menschen fingen an, sich gegen das permanente Kriegführen zur Wehr zu setzen. Den Armeewerbern fiel es immer schwerer, Rekruten aufzutreiben; Deserteure und Wehrdienstverweigerer bildeten Banden und terrorisierten eine in Anarchie versinkende Nation, wo selbst die berittene Polizei zur Kavallerie verpflichtet worden war. Das Kaiserreich stand vor dem Zusammenbruch, wie immer mehr Franzosen trotz Zensur und staatlicher Propaganda erkannten. Ein Bündnis royalistischer Fraktionen hatte sich verschworen, Napoleon durch einen legitimen Thronfolger abzulösen.

Im Februar 1812 starb Jean-Gaspard Dubois-Fontanelle, Champollions Koprofessor auf dem Lehrstuhl in Grenoble, was ihn um den von Dubois-Fontanelle gewährten Gehaltszuschuss brachte. Jetzt musste er mit seinem kargen offiziellen Salär von 750 Francs auskommen. Jacques-Joseph übernahm Dubois-Fontanelles Amt als Stadtbibliothekar mit 900 Francs und Champollion als unbezahlten Assistenten; darüber hinaus bewarb er sich um das Dekanat der Faculté des lettres, während Champollion eine volle Stelle anstrebte statt der halben Professur für Alte Geschichte. Seine Widersacher verbreiteten, er sei zu jung und politisch unzuverlässig, und nannten ihn Jakobiner, um ihn als Gegner der Monarchie und Feind Napoleons anzuschwärzen. Die Jakobiner hatten ihren Namen von der Rue St. Jacques in Paris, wo sie einst getagt hatten, und waren als radikale Demokraten bekannt; ihr Name wurde jedem angeheftet, der ähnlich radikale politische Ansichten hegte. Für Champollion traf das gewissermaßen auch zu, denn er war ein Idealist, kein Anhänger Napoleons oder der Monarchie, und er hielt unerschütterlich daran fest, dass eine demokratische Republik für Frankreich die einzig gerechte Regierungsform sei.

Die Professur für Alte Geschichte konnte Champollion nicht ohne weiteres erhalten, sie wurde ausgeschrieben. Seine Gegner plädierten dafür, die Lehrstühle für Alte Geschichte und Griechisch zusammenzulegen – wäre ein Außenseiter berufen worden, dann hätten er und sein Bruder gleichzeitig die Stelle verloren. Jetzt wirkte sich auch die Entfremdung von Fourier aus, denn Champollion und Jacques-Joseph galten nicht mehr als Schützlinge der kaiserlichen Behörden. Was die Lage noch verschärfte, waren die Artikel über die schrecklichen Verluste der Armee in Russland und Spanien, die Jacques-Joseph als Herausgeber der *Annales de l'Isère* drucken ließ, ohne sie dem Zensor vorzulegen. Obwohl der Aderlass allgemein bekannt war, nahm man einen Aufenthalt Fouriers in Paris zum Anlass, Jacques-Joseph seines Redakteurspostens zu entheben, weil er »staatsgefährdende Behauptungen« aufgestellt habe. Bei seiner Rückkehr nach Grenoble konnte Fourier die Entlassung nur noch bestätigen. Jacques-Joseph verlor nicht nur das Redakteursgehalt, auch sein Ruf war beschädigt, denn Fourier musste diese Angelegenheit den Regierungsbehörden melden.

Es stand genug auf dem Spiel, weshalb Jacques-Joseph im September nach Paris ging, um in seiner und der Angelegenheit seines Bruders beim Erziehungsministerium vorstellig zu werden. Dabei musste er feststellen, dass die Schmähungen ihrer Gegner bei Regierungsstellen durchaus Gehör fanden. Glücklicherweise gelang es ihm, seine Auffassung der Angelegenheit darzulegen, und er kehrte im Triumph nach Grenoble zurück. Bald darauf erhielt er die Stelle des Dekans der Fakultät und blieb Professor für griechische Literatur, während Champollion neben seiner »Teilzeit«-Professur für Alte Geschichte zum Fakultätssekretär ernannt wurde. Der Lehrstuhl für Alte Geschichte war noch immer vakant, aber niemand wollte sich bewerben. Champollion konnte seine Stelle behalten, und Jacques-Joseph erreichte wenigstens, dass ihm eine Gehaltserhöhung auf 2250 Francs in Aussicht gestellt wurde.

In diesen Monaten der Besorgnis und der Finanzknappheit kam Champollion bei seiner Erforschung des altägyptischen Schriftsystems nur sehr langsam voran. Auch der Mangel an Quellenmaterial in Grenoble machte ihm zu schaffen; ständig musste er sich Kopien von anderswo erbetteln. Untersuchungen auf anderen Gebieten – ein Experiment, das er gegen Ende des Jahres 1812 mit einem

Kanopengefäß durchführte – waren desto erfolgreicher. So genannte Kanopen, Gefäße aus Ton oder Stein, deren Deckel wie Köpfe von vier ägyptischen Gottheiten geformt waren, finden sich überall in Ägypten; damals schrieb man ihnen die gleiche Funktion und das gleiche Alter zu wie den insgesamt (also nicht nur am Deckel) wie Menschenköpfe geformten Gefäßen, die man nur im Hafen Kanopus fand. Den auf Kanopus beschränkten Gefäßtyp hielt man einst für das Kultobjekt eines personalen Gottes namens Kanopos. Spätere Forschungen haben ergeben, dass diese Gefäße in Wahrheit als Personifikationen des ägyptischen Gottes Osiris verehrt wurden und aus griechischer oder römischer Zeit stammen. Aus seinen weitreichenden Studien zur Geografie des alten Ägypten wusste Champollion, dass Kanopus als ägyptischer Name für einen Hafen kaum in Betracht kam, und ein Gott namens Kanopos existierte in altgriechischen und lateinischen Quellen auch nicht. Tatsächlich hieß der Hafen erst in ptolemäischer Zeit Kanopus – und wurde später als Abukir bekannt.

Gleich zu Anfang merkte Champollion, dass die beiden Gefäßtypen unterschiedlichen Funktionen und Ritualen vorbehalten waren; die wie menschliche Köpfe gestalteten gab es nur in Kanopus und aus ptolemäischer Zeit. Die falsch benannten Kanopengefäße, bei denen nur die Deckel Kopfform hatten, kamen viel häufiger vor und wurden oft von Arabern in Gräbern entdeckt, die sie vor dem Verkauf an Händler oder Sammler gewöhnlich ausleerten. Das kleine Museum, das zur Stadtbücherei von Grenoble gehörte, besaß zwei Kanopen aus Alabaster von gut 30 und 40 Zentimeter Höhe. Ihren Deckel zierte jeweils der Kopf eines Affen und eines Schakals, und da der Inhalt des einen noch immer vorhanden war, beschloss Champollion, ihn zu untersuchen, um seine Funktion zu bestimmen. Der Inhalt bildete einen festen Klumpen am Gefäßboden, weshalb er zum drastischen Mittel griff, das Gefäß eine halbe Stunde lang in kochendes Wasser zu stellen. Dabei wurde die ursprünglich balsamierende Substanz verflüssigt, aus der Champollion einen in Tuch gewickelten Gegenstand herauszog. Er wurde ausgewickelt und einem Biologen des Pariser Museums für Naturgeschichte gezeigt, der sich gerade in Grenoble aufhielt. Er bestätigte Champollions Vermutung, dass es sich um ein Organ handelte, das einbalsamiert worden war; vielleicht ein menschliches Herz, die Leber oder die Milz. Beide Gefäße werden heute im Museum von Grenoble ausgestellt; das mit dem affenförmigen Deckel ist leicht verfärbt an der Stelle, wo die teerähnliche Flüssigkeit während des Experiments übergekocht war.

Aus seiner Arbeit zog Champollion den Schluss, dass die vier Köpfe auf den Deckeln der Kanopen (Frau, Pavian, Falke und Schakal) zu vier überweltlichen Wesen gehörten, die dem ägyptischen Mythos zufolge beim Verhör der Seele vor dem Göttertribunal präsidieren. Nach Entzifferung der Hieroglyphen wurden die Ergebnisse dieses bemerkenswerten Experiments bestätigt. Die Wächtergottheiten der Gefäße identifizierte man als die »Vier Söhne des Horus«: die vermeintliche »Frau« war in Wirklichkeit 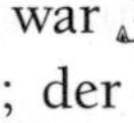 (die Gottheit Imset), Wächter der Leber; der Schakal war 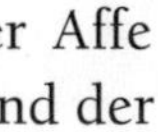 (die Gottheit Duamutef), Wächter des Magens; der Affe war 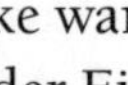 (die Gottheit Hapi), Wächter der Lunge; und der Falke war 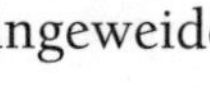 (die Falkengottheit Kebechsenef), Wächter der Eingeweide.

Komplett dienten solche Gefäße dazu, die Innereien zu konservieren, die bei der Mumifizierung entfernt wurden. Das Gehirn wurde hingegen mit einem Haken herausgeholt, gewöhnlich durch das linke Nasenloch, und die Fragmente weggeworfen. Die meisten Mumien waren ursprünglich mit vier Kanopen versehen, oder einem »Kanopenpaket« mit einbalsamierten Eingeweiden und eingewickelten Kleinfiguren der Wächtergottheiten. Der Prozess der Mumifizierung selbst gehört zu den wenigen Rätseln des alten Ägypten, die auch durch Hieroglyphen-Studium nicht gelöst wurden. Es existiert keine bekannt gewordene Schilderung des Vorgangs in der altägyptischen Literatur; was wir heutzutage davon wissen, wurde durch griechische und römische Autoren tradiert oder entstammt der Untersuchung von Mumien und neuzeitlichen Analysen. Champollions bescheidener Versuch war ein Vorläufer dieser Methoden, doch was ihm nicht gelang, ist die Korrektur des Unbegriffs »Kanopengefäß«, der noch immer von Ägyptologen gebraucht wird.

Kurz vor seinem Experiment mit den Gefäßen in Grenoble hatte Champollion, der noch immer Material für seine Grammatik und das Wörterbuch des Koptischen sammelte, in Briefen an den Freund Saint-Martin in Paris seine jüngsten Ideen zur ägyptischen Sprache dargelegt: Ideen, die mit der Zeit eine ganz neue Wendung nahmen. Jetzt glaubte er nicht mehr, dass die Hieroglyphen später als die hieratische und demotische Kursive anzusetzen seien, obwohl er noch immer meinte, er müsse Kursivzeichen mit entsprechenden koptischen Zeichen in Beziehung setzen, um Altägyptisch lesen und schreiben zu können. Hinsichtlich des Koptischen stellte er fest: »Diese Sprache habe ich so intensiv studiert, dass ich mir vorstellen könnte, jemandem die Grammatik in einem Tag beizubringen. Zweifellos verhilft uns erst die vollständige Durchdringung der ägyptischen [d.h. koptischen] Sprache zu den Grundsätzen des Hieroglyphen-Systems, und ich werde es beweisen.« Er bewies es tatsächlich, doch sollte es noch ein Jahrzehnt dauern, bis er sein Ziel erreichte.

Ein paar Monate später, im Februar 1813, vertraute Champollion Saint-Martin weitere Erkenntnisse an, wobei er noch immer dem Irrtum anhing, es gebe eine geheime priesterliche Version der Bilderschrift. Inzwischen hatte er überdies zweierlei Bildzeichen identifiziert, was einen kleinen Fortschritt bedeutete: »Bei den Hieroglyphen sind zwei Sorten zu unterscheiden: Erstens die [angegebenen] sechs alphabetischen Zeichen, zweitens eine beträchtliche, aber begrenzte Anzahl von Darstellungen natürlicher Objekte.«

Obwohl er noch kein einziges altägyptisches Wort entziffern konnte, kommentierte er bereits die Wortbildung: »Im Ägyptischen haben die Substantive, Verben und Adjektive keine Endungen oder, besser gesagt, spezifischen Endungen … alles wird mit Vor- oder Nachsilben gelöst.«

Die alphabetischen Hieroglyphen waren nach Champollions Meinung bestimmend für die Endungen der Worte, und obgleich das nicht ganz zutraf, war es doch ein Schritt in die richtige Richtung.

An der Universität war in den letzten Monaten, wie es schien, Ruhe eingekehrt, doch das Champollion in Aussicht gestellte Zusatzgehalt ließ auf sich warten, und im Februar beschied man ihm, dass sein Salär auf 750 Francs festgesetzt sei, ein Viertel des Jahresgehalts für Professoren – seine Ämter als Sekretär der Fakultät und Bibliotheksassistent blieben unbesoldet. Der Universitätsverwaltung, die wie viele andere Institutionen in Frankreich auch zu Einsparungen gezwungen war, konnte das nur recht sein. Doch Champollion trieb der erneute Rückfall in die Armut zur Verzweiflung, und seine Gesundheit litt ebenfalls darunter.

Inzwischen war das Manuskript der zwei Bände von *L'Égypte sous les pharaons* druckreif und wurde dem Präfekten Fourier vorgelegt, der es persönlich dem Ministerium für Erziehungs- und Pressewesen einreichen sollte. Im April hieß es, der Minister habe sich recht wohlwollend geäußert, doch vier Monate später stellte sich das als Täuschung heraus: Fourier hatte das Manuskript nicht einmal weitergeleitet. Nach einer langen und hitzigen Unterredung mit Fourier glaubte Jacques-Joseph das Einvernehmen wieder hergestellt, doch was die Publikation betraf, warnte er seinen Bruder: »Wir sind zum Warten gezwungen, denn die Druckgenehmigung muss von ganz oben kommen.«

Ein noch größeres Unglück traf Champollion im Juli 1813 mit dem Tod der von ihm angebeteten Pauline Berriat. Bevor er in Paris studierte, hatte er sich in sie verliebt und sogar Heiratspläne geschmiedet. Von Paris aus ließ er ihr über seine Cousine Césarine einen leidenschaftlichen Liebesbrief zustellen. Nachdem er vergeblich auf Antwort gewartet hatte, schüttete er schließlich Jacques-Joseph sein Herz aus, der sehr mitfühlend reagierte und sein Bestes tat, den abgewiesenen Bruder zu trösten. Doch auch er konnte ihm nur eingestehen: »Pauline war sehr pikiert und hat sich folglich mit Césarine bloß lustig gemacht über dich und deine Empfindungen.« Zwar war ihre Beziehung, noch bevor sie begonnen hatte, gescheitert, doch desto heftiger trauerte Champollion um Pauline, die im Alter von 29 Jahren vermutlich einer Tuberkulose erlag.

Als Champollion sich gar nicht mehr aus seiner Depression aufraffen konnte, nahm Jacques-Joseph ihn Anfang September mit in die entlegene Bergwelt im Norden Grenobles. Ihr Ziel war die Grande Chartreuse, ein Kartäuserstift, das schon seit zwei Jahrzehnten aufgehoben und längst verstaatlicht war. Ein zeitgenössischer britischer Reiseführer empfahl diese Gegend »allen, die sich an den Schrecknissen der Natur ergötzen«, sie hätten vermutlich »ihre Freude an dem Weg, der zum Kloster führt. Er ist rund 33 bis 35 Kilometer weit und reich an Steilhängen, reißenden Gebirgsbächen, Steinschlag, grauenvollen Abgründen, riesigen Wasserfällen etc.«. Während dieser Reise bargen die Brüder im Auftrag der Stadtbibliothek aus dem ehemaligen Kloster rund 2000 Manuskripte und Inkunabeln (vor dem Jahr 1500 gedruckte Werke), die heute der ganze Stolz der Büchersammlung von Grenoble sind.

Nachdem er seine geistige und körperliche Spannkraft auf dieser Reise erneuert hatte, machte sich Champollion wieder ans Werk und überraschte Saint-Martin kurze Zeit später mit der Neuigkeit, dass er nicht mehr an kultische Hieroglyphen der Priester glaube. Das war ein entscheidender Wendepunkt. Bislang hatte sich Saint-Martin das Verhalten de Sacys gegenüber Champollion kaum zu Herzen genommen; allerdings zeigte er zunehmend Sympathie für de Sacys royalistischen Standpunkt. Die Freundschaft seiner beiden Schüler sollte erst später abkühlen, doch vorerst fühlte sich Saint-Martin, was Champollions Entdeckungen anging, zu strengster Geheimhaltung verpflichtet.

Öffentlich äußerte sich der Entzifferer gar nicht darüber, denn seine Theorien wechselten in dieser Zeit ständig.

Gegen Ende des Jahres 1813 war Champollion fest entschlossen, Rosine Blanc zu heiraten, die Tochter des Handschuhmachers Claude Blanc. Die Herstellung von Handschuhen war damals ein höchst ehrenwertes Handwerk und im Grunde genommen die einzige Güterindustrie, die in Grenoble angesiedelt war. Claude Blanc gehörte zu den Honoratioren der Stadt. Die Verehelichung seiner Tochter mit einem 23-jährigen Dozenten, der bei seinen Kollegen in schlechtem Ruf stand und nicht mehr als 750 Francs im Jahr nach Hause brachte, lehnte er von vornherein strikt ab. Auch Jacques-Joseph war gegen die Heirat, von entgegengesetztem Standpunkt aus: Er hielt Rosine nicht für eine seinem Bruder geistig ebenbürtige Braut. Die doppelte Ablehnung beschäftigte Champollion noch, als das Jahr 1814 anbrach, das freilich für Napoleon viel schlimmer begann. Nach seiner verheerenden Niederlage in Russland zog sich der Ring der feindlichen Allianz immer enger. Im Oktober 1813 waren Truppen in Südfrankreich eingefallen, und aus den deutschen Gebieten mussten sich die Franzosen zurückziehen. Im Dezember wurden sie gezwungen, den Kampf um Spanien aufzugeben, und die Allianz drohte mit der Besetzung Frankreichs, falls Napoleon keinen Friedensvertrag akzeptierte. Als er sich ihren Bedingungen nicht beugte, drangen die alliierten Streitkräfte im Januar 1814 immer tiefer nach Frankreich ein.

Grenoble wurde von den Österreichern bedrängt, die im vergangenen August – trotz der Ehe Napoleons mit der österreichischen Erzherzogin Marie-Louise – Frankreich den Krieg erklärt hatten. Ganze Scharen verließen die Stadt, und die verbleibenden Einwohner organisierten eine Bürgerwehr, zu der auch Champollion und sein Bruder gehörten. Die Stadtbefestigung aus dem 17. Jahrhundert wurde ausgebessert, Waffen wurden eingesammelt, gereinigt und munitioniert und Wachen aufgestellt. Die Verteidigung Frankreichs, Grenobles und vor allem der Einwohner nahm jetzt sämtliche Kräfte in Anspruch, und wie alles andere wurden auch die gelehrten Studien beiseite gelegt. Selbst Jacques-Joseph beschwor Champollion, man habe »jetzt anderes zu tun, als sich um die Hieroglyphen und die ägyptische Sprache zu kümmern«.

Anfang April wurde das Anrücken der österreichischen Truppen gemeldet, und obwohl die Stadt einer Schlacht, geschweige denn einer längeren Belagerung kaum standgehalten hätte, plädierten ihre fanatischen Verteidiger dafür, das Feuer zu eröffnen. Kuriere aus Paris bewahrten sie davor mit der schockierenden Nachricht, dass die Hauptstadt in den Händen der Alliierten war und Napoleon abgedankt hatte. Ein Waffenstillstand wurde unterzeichnet, und die Österreicher nahmen Grenoble kampflos ein. Im Mai ging Napoleon ins Exil nach Elba, und Frankreich wurde wieder zur Monarchie. Ludwig XVIII. übernahm den Thron, doch für Champollion, Jacques-Joseph und die Mehrheit der französischen Bevölkerung war es kein Anlass zum Jubel, dass Napoleon durch einen Bourbonenkönig ersetzt wurde. Sosehr sich Champollion als Republikaner, der von einem demokratischen Frankreich träumte, durch Napoleons Regime betrogen fühlte – die Wiederherstellung der Monarchie hielt er für einen Rückschritt.

In Grenoble nahm eine Minderheit von Royalisten die Gelegenheit wahr, von sich reden zu machen. Fourier wurde kritisiert, und man forderte sogar seine Amtsenthebung; das Stadttheater musste seine Pforten schließen. Jedermann war zu Ehrenbezeigungen für den neuen König gezwungen, doch bei den meisten blieben sie ein reines Lippenbekenntnis. Abends im Salon wollte man oft nichts mehr wissen von der öffentlich zur Schau gestellten Königstreue. Im Theater blieb der Vorhang geschlossen, doch in privaten Liebhaberaufführungen gab man immer noch Komödien und Satiren zum Besten. Einige dieser subversiven Stücke stammten aus der Feder von Champollion, der ebenso furchtlos wie naiv Episoden aus der antiken griechischen und römischen Literatur parodierte. Offenbar fanden sie begeisterte Aufnahme. Einmal hatten sogar Offiziere der österreichischen Besatzung das Vergnügen, im Publikum zu sitzen, ohne freilich die Pointen zu verstehen, mit denen französische Institutionen lächerlich gemacht wurden.

Während des Jahres 1814 schnürte die Monarchie den Knebel immer enger, bis Champollion zu dem Schluss kam, dass die von ihm seit jeher kritisierte napoleonische Herrschaft doch nur das kleinere von zwei Übeln gewesen war. Er begann, zu seinem eigenen Vergnügen und dem der ihm nächststehenden Freunde, auf volkstümliche Melodien Protestlieder zu dichten. Dass sie die neuen Verhältnisse boshaft kommentierten und ihm, wäre der Autor erkannt worden, große Scherereien bereitet hätten, versteht sich von selbst. Manche seiner Freunde waren so beeindruckt, dass sie die Lieder in der ganzen Stadt durch anonyme Flugblätter verbreiteten. Nachts wurden sie in dunklen Straßen und Hinterhöfen gesungen, um die Polizei zu verspotten, die der Monarchie neuen Respekt verschaffen sollte. Bald

1 *(links)* William Warburton, ein englischer Hieroglyphen-Deuter des 18. Jahrhunderts.

2 *(ganz links)* Jean-Jacques Barthélemy, der die Funktion von Kartuschen in der Hieroglyphen-Schrift entdeckte.

3 *(links)* Napoleon Bonaparte zur Zeit seiner ägyptischen Expedition.

13 *(oben)* Die ursprüngliche Eingangspforte zur Stadtbibliothek und zum Museum von Grenoble, in dem Jacques-Joseph und sein Bruder arbeiteten.

14 *(rechts)* Jean-François Champollion im Jahr 1823. In seiner Hand die Tafel der Lautschriften aus seinem *Lettre à M. Dacier*.

15 *(links)* Koloriertes Relief am Eingang des Grabmals von Ramses III. im Tal der Könige bei Theben. Abbildung aus *Description de l'Égypte*.

16 *(unten)* Eingang zur Cour Carrée im Louvre um 1830, als Jean-François Champollion Direktor der ägyptischen Abteilung war.

17 *(oben)* Grabinschrift aus der Litanei des Ra in der Totenkammer von Ramses IV. im Tal der Könige. Nicht weit davon entfernt bezog Champollion sein Nachtquartier.

18 *(unten)* Blick in den Eingangskorridor des Grabmals von Ramses IV. im Tal der Könige, das Champollions Expeditionsteam vorübergehend als Unterkunft diente.

schon war die Nachfrage nach den Liedern, in denen die allgemeine Unzufriedenheit und Enttäuschung auf den Punkt gebracht wurde, kaum noch zu befriedigen.

In Grenoble war das Klima der Unruhe und Nervosität ausgeprägter als in vielen anderen Gegenden Frankreichs. In den letzten Tagen seiner Herrschaft war Napoleon – ganz im Gegensatz zu Ludwig XVIII., den die Besatzerarmee auf den Thron gebracht hatte – als Held verehrt worden, der Frankreich gegen fremde Eindringlinge verteidigte. Die überwiegende Mehrheit der französischen Soldaten hielt loyal zu Napoleon, vor allem jene, die zu Tausenden ins Land zurückströmten und feststellen mussten, dass sie keinerlei Zukunftschancen mehr hatten. Auch Bürgertum und Honoratioren wurden brüskiert, als man die wichtigen und lukrativen Verwaltungsposten ausschließlich mit Royalisten besetzte; das gewaltige Arbeitslosenheer schien niemanden zu kümmern. Die Bauern fürchteten, man werde das Ackerland, das sie nach der Einziehung von Gütern durch die Revolution erworben hatten, den Aristokraten zurückgeben und die feudalen Steuern und Abgaben von ehedem wieder einführen. Und was das Schlimmste war, der Nationalstolz war tief verletzt, denn Frankreich hatte praktisch das gesamte Territorium, das es in über einem Jahrzehnt unter Napoleons Führung erworben hatte, wieder verloren. All die Jahre der Mühsal und des Krieges schienen umsonst gewesen zu sein. Und weil dieses Schicksal durch dieselben ausländischen Mächte über Frankreich verhängt wurde, die das Königtum wiederhergestellt hatten, machte man nicht Napoleon, sondern den neuen König dafür verantwortlich.

Wie an anderen Orten auch, wartete man in der Universität von Grenoble ab, was die neue Regierung verfügen würde. Im Mai reiste Jacques-Joseph nach Paris, um sich ein Bild von der Lage zu machen. Doch Champollion war inzwischen am Ende seiner Kräfte. Ständige Geldnot und die Verantwortung für drei Ämter – als Professor, Fakultätssekretär und Bibliotheksassistent – machten ihm ebenso zu schaffen wie die Aussichtslosigkeit seiner Lebensplanung und seiner ehrgeizigen Berufsziele. »Mein Los steht mir klar vor Augen«, notierte er in seiner Verzweiflung:

»Ich kann mir nur noch ein Fass kaufen, [um] wie Diogenes [darin zu leben] … Ich bin fest überzeugt, dass ich unter einem ungünstigen Stern geboren bin und dass mir nichts von dem, was ich ersehne, je glücken wird. Mein Verstand, mein Geschmack und mein Herz stoßen mich unweigerlich auf eine schwierige Bahn voller Hindernisse, die sich ständig erneuern. Dies ist mein Schicksal, dem ich mich um jeden Preis unterwerfen soll.«

Diogenes, ein griechischer Philosoph, der die Schule der Kyniker gegründet haben soll, führte angeblich ein Leben, das der »natürlichen« Lebensweise der Primitiven so nahe wie möglich kam. Er verweigerte sich jeglichem materiellen Besitz, wohnte in einem Fass und bettelte um sein tägliches Brot. Ferner lehnte er jede Art der Erziehung und Kultur ebenso ab wie Ehe und Familie, weltlichen Ruhm und Politik, und er befürwortete sexuelle Freizügigkeit. Als Dozent für griechische Literatur war Jacques-Joseph, an den dieser Aufschrei gerichtet war, mit Sicherheit empfänglich für den schmerzlichen Unterton dieser Anspielung.

Doch inmitten all seiner Nöte pflegte Champollion, solange er vor einer vorzeitigen Publikation zurückschreckte, regelmäßig den freundschaftlichen Briefwechsel mit Saint-Martin, der ihm als Resonanzboden für seine

Hieroglyphen-Theorie diente. Ende Mai 1814 berichtete er Saint-Martin von seiner kontinuierlichen Arbeit am Stein von Rosette, doch wichtige neue Erkenntnisse stellten sich nicht so rasch ein, wie er es erhoffte: »Und die Hieroglyphen? Das ist die große Frage. Ich habe eine Menge Ideen, aber ich wage es nicht, damit herauszurücken, bevor ich einige eindeutige und solide Erfolge vorweisen kann… Man kann vor sich selbst nicht genug auf der Hut sein… Ich habe schon ein sehr wichtiges Resultat… eine einzelne Hieroglyphe, das heißt für sich genommen, hat gar keinen Wert. Sie sind zu Gruppen geordnet.«

Zwar traf auch das nicht hundertprozentig zu, denn einige Hieroglyphen können sehr wohl für sich allein etwas bedeuten, doch grundsätzlich hatte Champollion Recht, dass die meisten Hieroglyphen einer Inschrift zu Gruppen arrangiert sind, wobei jede Gruppe für einen Begriff steht. Der hieroglyphische Satz  bedeutet: »Ich unternahm Arbeiten in den Tempeln von Göttern«, und die Hieroglyphen sind in Gruppen geschrieben und so angeordnet, dass der verfügbare Platz sinnvoll genutzt wird. Diese Gruppen sind die folgenden:

Ich unternahm
Arbeiten
in
den Tempeln
von
Göttern.

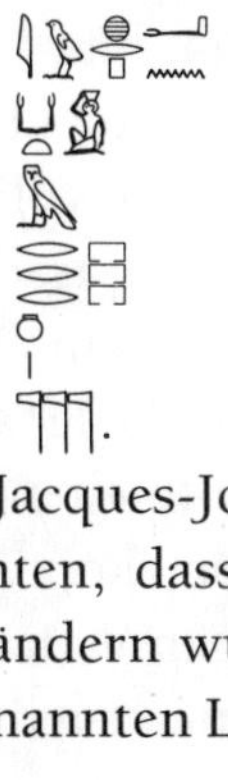

Im Juni kehrte Jacques-Joseph nach Grenoble zurück und konnte berichten, dass der neue Monarch an der Universität nichts ändern würde. Noch im selben Monat erhielt er den so genannten Lilienorden Erster Klasse, was für Unmut bei seinem Bruder sorgte: Champollion verabscheute derartige Ehrungen und führte dagegen an, sie würden so vielen verliehen, dass es geradezu eine Auszeichnung sei, keinen Orden zu tragen. Außerhalb der Universität gab es aber doch eine Änderung: Präfekt Joseph Fourier sah sich gezwungen, seinen Sekretär Ambroise Lepasquier in den unbesoldeten Ruhestand zu schicken. Sein Weggang ebnete den Weg für eine Versöhnung zwischen Fourier und den Brüdern. Jetzt schien der Veröffentlichung von Champollions *L'Égypte sous les pharaons* nichts mehr im Wege zu stehen, und er bekam seine Gehaltserhöhung, auch wenn er bloß die Hälfte dessen verdiente, was seinen älteren Kollegen zustand – jedenfalls nicht genug, um Rosine Blancs Vater zu bewegen, ihm seine Tochter zur Frau zu geben.

Mitte September wartete Champollion fieberhaft auf die Veröffentlichung seines Buchs, doch war er sehr empfindlich gegen Kritik und fürchtete die Aufnahme bei Widersachern wie de Sacy und Quatremère. »Was auch geschieht«, schrieb er, »mir bleibt die Befriedigung, zwei wohl proportionierte Kinder zur Welt gebracht zu haben, die zwar ihre Fehler haben mögen, aber immerhin zu einiger Hoffnung Anlass geben.« Gegen Ende Oktober kamen die beiden Bände von *L'Égypte sous les pharaons* offiziell auf den Markt. Der erste Band befasste sich hauptsächlich mit der Schilderung verschiedener Ortschaften in Oberägypten und der Erörterung ihrer Namen, während der zweite Unterägypten gewidmet war. Beide Bände enthielten zahlreiche Tabellen mit Ortsnamen, in arabischen, koptischen, griechischen und möglicherweise ägyptischen Varianten. Doch die Landkarte des Niltals, deren Zusammenstellung Champollion so viel Mühe bereitet hatte, wurde letztendlich auf das Delta beschränkt.

Außerdem wurde Jacques-Joseph im Juni zum korrespondierenden Mitglied der Académie des inscriptions et belles-lettres (Akademie für Inschriften und Literatur) am Institut de France gewählt. Im August weilte er wieder in der Hauptstadt. Diesmal nahm er an einer Delegation teil, die dem König eine Ergebenheitsadresse der Stadt Grenoble überbrachte; außerdem wollte er den Druck von Champollions Buch überwachen. Schon bei seinen vorangegangenen Besuchen in der Hauptstadt hatte Jacques-Joseph alle diplomatischen Finessen aufgeboten, um sich dem neuen Regime anzudienen; jetzt ergriff er die Gelegenheit, seines Bruders Werk dem König zu widmen und ihm bei der Audienz am 12. August eine luxuriös gebundene Ausgabe von *L'Égypte sous les pharaons* zu überreichen. Champollion hörte knapp zwei Tage zuvor von diesem Plan und beschwor Jacques-Joseph wütend, die Widmung zu unterlassen. Doch sein Brief kam zu spät. Jacques-Joseph nahm auf Champollions unverhohlene Abneigung gegen die Monarchie keine Rücksicht; er wollte mit taktischem Kalkül die politischen Gegebenheiten zu ihrer beider Vorteil nutzen.

Die Kopien der Inschriften von Rosette, mit denen Champollion arbeitete, hatten ihn bislang nie zufrieden gestellt. Denn der Text war noch immer nicht veröffentlicht worden – weder von der Society of Antiquaries in London noch in der *Description de l'Égypte* durch französische Gelehrte. Angesichts seiner eigenen Neuerscheinung war sein Selbstvertrauen gewachsen; jetzt hielt er es für ratsam, Exemplare davon nach London zu schicken. Gleichzeitig bat er um Erläuterungen zu einigen ihn irritierenden Stellen im Text des Rosette-Steins. Unter dem 10. November schrieb er:

»Ich habe die Ehre, Ihnen die ersten zwei Bände meiner Arbeit über Ägypten bis zum Einfall des Kambyses beizulegen. Die Jahrhunderte, die uns von jener für die Geschichte der Zivilisation so bedeutenden Epoche trennen, haben uns nur zerstreute und diffuse Zeugnisse des einstigen Ruhmes dieser Nation hinterlassen. Ich bemühe mich, sie zu sammeln, und die Bände, die ich mit diesem Brief übersende, sind das erste Resultat meiner Forschungsarbeit.«

Nach einer detaillierten Inhaltsangabe des Buchs führte er aus, die wichtigsten Themen seiner Forschungen seien Sprache und Schrift des ägyptischen Altertums, und hätten ihm gute Kopien der Inschrift zur Verfügung gestanden, wäre ihm die Entzifferung des Rosette-Steins geglückt:

»Das Fundament meiner Arbeit ist die Lektüre von Inschriften in ägyptischen Schriftzeichen, die zu den schönsten Prunkstücken des British Museum gehören – die Rede ist von jenem Denkmal, das zu Rosette entdeckt worden ist. Die Anstrengungen, die ich unternommen habe, um zum Ziel zu gelangen, waren nicht ganz ohne Erfolg, wenn ich so sagen darf, und die Resultate, die ich nach einem beharrlichen und fortgesetzten Studium erreicht zu haben glaube, lassen mich auf noch größere Erfolge hoffen. Doch wurde ich durch eine Schwierigkeit behindert, die ich nicht zu überwinden vermag. Ich besitze zwei Kopien dieser Inschrift: Die eine ist nach dem Faksimile des Steins angefertigt, das Ihre Gesellschaft stechen ließ, die andere ist der Kupferstich desselben Denkmals, der als Teil der dritten Lieferung der *Description de l'Égypte* auf Befehl der französischen Regierung veröffentlicht werden soll. In ihnen sind einige Abweichungen erkennbar, die manchmal unbedeutend erscheinen, aber nicht selten groß genug sind, um bei mir die unangenehmsten Zweifel zu wecken. Würden Sie mir wohl gestatten, die Royal Society zu bitten, die nach den beiden Kupferstichen transkribierten Passagen auf dem beigefügten Blatt mit dem Denkmal selbst zu vergleichen? Für mich wäre es von größter Bedeutung, die authentische Lesart kennen zu lernen, und ich bin überzeugt, dass ich die gesamte Inschrift schon entziffert hätte, läge mir vom Original ein Gipsabguss der simpelsten Ausführung vor.«

Irrtümlich hatte Champollion seinen Brief an die Royal Society gerichtet statt an die Society of Antiquaries, die den Stein von Rosette in London zunächst hütete. Es war der Auslandssekretär der Royal Society, der den Brief beantworten musste. Durch puren Zufall war Champollion an seinen größten Konkurrenten bei der Entzifferung der Hieroglyphen geraten – Thomas Young, ein Rivale, von dem er noch gar nichts wusste.

5. DER WUNDARZT

Jean-François Champollion ahnte nicht, dass sein gefährlichster Rivale ein Engländer war, der ihn auf der Suche nach einer Methode zur Entzifferung von Hieroglyphen fast schon überrundet hatte. Thomas Young, der im 42. Lebensjahr stand und damit 17 Jahre älter war als Champollion, hatte erst vor wenigen Monaten begonnen, sich für Hieroglyphen zu interessieren. Seine Laufbahn war, anders als die von Champollion, nie durch Armut, Entbehrungen und politische Umbrüche behindert worden.

Geboren wurde Young am 13. Juni 1773 in Milverton, einer kleinen Tuchmacherstadt in Somerset. Als ältestes von zehn Kindern entstammte er einer Quäkerfamilie. Die Angehörigen der Religious Society of Friends, auch Quäker genannt, bildeten seit dem 17. Jahrhundert eine protestantische Sekte in England. Anfangs war Young von seiner Großmutter mütterlicherseits erzogen worden, die das hoch begabte Kind immer wieder ermutigte, indem sie ihm einschärfte: »Nur ein bisschen lernen kann gefährlich sein. Trink in großen Zügen – oder bleib fern vom Pierischen Quell«, womit der antike Musenborn am Berg Olympos gemeint war. Young trank in großen Zügen und konnte schon mit zwei Jahren fließend lesen, lernte viele Gedichte auswendig und fing noch vor der Schule an, Latein zu lernen. Im März 1780, als er sechs Jahre alt war, schickte ihn sein Vater auf eine Grundschule bei Bristol, die seiner Intelligenz nicht gewachsen war, später auf eine ähnlich unzulängliche in derselben Gegend. Mangels guten Unterrichts musste sich Young alles selbst beibringen. Später verbrachte er anderthalb Jahre zu Hause mit Selbststudium, bis er im März 1782 bei Compton in Dorset auf eine andere Schule kam. Hier lernte Young Latein, Griechisch, Hebräisch, Französisch, Italienisch, Mathematik und »Naturphilosophie« (wie man die Physik damals nannte), ebenso mehrere praktische Fertigkeiten wie Zeichnen und Buchbinden.

Vier Jahre später verließ er die Schule wieder, aber sein wissenschaftliches und sprachliches Interesse hielt an und konzentrierte sich ganz besonders auf die orientalischen Sprachen: »Mr. Toulmin hat mir außerdem das Vaterunser in über 100 Sprachen geliehen; die vergleichende Lektüre hat mir großes Vergnügen bereitet!« Obwohl er nicht älter als 14 war, erhielt er eine Stellung als Hauslehrer und Begleiter von Hudson Gurney, dem Enkel des Quäkerbankiers David Barclay aus dem 30 Kilometer hinter London gelegenen Youngsbury. Young brachte Gurney vorwiegend Latein und Griechisch bei, wobei er seine eigenen Studien durchaus nicht vernachlässigte.

Im Herbst 1792 gab Young die Lehrerstelle wieder auf. Später notierte er einmal: »Wer sich zum Höchsten aufschwingen will, muss sich selbst erzogen haben.« Dass beide ihren Lehrern geistig überlegen waren und sich ihr Wissen im Selbststudium erwerben mussten, gehört zu den wenigen Gemeinsamkeiten zwischen Champollion und Young.

Nachdem er all dies erreicht hatte, ging Young nach London und begann eine Ausbildung im medizinischen Fach, zu dessen Grundvoraussetzungen eine solide klassische Bildung gehörte. Sein Onkel Richard Brocklesby, ein angesehener Arzt, der den Neffen erst zwei Jahre zuvor von einer schweren Tuberkulose geheilt hatte, bestärkte ihn in diesem Entschluss. Durch Vermittlung seines Onkels machte Young die Bekanntschaft vieler namhafter Schriftsteller seiner Zeit. Sein sprachwissenschaftliches Interesse hielt auch während des Medizinstudiums an und fand Niederschlag in einigen kurzen Zeitschriftenartikeln.

Ende Mai 1793 hielt Young mit nur 19 Jahren vor der ehrwürdigen Royal Society in London einen Vortrag über das Sehvermögen, der seine Erkenntnisse zur Anatomie des Auges zusammenfasste. Daraufhin wählte ihn die Gesellschaft im folgenden Jahr zum Fellow, obwohl der Chirurg John Hunter die Entdeckung umgehend als seine eigene ausgegeben und Young des Plagiats beschuldigt hatte. Im Oktober 1794 unternahm Young eine Reise zu Pferd, die ihn 650 Kilometer weit nach Edinburgh in Schottland führte, wo er sein Studium an der angesehenen, von Studenten aus aller Welt besuchten medizinischen Hochschule fortsetzte. In seiner Freizeit besuchte er die geselligen Kreise Edinburghs, fand aber auch noch Gelegenheit, Deutsch, Italienisch und Spanisch zu lernen, nahm Tanzstunden und Flötenunterricht und besuchte regelmäßig das Theater. Die Quäkergemeinde hätte solche Kurzweil kaum gebilligt, doch hatte er noch vor seiner Übersiedlung nach Schottland den Austritt aus der Religious Society of Friends erklärt, weil er sich ihren Lebensmaximen nicht länger beugen wollte.

Als im Mai 1795 das Semester in Edinburgh zu Ende ging, begab sich Young, ausgestattet mit 40 Empfehlungsschreiben an die vornehmsten Adelshäuser, auf eine Rundreise durch Schottland. Im September kehrte er nach London zurück und brach im folgenden Monat nach Norddeutschland auf, wo er im November an der Universität Göttingen weiterstudierte und seine Deutschkenntnisse vervollkommnete. Die Universität verfügte damals über eine der reichsten Bibliotheken Europas und zog Studierende von weit her an. Young wollte im Frühjahr 1796 sein Diplom erwerben und anschließend eine Bildungsreise durch Deutschland, Österreich, die Schweiz und über Norditalien schließlich nach Rom und Neapel unternehmen. Doch der Krieg zwischen Österreich und Frankreich vereitelte seine Pläne, denn er wurde an zwei Fronten – in Deutschland und Italien – geführt und sicherte Napoleon Bonaparte zwei Jahre vor dem ägyptischen Feldzug den ruhmvollen Aufstieg zum General der französischen Armee. Young musste Göttingen im August 1796 verlassen und mit einer kleineren Deutschlandtour vorlieb nehmen.

Im Februar des folgenden Jahres kehrte Young nach England zurück und wurde einige Wochen später am Emmanuel College in Cambridge immatrikuliert, um seinen Abschluss zu machen. Die Lizenz zur Ausübung des Arztberufs in London und Umgebung setzte voraus, dass er zwei Jahre ununterbrochen an derselben Universität studiert hatte; seine Aufenthalte in Edinburgh und Göttingen reichten dafür nicht aus. Während seiner Zeit in Cambridge lernte er viele hervorragende Gelehrte kennen, darunter Sir William Gell, mit dem er später über Hieroglyphen-Forschung und andere Themen korrespondierte.

Am 11. Dezember 1797 wollte Young seinen schwer kranken Onkel in London besuchen – und traf gerade noch rechtzeitig ein. Dr. Brocklesby verstarb in derselben Nacht und hinterließ seinem Neffen das Haus in London, eine Bücher- und Gemäldesammlung sowie 10 000 Pfund Sterling, was damals ein stattliches Erbe war. Im Gegensatz zu Champollion hat es Young nie an Geldmitteln gefehlt. Im Frühjahr 1799 hatte er die nötigen sechs Semester in Cambridge studiert, um den Abschluss zu machen, er kehrte nach London zurück und eröffnete seine Arztpraxis in der Welbeck Street Nr. 48 im Stadtviertel Marylebone Fields.

Noch bevor sich seine Praxis richtig durchgesetzt hatte, folgte Young einem Ruf als Professor für Naturphilosophie an die im Herbst 1801 gegründete Royal Institution. Diese Einrichtung war als wissenschaftliche Akademie konzipiert; Young sollte Vorlesungen halten und ihre Zeitschrift redigieren. Anders als Champollion war Young – wie er selbst zugeben musste – kein brillanter Dozent. Nach zwei Jahren nahm er seinen Abschied und verwandte viel Zeit darauf, seine Vorlesungen als Buch herauszugeben. Dieses Mammutwerk in zwei Bänden zu je 700 Seiten konnte erst 1807 erscheinen; das vereinbarte Honorar von 1000 Pfund Sterling wurde nie ausgezahlt, weil der Verleger wenig später in Konkurs ging.

Im Sommer 1802 sollten die beiden Großneffen des Herzogs von Richmond vier Wochen in Frankreich verbringen, um ihre Aussprache zu verbessern. Young begleitete sie während dieser kurzen Phase des englisch-französischen Friedens. Seinen Aufenthalt in Paris nahm er zum Anlass, den Sitzungen am Institut de France beizuwohnen – zu denen übrigens auch Napoleon erschien, der damals Erster

Konsul war und sich ansonsten nur wegen Staatsgeschäften in die Hauptstadt begab. Nach diesem Abstecher wurde Young in London zum Auslandssekretär der Royal Society ernannt – ein Amt, das er für den Rest seines Lebens bekleidete.

Am 14. Juni 1804 heiratete er Eliza Maxwell, und aus dieser glücklichen Ehe gingen zwei Söhne hervor: Robert und Thomas, die später ebenfalls den Arztberuf ergriffen. In den folgenden Jahren, während Champollion in Grenoble und in Paris seiner Ausbildung nachging, widmete sich Young der Medizin und praktizierte als Arzt, sowohl in London als auch in der Kleinstadt Worthing an der Südküste Englands, die dem Adel und dem reichen Bürgertum als Sommerfrische diente. Der Aufenthalt in Seebädern wurde als Heilmethode immer beliebter und half gegen viele Beschwerden. Dagegen waren wegen des neu entbrannten Krieges mit Frankreich Reisen zu Kurorten auf dem Kontinent weniger ratsam.

Im Januar 1811, als Champollion schon acht Monate an der Universität von Grenoble lehrte, erhielt Young eine Berufung als Arzt an das St. George's-Spital bei Hyde Park Corner in London, keine anderthalb Kilometer von seinem Haus entfernt. St. George's war eines von fünf neuen allgemeinmedizinischen Krankenhäusern, die im frühen 18. Jahrhundert von Wohltätern gestiftet worden waren. Young behielt diese Stellung zeitlebens, doch auch hier erwies er sich nicht gerade als begnadeter Lehrer: »Es fehlte ihm an Herzlichkeit und Entgegenkommen im Umgang, und da er die Sorgen der Studenten ignorierte, ließ er häufig gerade jene Themen achtlos beiseite, über die sie am dringendsten belehrt zu werden wünschten.« Seine Patienten konnten froh sein, dass er als Arzt befähigter war denn als Dozent, er praktizierte nämlich nur aufgrund genauester Beobachtung. 1813 erschien seine *Introduction to Medical Literature* (»Einführung in das medizinische Schrifttum«), ein seinen »Vorlesungen« vergleichbarer Wälzer, der zehn Jahre später eine Neuauflage erlebte.

Zwischendurch beschäftigte er sich mit den verschiedensten Wissensgebieten, interessierte sich für alles Mögliche, ohne bei einem Thema zu bleiben. Die Ergebnisse wurden meist anonym oder unter falschem Namen veröffentlicht; dass er sich mit fachfremden Arbeiten verzettele, wollte sich der Mediziner nicht nachsagen lassen. Dennoch war den meisten Wissenschaftlern bekannt, von wem die Texte stammten. Seinem Freund und ehemaligem Schüler Hudson Gurney gestand Young in einem Brief: »Die Wissenschaft ist wie ein Krieg, den man in der Abgeschiedenheit des Studierzimmers oder auf dem Diwan gegen sämtliche Zeitgenossen und Vorläufer führt. Oft habe ich im Halbschlaf großartige Siege erfochten, doch viel häufiger noch musste ich beim völligen Munterwerden feststellen, dass der Feind, den ich schon in die Enge getrieben glaubte, noch immer im Vorteil war.«

Im Hinblick auf die Kontroverse mit Champollion waren das prophetische Worte, die zugleich erkennen lassen, dass Young zumindest als Stubengelehrter eher den Triumph über Rivalen feiern als den Fortschritt der Wissenschaft fördern wollte.

Mitunter vertiefte sich Young in griechische und lateinische Quellentexte. Von besonderem Interesse waren einige der 1800 verkohlten Schriftrollen, die man bei Ausgrabungen im italienischen Herculaneum entdeckt hatte, jener

Stadt am Fuße des Vesuv, die wie Pompeji durch den Vulkanausbruch im Jahr 79 v. Chr. zerstört worden war. Zum Leidwesen der Kenner handelte es sich um philosophische Schriften aus der Schule der Epikuräer, nicht um verschollene Werke der antiken Literatur. 1810 korrigierte Young im *Quarterly Review* die Fehler einiger Altertumskundler, die diese Papyrusrollen erforscht hatten. Damit war sein Ruf als Experte auf diesem Gebiet gesichert. Einige wenige der Papyri waren der Royal Society anvertraut, und Young stellte Versuche an, sie aufzurollen, wobei er allerdings wie viele vor ihm den Zerfall erst recht beschleunigte. Seit seiner Arbeit an den Papyri von Herculaneum erhielt er aus nah und fern Kopien von Inschriften zugesandt, meist auf Griechisch oder in ägyptischer Hieroglyphen- und Kursivschrift, mit der Bitte, sie zu erläutern.

Was Sprache und Schrift der Ägypter betrifft, wurde Youngs Wissbegier vor allem durch einen Papyrus in hieratischer Schrift angefacht. Sein Freund, der englische Reiseschriftsteller Sir William Boughton, hatte den in eine Mumie eingewickelten Papyrus 1811 in einem Grab bei Theben gefunden. Unglücklicherweise wurde die Schriftrolle bei der Überfahrt von Ägypten mit Seewasser durchfeuchtet und bestand, als Sir William sie Young zu Beginn des Jahres 1814 überließ, nur noch aus Fragmenten.

Um dieselbe Zeit brach das napoleonische Weltreich zusammen, Grenoble wurde von österreichischen Truppen bedroht, und Champollion litt unter der Last seiner Entbehrungen und einem Übermaß an Arbeit. Obwohl er gewissermaßen erst mit Verspätung auf den Stein von Rosette stieß, fühlte sich Young während seines Sommeraufenthalts in Worthing 1814 der Aufgabe gewachsen, die drei Inschriften zu analysieren. Mit den Kupferstichen der Londoner Society of Antiquaries im Reisegepäck nahm er die vorangegangenen Forschungen von de Sacy und Åkerblad wieder auf. Als Erstes untersuchte er die demotische Schrift, die er »enchorial« nannte (vom griechischen *enchoria grammata*, »Buchstaben des Landes«). Ein paar Jahre später schrieb er mit spürbarer Verärgerung, seine Terminologie werde ignoriert, obwohl er doch der Erste gewesen sei, der diesem Abschnitt des Rosette-Steins einen Namen gegeben habe.

»Ich habe diese Schrift enchorisch genannt oder vielmehr enchorial. Mr. Champollion zog es vor, sie als demotisch oder populär zu definieren, vielleicht weil er gewohnt war, diesen Begriff zu benutzen, bevor er jenen kennen lernte, den ich ihr zugewiesen hatte. Nach meiner Meinung hätte ihn die Priorität meiner Publikation verpflichten müssen, seine eigene Terminologie zugunsten der meinen zurückzustellen.«

Durchgesetzt hat sich allerdings »demotisch«; Youngs Begriff erscheint heutzutage antiquiert.

Die Entzifferung schritt nur langsam und mit vielen Rückschlägen voran. Während Champollion von Young nichts wusste, hatte auch Young ignoriert, was Champollion mit den Jahren geleistet hatte, zumal das meiste davon ja noch unveröffentlicht war. Das Wettrennen der Hieroglyphen-Deuter fand in einem dichten Nebel statt; selten genug warfen sich die Rivalen, die kaum wussten, ob sie in die richtige Richtung liefen, auch nur einen Seitenblick zu. Gespannt auf die neueren Erkenntnisse de Sacys und Åkerblads, wandte sich Young im August 1814 an de Sacy in Paris, der im September bestätigte, dass von echten Fortschritten keine Rede sein konnte. Zugleich gibt die Antwort de Sacys einen Begriff von seiner Treulosigkeit und Heuchelei gegenüber ehemaligen Schülern, die Åkerblad ebenso trafen wie Champollion:

»Monsieur Åkerblad hält sich seit Jahren in Rom auf, und obwohl ich ständig mit ihm korrespondiere und ihn oft gedrängt habe, seine Resultate zu publizieren, wollte er auf meinen Wunsch nie eingehen. Auch wenn er nach Paris kam, ließ er mich nie in seine Arbeiten Einsicht nehmen... Ich will Ihnen nicht verhehlen, dass ich trotz der maßvollen Anerkennung, die ich Åkerblads System gezollt habe..., an der Stichhaltigkeit seines Alphabets seit jeher schwere Zweifel hege... Ich muss hinzufügen, dass Monsieur Åkerblad nicht der Einzige ist, der sich schmeichelt, den ägyptischen [demotischen] Text der Rosette-Inschrift gelesen zu haben. Monsieur Champollion, der soeben zwei Bände über die antike Geografie Ägyptens veröffentlicht hat und sich engagiert um das Studium des Koptischen bemüht, behauptet ebenfalls, die Inschrift gelesen zu haben.«

Im Januar 1815 gestand Åkerblad in einem Brief an Young ein, dass er seit seiner Pionierarbeit über den demotischen Teil des Rosette-Steins kaum noch weitergekommen war. Kaum vier Jahre später starb er plötzlich, im Alter von 55 Jahren, in Rom.

In seinem Brief hatte de Sacy die beiden Bände erwähnt, die Champollion über Geografie und Geschichte des ägyptischen Altertums vorgelegt hatte *(L'Égypte sous les pharaons)*, von dem kürzlich auch Youngs Freund Hudson Gurney gesprochen hatte, der nach der Abdankung Napoleons im April nach Paris gereist war. Young, der jetzt über seinen Konkurrenten Bescheid wusste, schrieb Gurney später im Jahr: »Dessen ungeachtet, was ich von Champollion gehört habe, können Sie sich vorstellen, dass mir kein bisschen bange wird vor dem, was er *schon gemacht* hat, weshalb ich Ihnen für die Übersendung des Buchs sehr verbunden bin.« Gurney hatte Young ein Exemplar aus Paris zukommen lassen.

Wenige Monate später glaubte Young, er habe den demotischen Text des Rosette-Steins ausreichend studiert, um eine Übersetzung anfertigen zu können. Diese Ergebnisse sandte er Anfang Oktober 1814 de Sacy. Am Monatsende hatte er auch abgeschlossen, was er für eine Übersetzung der Hieroglyphen-Schrift hielt. Doch obwohl seine Version überwiegend Mutmaßungen und Fehldeutungen enthält, glaubte er, die von de Sacy und Åkerblad geleisteten Vorarbeiten und sogar die bis dato vorliegenden Publikationen Champollions ignorieren zu können.

Für das, was dabei herausgekommen war, ist das Wort »Übersetzung« nur ein irreführendes Etikett. Mathematischen Vorgehensweisen folgend, als handele es sich um einen Code, der zu knacken ist, hatte Young die beiden Inschriften in Zeichengruppen sortiert, die für einzelne Wörter oder Sätze stehen. Falls es sich bei den griechischen, demotischen und hieroglyphischen Passagen jeweils um wörtliche Entsprechungen handelte, wäre es ein Leichtes gewesen, die Wörter zwischen den beiden unbekannten Texten mit dem griechischen abzugleichen, um eine vollständige Übersetzung zu erzielen. Doch das traf leider nicht zu, denn sie unterscheiden sich im Satzbau. Drei Jahre später wurden Youngs »Übersetzungen« anonym in der Zeitschrift *Archaeologia* der Londoner Society of Antiquaries gedruckt, als Anhang zu seinem Bericht über den Papyrus von Sir William Boughton, »obwohl, aus Gründen der

Seriosität, die Entdeckung mit so wenig Aufsehen wie möglich publik gemacht wurde«. Dennoch war Young maßlos stolz auf seinen bahnbrechenden Erfolg. Desto ungelegener kam der Brief, den Champollion im November 1814 nach London sandte, um einen Teil der Inschrift auf dem Rosette-Stein mit dem Original vergleichen zu lassen: vor allem wegen der unmissverständlichen Bemerkung, das Rätsel sei in Kürze zu lösen, wenn man ihm nur eine verlässliche Kopie der Inschrift überließe.

Wenige Wochen später, Ende Februar 1815, verbreitete sich das Gerücht, Napoleon sei aus dem Exil zurückgekehrt, um die Monarchie zu stürzen. Unter seinen Anhängern in Grenoble kursierten Briefe, die den 1. März als Tag seiner Ankunft nannten, und die Stadt bereitete sich heimlich auf den Empfang vor. Am 4. März kam die Nachricht nach Grenoble, dass Napoleon vor drei Tagen tatsächlich gelandet war und sich der Stadt nähere. Am 7. März befand sich Napoleon in Laffrey, nur 40 Kilometer südlich, wo er erstmals auf Widerstand stieß seit seiner Rückkehr nach Frankreich: Man hatte ihm einen Stoßtrupp des 5. Regiments entgegengesandt, das in Grenoble stationiert war und ihn abfangen sollte. Napoleons Streitmacht von über 1000 Mann hätte den Stoßtrupp leicht überwältigen können, doch musste er vermeiden, Franzosen auf Franzosen schießen zu lassen, wenn er ihre Unterstützung gewinnen wollte. Und dass die Männer des 5. Regiments mit ihm und seiner Sache sympathisierten, war ja nicht ausgeschlossen. Deshalb trat er vor sie hin, knöpfte den grauen Armeemantel auf, brachte die weiße Weste darunter zum Vorschein und rief: »Hier bin ich. Tötet euren Kaiser, wenn ihr wollt!« Nach einem Augenblick der Unschlüssigkeit schallte ihm der Ruf »Es lebe der Kaiser!« entgegen. Die Soldaten warfen die Waffen zu Boden, verließen die Formation und scharten sich mit lautstarken Treueschwüren um ihren Feldherrn.

In Grenoble geriet man in Aufruhr. Die Einwohner teilten sich in zwei Parteien – für und gegen Napoleon. Im Verlauf einer turbulenten Sitzung stritt der Gemeinderat mit dem Präfekten Fourier darüber, wie man sich verhalten solle. Beim Näherrücken Napoleons am Abend des 7. März wurde zunehmend klar, dass die Stadt ihm huldigen werde. Als er schließlich seinen Einzug durch die Porte de Bonne nahm, säumten seine Bewunderer die Straßen, die den triumphalen Umritt mit Fackeln beleuchteten. Um die gleiche Stunde schlich sich Joseph Fourier heimlich davon. Obwohl er einst zu den Stützen des napoleonischen Regimes gehört hatte, war er in seiner Position als Präfekt untragbar geworden. Jacques-Joseph Champollion mischte sich unter die Volksmenge in den Straßen und berichtete später: »Ein Ratsherr neben mir schrie, als Napoleon an uns vorüberkam: ›Es lebe der Kaiser, aber auch die Freiheit!‹ – ›Ja‹, versetzte Napoleon rasch und drehte sich nach uns um, ›ja, lang lebe die Freiheit!‹«

Zusammen mit den in Grenoble stationierten Truppen, die sich ihm anschlossen, verfügte Napoleon jetzt über ein ansehnliches Heer von über 8000 Mann und 30 Kanonen. Anderthalb Tage blieb er in der Stadt; den Bürgermeister hatte er um jemanden gebeten, der in dieser Zeit sein Sekretariat führen konnte. Der Bürgermeister empfahl Jacques-Joseph und benutzte die alte Schreibweise des Familiennamens »Champoléon«, wobei Napoleon ausrief: »Ein gutes Omen – er trägt die Hälfte meines Namens!« Man sandte nach Jacques-Joseph, der die Ernennung annahm.

Napoleon verbrachte viele Stunden mit dem Schreiben von Briefen, Depeschen und Befehlen, fand aber noch Zeit, diverse Abordnungen zu empfangen, auch die des Lehrkörpers der Universität. Jean-François Champollion wurde ihm vorgestellt, und Napoleon erinnerte sich an den Namen, der oft auf Gesuchen zur Freistellung vom Kriegsdienst gestanden hatte. Als er wissen wollte, welche Arbeit wohl so viel wichtiger gewesen sei als der Dienst in der Armee, erwiderte Champollion, er habe gerade das Wörterbuch und die Grammatik des Koptischen vollendet. Jacques-Joseph solle ihm die Manuskripte nach Paris bringen, ordnete Napoleon an, dann würde er für die Veröffentlichung sorgen. Er erinnerte an die Schwierigkeiten bei der Publikation eines chinesischen Wörterbuchs, dessen Druck er veranlasst hatte: »An diesem Wörterbuch arbeitete man schon seit einem Jahrhundert, ich ließ es per Dekret in drei Jahren fertig stellen!« Der Kaiser und der Sprachforscher, die – jeder für sich, wenn auch auf ganz verschiedene Weise – den ägyptologischen Studien so großen Vorschub geleistet hatten, sprachen nur wenige Minuten miteinander. Es sollte ihr einziges Treffen bleiben.

Natürlich blieb die Abwesenheit Fouriers nicht unbemerkt. Napoleon wollte schon einen Arrestbefehl gegen ihn erlassen, als Jacques-Joseph dazwischenfuhr und ihn in Schutz nahm. Am Ende wurde Fourier sogar wieder zum Präfekten im Rhône-Département und zum Reichsherzog ernannt. Ende März erschien in einer Zeitung in Lyon ein Artikel von ihm, in dem es hieß: »Ich erneuere all meinen Dank an Monsieur [Jacques-Joseph] Champollion und beschwöre ihn, dass ich nie vergessen werde, wie er sich in einer bedrohlichen Lage für mich eingesetzt hat«;

und als er auf die Verdienste beider Brüder zu sprechen kam, fügte er – die frühere Entfremdung überwindend – hinzu: »Ihrer werde ich stets eingedenk sein, ganz gleich unter welchen Umständen.« Darin klingt auch an, dass die Konstellation nach wie vor schwankend war und unvorhersehbar. Denn während Napoleon in Grenoble mit Champollion zusammentraf, berieten schon die Vertreter Österreichs, Großbritanniens, Preußens und Russlands über eine Erneuerung der Koalition gegen Napoleon: Der Vertrag wurde am 25. März in Wien unterzeichnet.

Napoleon verließ Grenoble und setzte seinen Weg nach Paris fort, wo er spät im März eintraf. König Ludwig XVIII. war gerade rechtzeitig aus der Hauptstadt ins belgische Gent geflohen. Mitte April setzte Jacques-Joseph alles auf eine Karte, indem er Napoleon folgte und dem Bruder seine Arbeit aufbürdete, darunter auch die Redaktion der Zeitung *Annales du département de l'Isère: Journal administratif*, die ihm Napoleon kurz zuvor wieder übertragen hatte. Die Manuskripte des Wörterbuchs und der koptischen Grammatik nahm Jacques-Joseph mit in die Hauptstadt, wo sie der Inschriften-Akademie am Institut de France zur Begutachtung vorgelegt wurden. In Paris trat er in Napoleons Dienste, während die seinem Bruder in Grenoble zusätzlich aufgehalste Arbeit dessen Gesundheit in Mitleidenschaft zog. Ohne eine stattliche Anzahl an Medikamenten und regelmäßige Kurbäder hätte er längst aufgeben müssen. Sein Tagesablauf reichte kaum hin, allen beruflichen Pflichten nachzukommen. Für das Hieroglyphen-Studium blieb praktisch kaum noch Zeit.

Nach all den Aufregungen über Napoleons Rückkehr aus dem Exil erhielt Champollion endlich Antwort von

Thomas Young auf seinen Brief vom November des vorangegangenen Jahres. Doch was Young über Champollions Probleme mit dem Stein von Rosette mitteilte, klingt alles andere als hilfreich:

»Ich hatte das Vergnügen, Monsieur, die von Ihnen gewünschten Vergleiche des Originals mit den beiden Kopien der Inschrift selbst anzustellen. Grundsätzlich erscheint mir die der Society of Antiquaries nahezu perfekt; allerdings ist mitunter die französische Kopie ein wenig exakter. Bei den meisten Stellen, die Sie zitieren, sind jedoch gewisse Unklarheiten in der Originalschrift festzustellen, die ein wenig diffus oder abgeschabt erscheint, und erst im Vergleich der verschiedenen Partien des Steins kann man sich der authentischen Lesart vergewissern.«

Abschließend wollte er von Champollion wissen, ob ihm durch de Sacy die Übersetzung bekannt geworden sei, die er selbst von dem Stein von Rosette angefertigt habe. Das waren gewiss keine guten Nachrichten für Champollion, der von Youngs Versuchen nichts wusste. Young fügte hinzu: »Nach meiner Überzeugung müssten die Gelehrten, allen voran Monsieur Åkerblad und Sie selbst, Monsieur, der Sie das Studium der koptischen Sprache so intensiv betreiben, mit vereinten Kräften eine Übersetzung besorgen, die meine eigene an Vollkommenheit noch übertrifft. Denn meine beruht fast ausschließlich auf dem mühevollen Vergleich der verschiedenen Teile mit der griechischen Fassung.« Für diesen Brief bedankte sich Champollion im Mai 1815 und teilte zugleich mit, dass de Sacy ihn nicht über Youngs Arbeiten unterrichtet habe.

Im Juni, als Jacques-Joseph von der neuen napoleonischen Regierung zum Ritter der Ehrenlegion ernannt worden war, hatten sich die Royalisten wieder erholt, verbreiteten propagandistische Flugblätter und versuchten, im Namen des Königs Steuern zu erheben. Stellvertretend für seinen Bruder begegnete Champollion dieser Propaganda, so gut es ging, und komponierte erneut satirische Lieder, die rasche Verbreitung fanden. Am 18. Juni – Napoleon hatte gerade die Schlacht gegen die verbündeten Preußen und Engländer bei Waterloo verloren – ließ Champollion einen Artikel drucken, der fatale Konsequenzen für ihn und seinen Bruder haben sollte. Sein Angriff auf die Legitimität der Herrschaft der Bourbonendynastie über Frankreich gipfelte in den Worten:

»Es gibt keine Erbfolge für den französischen Thron. Das Volk selbst vergibt die Krone. Es hat sie einst Hugo Capet [dem Begründer der Kapetinger-Dynastie] verliehen und nimmt sie jetzt seinen Nachkommen ab, um einen Würdigeren zu krönen. Daher ist Napoleon allein unser legitimer Herrscher.«

Champollions Entscheidung, in die Fußstapfen seines Bruders zu treten und erstmals in seinem Leben als Fürsprecher Napoleons aufzutreten, erwies sich als kapitaler Fehler.

Napoleons Rückkehr aus dem Exil war nur von kurzer Dauer, denn bald nach der Niederlage bei Waterloo folgte seine Abdankung. Jetzt waren die Royalisten endgültig am Ruder, und die Streitkräfte der Alliierten nahmen Frankreich in die Zange. Am 5. Juli wurde Grenoble von einem vereinten Heer Österreichs und Sardiniens belagert. Es war die letzte französische Befestigung, die den Eindringlingen Widerstand leistete, und der Hauptangriff erfolgte gegen sechs Uhr am anderen Morgen. Man hatte Waffen an die

Bürger verteilt, die sich organisierten, um die Garnisonsbesatzung zu verstärken, und gegen halb elf wurde der Angriff erwidert. Die Royalisten in Grenoble hatten den Angreifern versichert, dass sich die Stadt auf der Stelle ergeben würde, weshalb das österreichisch-sardische Heer, von der Entschlossenheit des Widerstands überrascht, das Granatfeuer eröffnete. Champollion befand sich auf dem Befestigungswall, als der Angriff begann, doch wegen des Bombardements fürchtete er um die Bücher. Im Hagel der explodierenden Bomben rannte er zurück und erklomm die zweite Etage der Bibliothek. Dort blieb er bis zum Ende der Kampfhandlungen, um jeden Funken zu ersticken, der die unwiederbringliche Kollektion von Büchern und Manuskripten in Flammen zu setzen drohte.

Bei rund 600 Toten und 500 Verletzten mussten die Angreifer einsehen, dass eine Erstürmung der Stadt zu teuer bezahlt wäre. Sie schlugen einen dreitägigen Waffenstillstand vor, mit dem sich die Einwohner Grenobles einverstanden erklärten. Jacques-Joseph war noch immer in Paris, und Champollion sandte ihm einen Augenzeugenbericht von der Schlacht, in dem es hieß, das Kanonenfeuer der Franzosen und die Waffen der Bürgerwehr hätten die österreichischen Truppen in die Vororte zurückgetrieben, und Jacques-Josephs Ehefrau Zoë habe sich »wie eine Amazone« geschlagen. Nach Verkündung des Waffenstillstands schlug sich die Erleichterung in einer rauschenden Feier des vorläufigen Siegs nieder, den die Bevölkerung von Grenoble errungen hatte, und Champollion erklärte, er habe nie im Leben so guten Ratafia getrunken.

Am 8. Juli hatten die Royalisten Frankreich fest im Griff, und Ludwig XVIII. konnte die Rückkehr nach Paris wagen. In der weisen Einsicht, dass fortgesetzter Widerstand zwecklos wäre, kapitulierte die Stadt Grenoble zwei Tage später. Mitte Juli musste Napoleon Frankreich verlassen und in die Verbannung auf die entlegene kleine Insel St. Helena gehen. Um diese Zeit hatte Champollion seinem Bruder in Paris bereits zwei Briefe geschrieben, in denen er ihm vorhielt, sich allzu augenfällig mit Napoleon eingelassen zu haben. Andererseits nahm er alle Schuld auf sich, weil er nicht an eine Familie denken, sondern nur seine eigene Haut retten müsse:

»Wichtig ist vor allem, dass du heil davonkommst. Was mich betrifft, so geschehe, was will. Ich habe meine Meinung geäußert, weil ich sie für richtig hielt und noch immer für richtig halte. Wenn sie dich des Jakobinismus in deiner Zeitung beschuldigen, kannst du immer darauf verweisen, dass *ich es war, der schuld ist*, denn das entspricht der Wahrheit. Wenn sie ein Opfer brauchen, stehe ich dafür gerade. Ich habe weder Weib noch Kind… entscheidend ist nur, ob du diese Krise sicher und untadelig überstehst.«

Wieder einmal stand in Grenoble alles auf der Kippe, und Champollion wollte schon verzweifeln: »Ich versuche, meine gewöhnliche Arbeit wieder aufzunehmen, doch mit dem Herzen bin ich nicht bei der Sache. Ich bin vollkommen verzagt, was die Zukunft betrifft, und ganz sicher, dass ich keine mehr habe.«

Zur gleichen Zeit erfuhr Jacques-Joseph, dass die Inschriften-Akademie unter Einfluss des königstreuen de Sacy die Publikation des koptischen Wörterbuchs und der Grammatik Champollions abgelehnt hatte – das alles sei nicht wert, auf Kosten der Regierung gedruckt zu werden. Außer sich vor Wut über de Sacy, den er als schlimmsten

Feind ansehen musste, prophezeite Champollion seinem Bruder Jacques-Joseph, von jetzt an sei nur noch politisches Wohlverhalten gefragt: »Ich halte es für sinnlos, einen Kampf fortzuführen, in dem wir früher oder später unterliegen müssen. Künftig wird der Parteigeist in Frankreich mächtiger regieren denn je. Die Farbe des Huts wird entscheiden, ob etwas taugt, was einer im Kopf hat. Es ist vorbei…«

Den bevorstehenden politischen und gesellschaftlichen Wandel in Frankreich hatte er damit zutreffend erfasst. In seinem Kummer, seiner Verzweiflung und Kränklichkeit raffte er sich ein letztes Mal zu einem Protest auf. Bevor er die Leitung der *Annales d'Isère* abgeben musste, nutzte Champollion die Abwesenheit seines Bruders und veröffentlichte einen »Toast auf die Republik«, der seine politische Haltung kennzeichnet und den Autor vor der neuen monarchischen Obrigkeit endgültig diskreditierte:

»Vorlieben hab ich wie andere auch,
und wenn ich mich schon erklären soll:
Ich trinke stets und proste mit Glück
nur auf das Wohl der Republik!«

Inzwischen fiel Silvestre de Sacy als gläubiger Anhänger der Monarchie dem politisch anders denkenden Champollion in den Rücken, wo er konnte – und das nicht nur in Frankreich. Im Juli teilte er Thomas Young mit, er habe dessen demotische »Übersetzung« – nach all den Monaten! – an Jacques-Joseph weitergegeben. Zugleich warnte er vor allzu großem Vertrauen zu Jean-François Champollion: ein bemerkenswerter Vorgang, da Young doch im Ausland saß und de Sacy zuvor allenfalls ein paar Briefe mit ihm gewechselt hatte.

»Wenn ich mir einen Rat erlauben darf, sollten Sie Monsieur Champollion nicht allzu genau von Ihren Entdeckungen berichten. Er wäre imstande, die Priorität für sich zu beanspruchen. An mehreren Stellen seines Werks erweckt er den Eindruck, er habe zahlreiche Worte der ägyptischen Rosette-Inschrift schon entziffert. Ich befürchte allerdings, es handelt sich dabei um Scharlatanerie, jedenfalls spricht manches für diesen Verdacht.«

Auch über seinen früheren Schüler Quatremère urteilt de Sacy nicht gerade freundlich:

»Sie werden gewiss schon erfahren haben, dass jemand in den Niederlanden die Entzifferung des Alphabets dieser Inschrift angekündigt hat und dass M. Étienne Quatremère in Paris ebenfalls behauptet, einen großen Teil lesen zu können. Ob dieser Durchbruch nun tatsächlich stattgefunden hat oder nur theoretisch behauptet wurde – mir kommt er völlig unwahrscheinlich vor. Koptisch hat nach meiner Überzeugung nichts mit dem Altägyptischen zu tun; die griechische Übersetzung scheint mir den Schlüssel zur Entzifferung zu bieten. Doch denke ich jedes Mal anders, wenn ich den Blick auf das Denkmal richte, und bezweifle fast, dass je irgendwer aus ihm klug wird.«

Bei allem Pessimismus glaubte de Sacy, Young gratulieren zu müssen: »Ihnen aber ist, wie ich sehe, offenbar ein großer Wurf bei der Entzifferung der Hieroglyphen gelungen!«

In den folgenden Monaten korrespondierte Young ausführlich mit Gelehrten wie de Sacy, Åkerblad und Jomard, mit denen er seine Gedanken und Ideen über Hieroglyphen austauschte. Teile dieser Korrespondenz veröffentlichte er 1815 und 1816 in einem ziemlich obskuren Blatt namens *Museum Criticum*. Als enthusiastischer Anhänger Youngs hatte Edme-François Jomard schon im April 1815 geschrieben:

»Der Erfolg, Monsieur, den Sie bei der Entzifferung des Steins von Rosette verbuchen konnten, hat meine Neugier und Anteilnahme aufs Höchste gereizt, und mehr als alles andere das, was Sie für die Deutung der Hieroglyphen geleistet haben!«

Young bemühte sich bei Jomard, dem in seiner Stellung als Herausgeber der *Description de l'Égypte* das umfangreiche in Ägypten gesammelte Material zur Verfügung stand, um Informationen über Hieroglyphen. Mit deren Hilfe wollte er eine Art Hieroglyphen-Wörterbuch erstellen. Jomard gab vor, er sei noch immer mit der Aufarbeitung beschäftigt, fügte allerdings hinzu:

»Ich gehe mit einigem Eifer daran, weil mir klar geworden ist, dass es nicht ganz wertlos für die Wissenschaft wäre. Mich hat immer überrascht, wie viele geistreiche Leute ihre Zeit mit der Entzifferung von Hieroglyphen verschwenden. Als wolle man Hebräisch lesen und verstehen, ohne auch nur die Anzahl und Gestalt der Buchstaben im hebräischen Alphabet zu kennen.«

In seiner Antwort distanzierte Young sich von den Gelehrten, die Jomard für irregeleitet hielt: Er, Young, versuche sämtliche hieroglyphische Inschriften zu sammeln, deren er habhaft werden könne. Doch gelang es ihm nicht, Jomard zur Preisgabe seines Materials zu bewegen.

Zum Ende des Jahres 1815 hatte William Richard Hamilton, der britische Unterstaatssekretär im Außenministerium, erfreuliche Nachrichten für Young. Der soeben ernannte britische Botschafter für Ägypten, Henry Salt, war angewiesen worden, alle von Young für wesentlich erklärten Hieroglyphen-Texte zu beschaffen und nach England zu schicken. Über den Winter borgte sich Young bei Hamilton die bisher erschienenen Bände der *Description de l'Égypte* aus. Diese enthielten so gut wie keine Hinweise auf Hieroglyphen oder das Projekt ihrer Entzifferung, denn Jomard hatte noch immer den Ehrgeiz, seine eigenen »Bemerkungen und Studien über Hieroglyphen« herauszugeben, doch dieses Werk ist nie erschienen. Schließlich untersuchte Young, was in der *Description de l'Égypte* gedruckt vorlag, doch wegen seines unflexiblen Vorgehens konnte er damit nichts anfangen. Noch immer wollte er den »Code« der Hieroglyphen knacken; ihm fehlten Champollions detaillierte Kenntnisse über die altägyptische Kultur im Allgemeinen, weshalb er die Quellen verächtlich abtat: »All diese Inschriften auf Tempeln und der überwiegende Teil der bei Mumien gefundenen Papyri beziehen sich anscheinend auf ihre lächerlichen Kulte und Rituale – nichts davon hat auch nur entfernt mit Geschichte zu tun.«

Trotz seiner restriktiven Methoden erreichte Young allmählich ein Stadium, in welchem er mehrere wichtige Beobachtungen zur Hieroglyphen-Schrift machte. Zutreffend stellte er fest, dass manche Zeichen figurativ sind (beispielsweise bedeutet  »Obelisk« und  »Auge, das vor Tränen quillt«, d.h. weinend), während andere Zeichen andere Funktionen besitzen. Im Hinblick auf die Bildung des Plurals in der Hieroglyphen-Schrift stellte Young fest:

»Um eine Vielheit von Objekten auszudrücken, wurde durch Wiederholung eines Zeichens ein Dual gebildet. Dagegen bedeuten drei Zeichen derselben Art, die aufeinander folgen, eine undefinierte Vielheit, die in gleicher Weise kurz gefasst auch mit drei Quer- oder Längsstrichen neben einem Einzelzeichen dargestellt wird.«

In diesem Punkt hatte Young vollkommen Recht. Im Altägyptischen kommen Objekte in dreierlei Zuständen vor: »Einzahl«, »ein Paar« und »viele«. Das Zeichen 𓊹 steht für *neter* und bedeutet »ein Gott«. Ein »Götterpaar« wird durch Verdopplung der Hieroglyphe dargestellt: 𓊹𓊹. Den unbestimmten Plural »viele Götter« bilden drei Hieroglyphen: 𓊹𓊹𓊹. Wie Young mit Recht bemerkt, wird der Plural gelegentlich abgekürzt durch ein Bildzeichen mit drei Strichen. »Götter« können demnach so dargestellt werden: 𓊹𓏪, und »Häuser« wie folgt: 𓉐𓏪. Dem Wort selbst wird im Plural der Buchstabe *w* zugefügt, sodass *neter* (Gott) zu *neterw* wird (Götter); streng genommen *ntrw*, da es im Altägyptischen keine selbstständigen Vokale gibt. Doch weil *w* wie »u« klingt, steht gewöhnlich für das Zeichen 𓊹𓏪 in der Umschrift *neteru*, und der Plural von »Haus« (in der Umschrift normalerweise *per*) ist *peru*.

Zwar hatte Åkerblad schon viele Jahre zuvor kleinere Kommentare zu den Hieroglyphen-Ziffern des Rosette-Steins verfasst, doch jetzt kam Young zu dem Schluss: »Feste Zahlengrößen wurden mit geraden Strichen dargestellt bei Einern, mit runden oder eckigen Bogen bei Zehnern.« Jomard hatte 1816 ebenfalls eine wichtige Studie über das hieroglyphische Zahlensystem vorgelegt. Allerdings verdächtigte Young den Autor, er habe bei ihm abgeschrieben, was unglaubhaft erscheint. Eigentlich funktioniert das Zahlensystem ganz einfach, indem jede Ziffer durch Kombination und/oder Wiederholung eines oder mehrerer von sieben Grundzeichen dargestellt wird:

𓏺 (1);
𓎆 (10);
𓍢 (100);
𓆼 (1000);
𓂭 (10 000);
𓆐 (100 000);
𓁨 (1 Million oder »viele«).

Werden diese Zeichen kombiniert, schreibt man die höherwertigen Zeichen immer vor den niedrigeren Wert, sodass 𓍢𓏽 104, 𓆼𓎇𓏻 1022 und 𓐂 9 bedeutet.

Bis dahin hatten die Forscher – auch Champollion – unterstellt, das Demotische sei vollständig graphemisch wie das Englische oder Altgriechische (Zeichen stehen ausschließlich für Laute, die in der Kombination wie Wörter ausgesprochen werden). Aus seiner Untersuchung des Rosette-Steins und verschiedener hieroglyphisch und hieratisch beschrifteter Papyri folgerte Young, das Demotische (sein »Enchorial«) nutze die Buchstaben des Alphabets eher, um den Wortklang fremder, nicht-ägyptischer Begriffe nachzubilden: beispielsweise solcher aus dem Altgriechischen, das die Sprache der letzten Herrscherdynastie vor der römischen Eroberung gewesen war. Doch konnte er die auffallende Ähnlichkeit vieler Zeichen seiner kursiven »Enchorial«-Schrift mit den Hieroglyphen nicht leugnen. Sein Fazit: Die Zeichen der Kursivschrift seien »eigentlich hieroglyphisch, wenn auch in degenerierter Form«.

Nachdem Åkerblad zu Beginn einige Namen der demotischen Inschrift identifiziert hatte, war man mit der Entzifferung des Rosette-Steins in ganz Europa kaum vorangekommen. Young fasste den Forschungsstand zusammen:

»Man hätte natürlich erhoffen können, dass... Kritiker und Historiker aller zivilisierten Nationen einträchtig und mit aller Hingabe zu einer gemeinsamen Anstrengung zusammenfinden, um die Zweifel und Schwierigkeiten zu beseitigen und eine echte Lösung zu finden. Doch abgesehen von M. Champollion und mir hat sich jedermann mit eigenen Spekulationen und Mutmaßungen begnügt: Die Mathematiker in Frankreich haben ihre Berechnungen angestellt, die Metaphysiker in England weitergestritten – über Sachverhalte, die weder zu beweisen noch zu widerlegen sind.«

Später nannte er das Problem der Entzifferung eine Aufgabe, die ein lebenslanges Studium erfordere:

»In Erwägung, dass der Erwerb des Chinesischen, der einzigen noch immer im Gebrauch befindlichen Bilderschrift, den Fleiß eines ganzen Gelehrtenlebens erfordert, um zumindest mit einem Großteil der Vokabeln vertraut zu werden, und dass wir hier auf verlässliche, vielbändige Wörterbücher und Grammatiken zurückgreifen können, dürfte kein Zweifel mehr daran bestehen, dass eine Hieroglyphen-Sprache, für die uns nur wenige, dem Verfall und der Barbarei zufällig entgangene Denkmäler einen vagen Anhalt bieten, dem menschlichen Erkenntnisdrang eine Verkettung nahezu unüberwindlicher Hindernisse entgegenstellt.«

Und alle Beteiligten wussten: Je größer die Schwierigkeit, desto größer auch der Ruhm, den ein Erfolg bescheren würde.

Während sich Young den Respekt der europäischen wissenschaftlichen Welt erwarb, seine Ideen entwickeln und mit anderen austauschen konnte, wurden Champollion in

Grenoble und Jacques-Joseph in Paris im argwöhnischen Klima der Restauration unter unmittelbare Überwachung gestellt. Als Erstes entzog man ihnen die Mitarbeit an der Lokalzeitung von Grenoble. Im November 1815, kurz vor Jacques-Josephs Rückkehr aus Paris, teilte ihm Champollion mit, er wolle beruflich umsatteln und alles aufgeben, was er sich hart erarbeitet hatte: »Kein Zweifel, man wird die Faculté des lettres unterdrücken... Wir sind weg vom Fenster... Ich möchte eine Advokaturstelle in Grenoble ergreifen. Das wäre so, als wollte der Pfarrer die Windmühle betreiben, wirst du einwenden, doch hat das Priesterkleid je satt gemacht, und hat der Müller nicht wenigstens Mehl im Haus?«

Auf diese Weise hoffte Champollion auch Rosine Blanc heiraten zu können, mit der er seit 1814 verlobt war. Den Anwaltsberuf hielt ihr Vater für die einzig sichere Lebensstellung in so schwieriger Zeit. Zutiefst verzweifelt darüber, wie seine Welt ringsum zusammenbrach und alle Hoffnung schwand, selbst die Aussicht auf eine Ehe, sah Champollion das Ende seiner Laufbahn als Universitätsdozent gekommen.

Trotz ihrer eigenen Probleme nahmen Jean-François und Jacques-Joseph das Risiko auf sich, dem flüchtigen General Drouet d'Erlon zu helfen. Er hatte bei Waterloo für Napoleon gekämpft und war dafür unter dem neuen Regime zum Tode verurteilt worden. Nachdem er sich im Winter gar nicht weit von der Präfektur versteckt gehalten hatte, halfen sie ihm im Frühjahr 1816 bei der Flucht über die Alpen nach München, wo er sich Prinz Eugène de Beauharnais anschloss, dem Sohn von Josephine und Stiefsohn Napoleons. Hätte die Obrigkeit davon erfahren, die bereits umfangreiche Dossiers über die Brüder angelegt hatte, wären sie selbst ihres Lebens nicht mehr sicher gewesen. Schlimmer als die politischen Gegner, die auf ihre Ächtung drängten, setzten ihnen die Maßnahmen an der Universität von Grenoble zu. Dort übernahmen Royalisten jetzt sämtliche Schlüsselpositionen, und im Januar 1816 wurde die Faculté des lettres tatsächlich geschlossen. Damit waren, wie von Champollion vorhergesagt, die Brüder ihrer akademischen Stellung enthoben. Unter Beschuss geriet jetzt auch ihre Verbindung zur Stadtbibliothek; Champollion wurde verdächtigt, sie für politische Versammlungen missbraucht zu haben, was er nachdrücklich dementierte: »Dass es hier jemals irgendwelche anderen Zusammenkünfte gegeben hätte als die der Akademie von Grenoble, ist gänzlich unwahr.« Andere falsche Anschuldigungen gegen sie wurden den Behörden zugespielt, und im März 1816 wurden sie offiziell aus der Stadt verbannt.

Dieser Strafbefehl machte Champollions neu gefasste Hoffnungen, Berufs- und Heiratspläne ein für allemal zunichte. Obwohl die Brüder gerade noch erreichen konnten, dass sie wenigstens in ihre Heimatstadt Figeac verbannt wurden, waren sie von ihren Angehörigen und Freunden in Grenoble abgeschnitten. Jacques-Joseph nahm seinen Sohn Ali mit, doch die übrigen Kinder blieben bei seiner Ehefrau Zoë: Jules war 1811 zur Welt gekommen, Aimé-Louis 1812 und Zoë 1815. Amélie-Françoise wird zu dieser Zeit nicht mehr erwähnt; sie scheint sehr jung gestorben zu sein. Man gewährte Champollion und Jacques-Joseph nur 15 Tage für den Reiseweg, weshalb sie nicht allzu viel Gepäck mitnehmen konnten und die meisten ihrer Bücher und Forschungsunterlagen in Grenoble lassen mussten. Die bei dieser Gelegenheit ausgestellten Visa verraten wenig Persönliches über die beiden Männer. Da ihre Fakultät an der Universität aufgehoben war, wird Jacques-Joseph nur als Bibliothekar geführt: Alter 36 Jahre, geboren in Figeac und wohnhaft in Grenoble, mit seinem sechseinhalbjährigen Sohn reisend. Sein Pass weist ihn als 1,67 Meter groß aus, mit dunkelbraunem Haar, braunen Augen und hellem Teint. Er hatte ein ovales Gesicht, Stirn und Mund »mittel«, eine schlanke Nase, keine besonderen Kennzeichen.

Champollion war laut seiner Personenbeschreibung Hilfsbibliothekar: 25 Jahre alt, 1,70 Meter groß, schwarzes Haar, schwarze Augen und »dunkler« Teint. Er hatte eine breite Stirn, flache Nase und ein rundes, hervorspringendes Kinn, sein Gesicht wird als »vollrund« und »leicht von Blatternarben entstellt« beschrieben – der einzige biografische Hinweis auf diese Krankheit. Im Abschnitt »Bart« auf den Reisedokumenten heißt es bei Jacques-Joseph »braun« und bei Champollion »schwarz«, doch das muss nicht heißen, dass sie zu dieser Zeit Bärte getragen hätten; vermutlich wurde hier nur die Haarfarbe wiederholt. Später, als Champollion in Ägypten war, ließ er sich einen Bart wachsen, doch die meisten Porträts der beiden Brüder zeigen sie glatt rasiert.

Die Pässe datieren vom 18. März 1816 und kosteten jeweils zwei Francs. Sie nennen auch die Wegstrecke: Champollion und Jacques-Joseph sollten über Lyon und Aurillac nach Figeac reisen, statt die kürzere südliche Route zu nehmen. Diese Vorkehrung diente ihrer eigenen Sicherheit. In Südfrankreich wütete noch immer die monarchische Reaktion, und gerade diese Region war nicht vollständig unter der Kontrolle des Regimes. Erst recht kompliziert wurde die Lage durch interne Kämpfe der Royalisten, die in zwei Fraktionen zerfielen: die Anhänger des regierenden Königs Ludwig XVIII., der sich liberal gab und eine Rückkehr zur absoluten Monarchie, wie sie vor der Revolution herrschte, für unmöglich hielt, sowie die »Ultras« (extreme Royalisten), die alle Neuerungen der Revolutionszeit und des napoleonischen Regimes rückgängig machen wollten. Während König Ludwig die Monarchie mit dem Volk versöhnen wollte, unterstützte die ultraroyalistische Opposition seinen Bruder, den reaktionären Grafen von Artois. In Südfrankreich hatten Ultra-Gruppen wie die *verdets* (Träger einer grünen Kokarde) einige Gebiete in ihrer Gewalt und betrieben unter dem Vorwand, das neue Regime zu vertreten, ihre eigene Politik. Religiöser Fanatismus hatte mancherorts zur Verfolgung von Protestanten geführt, während anderswo bewaffnete Banden die Straßen für Reisende unsicher machten. Um nicht unterwegs marodierenden Wegelagerern in die Hände zu fallen und die von selbst ernannten Ordnungshütern der Ultras kontrollierten Gebiete zu meiden, mussten Jacques-Joseph und Champollion weite Umwege in den Norden machen. Nach zweiwöchiger Fahrt trafen sie schließlich am 2. April 1816 in Figeac ein.

Bald merkten die Brüder, dass sich die Kleinstadt in den Jahren ihrer Abwesenheit kaum verändert hatte; sie war noch immer verschlafen, aber ein wenig wohlhabender geworden. Ihrer eigenen Familie war es allerdings nicht so gut ergangen. Seit dem Tod ihrer Mutter etwa zehn Jahre zuvor lebten in der Rue de la Boudousquerie nur der Vater und zwei Schwestern, Thérèse und Marie. Die dritte Schwester Pétronille hatte 1803 geheiratet. Es war kein glückliches Elternhaus mehr: Der Vater war dem Alkohol verfallen und gesundheitlich schwer angeschlagen. Ob die Trinkerei daran schuld oder umgekehrt eine Folge davon war, das väterliche Geschäft lag darnieder, und die schwierigen Verhältnisse im Buchhandel taten ein Übriges. Nur ein rasches Eingreifen hätte den Konkurs womöglich noch abwenden können. Inzwischen führte die 42-jährige Thérèse den Laden, während Marie mit 30 Jahren den Haushalt versorgte. Beide waren nicht verheiratet – gewiss hatte der wirtschaftliche Niedergang des Geschäfts zum Verlust ihrer Mitgift geführt. In ihrer glühenden Verehrung für die Brüder waren sie einig, ansonsten führten Geldnot und die Sorge um den Vater zu ständigen Zänkereien.

Offenbar waren Champollion und Jacques-Joseph mit ihrer Verbannung nach Figeac vom Regen in die Traufe gekommen. Nach ihren Erfahrungen in Paris und Grenoble litten sie anfangs unter der bedrückenden Enge, in der sie jetzt lebten. Jacques-Joseph schrieb seiner Frau, es gebe in seiner Vaterstadt kaum vier oder fünf Menschen, mit denen er sich halbwegs gescheit unterhalten könne, und dass ihm die Minuten wie Tage, Tage wie Monate, Monate wie Jahrhunderte vorkämen. Seinem alten Freund und Mitschüler am Lycée, Augustin Thévenet, der in Grenoble das väterliche Geschäft übernommen hatte, schilderte Champollion, wie jämmerlich er seine Zeit mit Gähnen und Fluchen verschwende: Er wisse nicht, ob und wann er die schöne Bergwelt von Grenoble wiedersähe. Von dort waren sie keinen Tag zu früh aufgebrochen, denn Anfang Mai 1816 kam es zu einer Verschwörung, angeführt von Jean-Paul Didier, dem ehemaligen Direktor der juristischen Fakultät. Unter dem Banner Napoleons rief er eine Truppe von Bauern und Exsoldaten zusammen, von denen viele betrunken waren, und wollte die Stadtführung an sich reißen. Dieser »Aufstand« wurde kurzerhand niedergeschlagen, doch die Ultras nutzten ihn für blutige Repressalien. Von den Teilnehmern wurden 18 erschossen; Didier entkam, wurde jedoch bald gefasst und in Grenoble öffentlich guillotiniert. Zahlreiche Einwohner der Stadt gerieten in Verdacht, als Drahtzieher galten selbst Champollion und Jacques-Joseph, die längst in Figeac waren. Nachweisen ließ sich das nicht, und sie blieben deshalb auch unbehelligt. Wären sie noch in Grenoble gewesen, hätten sie es vielleicht mit dem Leben bezahlt.

So unglücklich die Brüder sich anfangs in ihrer Heimat fühlten, bei den Einwohnern waren sie jedenfalls hoch angesehen. Auch Herzog Lézay-Marnésia, der einst als Offizier der französischen Armee in Amerika gedient hatte, hieß sie willkommen. Seit 1815 war er Präfekt des Départements Lot, zu dem Figeac gehörte, und interessierte sich leidenschaftlich für Archäologie. Er überredete die Brüder, nach der Siedlung Uxellodunum zu suchen, die im Umland von Figeac vermutet wurde. Den *Commentarii de Bello Gallico* des Julius Cäsar zufolge war Uxellodunum die letzte von den Römern eroberte Bastion der Gallier. Seit 59 v. Chr. hatte Cäsar Gallien systematisch erobert. Uxellodunum liege, schrieb er, von allen Seiten mit steilen Klippen abgesichert, oberhalb eines Flusstals, werde jedoch nur von einer einzigen Quelle mit Wasser versorgt. Die Römer belagerten diese Festung, gruben einen Tunnel, um die Quelle abzuleiten, und zwangen die halb verdursteten Gallier schließlich zur Aufgabe. Damit war die Eroberung Galliens abgeschlossen. Zur Warnung vor Aufständen ließ Cäsar allen, die bei Uxellodunum gegen die Römer gekämpft hatten, die rechte Hand abhacken. Die Eroberung ihres Landes haben die Franzosen nie vergessen oder vergeben, und noch der Einmarsch Napoleons in Italien wurde als späte Vergeltung betrachtet. Kein Wunder, dass Uxellodunum ein wichtiges Symbol des patriotischen Widerstands, seine Lokalisierung ein entsprechend bedeutendes Projekt geworden war.

Mit Unterstützung seines Bruders unternahm Jacques-Joseph den Versuch, Uxellodunum ausfindig zu machen. Im Sommer 1816 durchstreiften sie das Gelände, um den Ort durch Anhaltspunkte in Cäsars Bericht vergleichend zu überprüfen. Sie kamen zu dem Ergebnis, dass es sich um Capdenac-le-Haut handeln müsse, das gut acht Kilometer von Figeac auf einer Anhöhe über dem Lot liegt. Ausgrabungen, die Jacques-Joseph durchführen ließ, förderten römische Überreste zutage, die seine Zuschreibung zu bestätigen schienen. Der offensichtliche Erfolg des Projekts überzeugte den Präfekten, Herzog Lézay-Marnésia, und trug nicht wenig zum Ansehen der beiden Brüder im gebildeten Bürgertum der Region bei. Spätere archäologische Untersuchungen haben allerdings ergeben, dass die Festungsanlagen bei Capdenac-le-Haut aus mittelalterlicher Zeit stammen, während eine andere Grabungsstätte als Uxellodunum identifiziert wurde: ein Dorf namens Puy d'Issolud in der Nähe von Vayrac, etwa 45 Kilometer weiter nordwestlich, wo sogar der von den Römern gegrabene Tunnel zum Ableiten der Quelle nachzuweisen ist. Dennoch blieb die Angelegenheit umstritten, und die Einwohner von Figeac bestehen bis heute darauf, dass Capdenac-le-Haut das echte Uxellodunum sei.

Während er Jacques-Joseph bei der Suche nach Uxellodunum half, begann Champollion im selben Sommer mit der umfassenden Überarbeitung seines Wörterbuchs und seiner Grammatik des Koptischen. Diese kostbaren Manuskripte, deren Druck nicht mehr zustande gekommen war, hatte er aus Grenoble herausschaffen können. Das Wichtigste an diesen Arbeiten war immerhin, dass sie ihm gründliche Kenntnisse im Koptischen verschafften, dem letzten sprachlichen Überrest des Altägyptischen. Die Niederschrift erbrachte ihm gegenüber seinen Rivalen ungeheure Vorteile bei der Entzifferung der Hieroglyphen. Doch trotz aller Mühen, die er während seiner Verbannung in Figeac darauf verwandte, sollte keines der Bücher je veröffentlicht werden.

Seit ihrer Verbannung hatte Jacques-Joseph immer wieder nach Paris geschrieben und seine Freunde und Bekannten um Fürsprache bei den Behörden für sich und seinen Bruder gebeten. Der politische Umbruch war so radikal, dass ihnen selbst Champollions alte Widersacher zu Hilfe eilten, wie Edme-François Jomard, Herausgeber der *Description de l'Égypte*, und Louis Langlès, der seinerzeit als Champollions Persischlehrer nichts gegen dessen Einberufung zur Armee unternehmen wollte. Von den ehemaligen Professoren Champollions lehnte nur der Royalist de Sacy konsequent ab, ihnen zuliebe ein gutes Wort einzulegen – eine Weigerung, die ihn um seinen guten Ruf in der Gelehrtenwelt von Paris brachte. Befremdlicher war das Verhalten von Saint-Martin, der sich an de Sacys Seite zum königstreuen Fanatiker gewandelt hatte und nun zu seinem einstigen Freund Champollion auf Distanz ging.

Trotz Unterstützung durch den Präfekten in Figeac und energischer Bemühungen ihrer Bekannten und alten Feinde in Paris wurde Jacques-Joseph erst im November 1816 von seiner fast acht Monate währenden Verbannung erlöst. Champollion durfte erst im darauf folgenden Januar heimkehren. In der Zeit des Exils hatte Champollion nicht mehr unter Intrigen neidischer Kollegen zu leiden. Erstmals im Leben sah er kein unmittelbares Ziel vor Augen. Seinen Plan, Anwalt zu werden, hatte der erzwungene Ortswechsel zunichte gemacht. Untätig wartend, doch immerhin als Berühmtheit anerkannt und bei den Einheimischen beliebt, fing er an, den Stress der letzten Jahre abzubauen und Gefallen an der dörflichen Stille von Figeac zu finden. Es war die Ruhe vor dem nächsten Sturm in seinem Leben, der sich unmerklich durch die Verbindungen seines Bruders nach Paris vorbereitete. Jomard hatte während seines Besuchs in England, wo er Ende 1814 die in Ägypten konfiszierten Denkmäler wie den Rosette-Stein dokumentierte, die Lancaster-Lernmethode für Volksschulen kennen gelernt und in Paris eine Gesellschaft zur Förderung des Elementarunterrichts gegründet. Auch Jacques-Joseph war beigetreten. Dass die Regierung Ludwigs XVIII. die Volksschulerziehung in ganz Frankreich einführen wollte, nahmen die beiden Brüder zum Anlass, eine Lancaster-Schule in Figeac aufzubauen.

Die neue Lernmethode hatte Joseph Lancaster entwickelt, dessen Schule 1798 in London entstanden war. Das Prinzip, das sich bald überall in Europa durchsetzte, gründete auf dem Unterricht für die Älteren und Begabteren, die vom Lehrer dazu angeleitet wurden, jüngere Schüler selbst zu unterrichten. Mit Unterstützung der Regierung und der städtischen Verwaltung begannen Champollion und sein Bruder, die Gründung einer solchen Bildungsanstalt vorzubereiten. Kaum ein Jahr nachdem er den Entschluss gefasst hatte, den Beruf des Pädagogen an den Nagel zu hängen, war Champollion wieder mit einer neuen Schule und einer neuen Lernmethode konfrontiert. Ultras und katholische Kirche liefen Sturm gegen die Neugründung von Volksschulen, und ganz besonders gegen die Lancaster-Methode, denn sie zielte darauf ab, den Kindern der Unterschicht Bildung zu vermitteln. Ihrer Auffassung nach sollte sich der systematische Unterricht auf den Adel und den Klerus beschränken; bei der Mehrheit der Bevölkerung, die dadurch nur aufsässig und gegen Indoktrinierung gefeit werde, sei sie bloße Verschwendung. Wieder einmal erzwangen die politischen Umstände, dass sich Champollion Feinde machte.

Sie waren noch mit den Vorarbeiten für die Schulgründung beschäftigt, als die Verbannung der Brüder aufgehoben wurde. Doch keiner von ihnen verließ Figeac auf der Stelle. Jacques-Joseph reiste erst im April 1817 nach Paris, wo er bald Sekretär von Bon-Joseph Dacier wurde, der seinerseits als ständiger Sekretär der Inschriften-Akademie am Institut de France tätig war. Champollion blieb allein zurück, um letzte Hand an die Lancaster-Schule zu legen. Bald jedoch hing daheim der Haussegen schief, was über seine Kräfte ging. Um ihren Schwestern eine Zukunft zu sichern, hatten die Brüder auf jedes Anrecht am Familienunternehmen und zugleich auf ihr Erbteil verzichtet. Doch wegen der Trinkerei und der wachsenden Schuldenlast des Vaters ging es immer weiter bergab mit dem Buchladen. Champollion, der nicht ein noch aus wusste, schrieb Jacques-Joseph einen knappen Monat nach dessen Abreise vorwurfsvoll, er sei fortgegangen, ohne die familiären Probleme zu lösen. Vordringlich sei, ihren Vater gerichtlich entmündigen zu lassen. In der folgenden Woche berichtete er seinem Bruder von einem Darlehen, das er aufgenommen habe, um die größten Schulden zu begleichen und die Versteigerung des Hausrats zu verhindern. Dabei nahm er sogar die Hilfe seines Freundes Thévenet in Grenoble in Anspruch. Querelen gab es nach wie vor mit seinem Vater, über den er sich oft ärgern musste.

Mithilfe der Stadtbehörden und der Einwohner von Figeac brachte Champollion die neue Lehranstalt auf den Weg, die im Juli 1817 mit einem Lehrer aus Paris eröffnet wurde. Bald konnten 40 Kinder eingeschult werden. Doch blieben die Anstrengungen der vergangenen Monate nicht folgenlos: Champollion war abgemagert und litt unter ständigem Husten und Fieberkrämpfen. Seit 17 Monaten hatte er sich nicht mehr an der Entzifferung der Hieroglyphen versucht; für einen Neuanfang war er nicht gerade in bester Verfassung. Doch zwei Vorkommnisse ermutigten ihn, die Arbeit wieder aufzunehmen und Thévenet zu bitten, ihm einige der bei seiner Verbannung in Grenoble versteckten Notizen und Materialien zuzusenden: das Erscheinen einer Rezension seiner Veröffentlichung und die Zusammenkunft mit einem konkurrierenden Entzifferer.

Obwohl sie schon über ein Jahr zuvor im Londoner *Monthly Review* gedruckt worden war, hatte Champollion erst jetzt eine anonyme, langatmige und insgesamt sehr günstige Besprechung seines Buchs *L'Égypte sous les pharaons* erhalten. Natürlich war er begeistert, obwohl er, wie alle Autoren, einiges an der Kritik auszusetzen hatte. Tatsächlich hieß der Rezensent Thomas Young, der wie so oft anonym auftrat. Er begann mit der Feststellung, wie faszinierend Ägypten seit jeher auf die Franzosen gewirkt habe.

»Vielleicht wäre es für Europa nicht ungünstig, wenn Frankreich genötigt würde, sich dieses Land zu Eigen zu machen. Der destruktive Charakter des Klimas würde die überschüssige Anzahl junger Männer vermindern, die andernfalls unbequeme Nachbarn wären. Die sympathische Freizügigkeit der französischen und ägyptischen Manieren könnte eine Vermischung der Völker begünstigen und zur Rezivilisierung einer wichtigen Region Afrikas beitragen.«

Nach diesem fremdenfeindlichen Ausrutscher erging sich der Rezensent in einer ausführlichen Schilderung Ägyptens aus seiner Sicht – wobei er die Beschränktheit seiner Perspektive nicht verhehlen konnte – und endete schließlich mit einem Loblied auf Champollions Buch.

Das andere Ereignis, das Champollions Interesse an Hieroglyphen neu entfachte, war im August der Besuch eines Möchtegern-Rivalen, Dr. Roulhac aus der nahe gelegenen Stadt Aurillac. Während seiner Verbannung in Figeac hatte Champollion die akademischen Zirkel meist gemieden und wusste weniger denn je von den Fortschritten bei der Entzifferung. Ohne direkte und freundschaftliche Beziehungen war es nicht leicht, die Ansätze anderer Wissenschaftler kennen zu lernen, und selbst wer korrespondierte, enthüllte nur selten vor einer Veröffentlichung, was er herausgefunden hatte. Selbst an die publizierten Ergebnisse kam man oft nur schwer heran, wie einem Brief zu entnehmen ist, den Young ein paar Jahre zuvor von dem Forscher und Reisenden Sir William Gell erhielt. Aus Rom schreibend, beklagte sich Gell, dass er nirgends Youngs Artikel für die *Encyclopaedia Britannica* nachlesen könne:

»Ob Ihr Buch, Ihr Traktat oder Ihre Dissertation über ägyptische Hieroglyphen gedruckt ist oder ob Sie es nur ausgewählten Freunden vorgetragen haben, konnte ich nirgends herausfinden. Selbst nach längeren Recherchen *in London* war mein Buchhändler nicht imstande zu liefern.«

Zwar wusste er, dass Young der Bibliothek des Vatikan ein Exemplar übereignet hatte. »Ob es nun dort steht oder nicht, eine öffentliche Bibliothek ist immer schwierig zu benutzen und meistens nutzlos für die Öffentlichkeit.« Wenn selbst ein wohlhabender englischer Altertumsforscher keine englischen Bücher in London auftreiben konnte, hatte ein Champollion, der in Figeac nach Büchern schmachtete, kaum eine Chance.

Bei seinem Besuch zeigte Doktor Roulhac das »allgemeine etymologische System«, das er entwickelt haben wollte. Dieses System, behauptete er, sei der Schlüssel zur Entzifferung der Hieroglyphen. Er schlug eine Kooperation vor, doch stellte sich heraus, dass die Theorie des Doktors auf Fehlschlüssen beruhte und kaum ernst zu nehmen war. Obwohl ihm das Treffen nichts brachte, wurde Champollion gewahr, wie sehr sich die Lage verändert hatte in der kurzen Zeit, in der ihn widrige Umstände von der Fortsetzung der Hieroglyphen-Studien abgehalten hatten. Wenn das Entzifferungsproblem nicht mehr nur von einer Hand voll Gelehrter, sondern selbst von einem Landarzt aus der benachbarten Kleinstadt angegangen wurde, wer mochte dann noch alles daran arbeiten, und wie weit waren seine Hauptrivalen schon gekommen? Der Gedanke, dass er nicht der Erste sein könnte, der Hieroglyphen zu lesen versteht, raubte ihm den Seelenfrieden und trieb ihn an, seine Studien abzuschließen.

Ohne dass Champollion etwas davon ahnte, hatte kaum zwei Monate vor dem Besuch des Dr. Roulhac ein Treffen in Paris stattgefunden – zwischen der Kommission, die das Mammutwerk *Description de l'Égypte* herausgeben sollte, und dem Antikenforscher Louis Ripault, der die Hieroglyphen entschlüsselt zu haben glaubte. Als einer der Gelehrten, die Napoleon auf seinem Feldzug nach Ägypten begleitet hatten, war Ripault Bibliothekar des Ägyptischen Instituts in Kairo gewesen. Auch an anderen gelehrten Instituten hielt er Vorträge, doch wurden seine Theorien von Forscherkollegen zurückgewiesen – ebenso wie von Champollion, der erst nachträglich von ihnen hörte. Doch bis zu seinem frühen Tod im Alter von 47 Jahren im Juli 1823 (beim Versuch, sein Denkvermögen durch Nahrungsentzug zu steigern, hungerte er sich zu Tode) blieb Ripault ein getreuer Anhänger Champollions.

Inzwischen wurden zahllose Theorien und Methoden vorgeschlagen, von denen keine einzige dem Erfolg auch nur einen Schritt näher kam. Doch Champollion fühlte sich durch sie unter Druck gesetzt. Als die von Thévenet übersandten Manuskripte eintrafen, begann er, seine Stellung in Figeac zu überdenken. Noch immer empört von der Behandlung, die ihnen in Grenoble widerfahren war, zog Jacques-Joseph Paris als Wohnsitz vor und ließ Champollion, der Paris nicht in allzu guter Erinnerung hatte, einsam zurück. Noch erschien es diesem wenig verlockend, seinem Bruder zu folgen. Die einzig sinnvolle Alternative war Grenoble, wo sich die Unruhe fürs Erste gelegt zu haben schien. Doch ohne Stellung würde es ihm dort noch schlechter gehen als in Figeac. Er hatte schon gehört, dass an eine Wiedereröffnung der Faculté des lettres an der Universität gedacht wurde. Vielleicht würde er als Dozent übernommen? Das war nicht viel mehr als ein Klammern an den letzten Strohhalm, aber es reichte hin, ihm die Rückkehr nach Grenoble schmackhaft zu machen, wo er und sein Neffe Ali nach 19-monatiger Abwesenheit im Oktober 1817 eintrafen.

Der neue Präfekt hieß ihn willkommen. Choppin d'Arnouville war eigens ernannt worden, um die Bevölkerung der Region mit der Regierung König Ludwigs XVIII. auszusöhnen und den Unruhen ein Ende zu machen. Von der Leitung der Universität wurde das Vorhaben bestätigt, die Philosophische Fakultät zu erneuern. Man ließ sogar durchblicken, dass Champollion als Professor für Alte Geschichte ebenso in Betracht kam wie für eine Hebräisch-Dozentur. Von dieser Aussicht ermutigt, ließ er sich von der Stadtverwaltung überreden, auch in Grenoble eine Lancaster-Schule zu gründen, die der ganzen Region als Muster dienen sollte. Als bekannt wurde, dass er sich dieser Aufgabe annehmen wollte, erhielt er sofort Unterstützung durch die liberale Partei und wurde zwangsläufig zur Zielscheibe der Ultras und Kleriker, die sich entschlossen gegen derartige Schulen stemmten. Trotz alledem machte er sich an die Arbeit und unterrichtete lieber selbst einen Lehrer in der Lancaster-Methode, anstatt einen aus Paris kommen zu lassen. Anfang Februar 1818 wurde die Schule mit 175 Kindern eröffnet. »Der Präfekt ist begeistert, die Ultras toben«, notierte Champollion in gewohnter bitterer Selbstironie, »also weiß ich, dass ich auf dem richtigen Weg bin!« Als pädagogisches Naturtalent fand er unschwer Zugang zu den Jüngsten, um deren Ausbildung er sich jetzt kümmerte, weshalb er sich auch noch die Gründung einer Lateinschule für die klassischen Fächer vornahm.

Noch im selben Frühjahr bat ihn der Präfekt um seine Hilfe als diplomatischer Vermittler. Es ging um die Suche und Herausgabe von Dokumenten, mit denen französische Territorien an den König von Sardinien-Piemont übereignet worden waren. Mit dem Gesandten des Königs, Herzog Costa, verband Champollion alsbald eine herzliche Freundschaft. Wenige Monate später bot der Herzog dem Franzosen einen Lehrstuhl für Geschichte und Alte Sprachen an der Universität von Turin an: eine ehrenvolle und gut dotierte Stellung. Doch der Dauphiné, der Region um Grenoble, wo er gerade erst die beiden Schulprojekte initiiert hatte, und seiner Familie sowie der seines Bruders fühlte sich Champollion zu eng verbunden. Noch immer hoffte er auf die baldige Wiedereröffnung der Faculté des lettres und auf eine Dozentur, weshalb er die Berufung nach Turin zögernd und mit großem Bedauern ablehnte. Allen Plackereien zum Trotz war er französischer Patriot geblieben, wie er mit Bezug auf die zur Revolutionszeit geflüchteten Adligen meinte: »Frankreich zu verlassen zugunsten des Auslands wäre wie emigrieren, und mir gefallen weder die *Émigrés* noch das Ausland!«

Erst jetzt, nach einer von den furchtbaren politischen Wirren erzwungenen Pause von fast zwei Jahren, konnte Champollion wieder ein wenig von seiner Freizeit auf das Hieroglyphen-Studium verwenden. Er nahm sich den Stein von Rosette wieder vor und bemühte sich fieberhaft um eine brauchbare Kopie der Inschrift. Doch was sich auftreiben ließ, war einzig und allein der nachlässig angefertigte Abdruck eines Kupferstichs, der mittlerweile von der Society of Antiquaries in London verbreitet wurde. Jacques-Joseph in Paris erfuhr Mitte April von den neuesten Ideen seines Bruders, der die Arbeit bald abschließen wollte, wenn er den beim ägyptischen Feldzug nach dem Original angefertigten Kupferstich zu sehen bekäme.

»Ohne Zweifel könnte ich mit dem Stich der Kommission am Ende unter jede Hieroglyphe das dazugehörige französische Wort und sogar die ägyptische Kursive schreiben: das Griechische sowieso. Ich greife nicht zu weit vor, wenn ich das verspreche, denn meine Untersuchung ist zu drei Vierteln abgeschlossen. Durch Vergleich mit der Kursive und dem Griechischen weiß ich, wo die hieroglyphische Inschrift anfängt und wo sie aufhört. Ich kann beweisen, dass mindestens *zwei Drittel* fehlen... Hinter meiner Lösung steckt weder Scharlatanerie noch Mystizismus. Alles beruht auf dem Vergleich, nicht auf einem vorab ausgeklügelten Schema. Ich habe bereits die *Artikel* herausbekommen, die *Bildung des Plurals* und einige *Konjunktionen*. Aber das reicht noch nicht, um das System dieser Schrift zu bestimmen. Meine Ergebnisse werfen jetzt schon alle Vorstellungen über den Haufen, die ich bisher von den Hieroglyphen hegte.«

Im gleichen Brief erwähnt Champollion zwei Forscher, die er als Rivalen betrachtete, ohne sie wirklich zu fürchten – Ripault und Jomard. Zu jener Zeit beschwor Jacques-Joseph seinen Bruder, die Grammatik und das Wörterbuch des Koptischen in überarbeiteter Form herauszugeben. Doch das war ohne ausreichende finanzielle Mittel keine leichte Aufgabe, weshalb Champollions Interesse erkaltet war. Hätte er das nötige Geld, so würde er lieber die Ergebnisse seiner Hieroglyphen-Forschung drucken lassen: »In dieser Elendszeit, in der wir leben, möchte ich keine großen Schulden anhäufen.«

Zu seiner Freude erhielt Champollion Mitte Juni eine stark verbesserte Kopie der Rosette-Inschrift, doch konnte er ihr nicht viel Zeit widmen, denn damals war er mit dem

Schulwesen von Grenoble beschäftigt und ganz besonders mit seiner Lateinschule, die im Juli eröffnet wurde. Dafür begann er mit einem Hieroglyphen-Wörterbuch, zu dessen Niederschrift ihn Jacques-Joseph ebenso drängte, und am 19. August 1818 hielt er eine Vorlesung über seine neuesten Erkenntnisse in der Académie delphinale. Doch wenig später musste er die Wissenschaft wieder vernachlässigen, um sich auf die Schulen zu konzentrieren. Außerdem nahm er trotz der niedrigen Besoldung die Lehrerstelle am ehemaligen Lycée und jetzigen Collège royal an, wo er als Schüler so unglücklich gewesen war, dass er Jacques-Joseph anflehte, ihn aus dem »Gefängnis« zu erlösen! Im November gab Champollion die Hoffnung auf, je wieder an der Universität lehren zu können, und begann das Schuljahr am selben Collège, wo er elf Jahre zuvor vor Erleichterung ohnmächtig geworden war, als er es verlassen durfte.

Ende Dezember heiratete er endlich Rosine Blanc, die er seit 1813 kannte, als sie 16 Jahre alt war und er 22. Während der Verbannung in Figeac hatten beide Brüder ihre Ämter an der Bibliothek verloren, was Rosines Vater zum Vorwand nahm, die Verlobung aufzulösen. Er war mehr denn je gegen diese Ehe. Champollions Zuneigung schien ein wenig abgekühlt zu sein; womöglich hat er sogar versucht, Rosine von dem Gedanken ans Heiraten abzubringen. Doch sie wechselten nach wie vor Briefe, und dass sie ihn liebte, steht außer Frage. Jetzt gab ihr Vater nach, wohl weil Champollion die Gunst des Präfekten genoss. In der schlichten Kathedrale von Grenoble fand schließlich die Trauung statt – ohne Jacques-Joseph, der sich nicht mit der Brautwahl abfinden konnte und ferngeblieben war.

Champollions Ehe mit Rosine blieb ohne Tiefgang, war

aber nicht unglücklich, und erst in einem Brief, den er acht Jahre später an die italienische Dichterin Angelica Palli schrieb, deutet sich so etwas wie Lustlosigkeit an. Champollion scheint seine Beziehung zu Rosine freimütig zu schildern, doch da sich der Brief an Angelica richtet, in die er verliebt war, steht nicht fest, wie weit wir ihm vertrauen dürfen. Er berichtet, wie sehr Rosine noch während ihrer langen Verlobungszeit an ihm hing, »trotz meiner merklichen Ernüchterung«, und fährt fort:

»Ich hatte gehofft, die Trennung würde bei Anaïs [sein Spitzname für Rosine] zu einem Sinneswandel führen und sie mir entfremden, damit sie ihre Absicht zu heiraten aufgibt, wozu uns nichts verpflichtete und was weder ihr noch mir Aussicht auf Erfüllung versprach. Später bedrängte sie mich; in meinem Kummer fand sie ein willkommenes Motiv, an ihrer früheren Entschlossenheit festzuhalten. Mehrere Bewerber, die jetzt und künftig weit besser gestellt sind als ich, hielten inbrünstig um ihre Hand an. Anaïs wies sie ab, gegen den Wunsch ihrer Familie: Ihr Vater war ein herzloser, strenger Mann, der keine Widersetzlichkeit duldete, weshalb er die Ärmste jeden Tag mit Vorwürfen und Bekundungen des Missfallens überhäufte. Er nahm ihr praktisch alle Freiheit. Schließlich war meine Verbannung zu Ende, Anaïs musste leiden und war meinetwegen betrübt. Welche andere Wahl blieb mir denn? Meine Pflicht lag klar vor mir. Ein unlösliches Band vereint uns. Bei mir hat sie den Frieden und die Ruhe wiedergefunden, die sie im väterlichen Haus vermissen musste.«

Wie Rosine darüber dachte, ist nicht überliefert, doch scheint es, als habe sie sich wie die meisten französischen Frauen ihrer Zeit von der Ehe wenig erhofft. Das Leben an der Seite Champollions hat sie genossen; wären da nicht seine Briefe an Angelica Palli, gäbe es keinerlei Indiz dafür, dass er anders darüber dachte.

Champollion war nicht der Einzige, dem trotz seiner Arbeitslast und der Notwendigkeit, seine Familie zu ernähren, das Rätsel der Hieroglyphen-Entzifferung keine Ruhe ließ. Thomas Young erging es ganz ähnlich, obwohl es ihm an Geld nie gefehlt hat. Aber sein Arztberuf brachte mancherlei Verpflichtungen mit sich, weshalb ihm die wissenschaftliche und literarische Forschung »kein unmittelbares Bedürfnis gewesen ist, außer als Nebenbeschäftigung, die mir normalerweise eher Kurzweil bringt als Ermüdung«. Young wandte sich zunehmend anderen Interessen zu. Er war 1814 Mitglied einer Kommission geworden, die mit den Risiken der Versorgung Londons mit Gas, namentlich durch den Bau großer Gasometer in Wohngebieten, befasst war. Zwei Jahre später berief ihn eine neue Kommission, der die Prüfung von Maßen und Gewichten in Großbritannien oblag, und gleichzeitig bat man ihn, für die Admiralität ein Gutachten über Schiffsbau zu schreiben. Seit Ende 1818 redigierte er die Zeitschrift *Nautical Almanac* und war Sekretär der Längenmaß-Kommission; diese setzte eine Reihe von Belohnungen aus für den Kapitän und die Mannschaft des ersten Schiffs, das die Nordwestpassage vom Atlantik bis zum Pazifischen Ozean zurücklegte.

Ein Jahr zuvor hatte Young seinem Freund Hudson Gray von den Hindernissen berichtet, die ihm zu schaffen machten:

»An den Hieroglyphen habe ich wenig oder gar nichts tun können, seit wir uns gesehen haben. Aber ich habe den

Verdacht, dass sie noch eine Akademie von 40 Mitgliedern für ein halbes Jahrhundert beschäftigen werden. Für mich genügt es, eine Goldmine entdeckt zu haben, an der sich andere bereichern mögen. Und dennoch habe ich vor, noch mehr herauszuholen. Und in ein oder zwei Jahren mache ich publik, was ich geleistet habe, nach wie vor anonym, solange es mit den guten Sitten vereinbar ist.«

Während Champollion nach seiner Rückkehr aus der Verbannung damit beschäftigt war, Erziehungsinstitute in Grenoble zu gründen, betrieb Young mit einigem Erfolg Hieroglyphen-Studien. Im Frühjahr 1818 trug Young zahlreiche Texte für einen bahnbrechenden und ausführlichen Artikel über Ägypten zusammen, und im Sommer ließ er Kupferstiche von knapp 200 hieroglyphischen Wortbeispielen anfertigen (davon etwa 40 mehr oder minder korrekt), die aus dem Rosette-Stein und anderen Denkmälern oder Papyri stammten. Zugleich arbeitete er weiter am Zahlensystem. In seinem Freundeskreis verteilte er in diesem Sommer einige Vorabdrucke, und das gesamte Material wurde im Dezember 1819 anonym als Nachtrag zur *Encyclopaedia Britannica* veröffentlicht.

Youngs Artikel über Ägypten begann mit neueren Reisebeschreibungen; anschließend fasste er zusammen, was man von den antiken Gottheiten und ihrer Mythologie wusste. Schließlich erörterte er Geschichte und Chronologie. Doch obwohl er feststellte: »Die Frühgeschichte Ägyptens reicht viel weiter zurück als die fast aller anderen Nationen und ist folglich auch in dichteres Dunkel gehüllt«, vermied er jeden Aspekt, der mit dem allgemein akzeptierten biblischen Datum der Welterschaffung kollidierte. Weitere Themen waren Kalender, Sitten und Gebräuche sowie die Inschrift des Rosette-Steins, für den er auch andere Manuskripte heranzog, besonders diejenigen aus der *Description de l'Égypte*. Er zog den Schluss, dass es drei aufeinander folgende ägyptische Schriften gebe:

»Einige Proben aus verschiedenen Manuskripten werden reichen, um den Formwandel zu veranschaulichen, den die ursprünglichen Zeichen bei ihrem Niedergang von den *heiligen* Buchstaben über die *hieratischen* durchlaufen haben bis hin zu den *epistolografischen* oder der gewöhnlichen Handschrift.«

Als heilige Buchstaben bezeichnete er die Hieroglyphen, doch mit hieratisch meinte er das, was man heutzutage »lineare Hieroglyphen« nennt. Das sind schlichte, einfarbige Hieroglyphen, die meist auf Papyri und auf Särge in Umrissen gemalt oder gezeichnet wurden. Sie unterscheiden sich von den kunstvolleren, detaillierteren und meist farbigen Hieroglyphen, die Bauwerke und Gräber zieren. Dass diese linearen Hieroglyphen heute auch »kursive Hieroglyphen« heißen, obwohl sie echte Hieroglyphen sind und gewiss keine echte kursive »Handschrift« wie das Hieratische, trägt zur allgemeinen Verwirrung bei. Und noch verwirrender ist, dass die heute als hieratisch bezeichnete Schrift von Young wechselweise als »epistolografisch«, »enchorial« oder »Schreibschrift« bezeichnet wird. Denn Young übersah, dass es zwei Typen von Kursivschrift gibt: Hieratisch und Demotisch. Zwar bemerkte er, dass die Kursive mit der Zeit »undeutlich in den Formen« wurde, doch begriff er noch nicht, dass sich eine eigene demotische Schrift entwickelt hatte. Allerdings hatte er registriert, dass die heutzutage hieratisch genannte Schrift von den Hieroglyphen abstammte.

Die *Encyclopaedia Britannica* schloss mit einem rudimentären Hieroglyphen-Vokabular (beispielsweise Namen von Königen, Tiere und Zahlen), Kommentaren zu Lauten und Sätzen und einer Beschreibung der Monumente. Auf dem Rosette-Stein konnten verschiedene nicht-ägyptische Eigennamen schon jetzt im altgriechischen Text identifiziert werden; Åkerblad hatte dieselben Namen schon früher in der demotischen Inschrift erkannt. Zum ersten Mal konnte Young in seinem Vokabular belegen, dass einer dieser Namen auch in der – nur fragmentarisch erhaltenen – Hieroglyphen-Version existierte: der Name Ptolemaios. Ptolemaios V. Epiphanes, der von 204 bis 180 v. Chr. über Ägypten herrschte, war Sohn des Ptolemaios IV.; seine Schwester, die er heiratete, hieß Arsinoë III. Ein Jahr nach seiner Thronbesteigung verlor Ptolemaios V. den überwiegenden Teil der ägyptischen Besitztümer in Kleinasien, Palästina und in der Ägäis. Die folgenden zwei Jahrzehnte waren von blutigen Aufständen in Ägypten geprägt. Antiochus III. der Große, König über die Gebiete in Kleinasien und Syrien, besiegte die ägyptischen Truppen, und als Teil der Friedensverhandlungen heiratete Ptolemaios V. Kleopatra, die Tochter des Antiochus III. – sie war die erste aus dem Geschlecht der Kleopatras, das mit der berühmten letzten Herrscherin Ägyptens vor der römischen Eroberung endete.

Trotz früherer Untersuchungen Barthélemys und Zoëgas glaubte Young der Erste zu sein, der die Hieroglyphen in Ringen oder Kartuschen als Namen identifiziert hatte. Auf jeden Fall war er der Erste, der feststellte, dass der Name Ptolemaios sechsmal im Hieroglyphen-Text des Rosette-Steins auftauchte. Da Ptolemaios ein später griechischer

Name war und kein ägyptischer, war Young überzeugt, dass er in Hieroglyphen-Zeichen verschriftlicht sein musste, die als phonetische Alphabetzeichen dienen (das heißt, in Hieroglyphen, die jeweils einen einzelnen Laut repräsentieren), während ägyptische Namen mit Hieroglyphen bezeichnet wurden, die für Begriffe stehen:

»Die *phonetischen Zeichen*, jedenfalls nach den in solchen Namen wie Berenike, Ptolemaios usw. entdeckten Spuren, ... würden so etwas wie ein hieroglyphisches Alphabet ergeben, allerdings nur im Sinne eines Beispiels für die Art und Weise, wie in Sonderfällen Laute wiedergegeben werden, und nicht als universelles System der Wiedergabe von Lauten, wo sie stehen müssten.«

Recht hatte Young insofern, als fremdsprachige Namen vorwiegend durch eine begrenzte Anzahl alphabetischer Hieroglyphen verschriftlicht wurden. Doch was die ägyptischen Namen betrifft, so irrte er; diese wurden mit allen verfügbaren Hieroglyphen geschrieben, nicht nur mit denjenigen, die Begriffe repräsentieren. Ein Beispiel: Die Kartusche 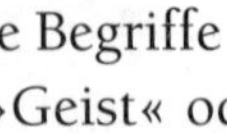 enthält den Namen des Pharaos Menkaure, der eine der Pyramiden von Gize bei Kairo gebaut hat. In späterer Zeit nannten ihn die Römer Mycerinus. Die Kartusche enthält sowohl Ideogramme (Zeichen, die für abstrakte Begriffe stehen) wie etwa  (*ka*, was so viel bedeutet wie »Geist« oder »Seele«) als auch das Zeichen (alphabetisches Zeichen für »n«).

Auf dem Rosette-Stein erscheint der Name Ptolemaios dreimal in einer schmalen Kartusche sowie dreimal in einer breiteren Kartusche, wo er mit den königlichen Herrschertiteln versehen ist. Daher konnte Young ziemlich präzise herausarbeiten, wie der Name Ptolemaios gebildet wurde (obwohl der antike Schreiber ein wesentliches Zeichen in einer der sechs Kartuschen ausgelassen hatte):

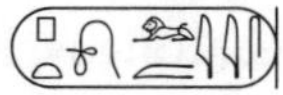

Ptolemaios

Hieroglyphe	Youngs Lesart	Korrekte Lesart
	p	p
	t	t
	(unnötig)	o
	ole oder lo	l
	ma oder m	m
	i	y oder ii
	osch oder os	s

Vokale tauchen zwar normalerweise in Hieroglyphen nicht auf, doch nutzten die Ägypter manche Symbole, um den Lautwert fremdsprachiger Namen annähernd korrekt wiederzugeben. So gibt es für die Hieroglyphe, die den Laut »o« darstellen soll, kein direktes Äquivalent im Deutschen oder im Griechischen. Das »o« ist nur eine Annäherung an den tatsächlichen Laut.

Zufällig hatte Young auch die Kopie einer Inschrift aus dem riesigen Tempelbezirk von Karnak in Oberägypten untersuchen können, die den Namen Ptolemaios I. Soter enthielt. Nach der Eroberung Ägyptens durch Alexander den Großen hatte eine ganze Dynastie makedonischer, d.h.

griechischsprachiger Herrscher das Land regiert, die allesamt Ptolemaios hießen. Ptolemaios I. Soter war mit einer adligen Dame aus Makedonien namens Berenike verheiratet. Die Inschrift zeigt zwei Kartuschen. Eine davon enthielt, wie Young erkannte, den Namen Ptolemaios. Die andere Kartusche musste demnach für Berenike stehen, was ebenfalls ein griechischer Name war.

Berenike

Das einzige Zeichen, das die Kartuschen für Ptolemaios und Berenike gemeinsam hatten, war  für »y«. Young, der nur auf mäßige Kenntnisse des Koptischen zurückgreifen konnte, deutete die Inschrift wie folgt:

Hieroglyphe	Youngs Lesart	Korrekte Lesart
	bir	b
	e	r
	n	n
	i	y oder ii
	(überflüssig)	k (bzw. hartes g)
	ke oder ken	a
	weibliche Endung	weibliche Bestimmung

Young glaubte überdies, weitere Namen identifiziert zu haben, darunter den einer Königin Arsinoë in den Inschriften der Tempel von Kom Ombo und Philae sowie im Tierkreis von Dendera. Noch immer war er überzeugt, die alphabetischen Laut-Hieroglyphen seien fremdsprachigen Namen und Titeln vorbehalten, was weitere Fortschritte bei der Entzifferung hemmte und andere Forscher in die Irre führte. Dass die Hieroglyphen-Schrift sowohl für fremdsprachige als auch für ägyptische Wörter unterschiedliche Zeichensorten verwendet, blieb Young verborgen. Dennoch glaubte er, aus dieser und anderen Untersuchungen insgesamt 14 Buchstaben eines Hieroglyphen-Alphabets ableiten zu können, was bis dahin niemand gewagt hatte. Als korrekt erwiesen sich am Ende jedoch nur sechs Zuschreibungen:  = »f«,  = »y«,  = »m«,  = »n«,  = »p« und  = »t«.

Ein weiterer wichtiger Fortschritt war die Erkenntnis, dass die Hieroglyphen-Gruppe  in vielen Papyri den Personennamen angehängt wird und auch im Namen der Berenike in der Kartusche von Karnak vorkommt. Young betrachtete sie als Indikator für weibliche Formen. In Wahrheit wird die Kombination der beiden Zeichen als Endung im Namen mancher Gottheiten und Herrscherinnen verwendet und bedeutet »göttliche Weiblichkeit«.

Das Manuskript seines Artikels übersandte Young noch vor der Veröffentlichung Jomard, der im September 1819 einräumte, er habe schon seit längerer Zeit keine Hieroglyphen-Studien mehr betrieben: »Das hieroglyphische Wörterbuch, von dem ich Ihnen vor vier Jahren berichtete, habe ich noch nicht zustande bringen können.« Offenbar wollte Jomard, der sich noch immer als Mitbewerber im Wettstreit um die Entzifferung betrachtete, keine Informationen preisgeben. Zu Youngs Wörterverzeichnis, »das Sie eine unendliche Mühe gekostet haben muss«, bemerkte Jomard, er habe noch keine Zeit gefunden, sich näher damit zu befassen: »Bis zum heutigen Tag konnte ich kaum mehr als einen Blick darauf werfen.« Was Champollion bislang über Hieroglyphen veröffentlicht hatte – genau genommen fast gar nichts –, hatte Young inzwischen weit übertroffen. Mit diesem Vorsprung, so schien es, war er kaum noch einzuholen.

6. KLEOPATRA

Erst Monate später bekam Champollion den gedruckten Artikel der *Encyclopaedia Britannica* zu Gesicht und erkannte, welche Fortschritte Young erzielt hatte. Den eigenen Studien hatte Champollion kaum noch nachgehen können; jetzt schien es, als schnappten ihm andere den Preis der Entzifferung vor der Nase weg. Die Probleme des Schul- und Bildungswesens in Grenoble nahmen ihn so sehr in Anspruch, dass er das erneuerte Angebot einer Professur in Turin ausschlagen musste. Beide Brüder bemühten sich bei den Behörden um Rehabilitierung. Im September 1819 konnte Jacques-Joseph in Paris damit durchdringen und kehrte zurück, um die Arbeit als Bibliothekar aufzunehmen. Dennoch war seine Anwesenheit in Paris nötig, um seine Projekte fortzuführen, darunter auch die Veröffentlichung seiner Ausgrabungen bei Uxellodunum. Um seinen Bruder in der Bibliothek zu vertreten, musste Champollion die Lehrtätigkeit an der Lateinschule gezwungenermaßen aufgeben. Zusammen mit seinen Verpflichtungen als Geschichtslehrer am Collège royal brachte dies erhebliche Belastungen mit sich, denn die Behörden verlangten von ihm, sämtliche in Grenoble vorhandenen Bibliotheksbestände zu katalogisieren. Gesundheitlich ging es mit Champollion bergab, und manchmal war er so erschöpft, dass er sich am liebsten »dem süßen Nichtstun und Nichtsdenken überlassen« hätte.

Es schien fast, als könne es nicht schlimmer kommen, als die Politik erneut seinen Lebensplan durchkreuzte. Durch Intrigen der Ultras war im Februar 1820 der gemäßigte Präfekt Choppin d'Arnouville, mit dem Champollion so gut zusammengearbeitet hatte, durch Baron d'Haussez abgelöst worden. Da der Baron zur Partei der Ultras gehörte, geriet das prekäre politische Gleichgewicht in der Region Grenoble ins Wanken, und die Waage neigte sich zu deren Gunsten. Der Machtzuwachs der Ultras stieß wiederum auf zunehmenden Widerstand. Als die liberaleren Universitätsdozenten durch Gesinnungsgenossen der Ultras ersetzt wurden, kam es im Mai zu Studentenunruhen an der juristischen Fakultät. Wenige Tage später verschärften sich die Proteste noch, als der Herzog von Angoulême, Sohn des gräflichen Ultra-Führers Artois, Grenoble besuchte. Lärmende Demonstranten empfingen den Herzog mit bedrohlichen Sprechchören, in einigen Vierteln kam es zu gewalttätigen Übergriffen, und der Besuch wurde vorzeitig abgebrochen.

Anders als sein Vorgänger, der um Ausgleich bemüht war, reagierte Baron d'Haussez auf die Unruhen mit unbarmherziger Härte. Nach wie vor begünstigte er die Ultras, und wie sich herausstellte, betrieben die Feinde der Champollions ihre erneute Vertreibung aus der Bibliothek. Im Juli drängte Jean-François seinen Bruder zur Heimkehr, sonst könne seine Abwesenheit von Grenoble als Kündigungsvorwand genutzt werden. Doch ehe sein Brief in Paris eintraf, stand Jacques-Josephs offizielle Entlassung schon in den Zeitungen.

Inzwischen fühlte sich Champollion immer elender; er litt an Schlaflosigkeit, Magenschmerzen und Ohnmachtsanfällen. Sein Arzt verordnete strenge Bettruhe, weshalb er eine Zeit lang das Haus nicht verließ. Dies führte wieder zu Verdächtigungen durch die Obrigkeit. Weil man glaubte, er könne etwas aushecken, wurde er wieder unter strenge Überwachung gestellt. Als er erholt genug war, um den neuen Präfekten selbst aufzusuchen, pochte er auf sein Recht, Bibliotheksassistent zu bleiben. Bis zu diesem Zeitpunkt hatte er versucht, sich mit d'Haussez zu arrangieren; ihre stürmische Unterredung brachte die feindselige Haltung des Präfekten gegenüber den Brüdern an den Tag. Gleichwohl konnte sich Champollion im Oktober 1820 durchsetzen und übernahm sogar die volle Bibliothekarsstelle, aus der Jacques-Joseph verjagt worden war.

Über zwei Jahre waren vergangen, seit Champollion an der Akademie von Grenoble seine neuesten Theorien über die Hieroglyphen-Schrift vorgestellt hatte. In Paris erfuhr Jacques-Joseph unterdessen, wie weit Young schon war, und informierte seinen Bruder, den er immer wieder auf Veröffentlichung drängte, von dessen Arbeiten. Doch Champollion zögerte noch, ebenso wie Young, der mit seinen Erkenntnissen nicht unter eigenem Namen auftreten wollte. Ziemlich voreilig tat Champollion ab, was Young vorgelegt hatte, noch bevor er es überhaupt zu sehen bekam:

»Die mit großem Getöse verkündeten Entdeckungen des Dr. Young sind kaum mehr als lächerlicher Firlefanz. Für die berühmte Entdeckung eines angeblichen Schlüssels habe ich nichts als Mitleid übrig. Glaub mir, der unglückliche englische Tourist tut mir Leid, wenn er gezwungen ist, die Inschriften von Theben mit Dr. Youngs *passepartout* in der Hand zu lesen... den du mir bitte in London bestellst, umgehend.«

Ihm war jetzt klar, dass er seinen eigenen Anspruch sichern musste, und er fasste endlich den Entschluss, seine Gedanken über die hieratische Schrift und die Hieroglyphen in einer Broschüre darzulegen.

Zu den verschiedenen Drangsalen, die sich auch während des Winters 1820/21 nicht legten, kam im Frühjahr 1821 noch die Nachricht vom Tod seines Vaters Ende Januar. Champollion wurde selbst immer kränklicher, während er sich abmühte, das Manuskript für seine Broschüre zu schreiben, und auch die politischen Zustände der Region waren alles andere als gesund. Die strengen Maßregeln des Präfekten und die Machenschaften der Ultras säten überall Hass in der Bevölkerung, während die liberalen Kräfte zunehmend ihres Einflusses beraubt wurden. Am 3. März 1821 wurde Champollion »vorübergehend« seiner Dozentur am Collège royal enthoben, weshalb ihm nichts übrig blieb, als die neu gewonnene freie Zeit für die Arbeit an der Entzifferung zu nutzen. Seinem Bruder schrieb er: »Meinen ägyptischen Studien wird es zugute kommen«, und konzentrierte sich noch stärker auf die bevorstehende Publikation.

Am 20. März erreichte die Unzufriedenheit in Grenoble ihren Höhepunkt mit einer allgemeinen Erhebung gegen den Präfekten und seine ultraroyalistische Anhängerschaft. Parteien, die einander früher bekämpft hatten, waren sich plötzlich einig in der Forderung nach einer »freien Konstitution« – einer Verfassung, die allen Versuchen der Ultras standhielt, die vorrevolutionären Zustände wiederzubeleben. Im Handumdrehen übernahmen die Einwohner die

Macht in der Stadt und boten dem Präfekten die Stirn, der sie zu besänftigen versuchte. Überall wurde die weiße Flagge der verhassten Bourbonenkönige durch die revolutionäre Trikolore ersetzt. Die Stadttore wurden geschlossen, alle Glocken läuteten Sturm, und aus der Festung Rabot, die der Stadt gegenüber am anderen Flussufer lag und die einzige Straße von Grenoble nach Lyon beschützte, rückten Garnisonen aus für den Fall, dass ein Aufruhr niederzuschlagen wäre. Champollion selbst führte einen Trupp an, der sich über die Brücke und die steile Treppe hinauf zur Festung wagte. Als sie nur auf halbherzige Gegenwehr stießen, wagten sie, auch auf der Festung die Bourbonenflagge einzuholen und die Trikolore zu hissen – als offenkundiges Zeichen des Widerstands, das überall in der Stadt zu sehen war. Als später Jacques-Joseph davon erfuhr, erschrak er über die Tollkühnheit seines Bruders, doch Champollion lachte: »Eines Tages wird die Einnahme der Zitadelle von Grenoble durch einen Archäologen, und das ohne jedes Blutvergießen, im ›Dienstzeugnis‹ des Gelehrtenberufs keinen schlechten Eindruck machen!«

Die Rebellion hielt nur einen Tag vor; ohne allzu viel Gewaltanwendung konnten die Garnisonstruppen die wütende Volksmenge zerstreuen und die Ordnung wieder herstellen. In den folgenden Wochen wurden Tausende von Soldaten auf den Straßen und Wällen Grenobles stationiert, um weitere Proteste zu verhindern, und der Präfekt sann auf Vergeltung. Die Rädelsführer waren geflohen, Champollion verlor umgehend seine Stellung in der Bibliothek. Obwohl es praktisch keine Beweise gab, wollte ihn der Präfekt wegen Hochverrats vor ein Kriegsgericht stellen und denunzierte ihn in der Hauptstadt als gefährlichen Volksverhetzer. Jacques-Joseph eilte aus Paris herbei, um sein Möglichstes zur Rettung des Bruders zu versuchen, während die Anwälte in Grenoble noch darüber debattierten, ob die Erhebung als Hochverrat gegen den König anzusehen sei oder als legitime Protestaktion, um ihm die Beschwerden des Volkes zu Gehör zu bringen.

Trotz seines verschlechterten Befindens und des drohenden Hochverratsprozesses wurde im Juni Champollions Broschüre mit sieben Seiten Text nebst sieben Lithografien im Abbildungsteil fertig: »Mein letztes Bild mit 700 hieroglyphischen und hieratischen Zeichen hat mich zugrunde gerichtet!« Durch den Verlagsort Grenoble war *De l'écriture hiératique des anciens Égyptiens* (»Über die hieratische Schrift der alten Ägypter«) mindestens so schwer erhältlich wie Youngs anonyme Publikationen. Dargelegt wird hier, dass das Hieratische nichts weiter sei als eine Variante der Hieroglyphen, von denen es sich nur in der Form der Zeichen unterscheidet. Den gleichen Schluss hatte Young schon mehrere Jahre zuvor gezogen, freilich anonym und in einer entlegenen Zeitschrift:

»Ob er [Champollion] diese Entdeckung schon gemacht hat, bevor ich meine Briefe im *Museum Criticum* drucken ließ, kann ich nicht klären: Gefragt habe ich ihn nie, und es wäre auch kaum von Belang, weder für die Welt im Allgemeinen noch für uns selbst. Es mag nicht ganz gerecht sein, wenn man behauptet, ein Mann dürfe seine Entdeckung nicht für sich reklamieren, bevor sie veröffentlicht ist und im Druck vorliegt – aber diese Regel hat sich immerhin als sehr nützlich erwiesen.«

Champollions Arbeit war allerdings eher eine unabhängige Bestätigung als ein Plagiat. Zutreffend erkannte er jetzt das Hieratische als eine Art Hieroglyphen-Kurzschrift, nannte es die »Stenografie der Hieroglyphen«. Doch war er einer folgenschweren Täuschung aufgesessen, als er sämtliche Zeichen als Ideogramme deutete und kein einziges als phonetisch: »Die hieratischen Zeichen sind begriffliche, keine Lautzeichen.« Champollion schien auf einen Irrweg geraten.

Ihm und vielen anderen blieb das Hochverratsurteil erspart, als der König den Herzog von Bellune entsandte, um eine faire und nachsichtige Untersuchung des Aufstands zu gewährleisten. Der Herzog stellte fest, dass gegen Champollion keine Beweise vorlagen, die eine seriöse Anklage oder einen größeren Prozess gerechtfertigt hätten. Stattdessen wurde vor einer gewöhnlichen Zivilkammer verhandelt, die ihn Anfang Juli von allen Anschuldigungen freisprach, einschließlich des Hochverrats. Sein Verbrechen, das Hissen der Trikolore über der Festung, hatte freilich eher physische als politische Folgen: Beim raschen Aufstieg über die steile Böschung hatte er sich überanstrengt und litt immer noch an Atemnot, Ohnmachtsanfällen und Schwindel. Aber selbst wenn er zum Arbeiten kräftig genug gewesen wäre, gab es inzwischen für ihn keine Stelle mehr in Grenoble. Noch vor dem Prozess hatten ihn seine Gegner um die Existenz gebracht, die »vorübergehende« Entbindung vom Lehramt am Collège royal war endgültig geworden. Am 8. Juli schrieb er an Jacques-Joseph, jeder bittere Kelch sei getrunken, den Grenoble ihm gereicht habe, keine Ungerechtigkeit könne ihn mehr treffen, hier habe er nichts mehr zu verlieren. »Das ganze Weltall ruft mir zu: ›Geh fort, verreise, zerstreue dich!‹ Nun, ich gehe.« Drei Tage später verließ er als körperlich und seelisch angeschlagener Mann Grenoble, wieder in Begleitung seines Neffen, um die lange Reise nach Paris anzutreten.

Im Juni 1821, als Champollion noch den Hochverratsprozess in Grenoble erwartete, begaben sich Thomas Young und seine Frau auf Urlaubsreise durch Europa. Bei ihrem Aufenthalt in Paris wohnte Young einer Konferenz der Akademie der Wissenschaften am Institut de France bei und traf dort einige ihrer berühmtesten Mitglieder, unter anderen den Naturforscher und Weltreisenden Alexander von Humboldt, den Astronomen und Physiker François Arago, den Astronomen und Mathematiker Pierre Laplace, den Astronomen und Physiker Jean-Baptiste Biot, den Naturwissenschaftler Georges Cuvier – von denen einige bald gut mit Champollion befreundet sein würden. Young und seine Frau reisten ostwärts nach Lyon und über die Alpen nach Turin, während der kranke und erschöpfte Champollion Grenoble verließ, um über Lyon nach Westen in die Hauptstadt zu gelangen. Young und seine Frau waren fasziniert von der Landschaft, die sie auf dem Weg nach Süden durchquerten, um nach Italien, Rom und weiter nach Neapel zu gelangen. Von dort reisten sie nach Siena, Pisa und Livorno, wo Young im September die Sammlung ägyptischer Altertümer sehen konnte, die Bernardino Drovetti als französischer Konsul in Ägypten über die Jahre zusammengetragen und erst kürzlich nach Italien gebracht hatte. Es war die erste größere Sammlung ägyptischer Antiquitäten, die nach Europa kam, und sie wurde als Sensation empfunden.

Young bemerkte ein Objekt, das nicht im Katalog der Sammlung verzeichnet war – eine zweisprachige, griechisch und ägyptisch beschriftete Tafel aus Memphis bei Kairo, mit demotischer und hieroglyphischer Inschrift, die beide kaum lesbar waren. Sein erster Gedanke war, er sei auf einen weiteren Stein von Rosette gestoßen. In einem Brief an seinen Freund Hudson Gurney berichtete er von dem merkwürdigen Fund:

»Pisa hat uns mehr als großzügig belohnt für unsere verschlungene Reiseroute, übertroffen vielleicht nur noch von Livorno. Aber was Ihnen noch besser gefallen wird, ist meine Entdeckung *eines zweisprachigen Steins unter Drovettis Sachen*, der eine unschätzbare Ergänzung zum Rosette-Stein sein könnte. Dessen ist sich Drovetti bewusst, wie ich annehmen muss. Nur wenige Hieroglyphen auf der Tafel sind deutlich erkennbar, und die Ringe [Kartuschen] für die Königsnamen sind leer... Unterhalb der Tafel finden sich etwa 15 Zeilen mit enchorialen Schriftzeichen und etwa 32 in Griechisch.«

Young ärgerte sich, dass es ihm nicht gelungen war, eine Zeichnung des Steins anfertigen zu lassen:

»Ich hatte einen erstklassigen Künstler aus Florenz beauftragt, der meinen Plan ausführen sollte, doch wurde er, wie ich fürchte, daran gehindert, dem Auftrag nachzukommen. Aber mir scheint, seine Mühe wäre, wenigstens was mich betrifft, ohnehin vergebens gewesen, denn die Entdeckung des unbekannten Schatzes hat Mr. Drovettis Gier erst recht angefacht. Mir gab er zu verstehen, dass er ihn um keinen Preis von den übrigen Beständen seiner ausgedehnten und sehr wertvollen Sammlung trennen wolle, die er für so gut sortiert hält, dass es ihren Wert noch erhöht. Deshalb weigert er sich, Kopien gleich welcher Art davon machen zu lassen.«

Young hielt die Inschriften auf dem Stein für so wesentlich, dass er sein Bestes tat, Drovetti zu überreden, aber er hatte kein Glück. Enttäuscht begaben sich Young und seine Frau nach Florenz, wo sie eine Nachricht aus England vorfanden: Mrs. Youngs Mutter sei plötzlich erkrankt. Die geplante Europatour musste abgekürzt werden, man trat die Rückreise über die Schweiz und zurück ins Rheintal an, doch schon in Genf stellte sich heraus, dass Youngs Schwiegermutter verstorben war. Es sollte bis Oktober dauern, bis das Paar schließlich wieder in England eintraf.

Fast zwölf Jahre waren vergangen, seit Champollion zuletzt in Paris gewesen war. Doch hatte sich kaum etwas verändert, als er am 20. Juli 1821 dort ankam und die Youngs knapp verpasste, die sich kurz zuvor nach Italien begeben hatten. Politisch herrschten natürlich ganz andere Verhältnisse, und es gab keinen Auflauf mehr in den Straßen, wenn ein kaiserlicher Sieg zu feiern oder ein Hungeraufstand niederzuschlagen war. Auch unter der neuen Monarchie war die Hauptstadt so schmuddelig und schäbig wie eh und je, nur die Zahl der Einwohner hatte sich erhöht. In seiner angeschlagenen Verfassung konnte Champollion gerade noch die beschwerliche Anreise aus dem geliebten Grenoble überstehen, und nur die Nachstellungen, die er in seiner Heimat erduldet hatte, söhnten ihn ein wenig aus mit seinem neuen Wohnort Paris. Krankheit, Verzweiflung und Erschöpfung hatten ihn auf einen Tiefpunkt gebracht, und alles, was ihn noch aufrechterhielt, war das, was ihm seine Feinde nicht zu rauben vermochten: die ägyptischen Studien und die Unterstützung seiner Angehörigen.

Jacques-Joseph war bei einem Freund in der Rue de Saints-Pères untergekommen, wo auch Platz war für seinen Bruder und Ali; doch am Ende des Sommers mieteten sie ein größeres Haus in der Rue Mazarine Nr. 28. Dort konnte auch Champollions Ehefrau Rosine wohnen, die später nachkam, während Jacques-Josephs Ehefrau Zoë bei ihrer Familie in Grenoble blieb. Champollion übernahm den Speicher als Arbeitszimmer; zuvor hatte der Raum Horace Vernet als Atelier gedient, dessen Schlachtengemälde von den ruhmreichen Siegen der Grande Armée in die napoleonische Heldensaga eingegangen sind.

Für Champollions Forschung war das Haus in der Rue Mazarine ideal gelegen: nur wenige Schritte entfernt vom Institut de France mit seiner Inschriften-Akademie, wo Jacques-Joseph noch immer für Bon-Joseph Dacier arbeitete, den ständigen Sekretär der Akademie. Dieselbe Institution hatte sechs Jahre zuvor den Druck von Champollions Wörterbuch und Grammatik abgelehnt; 1816 war sogar Jacques-Josephs Zuwahl als Vollmitglied gescheitert. Das Institut de France, am Südufer der Seine gelegen, barg unter seinem Dach noch vier weitere Akademien: die Akademie der Künste, die Akademie der Wissenschaften, die Akademie der politischen und moralischen Wissenschaften sowie die exklusive Académie française, in die erstmals im Jahr 1980 eine Frau gewählt wurde. Von dem Haus in der Rue Mazarine war es außerdem nicht weit bis zum Collège de France, wo Champollion studiert hatte. Am gegenüberliegenden Ufer der Seine lagen die Bibliothèque royale [Bibliothèque nationale] und die ägyptische Kommission, wo die Arbeit an den Bänden der *Description de l'Égypte* unter Edme-François Jomard weiterging.

In den Wochen vor dem Umzug in die Rue Mazarine kümmerte sich Jacques-Joseph um die geistige und körperliche Genesung seines Bruders. Champollion litt nicht nur unter Erschöpfung und Krankheit, sondern war oft deprimiert, schon weil er spürte, dass er kurz vor der Entzifferung der Hieroglyphen stand und ihn womöglich der Tod am Erreichen des Ziels hindern könnte. Ebenso wie sein leibliches Wohl bedurfte auch sein seelisches der Pflege, und Jacques-Joseph versicherte ihm wieder und wieder: »Du musst, mehr noch, du wirst weiterleben!« Zusätzlich unternahm Jacques-Joseph umgehend alles, um seinen Bruder in die akademischen Zirkel von Paris einzuführen, und brachte ihn auch wieder mit Joseph Fourier zusammen. Nachdem er 1815 Präfekt an der Rhône geworden war, hatte man Fourier bei der Wiedereinsetzung der Monarchie kurzerhand seines Amtes enthoben und ihm später eine ärmliche Existenz in Paris ermöglicht, wo er seine wissenschaftlichen Studien fortsetzte. Champollion wurde außerdem Dacier vorgestellt, der starkes Interesse an seiner Arbeit zeigte und einer seiner einflussreichen Gönner wurde. Andere neue Freunde waren François Arago, Jean-Baptiste Biot und Georges Cuvier, die erst vor wenigen Wochen Thomas Young kennen gelernt hatten, ebenso wie viele aus der neu gegründeten Geografischen Gesellschaft, die offiziell im November eröffnet wurde. Doch trotz Fouriers Motto »Wissenschaft befördert die universelle Eintracht« wurden Champollions Freunde von seinen royalistischen Gegnern und akademischen Widersachern – Jomard und Anhänger Youngs, die ihrerseits glaubten, auf dem richtigen Weg zur Entzifferung zu sein – zahlenmäßig weit übertroffen.

Um sein erneuertes Selbstvertrauen unter Beweis zu stellen und sich in Pariser Intellektuellenkreisen bekannter zu machen, sollte Champollion einige seiner Ergebnisse in der Inschriften-Akademie vorstellen. Ende August 1821, kaum einen Monat nach seiner Ankunft in Paris, verlas er ein Referat über seine Studien der hieratischen Schrift, das auf der vor kurzem in Grenoble erschienenen Broschüre beruhte. Dass sein Bericht den Rivalen neue Munition gab, war ihm nur zu bewusst, wenn er scherzte, er »trete aus seiner verschanzten Stellung hervor ins offene Feuer der Geschütze«. Doch sein Vortrag wurde gut aufgenommen und erwies sich als erster Schritt zur Konsolidierung seiner Glaubwürdigkeit in der Inschriften-Akademie.

Inzwischen fand er Anklang in Gelehrtenkreisen, und Rosine schuf in der Rue Mazarine ein gastfreundliches Haus, wo sich ihr Mann für die Einladungen in die Wohnungen von Forscherkollegen aller möglichen Gebiete revanchieren konnte. Bei solchen Treffen waren Freund und Feind, Unterstützer und Rivalen zugegen und oft in äußerst lebhafte Debatten verwickelt. Obwohl er sich noch immer nicht richtig erholt hatte, aber im festen Glauben, auf dem richtigen Wege zu sein, hatte Champollion das intensive Studium des Demotischen aufgenommen, das er mit dem Koptischen abglich, um eine vergleichende Untersuchung der demotischen, hieratischen und hieroglyphischen Inschriften vorzunehmen. Jetzt war er überzeugt, dass es sich um drei voneinander verschiedene Schriftsysteme handelt. Tatsächlich ließ man ihn ungestört seine Studien betreiben, denn die Entzifferung war damals nicht mehr das vordringliche Thema, mit dem sich die Gelehrtenwelt befasste. Stattdessen hatten die ägyptischen Tierkreiszeichen eine heftige Kontroverse ausgelöst, denn neuerdings betrachtete man sie als viel versprechenden Schlüssel für die Chronologie der ägyptischen Antike und die Datierung der Welterschaffung.

Im September traf der Tierkreis von Dendera aus Ägypten im Hafen von Marseilles ein und wurde, nach überstandener Quarantäne, im darauf folgenden Januar zum Stadtgespräch in Paris. Dieser Tierkreis war ein Relief mit einem kreisförmigen Diagramm astrologischer Symbole, das vom Plafond eines der Göttin Hathor geweihten Tempels stammte. In Dendera, knapp 500 Kilometer südlich von Kairo, war er einst während der napoleonischen Expedition von dem Künstler Vivant Denon und den Ingenieuren Prosper Jollois und Edouard de Villiers du Terrage entdeckt worden. Seitdem bildete er einen Stein des Anstoßes, denn diverse Gelehrte versuchten mit seiner Hilfe das Alter des Tempels zu bestimmen. Als der Antikenforscher und Sammler Sébastien Louis Saulnier von dem Tierkreis hörte, hatte er den Ingenieur Jean Baptiste Lelorrain beauftragt, ihn aus Ägypten zu holen und nach Frankreich zu schaffen, und im Januar 1821 hatte Lelorrain die Einreiseerlaubnis von Mehemet Ali erhalten, der damals in Ägypten herrschte und den umfassenden Ausverkauf antiker Denkmäler betrieb.

Henry Salt, britischer Konsul in Ägypten, stand dabei im Wettbewerb mit dem französischen Gesandten Bernardino Drovetti. Beide waren stillschweigend übereingekommen, dass die Franzosen die Denkmäler am Ostufer des Nil beanspruchen durften, die Engländer das, was am Westufer lag. Weil Dendera im Westen lag und so den Briten »gehörte«, musste Lelorrain klammheimlich vorgehen. Im März kam er nach Dendera, stieß dort aber auf eine englische Reisegruppe und segelte flussaufwärts nach Luxor weiter. Bei seiner Rückkehr waren nur noch Ägypter in Dendera. Rasch stellte er einen Bautrupp zusammen. Wie sich herausstellte, umfasste der Tierkreis zwei Steinblöcke, die insgesamt etwa »dreieinhalb Meter lang, zweieinhalb Meter breit und einen Meter stark waren, das Gewicht musste demnach mindestens 20 Tonnen betragen… Doch weil rund 60 Zentimeter an jeder Seite nichts als Wellen- oder Zickzacklinien zeigen, beschloss er, diesen Teil auszuschneiden und mit dem Meißel den Hintergrund zu halbieren«.

Nach drei Wochen hatte er »mithilfe von Sägen, Meißel und Schwarzpulver« das Relief von der Tempeldecke gelöst und an Bord gebracht. Doch unter einem Vorwand weigerte sich der Kapitän immer wieder, die Segel zu setzen. Später fand Lelorrain heraus, dass der amerikanische Rechtsanwalt und Diplomat Luther Bradish in Dendera gewesen war, und ahnte, was sich dort abspielte. Den Kapitän hatte Bradish bestochen, damit er die Abreise hinauszögerte, und vermutlich auch schon die Beauftragten Henry Salts weiter nilabwärts informiert. Lelorrain sah sich gezwungen, Bradishs Bestechungssumme zu überbieten, um den Kapitän zum Ablegen zu bewegen. Als er im Juni nach Kairo kam, hatte das britische Konsulat schon bei Mehemet Ali Beschwerde eingelegt. Mit der gewohnt herablassenden Haltung gegenüber den Denkmälern ließ Mehemet Ali nachfragen, ob Lelorrain mit seiner Erlaubnis reise, und als das bestätigt wurde, genehmigte er den Abtransport nach Frankreich. Über diesen Bescheid ärgerten sich der britische Gesandte und sein Freund William Bankes, der gerade dabei war, einen wichtigen Obelisken von der Insel Philae bei Assuan nach England zu holen, zumal sie gerade vorgehabt hatten, den Tierkreis selbst herauszumeißeln – trotz der scheinheiligen Proteste, die Bankes nachträglich erhob: »Für die Zerstückelung vollständig erhaltener Denkmäler habe ich nur tiefste Verachtung übrig!«

Viele Kenner in Frankreich und anderswo erschraken über diesen Akt des Vandalismus und wandten sich gegen Lelorrain. Champollion war besonders empört, dass man den Tierkreis aus dem Kontext der hieroglyphischen Inschriften gelöst hatte. Im Oktober 1821 stellte er in einem Leserbrief an die *Revue encyclopédique* die Frage, wieso man den Tierkreis gewaltsam aus seiner Umgebung entfernte, wo doch ein Abguss genügt hätte. Während andere Gelehrte öffentlich protestierten, auch sein Rivale Jomard, war Champollion diesmal so vorsichtig, seinen Brief anonym drucken zu lassen.

Umstritten waren nicht nur die Umstände seines Abtransports aus Ägypten; seit Jahren wurde auch darüber debattiert, ob der Tierkreis zur Datierung der Anfänge der ägyptischen Zivilisation beitragen könne. Da die Historiker aus den Hieroglyphen, die Aufschluss über die Chronologie und historische Ereignisse gegeben hätten, nicht schlau wurden, verließ man sich weitgehend auf die Interpretation von Sternzeichen. Besonders die aus Dendera wurden eingehend untersucht, denn man ging davon aus, dass ihre Konstellation derjenigen entsprach, die beim Entwurf des Reliefs vorherrschte. Träfe das zu, dann hätte man das Alter des Tempels nach dem Datum der Sternenkonstellation bestimmen können. Untereinander befehdeten sich die Gelehrten, ob eine solche Berechnung überhaupt möglich sei, doch das war noch gar nichts gegen den heftigen Widerstand der katholischen Kirche, für die nichts Geringeres auf dem Spiel stand als das Datum der Erschaffung der Welt.

Einige Forscher, namentlich Jomard, veranschlagten für Dendera mehrere tausend, womöglich 15 000 Jahre, was christlichen Glaubenssätzen zuwiderlief, wonach die Welt laut biblischer Überlieferung höchstens 6000 Jahre alt sei. So weit zurück wollte Champollion den Tierkreis nicht datieren. Der Stil der Abbildungen entsprach nach seinem Eindruck eher der Epoche der griechischen oder römischen Herrschaft über Ägypten; ein paar Monate später sollte er mehrere mit ihnen verbundene Hieroglyphen entziffern können. Abgesehen von den wenigen Sitzungen, bei denen er sein Votum abgeben musste, vertiefte er sich fürs Erste in das Studium der demotischen Schrift.

Im Herbst 1821 wurde Champollion wieder zuversichtlicher, was seinen Ansatz betraf. Doch während er sich mit ganzer Seele der Forschung widmete, zeichneten sich folgenschwere, sein späteres Leben beeinflussende Entwicklungen in England ab. *The Gentleman's Magazine* berichtete von einem ägyptischen Obelisken im Besitz von Mr. Bankes, der ihn soeben in Deptford entladen ließ, um ihn in seine Heimatstadt Dorset zu bringen. Ungefähr zur gleichen Zeit kehrte Thomas Young von seiner Europareise zurück. Wäre der Obelisk nicht nach England gekommen, hätte sich Champollions Entzifferung der Hieroglyphen wohl um einige Monate verzögert. Doch mit Sicherheit wäre sein Erfolg nicht von so viel Eifersucht und Bitterkeit überschattet gewesen, wenn Young zu jenem Zeitpunkt nicht nach England heimgekehrt wäre. Seine Bekanntschaft mit Bankes und mit dem Obelisken lieferte Young wenig später den fadenscheinigen Vorwand zu einem Generalangriff gegen Champollion und dessen Leistung.

Als ältester Sohn des Antikenforschers Henry Bankes aus Kingston Hall – heute bekannt unter dem Namen Kingston Lacey House – bei Wimborne im südenglischen Dorset war William John Bankes nur vier Jahre älter als Champollion.

Henry Bankes war Kurator des British Museum und Parlamentsabgeordneter für Dorset gewesen; sein Sohn William sammelte leidenschaftlich antike Fundstücke. Wegen der napoleonischen Kriege hatte er die traditionelle Grand Tour durch Europa nicht absolviert. Stattdessen zog er 1810 für Truro in Cornwall ins Parlament ein, brach dann aber die viel versprechende politische Laufbahn 1812 wieder ab, um auf Reisen zu gehen. Ausgestattet mit mehreren Empfehlungsbriefen seines Freundes, des Dichters Lord Byron, den er als Student in Cambridge kennen gelernt hatte, verließ er England und kehrte erst nach fast acht Jahren wieder zurück.

Zunächst ging Bankes nach Spanien, wo Wellington den Krieg mit Frankreich hauptsächlich ausfocht. Ohne offiziellen Dienstrang begleitete er Wellington eine Zeit lang und lebte dann unter Zigeunern in Granada. Als Nächstes wandte sich Bankes Ägypten und Nubien zu und reiste im September 1815 nilaufwärts bis Abu Simbel, wo kurz zuvor der größere von zwei in den Fels gehauenen Monumenten, der große Tempel von Ramses II., von einem Schweizer namens Jean-Louis Burckhardt entdeckt worden war. Allerdings wurde die gesamte Anlage mit ihren überwältigenden Kolossalstatuen erst zwei Jahre später ausgegraben; zu über zwei Dritteln war sie mit Treibsand bedeckt, der stellenweise bis zu 15 Meter hoch reichte. Abu Simbel, 20 Kilometer vor der Grenze zum Sudan und 240 Kilometer vom südlichsten Punkt entfernt, den Napoleon mit seiner Expedition erreicht hatte, war eine einsame Gegend und ist es noch.

Bei seiner Rückkehr nach Norden machte Bankes auf der Insel Philae Station, um die Tempelruinen zu untersuchen. Philae war der Göttin Isis geweiht, der symbolischen Mutter ägyptischer Herrscher und Pharaonen. Ein gestürzter Obelisk und sein mutmaßlicher Sockel ganz in der Nähe zogen Bankes in den Bann. Das Fundstück war bereits in den Kupferstichen der *Description de l'Égypte* verzeichnet. Im folgenden Jahr 1816 erhob Giovanni Battista Belzoni, ehemaliger Zirkusartist aus dem italienischen Padua, im Auftrag des britischen Konsulats Anspruch auf den Obelisk. Der britische Gesandte Henry Salt gab ihn an Bankes weiter. Dieser Vorgang führte zu heftigen Auseinandersetzungen mit dem französischen Konsul Bernardino Drovetti, doch schließlich gelang es Belzoni, den 6,70 Meter hohen und fast sechs Tonnen schweren Obelisken ans Nilufer zu befördern. Noch bevor er auf ein Schiff geladen werden konnte, brach der Pier unter der kostbaren Fracht zusammen, die beinahe in den Fluten untergegangen wäre. Doch wider Erwarten konnte Belzoni den Obelisken bergen, an Deck schaffen und stromabwärts transportieren.

Er brachte ihn zum Hafen von Rosette, wo der Obelisk ein paar Jahre liegen blieb. Dann holte ein anderer Beauftragter von Salt den Sockel ab, der in Philae verblieben war, weil er wegen seines Gewichts nicht zusammen mit dem Pfeiler abtransportiert werden konnte. Im Juni 1821 wurden Obelisk und Sockel auf einem Frachter namens »Dispatch« nach England verschifft. Doch weil beim Aufbruch in Ägypten die Pest wütete, lag das Schiff noch lange vor der britischen Küste in Quarantäne. Endlich konnte die Ladung gelöscht und nach Kingston Hall gebracht werden. Wegen der Schäden, die sie unterwegs erlitten hatten, blieben Pfeiler und Sockel auf der Wiese vor dem Herrenhaus liegen, bis der Herzog von Wellington 1827 Bankes besuchte und gebeten wurde, den Grundstein einzuweihen. Die Aufrichtung des Obelisken sollte sich bis

1839 verzögern. Kaum zwei Jahre später wurde Bankes wegen seiner Homosexualität in einen öffentlichen Skandal verwickelt; um einem Prozess zu entgehen, floh er ins Exil.

Heutzutage sind die vier Seiten des Bankes-Obelisken vom englischen Regenwetter ausgewaschen, doch trugen sie einst deutlich erkennbare Hieroglyphen mit zwei unterschiedlichen Kartuschen. Der Sockel ist mit einem griechischen Text beschriftet, in welchem die Namen von Ptolemaios VIII. und dessen Ehefrau Kleopatra III. vorkommen. Bei der Bevölkerung von Alexandria war dieser Ptolemaios verhasst; man hatte ihm den Spitznamen *physkon* (»Topfbauch«) gegeben. Seit 170 v. Chr. hatte er gemeinsam mit seinem Bruder Ptolemaios VI. Ägypten regiert. Sieben Jahre später willigte er ein, sich auf das Nachbarreich Kyrene (das heutige Libyen) zu beschränken. Im Jahr 144 v. Chr. kehrte er nach Ägypten zurück, ermordete seinen Neffen Ptolemaios VII. und nahm mit Kleopatra II. seine eigene Schwester zur Frau. Ohne sich von ihr scheiden zu lassen, ging er zwei Jahre später eine zweite Ehe mit Kleopatra III. ein, der Tochter seines Bruders Ptolemaios VI. und seiner eigenen Schwester-Gattin Kleopatra II., die zuvor mit Ptolemaios VI. verheiratet gewesen war.

Eine Lithografie des griechischen und hieroglyphischen Textes, die Bankes anfertigen ließ, fand weite Verbreitung; auch Young erhielt einen Abdruck. Sie beruhte auf Zeichnungen, die Künstler beim Ausladen in Deptford angefertigt hatten; die griechischen Zeichen waren erst entdeckt worden, als man den Stein nach seiner Ankunft in Kingston Hall reinigen ließ. Bankes, der sich selbst für die Entzifferung der Hieroglyphen interessierte, hatte schon bemerkt, dass eine der Kartuschen derjenigen ähnlich sah, die Young auf dem Rosette-Stein als *Ptolemaios* identifiziert hatte. Daraus folgerte er, dass der andere Name vermutlich Kleopatra lauten musste, zumal beide Namen im griechischen Text auf dem Sockel standen, der allerdings keine Übersetzung der Hieroglyphen darstellt. Diesen wichtigen Schluss zog Bankes, noch bevor Champollion auf denselben Gedanken kam, doch veröffentlichte Bankes seinen Fund nicht, sondern notierte mit Bleistift das Wort »Kleopatra« an den Rand der Lithografie. Seinen Bekannten teilte er mit, wie er darüber dachte, auch Young, der mit der Lektüre nicht weiterkam und einen Fehler des Künstlers unterstellte:

»Es hat sich ergeben, dass in der lithografischen Skizze des Obelisken von Philae, die mir der wagemutige und freigebige Besitzer zur Verfügung stellt, der Künstler den ersten Buchstaben im Namen Kleopatras durch ein T wiedergibt statt durch ein K. Da ich selbst noch immer keine freie Minute gefunden habe, um den Namen mit anderen verlässlichen Quellen zu vergleichen, bedaure ich zutiefst, mein Alphabet zur Untersuchung nicht heranziehen zu können, und begnüge mich mit der Feststellung, dass – falls die Buchstaben nicht ganz exakt wie von mir beschrieben gebildet wurden – meine Theorie der Wahrheit zumindest sehr nahe kommt.«

Champollion war über die Entdeckung der mutmaßlichen Kleopatra-Kartusche nicht orientiert, weil ihm Young und Bankes nach wie vor ihre Hilfe versagten. Nach Youngs Überzeugung konnten sich neue Fortschritte bei der Entzifferung erst mit der Entdeckung weiterer mehrsprachiger Inschriften einstellen.

An seinem 31. Geburtstag, dem 23. Dezember 1821, kam Champollion auf die Idee, neben dem Vergleich der demotischen, hieratischen und hieroglyphischen Inschrift auch eine numerische Analyse der Rosette-Texte vorzunehmen. Zu seiner Überraschung entsprachen 486 Wörter im griechischen Text den 1419 Hieroglyphen-Zeichen. Bislang war er davon ausgegangen, dass Hieroglyphen in erster Linie Ideogramme sind, d. h., jedes Zeichen vertrete einen Begriff und damit ein Einzelwort. Doch wenn die Anzahl der griechischen Wörter und die Hieroglyphen-Zahl so stark auseinander klafften, war diese These hinfällig. Als Nächstes bemühte er sich, Gruppen von Hieroglyphen zu isolieren, und kam auf rund 180, was wiederum zu wenig war, um mit den 486 griechischen Wörtern übereinzustimmen. Eine numerische Beziehung zwischen dem griechischen Text und den Hieroglyphen ließ sich nicht herstellen. Der nahe liegende Schluss war, dass die Hieroglyphen-Schrift selbst nicht einheitlich war; sie bestand nicht allein oder auch nur überwiegend aus einem einzigen Zeichentyp (Piktogramm, Ideogramm oder Lautzeichen), sondern bildete eine Art Kombination von zwei oder mehr Typen. Champollion erkannte, dass der Text zumindest teilweise phonetische Hieroglyphen aufwies (Zeichen, die für Laute stehen), und von jetzt an konnte er einen viel flexibleren Ansatz verfolgen als seine Rivalen: Es war die Komplexität der Hieroglyphen-Schrift, die ihm einleuchtete.

Um Neujahr hatte Champollion für nichts mehr Augen und Ohren als für seine vergleichende Analyse. Obwohl er weder Hieroglyphen noch Demotisch oder Hieratisch lesen konnte, versuchte er unablässig, den jüngeren demotischen Text Zeichen für Zeichen in den älteren hieratischen und anschließend diesen in Hieroglyphen-Zeichen zu transkribieren. Je länger er mit dieser Methode fortfuhr, desto besser wurden die Ergebnisse, und allmählich bildete sich ein Verständnis für alle drei Schriften – dafür, wie sie funktionierten und wie sie aufeinander bezogen waren. Grundsätzlich blieb Champollion bei seinem ganzheitlichen Anspruch und berücksichtigte alle Aspekte des altägyptischen Schreibsystems – im Gegensatz zu Young, der ganz auf die seltenen zweisprachigen Quellen vertraute und glaubte, sobald ein oder zwei Hieroglyphen-Texte übersetzt wären, würde alles andere rasch nachfolgen. Viele Jahre später fasste ein britischer Ägyptologe, Sir Peter Le Page Renouf, Youngs Vorgehen wie folgt zusammen:

»Er arbeitete mechanisch wie ein Schuljunge, der durch Vergleich mit einer Übersetzung herausfindet, dass *Arma virumque* so viel heißen soll wie ›Waffen und Mann‹, wobei er *Arma* als ›Waffen‹ versteht, *virum* als ›und‹ und *que* als ›Mann‹. Manchmal wird er das Richtige treffen, aber viel häufiger fehlgehen, und niemand wird über falsch und richtig urteilen können, bevor die richtige *Methode* gefunden ist.«

Renoufs Beispiel lässt die Komplexität der sprachlichen Struktur erahnen. Das lateinische Wort für »und« war gewöhnlich *et*, doch je nach Betonung konnte auch ein angehängtes *que* benutzt werden, in diesem Fall als Suffix von *virum* in der Bedeutung von »Mann«. Mit dem Mann war Aeneas gemeint, denn es handelt sich um den Anfang der *Aeneis*, des virgilischen Heldenepos: *Arma virumque cano*, »von Waffen und Mann singe ich«. Dieser Unterschied in der Vorgehensweise von Champollion und Young sollte den Ausschlag geben. Während viele Entzifferer auf dieselbe Taktik vertrauten wie Young, hatten nur die wenigsten vorhandene Inschriften und verwandte Sprachen so gründlich studiert wie Champollion, und niemand außer ihm verfolgte seinen Ansatz.

Während des Winters 1820/21 war ein Signor Casati (den Young als »italienischen Glücksritter« bezeichnete) nach Ägypten gereist und hatte eine ganze Sammlung vorwiegend griechischer Papyri in einem Töpferkrug bei Abydos entdeckt. Als diese nach Paris kamen, stellte Champollion fest, dass ein Papyrus demotisch beschriftet war; die Eingangszeilen sahen dem demotischen Text auf dem Rosette-Stein zum Verwechseln ähnlich. Champollion erkannte den Namen Ptolemaios und nahm an, dass ein weiterer Name, der mit dem demotischen Gegenstück einer Kartusche versehen war, wohl Königin Kleopatra bedeute. Indem er seine Technik des Handschriftenvergleichs anwandte, verwandelte er den demotischen Namen ins Hieratische und das wieder in Hieroglyphen, wobei er eine hypothetische Hieroglyphen-Version für »Kleopatra« erhielt. Was er jetzt noch zur Beglaubigung seines Systems brauchte, war ein Vergleich mit der echten Hieroglyphen-Version.

Im Januar 1822 erhielt Jean Letronne, ein Spezialist für Altgriechisch, der mit Champollion zusammen in Paris studiert hatte, einen Abdruck von der Lithografie des Bankes-Obelisken. Mit wachsender Spannung identifizierte Champollion sofort den Namen Kleopatra in Hieroglyphen-Schrift, denn er stimmte mit seiner aus dem Casati-Papyrus abgeleiteten Hypothese nahezu überein. Bis jetzt hatte immer nur eine Hypothese die nächste untermauern müssen, doch jetzt war er überzeugt, dass seine Methode die richtige war. Der endgültige Nachweis war nur noch eine Frage der Zeit. Champollion verglich die Kleopatra-Kartusche auf dem Bankes-Obelisken mit den Hieroglyphen, die den Namen Ptolemaios auf diesem Obelisken ebenso wie auf dem Rosette-Stein bilden. Damit vergewisserte er sich, dass die meisten den beiden Namen gemeinsamen Zeichen (die Hieroglyphen für »p«, »o« und »l«) am richtigen Ort platziert waren, um diese Namen alphabetisch auszusprechen (wie »Ptolmes« und »Kleopatra«). Daraus leitete er ab, dass die einzelnen Zeichen für folgende Lautwerte stehen:

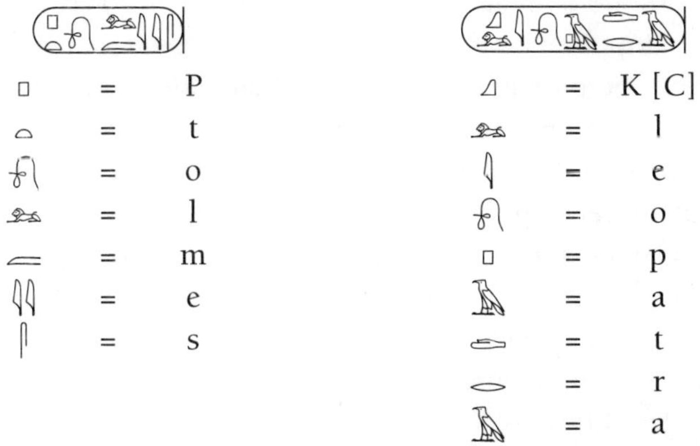

Von den Hieroglyphen, die einander gleichen mussten, war nur das Äquivalent für »t« anders, weshalb Champollion unterstellte, dass zur Darstellung des t-Lauts mindestens zwei verschiedene Hieroglyphen,  und , gebräuchlich waren. Diese Hieroglyphen nannte er »Homophone« (Gleichlauter). Statt sich von der zusätzlichen Schwierigkeit entmutigen zu lassen, erkannte er, dass dieser Umstand manche Komplexität in den altägyptischen Schriften erklären half. Champollion nahm es als ein gutes Omen, dass der kauernde Löwe  als hieroglyphische Wiedergabe des »l« in beiden Namen, Ptolemaios und Kleopatra, wiederkehrte. In Erinnerung an sein altes Wappentier, das er in der Kindheit angenommen hatte, prophezeite er: »Die beiden Löwen werden dem Löwen zum Sieg verhelfen!« Als Champollions Feinde später behaupteten, sein Entzifferungssystem beruhe auf der Umschrift, die Bankes dem Namen »Kleopatra« beigefügt hatte, verstieg sich Young zu der Behauptung, weil er Bankes zu dieser Lesart »inspiriert« habe, sei die Entzifferung der Hieroglyphen durch Champollion einzig und allein ihm, Young, zu verdanken.

Champollion war jetzt ganz sicher, dass in ägyptischen Texten der ptolemäischen Epoche alphabetische Hieroglyphen benutzt wurden, um nicht-ägyptische Namen (wie Ptolemaios und Kleopatra) aufzuzeichnen: »Wenn die Ägypter in einem fremdsprachigen Namen einen Vokal, einen Konsonanten oder eine Silbe darstellen wollten, benutzten sie dafür Hieroglyphen-Wörter, die Objekte bezeichnen oder bildlich wiedergeben, welche in der Aussprache vollständig oder im Anlaut dem phonetischen Wert des Vokals, des Konsonanten oder der Silbe entsprachen, die es darzustellen galt.«

Noch lange galt dieser Gebrauch von Hieroglyphen, um einzelne Laute darzustellen, als eine Spätentwicklung, die erst mit Beginn der Ptolemäerherrschaft über Ägypten im 4. Jahrhundert v. Chr. auftrat, doch damit hatte Champollion den ersten festen Anhaltspunkt. Zwar ging es jetzt mit Riesenschritten voran bei der Entzifferung, doch er beeilte sich nicht, die Ergebnisse bekannt zu machen. Die unangenehmen Folgen einer verfrühten Publikation waren ihm bei seiner Einführung zu *L'Égypte sous les pharaons* schmerzlich bewusst geworden; als Nächstes sollte er erfahren, welches Risiko mit Ausflüchten verbunden war. Als er im März einen Aufsatz über den Bankes-Obelisken mit seinen griechischen und hieroglyphischen Inschriften in der *Revue encyclopédique* veröffentlichte, deutete er nur an, welche Fortschritte er machte, ohne ins Detail zu gehen. Einige seiner Erkenntnisse konnten inzwischen präzisiert werden:  wird heutzutage mit »ii« oder »y«, nicht mit »e« transkribiert;  wird mit »i«, nicht mit »e« transkribiert;  steht gewöhnlich für »k« oder »q«, seltener für »c«; und obwohl es Homophone gibt, gelten  und  nicht als echte Homophone für »t«, weil  bei der Umschrift normalerweise als »d« erscheint. Die griechischen Namen Ptolemaios und Kleopatra wurden daher mit großer Wahrscheinlichkeit in der Hieroglyphen-Schrift wie »Ptolmys« und »Kliopadra« dargestellt, was eine vage Vorstellung von ihrer ägyptischen Aussprache gibt.

Mithilfe der alphabetischen Hieroglyphen, die er aus beiden Herrschernamen gewonnen hatte, wandte Champollion sein System nunmehr auf andere Namen in Texten aus ptolemäischer oder römischer Zeit an. Dabei benutzte er vorwiegend die Kartuschen, die bis dahin in der *Description de l'Égypte* abgebildet worden waren. Nach und nach war er imstande, die Lautwerte anderer Zeichen abzuleiten und in den Kartuschen die ägyptischen Herrschernamen fast aller Griechen und vieler Römer zu entdecken: von Alexander dem Großen, der im Jahr 331 v. Chr. Ägypten erobert hatte, bis zu Antoninus Pius, einem römischen Kaiser, der 161 n. Chr. verstorben war. Außerdem entzifferte Champollion die Wörter:

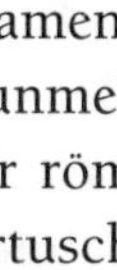

Autokrator

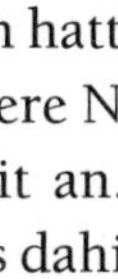

Caesar

»Autokrator« (das griechische Wort für »Kaiser«) und »Caesar« sind Herrschertitel, die beide in römischer Zeit üblich wurden. Doch glaubte Champollion noch immer, dass die in diesen Namen und Titeln verwendeten phonetischen Hieroglyphen erst nach der griechischen Eroberung von 331 v. Chr. in Gebrauch kamen. Sein Hauptproblem in diesem Stadium war die Ungenauigkeit vieler Bildtafeln in der *Description de l'Égypte*, ein Thema, auf das er immer wieder schonungslos zurückkam, sehr zum Ärger Jomards.

Während er im Januar 1822 die entscheidenden Schritte zur Entzifferung unternahm, konnte Champollion nicht länger widerstehen: Er mischte sich persönlich in die Kontroverse um den Tierkreis von Dendera ein, dessen Ankunft in Paris im selben Monat als Sensation gefeiert wurde. Man präsentierte ihn vorübergehend im Louvre; um ihn zu besichtigen, stellten sich selbst Besucher, die nur wenig oder gar nichts von Astronomie verstanden, stundenlang an. Ganz Paris »dachte nur daran, sah nur das, sprach von nichts anderem«, nicht zuletzt jene Wissenschaftler, zu deren Spezialgebiet das alte Ägypten gehörte. Der Druck der Öffentlichkeit wurde so stark, dass König Ludwig XVIII. die stolze Summe von 150 000 Francs ausgab, um den Tierkreis für die Bibliothèque royale zu erwerben. Dort blieb er bis 1919, als er wieder in den Louvre überführt wurde. Als das Publikumsinteresse nachließ, fing der Akademikerstreit erst an. Gelehrte Traktate erschienen, in denen die Bedeutung des Tierkreises, sein Alter und der Quellenwert für die altägyptische Chronologie erörtert wurden. Damit entbrannte aufs Neue der alte Streit, der einst die Fehde mit der katholischen Kirche provoziert hatte. Bald schon boten die Forscher eine bunte Vielfalt zahlreicher Deutungen, alle sehr gelehrt, doch jede gänzlich anders.

Der berühmte Astronom und Physiker Jean-Baptiste Biot, einer von Champollions neuen Freunden, war nach Paris zurückgekehrt, um einen längeren Aufsatz zur Datierung des Tierkreises vorzubereiten. Biot vermeinte, die Sterne auf dem Relief identifizieren zu können, und berechnete von da aus das Jahr, in welchem sie dieselbe Konstellation am Himmel gezeigt hatten. Auf diese Weise errechnete er das Jahr 716 v. Chr. Trotz gut gemeinter Warnungen Champollions, dass dieser Ansatz in die Irre führe, legte Biot im Juli bei mehreren Konferenzen der Akademie der Wissenschaften und der Inschriften-Akademie Rechenschaft über seine Ideen ab. Noch im selben Monat richtete Champollion in der *Revue encyclopédique* Biots Theorie vollkommen zugrunde. Dessen Schlussfolgerungen beruhten auf der Beobachtung, dass die Tierkreisfiguren und Hieroglyphen-Gruppen auf dem Relief oft mit einem Stern einhergingen, von dem er annahm, dass er die Position eines wirklichen Sterns am Himmel markiert. In einem Meisterstück kritischer Analyse wies Champollion nach, dass Biots Voraussetzung unhaltbar war, denn sie traf nicht für alle Figuren mit einem Stern zu. Kein Muster mit größeren Sternen entsprach dem Muster auf dem Tierkreis. Die Sternsymbole deutete Champollion als »Gattungszeichen« (heute »Determinative« genannt): Hieroglyphen, mit denen die Art der Figuren bestimmt wurde oder die Art der Hieroglyphen-Gruppe, die mit den Tierkreisfiguren assoziiert war. Nicht die Position eines Himmelskörpers war gemeint, behauptete Champollion, vielmehr bezeichneten die Sternsymbole, ob das, was in den Hieroglyphen beschrieben war, ein Stern oder etwas mit dem Begriff »Stern« Verknüpftes sei, etwa eine Konstellation:

»Der Stern in den Inschriften von Dendera ist deshalb das jeweils *letzte* ihrer Hieroglyphen-Zeichen und darf nicht als bildliche Repräsentation eines Sterns gelesen werden, sondern als einfaches Element der Hieroglyphen-Schrift, das heißt als eine Art *Buchstabe*, nicht als Imitation eines Objekts.«

Obwohl es damals nur wenige registrierten, hatte Champollion einen weiteren großen Schritt hin zur Entzifferung vollzogen. Young hatte bereits bemerkt, dass ein determinatives Zeichen in der Bedeutung »göttliche Weiblichkeit« gewöhnlich dem Namen von Göttinnen und Königinnen angefügt wird. Champollion hatte jedoch ein weiteres Determinativ ausgemacht und berichtete von einigen anderen in der Inschrift des Rosette-Steins; bald sollte er noch mehr entdecken. Determinative bilden eine eigene Klasse von Hieroglyphen, deren Funktion darin besteht, die Bedeutung anderer Hieroglyphen-Gruppen zu bestimmen, weshalb ihre Enthüllung einen bedeutsamen Erfolg im Prozess der Entzifferung darstellte. Beispielsweise bildet 𓂻 ein Determinativ, das über eine Hieroglyphen-Gruppe aussagt, sie entspreche dem Begriff der Vorwärtsbewegung etwa im Sinne von Gehen oder Laufen. Das Determinativzeichen 𓀏 bedeutet »Feind« oder »Ausländer« (im alten Ägypten waren das ähnliche Begriffe); damit sagt es über die folgende Hieroglyphen-Gruppe, dass sie von einem Feind oder Ausländer handelt. Dass der Feind als ein Mann gezeigt wird, dessen Hände auf dem Rücken gefesselt sind, hängt mit dem religiösen und magischen Weltbild der Ägypter zusammen. Weil man glaubte, dass Zaubersprüche Bilder und Skulpturen lebendig machen konnten, musste jede potenziell gefährliche Erscheinung in irgendeiner Weise gebannt sein für den Fall, dass sie unwillkürlich ins Leben trat. In diesem Fall wird der Feind als hilfloser Gefangener gezeigt. Das Determinativzeichen 𓅪 wird manchmal »der kleine Vogel des Bösen« genannt, denn es steht für alles, was klein, schwach oder böse ist: Vorstellungen, die in der altägyptischen Sprache eng zusammenhängen.

Manche Hieroglyphen funktionieren ausschließlich als Determinative, doch viele andere wurden neben ihrer normalen Zeichenfunktion als Determinative genutzt. Zu Champollions Zeit fing man gerade erst an, die Existenz von Determinativen zu begreifen. Wenn man eigene Zeichen brauchte, um die Bedeutung einer Hieroglyphen-Gruppe einzugrenzen, dann mussten Hieroglyphen-Gruppen mehrdeutig sein, was Champollion später auch verifizieren konnte. Determinative können den Sinn einer Hieroglyphen-Gruppe radikal verändern. Beispielsweise können die Hieroglyphen 𓈖𓏌𓅱 mit dem Determinativ 𓇳 auftauchen, um die Gruppe 𓈖𓏌𓅱𓇳 in der Bedeutung »Zeit« zu bilden. Doch zusammen mit 𓀗 gebraucht, bedeuten die übrigen Hieroglyphen in der Anordnung 𓈖𓏌𓅱𓀗 so viel wie »schwach« oder »gebrechlich«.

In London hatte Young seit seinem Ende 1819 verfassten und publizierten größeren Artikel nur wenig produktive Forschung betrieben. Doch noch immer häufte er Material an und gründete eine kleine Ägyptische Gesellschaft, deren Aufgabe im Abzeichnen und Druckenlassen, wenn schon nicht im Entziffern sämtlicher hieroglyphischer Inschriften bestand. Noch immer versuchte er, eine Kopie der zweisprachigen Inschrift aus Drovettis Besitz zu erlangen, und schrieb im Mai 1822 an Gell: »Derzeit bin ich entschlossen, Drovettis Inschrift abzuwarten, die ich in Livorno sah, bevor ich die Einzelheiten meiner Übersetzung des Rosette-Steins veröffentliche.«

In Paris fuhr Champollion fort mit dem Vergleichen unterschiedlicher ägyptischer Schriften; seine Studien der demotischen Schrift waren fast vollendet, und im Juli, August und September 1822 lud ihn die Inschriften-Akademie zu mehreren Vorträgen über das Hieratische und das Demotische ein. Mittlerweile waren ihm die Beziehungen zwischen Hieroglyphen, Hieratisch und Demotisch immer klarer geworden: Das Hieratische stammte von den Hieroglyphen ab, das Demotische vom Hieratischen, und alle beziehen sich auf dieselbe Sprache (wenn auch eine, die sich mit der Zeit grundlegend gewandelt hatte) und folgen mehr oder minder den gleichen Regeln. Hatte man eine Schrift entziffert, konnte man sie alle lesen.

Obwohl im Publikum zahlreiche Rivalen und eingeschworene Feinde saßen, wurden seine Vorträge vor der Akademie enthusiastisch aufgenommen. Bei einem dieser Treffen stand zu Champollions Überraschung sogar Silvestre de Sacy auf und lobte mit herzlichen Worten seine Arbeit. Als Student in Paris hatte Champollion de Sacy angebetet wie ein Idol. Die spätere Feindseligkeit seines Lehrers, die mehr mit politischen Vorurteilen zusammenhing als mit seinem Urteil über Champollions Arbeit, hatte seinen Schüler zutiefst gekränkt. Die Aussöhnung mit de Sacy gab ihm den Optimismus und die Lebensfreude zurück, denn nun fühlte er sich in der Gemeinde der Akademiker endlich wieder heimisch.

Seit über einem Jahr hatte sich Champollion ausschließlich auf das Problem der Entzifferung konzentriert, an dem er allerdings schon zwei Jahrzehnte lang mit Unterbrechungen gearbeitet hatte. Nicht selten war das Fortkommen an finanziellen Problemen und politischen Umständen gescheitert. Jetzt konnte er demotische Schrift umstandslos ins Hieratische transkribieren, ebenso wie Hieratisch in Hieroglyphen, obwohl noch immer niemand diese drei Schriften lesen konnte. Er vertraute darauf, dass er viele der phonetischen Hieroglyphen identifizieren konnte, mit denen fremdsprachige Namen und Titel während der Herrschaft der Griechen und der nachfolgenden römischen Besetzung buchstabiert wurden. Daher war er imstande, die Namen der meisten griechischen und römischen Herrscher zu lesen. Aus seiner Analyse der Anzahl der Hieroglyphen, die den griechischen Text auf dem Rosette-Stein wiedergeben, hatte sich im Dezember des vorangegangenen Jahres ergeben, dass nicht alle Hieroglyphen Ideogramme sein konnten. Allmählich merkte er, dass der Gebrauch von Determinativen die Existenz von Hieroglyphen-Gruppen voraussetzte, die gleichartig aussahen, aber Verschiedenes bedeuten konnten.

Da er fließend Koptisch sprach, konnte er den Bedeutungshorizont eines Worts beurteilen, das er zu entziffern versuchte, denn das Koptische unterschied sich nicht grundlegend von dem, was 2000 Jahre zuvor gesprochen worden war. Beispielsweise lautet der koptische Name für Ägypten *keme*, während die alten Ägypter von *kmt* sprachen (wurde so ähnlich wie *kemet* artikuliert), und koptisch für »gut« heißt *nufe*, das altägyptische Wort hingegen *nfr* (gewöhnlich wie *nefer* ausgesprochen). Seit dem Erfolg seines Vortrags in der Inschriften-Akademie arbeitete Champollion mit wachsendem Eifer und anhaltender Wachsamkeit weiter. Fast das gesamte relevante Material war ihm zur Hand, und die Entzifferung lag fast körperlich spürbar nahe. Rastlos suchte er nach Kopien jeder neuen Inschrift, von der er Kunde erhielt, und ergründete die Wechselbeziehungen und Funktionen der Hieroglyphen untereinander, die ihm den Schlüssel liefern sollten – nicht nur um das Schreibsystem, sondern auch die Geschichte selbst zu erschließen.

Am Morgen des 14. September 1822 stand er früh auf, um an die Arbeit zu gehen. Mit der Post hatte Champollion Kopien von Zeichnungen der Hieroglyphen im Tempel von Abu Simbel erhalten, die der renommierte Architekt Jean-Nicholas Huyot angefertigt hatte. Kürzlich war er nach Ägypten und Nubien gereist; für die Detailtreue seiner Zeichnungen und die Verlässlichkeit seiner Notizen war er berühmt. Als Bankes wenige Jahre zuvor den Tempel von Abu Simbel besucht hatte, war noch kaum etwas zu sehen gewesen. Doch 1816 hatte der Abenteurer Belzoni wochenlang die Fassade reinigen und Tonnen von Sand entfernen lassen. Allerdings ging ihm das Geld aus, bevor er sein Werk beenden konnte. Im folgenden Jahr kehrte er für drei weitere Wochen zurück und räumte den zentralen Eingangsbereich von den Sandmassen. Am 1. August 1817 verschaffte er sich endlich Zutritt zum Tempel selbst und fand im Inneren eine riesige Halle mit fantastischen Wandreliefs und Hieroglyphen vor. Leider war der eigentliche Entdecker des Tempels, der aus Lausanne gebürtige Schweizer Jean-Louis Burckhardt, im Alter von nur 32 Jahren in Kairo an der Ruhr gestorben, noch bevor ihn die Nachricht von Belzonis Ausgrabung erreichte.

In seinem Speicherzimmer in der Rue Mazarine brütete Champollion nun über den Zeichnungen und entdeckte bald Namen in Kartuschenringen – Namen, die er nie zuvor gesehen hatte. Das erste Blatt enthielt 𓍹𓇳𓄟𓋴𓋴𓍺, und augenblicklich erkannte er das erste Zeichen 𓇳 als Abbild der Sonne. Die Sonne wurde im Koptischen, übrigens gleich lautend mit dem Namen des altägyptischen Sonnengottes, mit Re oder Ra bezeichnet. Aus seinen früheren Studien wusste er, dass die letzten beiden Zeichen 𓋴𓋴 in ptolemäischen oder römischen Namen als »s« transkribiert werden mussten. Auf die vorliegende Kartusche angewandt, ergab die Lesung so viel wie »Ra…ss« oder wahrscheinlicher »Ra…ses«, weil Vokale normalerweise nicht in Hieroglyphen erscheinen. Auf einmal dämmerte ihm, dass der Name, falls man das noch ausstehende Zeichen 𓄟 als »m« interpretierte, »Rameses« lauten musste. Mehrere Pharaonen hatten geraume Zeit vor der griechischen und römischen Herrschaft über Ägypten diesen Namen getragen, der heutzutage als Ramses, Rameses oder Ramesses buchstabiert wird. Mit wachsender Spannung und fieberhafter Freude durchflog er den Rest der Abu-Simbel-Zeichnungen. Allmählich dämmerte ihm, was geschehen war, doch zugleich befiel ihn Furcht, sein System könne sich als völlig falsch erweisen. Da entdeckte er den Namen 𓍹𓅝𓄟𓋴𓍺.

Abermals interpretierte er die Kombination 𓄟𓋴 als »mes« und erkannte das voranstehende Zeichen als Bild des Storchvogels Ibis. Aus der antiken Literatur war der Ibis als das Symbol des Gottes Thot bekannt, den die Ägypter als Erfinder der Hieroglyphen und Schutzpatron der Schreiber verehrten. Der Name in den Kartuschen musste demnach als »Thotmes« gelesen werden; heute kennen wir diesen

Namen in der altgriechischen Version Thutmosis – auch dieser Name wurde lange vor der griechischen und römischen Ära von Pharaonen benutzt. In seinem Artikel für die *Encyclopaedia Britannica* von 1819 hatte Young ebenfalls das Symbol des Thot in einer Kartusche identifiziert und davon abgeleitet, dass es sich um Thutmosis handele, ohne den schlüssigen Nachweis führen zu können. Champollion begriff das zugrunde liegende Prinzip sofort, und es entsprach der Entzifferungsmethode, die er in den letzten Monaten mühevoll Zeichen für Zeichen entwickelt hatte.

Wieder und wieder prüfte er seine Entdeckung, um sich zu vergewissern, dass er nicht irrte. Er spürte, dass er mit jemandem reden musste – sein Bruder sollte es als Erster erfahren. Er nahm einen Stapel Papiere, eilte die Treppe hinunter ins Erdgeschoss und auf die Straße, rannte ins Institut de France, dessen eindrucksvolle Kuppel wenige Meter entfernt in den Himmel ragte. Als er vor Jacques-Joseph stand, war er außer Atem und rief in seiner Begeisterung: »Je tiens l'affaire!« (»Ich hab's!«) Doch er hatte kaum begonnen, seine Entdeckung zu erläutern, da stürzte er zu Boden und blieb wie tot liegen.

7. EIN VERTRAUTER DES KÖNIGS

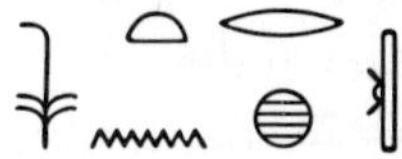

Der Legende zufolge wurde Champollion nach seinem Zusammenbruch heimgebracht, wo er volle fünf Tage in einer Art Koma lag, bevor er am Abend des 19. September das Bewusstsein wiedererlangte. Tatsächlich scheint er unter Schock und völliger Erschöpfung gelitten zu haben, wofür die ausgedehnte Bettruhe die einzig sinnvolle Therapie war. Am 20. September nahm er die Arbeit wieder auf und fühlte sich zwei Tage später fit genug, die letzte seiner Vorlesungen über Demotisch an der Inschriften-Akademie zu halten. Unterdessen half ihm Jacques-Joseph bei einem Referat über seinen bahnbrechenden Erfolg, das vor der nächsten Sitzung der Akademie schriftlich eingereicht werden musste, um es in lithografierter Form an die Zuhörer zu verteilen. In akademischen Zirkeln hatte sich herumgesprochen, dass etwas Unerhörtes bevorstand. An einem dunklen, regennassen Freitagmorgen begaben sich die hervorragendsten Gelehrten aller Fakultäten scharenweise in die Inschriften-Akademie. Die Spannung wuchs während der Vorträge mehrerer namhafter Forscher zu anderen Themen, darunter auch die de Sacys und Jomards. Die Ironie des Schicksals wollte es, dass Champollion, der seinem Hauptrivalen nie persönlich begegnet war, den Platz neben Thomas Young einnahm, der sich damals zufällig in

Paris aufhielt. Als er zu Beginn der Woche die Akademie der Wissenschaften besuchte, hatte Young von dem bevorstehenden Ereignis gehört. So kam es, dass er als Augenzeuge der Enthüllung beiwohnte, die einige der Grundprinzipien der Hieroglyphen-Kunde festschreiben und seinen eigenen Entdeckertraum zunichte machen sollte.

Die Prinzipien, zu deren Verständnis Champollion plötzlich gelangt war und auf deren Grundlage er seine Arbeit in den folgenden Monaten und Jahren fortsetzte, waren simpel: Phonetische Hieroglyphen-Zeichen seien nicht allein auf fremdsprachige Namen der griechischen und römischen Epoche beschränkt, sondern schon in älteren ägyptischen Schriften weithin üblich. In Wirklichkeit beruhe das Schreibsystem der Hieroglyphen, wie Champollion in späteren Arbeiten darlegte, auf drei Grundtypen: Piktogrammen (die manchmal als besondere Spielart der Ideogramme angesehen werden), Ideogrammen und phonetischen Symbolen. Ferner konnten die Zeichen auch in der Funktion von Determinativen verwendet werden. Das Knifflige an diesem System rührt daher, dass ein und dieselben Zeichen in ganz unterschiedlichen Funktionen auftauchen. Beispielsweise kann das Zeichen 𓅭 als bloßes Piktogramm auftauchen und das eigentliche Wort bedeuten. Das Bild einer Ente signalisiert in diesem Fall »eine Ente«. Ebenso gut könnte es als Ideogramm verwendet werden. Als solches würde 𓅭 die Wortbedeutung »Sohn des« wiedergeben, wie nicht selten im Titel 𓅭𓇳 *(sa-Ra)*, der so viel wie »Sohn des Gottes Ra« bedeutet und häufig dem Namen von Pharaonen vorausgeht. Die dritte Anwendung des Zeichens 𓅭 kann phonetisch sein, in diesem Fall, um den Laut »sa« wiederzugeben, wie im Wort – d. h.

saw, was so viel heißt wie »Holzbalken«. Jahre später gab Champollion eine treffende Definition der Hieroglyphen-Schrift: »Es ist ein vielschichtiges System, eine Schrift, die zugleich abbildlich, symbolisch und phonetisch sein kann, im selben Text, Satz, ich möchte fast sagen im selben Wort.«

Obwohl er das dem hieroglyphischen Schreibsystem zugrunde liegende phonetische Prinzip erkannt hatte, missverstand Champollion noch immer eines der Zeichen aus der Kartusche von Abu Simbel: 𓄟 bedeutet nicht nur das einfache »m«, sondern »ms« (gewöhnlich »mes« buchstabiert). Der deutsche Ägyptologe Richard Lepsius – zufällig am gleichen Tag wie Champollion, nur 20 Jahre später geboren – hat als Erster auf diesen Irrtum hingewiesen. Im Fall von 𓅝𓄟𓋴 scheint der Name wörtlich »Thot-mes-s« zu lauten, doch das Schluss-»s« ist ein Zeichen, das man als »phonetisches Komplement« bezeichnet und dessen Funktion darin besteht, das voraufgehende Zeichen mit »s« enden zu lassen. Phonetische Komplemente werden mitunter biliteralen Hieroglyphen angehängt (solchen, die zwei Konsonanten bilden, wie 𓄟 für »ms« oder »mes«) oder triliteralen Hieroglyphen (mit drei Konsonanten, wie etwa 𓊹 für »ntr« oder »neter«).

Jene Zeichen, die als phonetische Komplemente verwendet werden, sind uniliterale Hieroglyphen. Beispielsweise stehen 𓋴 für »s« und 𓊪 für »p« und repräsentieren damit einen Konsonanten. Es sind dieselben Hieroglyphen, die Champollion als Erstes in nicht-ägyptischen Namen wie »Kleopatra« erkannt hatte. Nach moderner Methode werden phonetische Hieroglyphen nach der Anzahl ihrer Konsonanten klassifiziert: uniliteral, biliteral und triliteral. Die Ägypter hatten kein dem Alphabet vergleichbares Konzept, doch die uniliteralen Zeichen wurden wie Buchstaben des Alphabets benutzt und gehörten zu den allgemein gebräuchlichsten Zeichen. Insgesamt gab es 24 davon, obwohl zwei von ihnen schwache Konsonanten oder Halbvokale repräsentieren:

Zeichen	**abgebildetes Objekt**	**annäh. Lautwert heute**
𓄿	Geier	Kreuzung von a und h
𓇋	blühendes Schilfrohr	i oder schwaches y
𓇌	blühende Schilfrohre	y oder ii
𓂝	Unterarm	gutturaler Laut ähnlich wie a
𓅱	Wachtelküken	w oder u
𓃀	Fuß	b
𓊪	Schemel	p
𓆑	gehörnte Viper	f
𓅓	Eule	m
𓈖	Wasser	n
𓂋	Mund	r
𓉔	Schilfhütte	weiches h
𓎛	Docht aus gedrehtem Flachs	scharfes h
𓐍	Plazenta (?)	scharfes ch (wie in Loch)
𓄡	Tierbauch mit Zitzen	weiches ch (wie in ich)
𓋴 od. 𓊃	gefaltetes Tuch od. Türriegel	s
𓈙	Teich	sch
𓈎	Abhang	q oder k
𓎡	Korb mit Griff	k
𓎼	Fassgestell	hartes g
𓏏	Laib	t
𓍿	Ziehstrick	tj oder tsch
𓂧	Hand	d
𓆓	Schlange	dj

Viele dieser uniliteralen alphabetischen Hieroglyphen wurden benutzt, um die Lautung fremdsprachiger Namen zu buchstabieren, beispielsweise 𓊪 für »p« und 𓏏 für »t« in »Ptolemaios«, was eine Vorstellung von der ursprünglichen Aussprache gibt. Laute, die den Ägyptern fremd waren, wurden zumindest annähernd repräsentiert. So wurde zum Beispiel das biliterale , so viel wie »ua« (oder vielleicht das »wha« wie in engl. *what*), für den »o«-Laut in Ptolemaios verwendet.  wurde vermutlich wie »ba« ausgesprochen und für das »B« in »Berenike« benutzt. Champollions Lieblingszeichen 𓃭, der kauernde Löwe, der das »l« in »Ptolemaios« repräsentiert, war ein Biliteralzeichen mit einem Lautwert wie »ru«. Es wurde oft benutzt, um den »l«-Laut darzustellen, der im Altägyptischen nicht vorkommt.

Bei der Zusammenkunft der Inschriften-Akademie vom 27. September, als Champollion endlich aufgerufen wurde, um das wichtigste Referat zu halten, verlas er einen Bericht über phonetische Hieroglyphen, der unmittelbar danach zur Veröffentlichung ausgearbeitet wurde. Formell war er an Bon-Joseph Dacier gerichtet, den ständigen Sekretär der Akademie. Dieser Bericht, der zu einem Markstein in der Entwicklung der Ägyptologie wurde, ist heute als *Lettre à M. Dacier* (»Brief an Monsieur Dacier«) bekannt. Merkwürdig nur: Zwar waren es die Namen von Ramses und Thutmosis, die er in den Zeichnungen aus Abu Simbel entdeckt hatte und die ihm die Gewissheit verschafften, dass phonetische Hieroglyphen schon vor der griechischen und römischen Ära in Ägypten verwendet wurden. Doch in seinem Referat vor der Akademie und in der anschließenden Veröffentlichung machte er von diesen Belegen keinen Gebrauch. Champollion erbrachte nicht den Beweis, sondern formulierte vorschlagsweise, dass die phonetischen Hieroglyphen schon vor der griechischen Herrschaft über Ägypten benutzt wurden:

»Ich glaube daher, Monsieur, dass die *phonetische* Schrift in Ägypten schon in den ältesten Zeiten existierte, dass sie von Anfang an ein notwendiger Bestandteil des ideografischen Schreibens war und dass man sie einst ebenso dafür gebraucht hat wie nach Kambyses, um in ideografischen Texten die Eigennamen ausländischer Menschen, Länder, Städte, Könige und Einzelpersonen (wenn auch nur ungefähr) zu transkribieren.«

Auch wenn er längst nicht so weit war, sein System lückenlos darzulegen, wartete Champollion mit einer Reihe von Erkenntnissen auf, die seine Entdeckung am Morgen des 14. September bestätigt hatten und von denen viele noch aus seiner Zeit in Grenoble herrührten. Erst der neue Hieroglyphen-Text aus Abu Simbel lieferte den Beweis, dass er endlich auf dem richtigen Weg war. Nach jahrelanger Arbeit, oft am Rande der Verzweiflung, hatte ihn der plötzliche Schock des Gelingens zusammenbrechen lassen. Jetzt, da er von der Stichhaltigkeit seiner Resultate überzeugt sein durfte, listete er die phonetischen Hieroglyphen auf, die zum Buchstabieren griechischer und römischer Namen dienten. Zugleich lieferte er viele Beispiele solcher Namen in hieroglyphischer Form zusammen mit der Übersetzung, um zu zeigen, wie das System funktionierte: Namen wie Alexander der Große, ungezählte Ptolemäen und Kleopatren, die Kaiser Tiberius, Trajan und Hadrian. Doch nach wie vor hielt Champollion an der Voraussetzung fest, er habe für die hieratische und demotische Schrift »erfolgreich bewiesen, dass diese beiden Schrifttypen, eine wie die andere, *nicht* alphabetisch… sondern *ideografisch* sind wie die Hieroglyphen selbst, mit einem Wort, dass sie die *Begriffe* und nicht die *Laute* einer Sprache wiedergeben«. Dies lässt darauf schließen, dass ihm die Wechselbeziehung zwischen ideografischen und phonetischen Zeichen noch immer nicht völlig klar war.

Im Nachhinein wurde viel darüber spekuliert, weshalb Champollion damals nicht mehr von seiner Ausbeute preisgegeben hat. Doch nach der jähen Einsicht, wie sich die Hieroglyphen zueinander verhalten, blieb für die Drucklegung des Referats am 22. September, das in der darauf folgenden Sitzung am 27. verteilt werden sollte, kaum mehr als eine Woche. Champollion war noch immer angeschlagen von den Folgen seines Zusammenbruchs und musste seine demotische Vorlesung bearbeiten. Zugleich blieb er wie immer empfindlich, was die vorzeitige Publikation von Ergebnissen betraf. Seine Tafel der phonetischen Hieroglyphen und die Entzifferung derart vieler Namen aus dem griechischen und römischen Ägypten sorgten ohnehin für genügend Aufsehen unter den Akademikern, die sich um ihn scharten und gratulierten – auch de Sacy, der jetzt sein Freund und Gönner war, und Thomas Young, sein schärfster Rivale.

Champollions Erfolg beruhte auf zwei Jahrzehnten unermüdlicher Forschungsarbeit, die nicht selten unter den widrigsten Umständen geleistet worden war. In Kürze sollte er es dahin bringen, die Literatur einer 3000-jährigen Periode der Menschheitsgeschichte zu erschließen, die seit Jahrhunderten ein Buch mit sieben Siegeln gewesen war. Die Entdeckung war so bedeutend, dass der König unmittelbar davon unterrichtet wurde. Die Presse brachte entsprechende Artikel; der Tierkreis von Dendera war noch in frischer Erinnerung, weshalb ganz Paris von einer Sensation sprach. Nur den wenigsten fiel in der allgemeinen Erregung auf, dass mit Champollions Referat auch die Debatte über die Datierung des Dendera-Tierkreises abgeschlossen war. Denn jetzt erst wurde bekannt, was der Autor des Leserbriefs in der *Revue encyclopédique* noch zurückgehalten hatte: Der Name in der ursprünglich neben dem Tierkreis befindlichen Kartusche lautete »Autokrator«: das griechische Wort für »Kaiser«, das in der römischen Epoche gebräuchlich war und das Young einst irrig als »Arsinoë« gelesen hatte – wozu ihn seine verfehlte mechanische Übersetzungsmethode verleitet hatte. In seinem Brief an Dacier schrieb Champollion: »Die Kartusche, deren Lesart ich soeben gab, erbringt den unwiderleglichen Nachweis, dass die Reliefarbeit und der Kreis der Sternbilder durch Ägypter ausgeführt wurden, die unter römischer Herrschaft lebten.« Wäre dies nicht durch die anderen Erfolge in den Schatten gestellt worden, hätte es nicht weniger Aufsehen erregt, denn damit war es vorbei mit dem wütenden Gelehrtenzank um die Datierung des Tierkreises. Fiel die Möglichkeit weg, dass der Tierkreis schon vor Jahrtausenden entstanden sei, dann stellte seine Existenz auch die biblische Datierung der Genesis nicht länger infrage.

Nach dem Vortrag wurde auch Young von ihrem gemeinsamen Freund, dem Astronomen Arago, in aller Form Champollion vorgestellt. Am anderen Morgen kam Young zu Besuch in die Rue Mazarine, wo sich bereits eine aufgeregte Menge eingefunden hatte. Seine Briefe lassen erkennen, dass Young noch immer nicht ganz zu begreifen schien, wie weit sein »junger Assistent« – als den er Champollion betrachtete – in der Entzifferung der Hieroglyphen schon gekommen war. Im Innersten überzeugt, alles sei nur seiner eigenen Vorarbeit auf diesem Gebiet zu verdanken, spendete Young freigebig Lob, selbst in den Briefen an gute Freunde. An William Hamilton, der inzwischen Minister am Hof von Neapel war, schrieb er:

»…wenn er [Champollion] auch einen englischen Schlüssel borgen musste, so war das Türschloss so schrecklich verrostet, dass kein gewöhnlicher Arm stark genug gewesen wäre, ihn umzudrehen… Ausgehend von den wenigen Hieroglyphen, denen ich ›phonetischen‹ Zeichencharakter zugeschrieben hatte, fand er Beweisgründe, aus denen sich schließen ließ, dass man zumindest in griechischer und römischer Zeit eine beträchtliche Anzahl verschiedener Zeichen benutzt hatte, um die Buchstaben eines fremdländischen Eigennamens in Hieroglyphen wiederzugeben… Sie glauben mir gewiss, wäre ich das Opfer böser Leidenschaften, würde ich über den Erfolg des Monsieur Champollion nichts als Triumph empfinden: Mein Leben scheint mir tatsächlich verlängert zu werden durch den Erwerb eines jüngeren Koadjutors in meinen Forschungen, und dazu noch eines Menschen, der noch viel versierter ist in den verschiedenen Dialekten des Ägyptischen als ich selbst. Ich würde ihm von Herzen gönnen, wenn seine Verdienste nach Gebühr von seinen Landsleuten und ihrer Obrigkeit anerkannt würden.«

Wann immer sich die beiden Rivalen in den folgenden Tagen sahen, verkehrten sie arglos und freundlich miteinander. Champollion zeigte Young freimütig alle möglichen Dokumente und nahm sich Zeit, ihm Teile des Casati-Papyrus abzuschreiben, das in demotischer Schrift (Youngs

»Enchorial«) verfasst war. Derselbe Papyrus hatte Champollion den Namen Kleopatra mit Gewissheit bestätigt, von dem Young schrieb: »Es war das erste Mal, dass irgendwelche verständlichen Zeichen von enchorialer Gestalt unter den zahlreichen bisher untersuchten Manuskripten und Inschriften entdeckt wurden.«

In Begleitung Aragos stattete Champollion seinem Rivalen einen Gegenbesuch in dessen Unterkunft ab und lernte dabei auch Mrs. Young kennen. Mit dem Versprechen, künftig Informationen miteinander auszutauschen, verabschiedete man sich. Alles sah nach dem Beginn einer wunderbaren Freundschaft aus, doch der Schein trog. In einem Brief, den Young kurz darauf seinem Freund Hudson Gurney schrieb (der damals Mitglied des britischen Parlaments und Vizepräsident der Society of Antiquaries in London war), heißt es:

»Champollion, der Autor des Buchs, das Sie mir mitgebracht hatten, hat sich seitdem unablässig in die ägyptischen Schriftzeichen vertieft. Er widmet seine gesamte Zeit diesem Thema und hat in einigen Dokumenten, die er sich zu verschaffen wusste, schöne Erfolge erzielt… Inwieweit er im Einzelnen bekennen wird, was er von mir entlehnt hat oder aber entlehnt haben könnte, weiß ich nicht zuverlässig, aber die Welt wird mit Sicherheit gelten lassen, *que c'est le premier pas qui coûte* [dass nur der erste Schritt wirklich zählt] – obwohl das Sprichwort in diesem Fall weniger Wahrheit für sich beanspruchen kann als sonst, denn hier ist jeder Schritt mühselig. Ich hätte vieles, was ich Champollion in London zeigen könnte, doch ich fürchte, seine Reisemittel sind allzu beschränkt, und ich bin nicht imstande, sie aufzustocken.«

Mit der Zeit redete Young sich ein, die wenigen von ihm zutreffend identifizierten Hieroglyphen gäben ihm trotz aller Fehlleistungen das Recht, über Gebühr an Champollions Ruhm zu partizipieren.

Ohne zu ahnen, dass die Saat der Feindschaft Youngs schon zu keimen anfing, schwelgte Champollion in der Seligkeit seines Triumphs und der Anerkennung, die ihm zuteil wurde. Aufgewühlt berichtete er Thévenet in Grenoble: »Der Vortrag, den das Institut [in der Inschriften-Akademie] von mir hören wollte, war ein voller Erfolg. Meine Erkenntnisse über die Hieroglyphen wurden neidlos als unwiderleglich anerkannt, und ich habe Komplimente bekommen, die höher als die Türme von Notre-Dame reichen.«

Seinem Schwager André Blanc, der Kurator an der Bibliothèque royale war, schrieb Champollion, seine Entdeckung habe Staunen, heftigen Beifall und Lob hervorgerufen, selbst bei jenen, die sich wegen ihrer politischen Haltung von ihm distanziert hatten.

Mit dem Zuspruch der Inschriften-Akademie, der ihm noch gut in Erinnerung war, und voll Vertrauen darauf, dass der Beifall für seine Leistung seine Zukunft sichern werde, widmete sich Champollion in den folgenden Wochen der Druckvorbereitung seines Referats. Seine anhaltende Begeisterung konnte er Thévenet gegenüber nicht verhehlen: »Jeder beteuert mir, eine der nächsten frei werdenden Stellen an der Akademie sei für mich reserviert. Ich fange schon an, guten Glaubens darauf zu hoffen, dass es auch eintrifft. Die Hemmnisse und Widrigkeiten, mit denen ich bisher kämpfen musste, wurden durch den einen von mir geführten Schlag beiseite gefegt!«

Sein Referat vor der Akademie erschien Ende Oktober 1822 unter dem Titel *Lettre à M. Dacier relative à l'alphabet des hiéroglyphes phonétiques* (»Brief an Monsieur Dacier, das Alphabet der phonetischen Hieroglyphen betreffend«). Es handelte sich um eine Broschur von 44 Seiten und vier Bildtafeln, gedruckt bei Firmin Didot, einem der wichtigsten französischen Verleger und königlichen Drucker.

Der Euphorie, die Champollion empfand, entsprach die wachsende Desillusionierung und Entmutigung von Thomas Young. Nach ihrer Begegnung in Paris hatte Champollion ihm zwei druckfrische Exemplare des *Lettre à M. Dacier* übersandt, mit einem freundlichen Begleitbrief. Ein Austausch von Informationen und eine mehrmonatige ungetrübte Korrespondenz folgten. Doch während Young mit seinem Rivalen scheinbar auf freundschaftlichem Fuß verkehrte, kochte er vor Neid. Besonders ärgerte ihn an Champollions Publikation die seines Erachtens ungenügende Würdigung seiner eigenen Leistung. Young wurde nur zweimal erwähnt; das erste Mal im Zusammenhang mit der demotischen Inschrift des Rosette-Steins, dessen Erforschung nach Champollions Worten »vor allem… Monsieur Silvestre de Sacy, ferner auch… dem verstorbenen Åkerblad und Doktor Young zu verdanken ist«.

Die zweite Erwähnung findet sich wenige Seiten später, wo Champollion den Namen der Königin Berenike erörtert, den Young bereits veröffentlicht hatte. Der Bemerkung, dass der Buchstabe »B« vom Bild eines Tellers namens *pater* repräsentiert wurde (auch wenn man ihn heute eher für eine Räucherschale mit brennendem Weihrauch hält), fügt Champollion eine längere Fußnote an, die einen Irrtum Youngs korrigiert:

»Ohne Zweifel hat sich Doktor Young durch die Form eben dieses Zeichens, das ein wenig einem *Korb* ähnlich sieht, zur Lesung des Namens *Berenike* in der Kartusche verleiten lassen, den sie tatsächlich enthält. Doch dieser englische Gelehrte glaubte, dass die Hieroglyphen, die den Eigennamen bilden, ganze Silben repräsentieren, dass sie also eine Art *Rebus* darstellen, weshalb beispielsweise im ersten Zeichen des Namens Berenike die Silbe BIR vertreten sein soll, was in ägyptischer [koptischer] Sprache so viel wie *Korb* bedeutet. Dieser Ausgangspunkt hat die phonetische Analyse, die er den Namen *Ptolemaios* und *Berenike* angedeihen ließ, stark beeinträchtigt; gleichwohl konnte er den Lautwert von vier Zeichen ausmachen: und zwar das P, eine der Formen des T, eine der Formen des M sowie die des I. Doch insgesamt kann sein syllabisches Alphabet, das allein auf diesen beiden Namen gründet, durchaus keine Anwendung auf die zahlreichen phonetischen Eigennamen finden, die in den Inschriften ägyptischer Denkmäler stehen. Gleichwohl hat Doktor Young in England den schriftlichen Denkmälern Ägyptens ein Studium gewidmet, das meinen eigenen jahrelangen Bemühungen gleichkommt, und seine Erforschung der Zwischenstufe [Demotisch] und der Hieroglyphen-Texte des Rosette-Steins, wie auf den Manuskripten, die ich als *hieratisch* bezeichnet habe, brachte eine ganze Reihe wichtiger Erträge.«

Überdies bezieht sich Champollion auf Youngs Artikel für die *Encyclopaedia Britannica*, unterließ aber ansonsten jeden weiteren Hinweis auf ihn. Das war ein karges Lob für Young, aber immerhin blieb dort, wo Champollion die auf den Tierkreis von Dendera bezogene Kartusche diskutiert, auch sein unseliger Irrtum ausgespart, Autokrator als »Arsinoë« zu lesen.

Dass seinem Beitrag zur Hieroglyphen-Forschung, den er für bahnbrechend gehalten hatte, nur ganz beiläufige Anerkennung widerfuhr, versetzte Young in Rage, und er machte keinen Hehl daraus. Kaum einen Monat nach Champollions Triumph vor der Inschriften-Akademie schlugen Youngs Freunde vor, er solle ein populäres Buch über Hieroglyphen vorlegen – nicht anonym, wie die meisten seiner früheren Schriften, sondern unter eigenem Namen, um entsprechenden Ruhm zu ernten. Anfangs weigerte sich Young, auch nur darüber nachzudenken, aber dann geschah etwas, das ihn umstimmte: die Entdeckung eines wichtigen neuen Papyrus. George Francis Grey, Reiseschriftsteller und Fellow am University College in Oxford, war aus Ägypten nach England heimgekehrt und überließ Young eine Kiste voller Papyri zum Auswerten, die er vor etwa vier Jahren einem Araber im oberägyptischen Theben abgekauft hatte. Als Young mit der Durchsicht begann, untersuchte er zunächst das einzige griechisch abgefasste Manuskript und stieß auf einen fast unglaublichen Zufall: Es handelte sich um die griechische Übersetzung eben jenes Casati-Papyrus in Demotisch (der spätägyptischen Sprache), in welchem Champollion den Namen »Kleopatra« entdeckt hatte.

»Was blieb mir anderes übrig, als den Schluss zu ziehen, dass mir ein günstiges Geschick ein Dokument in die Hände spielte, dessen bloße Existenz schon unwahrscheinlich genug war und das nach allem, was ich weiß, nahezu 2000 Jahre unbeschädigt überstanden hatte, um wohlbehalten nach Europa zu gelangen, nach England und zu mir… In anderen Zeiten hätte man darin einen zureichenden Beweis gesehen, dass ich mit ägyptischen Zauberkräften begabt bin.«

Es war das erste Mal seit der Entdeckung des Steins von Rosette, dass eine demotische und griechische Version ein und desselben Textes vorgefunden wurde – abgesehen von Drovettis schlecht erhaltener zweisprachiger Steintafel, die damals als Teil seiner Sammlung in Livorno lag und über deren Ankauf der König von Sardinien-Piemont noch immer verhandelte. Der Inhalt des Manuskripts war nicht weniger ungewöhnlich; es handelte sich um den Kaufvertrag eines Totenkult-Priesters mit einem anderen über die an gewissen Mumien geleisteten Dienste. In seiner Begeisterung schrieb Young seinem Freund Hudson Grey Ende November 1822, er habe »schon einen klitzekleinen Sieg über Champollion errungen«. Über die Tafel in Livorno urteilte er verächtlich: »Mag Drovettis schwarzer Stein im Golf von Genua versinken, mir würde es kaum etwas ausmachen. Ich gäbe keine zehn Pfund mehr dafür.«

Ohne Youngs schwelende Eifersucht zu erahnen, war Champollion damit beschäftigt, seine Ergebnisse auszubauen und alle Hieroglyphen-Beispiele, deren er habhaft werden konnte, zu studieren. Ursprünglich hatte er sich auf Herrschernamen konzentriert, nicht nur, weil sie durch die Kartuschen ringsum leicht erkannt werden konnten, sondern auch, weil eine korrekte Abfolge der Dynastien unabdingbar war, um die Geschichte Ägyptens zu rekonstruieren. Könige hatten Ägypten regiert, doch wurden sie zugleich teils als Menschen, teils als Götter betrachtet, und ihre Rolle war unlöslich mit der ägyptischen Religion verbunden. Überdies glaubte man, der König sei göttlicher Geburt, zu Lebzeiten Stellvertreter der Götter auf Erden und werde nach seinem Tod wieder ein Gott. Heutzutage werden die altägyptischen Könige »Pharaonen« genannt. Dieser Begriff stammt aus einer griechischen Übersetzung der Hieroglyphen 𓉐𓉻 (*per-aa* in der Bedeutung von »großes Haus«). Das kann ein »großes Haus« im Sinne des »Palasts« bedeuten, wurde jedoch zunehmend idiomatisch im Sinne von »großes *Herrscher*haus« gebraucht. Seit 1500 v. Chr. wurde der Begriff 𓉐𓉻 auf den König selbst angewandt.

Die Kartuschen, an denen Champollion in größeren Absätzen die Namen von Pharaonen erkannte, haben ihren Namen durch Napoleons Soldaten erhalten. Während der ägyptischen Expedition war ihnen die Ähnlichkeit dieser Zeichen mit dem Profil von Patronenhülsen aufgefallen – *cartouche* ist das französische Wort für »Patrone«. Die Kartuschen-Hieroglyphe 𓍷 hat sich aus der Hieroglyphe 𓍶 (»alles, was von der Sonne umkreist wird«) entwickelt. Der Wechsel von der Kreisform zum Oval ermöglichte die Aufnahme einer größeren Anzahl Hieroglyphen, um die Namen des Pharaos wiederzugeben. Eigentlich stellt das Kartuschenzeichen eine Schleife aus einem doppelt gewirkten Seil dar, dessen Enden zusammengebunden sind, um einen durchgehenden Kreis zu formen. Das ägyptische Wort für Kartusche lautet 𓍲𓈖𓏌𓏲𓍶 *(schenu)* und kommt von dem Wort »einkreisen«. Ursprünglich bedeutete es wohl, dass die Person, deren Name in der Kartusche stand, alles regierte, was »von der Sonne umkreist« wird. Beide Zeichen, 𓍶 und 𓍷, symbolisierten die Ewigkeit; das Kartuschenzeichen, das einen Namen einschloss, wurde faktisch zu einem Amulett, das den Träger des Namens schützte. Namen galten als integraler Bestandteil einer Person; wenn der Name einer Person nirgends mehr geschrieben stand, konnte er im Jenseits nicht weiterleben. Mitunter wurden Namen getilgt, um jemanden zu vernichten, und »Verlust des Namens« gehörte im alten Ägypten zu den Strafen für Hochverrat. Den Namen eines Pharaos in die Kartusche zu schreiben war eine zugleich religiöse und magische Handlung, die den Pharao schützte und ihm ewiges Leben verlieh.

Champollion wusste bereits, dass Kartuschen oft paarweise vorkommen und dann denselben Pharao bezeichnen und dass manche nicht nur die Namen, sondern auch die Ehrentitel des Pharaos enthalten. Young hatte spekuliert, dass Kartuschenpaare den Namen des Königs und anschließend den seines Vaters nennen; dass derartige Gruppen den Herrschernamen mit seinen Titeln vertreten, erkannte er nicht. Tatsächlich wurden Namen und Titel der Pharaonen erst nach 2000 v. Chr. gebräuchlich, als jeder Pharao eine einzigartige Kombination von fünf Namen erhielt. Einige sind in sich aus mehreren Elementen zusammengesetzt, und nur zwei sind regelmäßig in Kartuschen gefasst. Der Geburtsname des Pharaos (auch *nomen* genannt), der ihm bei der Geburt verliehen worden war, stand in einer Kartusche hinter dem Zeichen 𓅭𓇳 (*sa-Ra*, etwa »Sohn des Gottes Ra«), um die göttliche Abkunft des Pharaos zu unterstreichen. Sein anderer Name innerhalb einer Kartusche war der Thronname (auch *prenomen* genannt), den er sich bei seinem Machtantritt zulegte. Diesem Namen gingen die Zeichen 𓇓𓆤 *(nesu-bity)* voraus, wörtlich: »Der vom Schilf und von der Biene«, was ihn als »König der Zweiheit« ausweisen sollte. In diesem Titel mit seinem Horizont komplexer Deutungen spiegeln sich die starken Kontraste, von denen Ägypten geprägt ist – wie Ackerland und Wüste –, weshalb man ihn gewöhnlich auf die politische Zweiteilung Ägyptens anwendet (Schilf steht für Oberägypten, die Biene für Unterägypten) und mit »König von Ober- und Unterägypten« übersetzt. Drei weitere Bezeichnungen, die der Pharao bei der Thronbesteigung annahm, sind nicht so sehr als Namen zu verstehen denn als Ehrentitel, die von der Göttlichkeit und Macht des Pharaos zeugen. Es handelt sich um den Horusnamen, dem die Hieroglyphe des Gottes Horus voransteht, ; den Nebti-Namen (der manchmal auch »Beide-Herrinnen-Name« heißt),  mit dem Zeichen der Göttinnen Necheb (oder Nechbet) von Oberägypten und Wadjet von Unterägpyten, sowie der Goldhorusname, vor dem die Hieroglyphe  erscheint (*Hor nebw*, das Zeichen für Horus aus Gold).

Bei Pharaonen, die zu einer Zeit regierten, als dieses System voll entwickelt war, konnte die Ausstattung mit fünf Namen ziemlich langwierig sein. Beispielsweise schrieb man den kompletten Namen des Tutanchamun wie folgt:

Horusname: *Ka-nacht tut-mesut*, mit der Bedeutung »Starker Stier, vollkommen an erschaffenen Dingen«;

Nebti-Name: *Nefer-hepru segereh-tawy sehetep-netjeru nebu*, mit der Bedeutung »Wandler der Gesetze, der Beide Länder befriedet, der alle Götter versöhnlich stimmt«;

Goldhorusname: *Wetjes-chau sehetep-netjeru*, mit der Bedeutung »Der die Güter verteilt und die Götter versöhnlich stimmt«;

Thronname: *Nebcheperure*, mit der Bedeutung »Göttliche Manifestation des Gottes Ra«;

Geburtsname: *Tutanchamun heqa-iunu-schema*, mit der Bedeutung »Lebendes Abbild des Gottes Amun, Herrscher von Oberägypten und Heliopolis«.

Der Geburtsname Tutanchamuns ist ein Sonderfall, denn nicht diesen hatte man ihm bei der Geburt gegeben, sondern stattdessen den Namen  *Tutanchaton* (»Lebendes Abbild des Gottes Aton«). Damals regierte der »häretische« Pharao Achenaton (bekannter als Echnaton), der nicht das gesamte Spektrum der ägyptischen Götterwelt, sondern ausschließlich Aton verehrte. Später wechselte Tutanchaton den Namen zu Tutanchamun.

Die Kombination von fünf Namen war bei jedem Pharao anders, doch in der Praxis genügen zwei der in Kartuschen befindlichen Namen dazu, sie zu identifizieren, selbst wenn sie den gleichen Geburtsnamen tragen. Beispielsweise lautete der Geburtsname des Pharaos Thutmosis I., der Ägypten um 1500 v. Chr. regierte,  (*Thotmes*, »Der Gottheit Thot geboren«). Denselben Geburtsnamen trug auch der Pharao Thutmosis II., der sein Nachfolger war. Doch als Herrscher nahm Thutmosis I. den Namen  an (*Acheperkare*, »Groß ist die Seele der Gottheit Ra«), während sich Thutmosis II. den Thronnamen 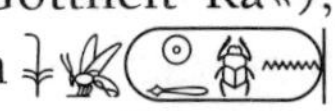 beilegte (*Acheperenre*, »Dauerhaft ist die Form der Gottheit Ra«). Zwar weichen   sowie   nur geringfügig voneinander ab, doch reicht es, um Thutmosis I. von Thutmosis II. zu unterscheiden.

Um sein System weiterzuentwickeln und einen wesentlichen Schritt über das, was Kartuschen und ihr jeweiliger Kontext ihm mitteilten, hinauszugelangen, benötigte Champollion eine breitestmögliche Quellenbasis. Ihm war nur zu bewusst, dass einige der wichtigsten Materialien und inzwischen sogar die Mehrheit der Hieroglyphen-Texte eher nach England gelangten als nach Frankreich. Der britische Gesandte Henry Salt trat als Vermittler für den Export ägyptischer Antiquitäten nach England auf, verkaufte sie an das British Museum oder an private Sammler. Auch der französische Gesandte in Ägypten, Bernardino Drovetti, betätigte sich als Exporteur, konnte aber für die von ihm angekauften Antiquitäten keinen entsprechenden Markt in Frankreich erschließen. Seine bedeutende Sammlung war noch immer in Livorno gelagert, wo Young sie 1821 sehen durfte, und die Verhandlungen über den Verkauf an den König von Sardinien-Piemont zogen sich in die Länge. In England bekam Young zahlreiche Antiquitäten mit Hieroglyphen-Texten in die Hand, insbesondere Papyri, bevor sie in Privatsammlungen verschwanden.

Die Ironie des Schicksals wollte es, dass Young einen Überfluss an Material hatte, das er nicht zu lesen verstand, während Champollion ganz Paris absuchte nach hieroglyphischen Quellen, die er noch nicht kannte. Die schlimmste Schmach ließ ihm Youngs Freund William Bankes angedeihen, der eine überaus reiche Sammlung angehäuft hatte und Champollion jede Einsicht in Abschriften verweigerte: sei es, um Young den Rücken zu stärken, sei es, dass er die Franzosen generell nicht schätzte oder weil die Inschrift seines eigenen Obelisken mit der Kleopatra-Kartusche zu Champollions Erfolg beigetragen hatte.

Das war die Ausgangslage, die dazu führte, dass Champollion sich eines frühen Morgens im Januar 1823 in einem Auktionshaus aufhielt. Noch bevor das Publikum eintraf, wollte er rasch die Hieroglyphen-Texte von einigen der zur Versteigerung aufgebotenen Stücke abzeichnen. Sein heimliches, hastiges Tun fiel einem Besucher auf, der zur Auktion gekommen war. Er verwickelte Champollion in ein Gespräch über die ägyptischen Kollektionen, namentlich die Sammlung Drovetti. Alles deutete darauf hin, dass sie eher ins italienische Turin gelangen würde als nach Frankreich. Champollion hatte den Eindruck, einer verwandten Seele zu begegnen, ging aus der Reserve und pries mit großer Leidenschaft den Wert der Drovetti-Sammlung, nicht allein wegen ihres historischen Gehalts, sondern auch, weil sie die Kenntnis der altägyptischen Sprache fördern könnte. Lebhaft beklagte er, dass die französische Monarchie 150 000 Francs für den Tierkreis von Dendera ausgegeben hatte, aber nicht für die Sammlung Drovetti aufkommen wolle.

Trotz der Sensation, die er in Paris entfacht hatte, war der Tierkreis von Dendera verglichen mit der Sammlung Drovetti unbedeutend, was freilich nur Kenner der Materie wussten. Erstaunt über Champollions rückhaltlose und kompetente Kritik, die mit seiner eigenen Auffassung übereinstimmte, stellte sich der fremde Herr als Herzog von Blacas vor. Der Aristokrat und königstreue Royalist Pierre Louis Jean Casimir Blacas d'Aulps hegte ein leidenschaftliches Interesse für die Archäologie, besonders für die des Orients. Obwohl er die politischen Ansichten Champollions gewiss nicht teilte, war er doch für seine liberale Einstellung bekannt. Bei den Ultraroyalisten, die Champollion immer wieder Steine in den Weg gelegt hatten, galt er als unsicherer Kantonist. Als die Revolution ausbrach, hatte Blacas Frankreich verlassen und beim Militär gedient;

später ging er mit dem künftigen Herrscher Ludwig XVIII. ins englische Exil. Nach der Restauration hatte ihn der Monarch zum ersten königlichen Kammerherrn ernannt, und Ludwig vertraute auf seinen Rat: Blacas gehörte zu den einflussreichsten Männern in Frankreich.

Champollion hinterließ gewaltigen Eindruck bei Blacas, der ihm seine Unterstützung zusicherte. Das zufällige Zusammentreffen mit ihm wurde zum Wendepunkt seines Lebens. Blacas zögerte nicht, für ihn beim König vorzusprechen, und trotz des politischen Sündenregisters und der Tatsache, dass Champollions Schrift nicht Ludwig XVIII., sondern Dacier gewidmet war, ließ sich der Monarch überreden, den Forscher mit einer goldenen Schatulle zu würdigen. Eingraviert stand darauf: »Le roi Louis XVIII à M. Champollion à l'occasion de sa découverte de l'alphabet des hiéroglyphes« (König Ludwig XVIII. an Monsieur Champollion bei Gelegenheit seiner Entdeckung des Hieroglyphen-Alphabets). Blacas überbrachte das Präsent dem Empfänger mit dem unmissverständlichen Hinweis, es sei für seine künftigen Arbeiten nicht ungünstig, sie mit einer passenden Widmung unter den Schutz des Monarchen zu stellen.

Die Euphorie, die Champollion nach seinem jähen Durchbruch zu den Grundprinzipien der Hieroglyphen-Schrift erfasst hatte, war längst der Einsicht gewichen, dass seine Lebensumstände sich keineswegs verbessert hatten. Ohne besoldete Stellung litt er nach wie vor unter seiner Mittellosigkeit und kränklichen Verfassung. Es schien, als wären all die Verheißungen von Ruhm und Reichtum bloße Schwärmerei gewesen. Das Hilfsangebot von Blacas kam gerade rechtzeitig für Champollion, dessen Feinde sich allmählich vom ersten Schreck über seinen Triumph erholten und auf neue Möglichkeiten sannen, ihn anzugreifen oder herabzusetzen. In Frankreich war Jomard sein Hauptgegner, der noch immer die Herausgabe der *Description de l'Égypte* vorbereitete. Selten trat er öffentlich in Erscheinung, doch bei seinen Bekannten in Paris deutete er immer wieder an, Champollion habe eigentlich gar nichts erreicht, die Entzifferung der Hieroglyphen lasse noch immer auf sich warten. Er tat alles, um Champollions Glaubwürdigkeit zu schmälern, und erklärte jedem, der es hören wollte, der geniale Entzifferer sei nie in Ägypten gewesen. Mehrere andere Rivalen stellten sich ebenso stur wie Jomard. Da sie nicht hinnehmen mochten, dass Champollion geglückt war, woran sie gescheitert waren, redeten sie sich ein, das Problem sei noch gar nicht gelöst, und stellten ihn als Scharlatan hin.

Fast schlimmer noch als seine Feinde waren Champollions neue Verbündete, wie es schien. Nachdem er belegt hatte, dass der Dendera-Tierkreis viel jünger war als ursprünglich angenommen, zog er sich nicht nur die Feindschaft Jomards zu, der das Alter auf mehrere Jahrtausende schätzte, sondern auch die Verehrung zahlreicher katholischer Kleriker als Verteidiger des Dogmas von der Welterschaffung. Champollion hatte die Datierung des Tierkreises als wissenschaftliches Problem betrachtet; ihn ärgerte die religiöse Bigotterie, die damit verbunden war. Seinem Freund Augustin Thévenet gestand er, wie ungern er sich von katholischer Seite als »Kirchenvater« und »Fels des Glaubens« rühmen ließ und wie gern er den »Geruch der Heiligkeit« loswerden wolle, der ihn umgab.

So gut er auch seine Feinde in Frankreich und die unwillkommenen neuen Verbündeten kannte, glaubte Champollion nach wie vor, mit Young in England in bestem Einvernehmen zu stehen. Doch darin wurde er furchtbar enttäuscht. Im Frühjahr 1823 erschien in der Zeitschrift *Quarterly Review* eine anonyme Rezension seines *Lettre à M. Dacier*. Nach Meinung des Verfassers hatte de Sacy die Beziehungen zwischen hieratischer und hieroglyphischer Schrift aufgeklärt, Åkerblad die ersten Ansätze eines Hieroglyphen-Alphabets geliefert, während Champollion nur Youngs Hieroglyphen-Alphabet weiterentwickelt habe. Wie Champollion durchaus erkannte, stammte die Rezension aus Youngs Feder. Gleichzeitig kündigte die Zeitschrift eine von Young geplante Publikation an mit dem provozierenden Titel *An Account of Some Recent Discoveries in Hieroglyphical Literature and Egyptian Antiquities, Including the Author's Original Alphabet as Extended by M. Champollion* (»Bericht über einige neuere Funde der Hieroglyphen-Literatur und ägyptischer Antiquitäten, einschließlich des vom Autor entzifferten und von Monsieur Champollion weiterentwickelten Alphabets«).

Empört und gekränkt schrieb Champollion am 23. März 1823 an Young und wies die Behauptungen des anonymen Kritikers zurück, wobei er die Fiktion aufrechterhielt, dass Young nicht verantwortlich sei:

»Gerade las ich… die Kritik meines *Lettre à M. Dacier* über mein Alphabet der phonetischen Hieroglyphen. Sie hinterlässt bei mir denselben Eindruck wie bei jedem, der sie kennt – starken Widerwillen nämlich gegen die Ignoranz oder den bösen Willen dessen, der den Artikel schrieb. Was mein Alphabet betrifft, so sind die Tatsachen nur allzu bekannt, allzu öffentlich, und die Abfolge der Versuche verschiedenster Gelehrter auf diesem Gebiet steht allzu fest, als dass man den haltlosen Spekulationen des Autors nicht vehement widersprechen müsste, der anderen zuschreiben will, was offenkundig mir allein gehört. Niemand hier begreift, am allerwenigsten Monsieur de Sacy selbst, weshalb ausgerechnet er das Verhältnis zwischen der demotischen Schrift und den von mir als *hieratisch* identifizierten Schriften zu den Hieroglyphen erhellt haben soll, denn in seinen gedruckten Arbeiten hat er sich nie damit befasst. Niemand hier erkennt, was Monsieur Åkerblad für den Hieroglyphen-Text des Rosette-Steins geleistet haben soll, niemand die Namen, von denen es heißt, sie hätten mit seinem Alphabet gelesen werden können, sei es in anderen hieroglyphischen Inschriften oder in anderen Papyri. Weitere absurde Unterstellungen aus demselben Artikel werden ebenso wenig akzeptiert... Was die angebliche Nutzlosigkeit meiner Erkenntnisse bei der Anwendung auf das allgemeine Hieroglyphen-System betrifft, so weiß die Akademie bereits, woran sie sich halten kann, und sehr bald wird auch das gebildete Publikum überzeugt sein, dass mein Alphabet der eigentliche Schlüssel für das gesamte System ist. In derselben Zeitschrift wird das baldige Erscheinen eines Buchs von Ihnen angekündigt, dessen Titel verspricht, den wahren Autor eines Alphabets zu nennen, das ich nur erweitert haben soll. Ich werde mich niemals bereit finden, ein anderes Originalalphabet anzuerkennen als mein eigenes, sofern es um ein hieroglyphisches *Alphabet* im eigentlichen Sinne des Wortes geht. Die einmütige Meinung der Gelehrten in dieser Frage wird noch bestärkt werden durch die öffentliche Kritik aller übrigen Behauptungen. Ich gedenke daher, eine Erwiderung gegen den anonymen Autor des erwähnten Artikels zu schreiben… Dass Sie die Auffassungen des Anonymus billigen, mag ich nicht glauben. Meine Wertschätzung Ihrer Person ist zu hoch, als dass ich auch nur einen Augenblick zögern durfte, Ihnen meine Meinung darüber anzuvertrauen.«

Zwar gab Young vor, die anonyme Kritik nicht verfasst zu haben. Doch allen, die nicht auf seiner Seite standen (und sogar einigen von diesen), war bewusst, dass Champollion systematisch entzifferte, während Young nur eine geringe Anzahl Zeichen gedeutet hatte, manche korrekt und andere nicht. Kurz nach der Ankündigung im *Quarterly Review* kam Youngs Buch heraus, mit dem er die Entdeckung demonstrativ für sich beanspruchte. Obwohl er diesmal unter eigenem Namen auftrat, sparte er nicht mit geifernden Tiraden. Dieser Franzose Champollion hatte, davon war der Autor überzeugt, seinen Erfolg den erst von ihm geschaffenen substanziellen Grundlagen zu verdanken, ohne ihn gebührend zu erwähnen, geschweige denn zu würdigen, wie es Young nach eigener Meinung verdiente:

»Es wäre doch in der Tat schmerzlich, wenn ein Ausländer den letzten Schritt täte, der zur reichen Ernte führt: auf einem Boden, den ich mit einiger Mühsal und in aller Stille bereitet hatte, damit er rasch und entschlossen voranschreiten konnte. Dabei hat er zwar nicht völlig ignoriert, aber auch – wie sich von selbst versteht – nicht gerade übertrieben herausgekehrt und tatsächlich keineswegs vollständig aufgezählt, wie viel er seinem Vorläufer schuldete!«

Doch der Hass auf den Erfolg des »Ausländers« wurzelte

viel tiefer, denn Young hielt es für eine Tatsache, dass der Ruhm Champollions auf sein eigenes Konto ging. Mit dem »Bericht über einige neuere Funde« verband Young hauptsächlich den Wunsch, das neu entdeckte, mit dem Casati-Papyrus übereinstimmende demotische Manuskript zu veröffentlichen und damit seinen Anspruch zu festigen, er habe den Löwenanteil bei der Erschließung der Hieroglyphen geleistet. Daher berichtete er auch von seinen Forschungen zum Rosette-Stein sowie zu anderen demotischen Texten und charakterisierte die Rolle, die Champollion seiner Meinung nach zukam, mit allerlei gehässigen Anspielungen, als hätte dieser nur den Nachweis für die Richtigkeit der Young'schen Methode geführt:

»...sein Brief an Monsieur Dacier, der seitdem gedruckt worden ist, ließ wohl erwarten, dass die Chronologie meiner Forschungen darin ein wenig ausführlicher dargestellt werde... Doch wie immer Monsieur Champollion zu seinen Schlussfolgerungen gekommen sein mag, die ich dankbar und mit Freuden anerkenne, mein eigenes System können sie keinesfalls ersetzen, sondern nur vollends bestätigen und ausbauen.«

Young ärgerte sich, dass man ihm nur die Entdeckung von vier Buchstaben des Alphabets zubilligte, während er neun für sich beanspruchte: »...doch statt der *vier* Buchstaben, die mir Monsieur Champollion zu verdanken meint, habe ich, in einem späteren Kapitel dieses Aufsatzes, *neun* ausgemacht und bereits in verschiedenen Teilen meines Beitrags für den Supplementband genannt. Diesen fügt er unbestritten *drei* neue hinzu oder *vier*, wenn er tatsächlich das E als vierten Buchstaben betrachtet. Gern räume ich ein, die Vermutung geäußert zu haben, das

B, das L und das S würden manchmal syllabisch verwendet.«

Young schien gar nicht zu merken, dass solches Hickhack über die Anzahl der von ihm korrekt zugeordneten Hieroglyphen, auch wenn es neun statt vier gewesen wären, seine Glaubwürdigkeit eher schmälerte.

Sosehr ihn Youngs Polemik erzürnte, führte sie Champollion doch auch drastisch vor Augen, wie umstritten seine Entdeckung noch war. Der Beschluss, nicht länger mit der Veröffentlichung seiner Ergebnisse zu zögern und weitere Vorträge an der Akademie zu halten, zeugt von wachsendem Selbstvertrauen. Schon hatte er begonnen, das im *Lettre à M. Dacier* skizzierte System der Entzifferung ausführlicher darzustellen. Außerdem bereitete er einen Kommentar zum ägyptischen Götterhimmel vor, in einer Serie von Heften unter dem Titel *Panthéon égyptien. Collection des personnages mythologiques de l'ancienne Égypte* (»Ägyptisches Panthéon. Gestalten aus der Mythologie des ägyptischen Altertums«). Mit der Subskription gedachte er, seine Einkünfte aufzubessern. Das erste Heft dieser Serie kam im Juli 1823 heraus, weitere acht sollten bis Ende 1824 folgen und wurden in unregelmäßigen Abständen fortgesetzt. Die Hefte enthielten schöne kolorierte Bildtafeln, die Champollions Freund Jean-Joseph Dubois nach den wenigen damals bekannten Götterbildnissen und relevanten Hieroglyphen anfertigte. Die ersten Folgen kamen allerdings vor der ausführlichen Darlegung des Entzifferungssystem heraus und wurden zur Zielscheibe der Kritik; von der Richtigkeit seiner Deutungen der Götter und Göttinnen ließen sich Champollions Gegner nicht überzeugen.

Spät im August 1823 sandte Champollion das erste Heft seines *Panthéon égyptien* an Young; in seinem Begleitbrief heißt es:

»Der Druck dieser Sammlung zielt darauf ab, die verschiedenen mythologischen Gestalten auf den ägyptischen Denkmälern zu ergründen, sie voneinander zu unterscheiden, ohne nach ihrer tieferen emblematischen oder symbolischen Bedeutung zu fragen. Dies soll nur eine *Erkundung* in jenem Labyrinth des ägyptischen Götterhimmels sein, das uns bis heute noch unzugänglich ist. Alles weitere wird von unseren echten Fortschritten bei der hieroglyphischen Methode abhängen.«

Youngs abfälliges Lob kam einem Verdammungsurteil gleich. Seinem Freund Sir William Gell, der seit 1820 in Italien lebte, schrieb er: »Champollion hat mir die erste Nummer seines *Panthéon* geschickt, das insgesamt eine bedeutende Sammlung zu werden verspricht; mir erscheint er jedoch zu ungeduldig, und seinen Gottheiten legt er kaum genug Hieroglyphen bei, um die Namen, die er ihnen beilegt, fundieren zu können.«

Trotz seines Auftrumpfens und der fortgesetzten Apologie seiner eigenen Hieroglyphen-Studien wurde Young das Thema allmählich leid. Im September teilte er Gell mit, er wolle keine Schriften mehr über ägyptische Themen verfassen, wegen der hohen Kosten, des Fehlens von Material und weil »Champollion schon so viel tut, dass ihm nichts Wichtiges mehr entgehen wird. Aus diesen drei Gründen betrachte ich meine ägyptischen Studien nunmehr als *beendet*«. Dies war nur eine von mehreren gleich lautenden Erklärungen, die er in den folgenden Jahren abgab, doch obwohl er keine ernsthafte Hieroglyphen-Kunde mehr betrieb, konnte er seine Enttäuschung und die Eifersucht auf Champollion nie verwinden.

Den Rest des Jahres 1823 verbrachte Champollion mit der Arbeit am *Panthéon égyptien* und an der erweiterten, aktualisierten Darstellung seiner Entzifferungsmethode – ein Buch, das den Titel *Précis du système hiéroglyphique des anciens Égyptiens* (»Grundriss des Hieroglyphen-Systems der alten Ägypter«) tragen sollte. Im Dezember war der *Précis* nahezu druckreif. Über den Herzog Blacas, seinen Bekannten und Gönner am königlichen Hof, hoffte Champollion dem König persönlich ein Exemplar überreichen zu dürfen. Außerdem plante der Autor, dem allmählich die geeigneten Hieroglyphen-Texte ausgingen, eine Reise nach Italien. Dort wollte er die Drovetti-Sammlung, die mittlerweile in Turin aufbewahrt wurde, und weitere Kollektionen besichtigen, darunter die des römischen Vatikan, die Italien zur reichsten Fundstätte für Hieroglyphen außerhalb Ägyptens machten. Dabei wollte sich Champollion nicht allein der königlichen Protektion versichern, viel wichtiger war, dass er angesichts seiner desolaten Lage ein Reisestipendium brauchte. Doch selbst Blacas, der immer bereit war, sich für Champollion einzusetzen, hatte politische Feinde, und als er nun überdies noch krank wurde, hieß es gleich, er sei an allerhöchster Stelle in Ungnade gefallen.

Nachdem Blacas ausgeschaltet war, gelang es seinen Gegnern, die königliche Subskription auf den *Précis* von der Vorzugsedition in eine (weniger teure) gewöhnliche Ausgabe umzuwandeln. Für Champollion war dies Beweis genug, dass Blacas tatsächlich entmachtet worden war. Inzwischen war die Bekanntgabe seiner Entdeckungen schon ein Jahr

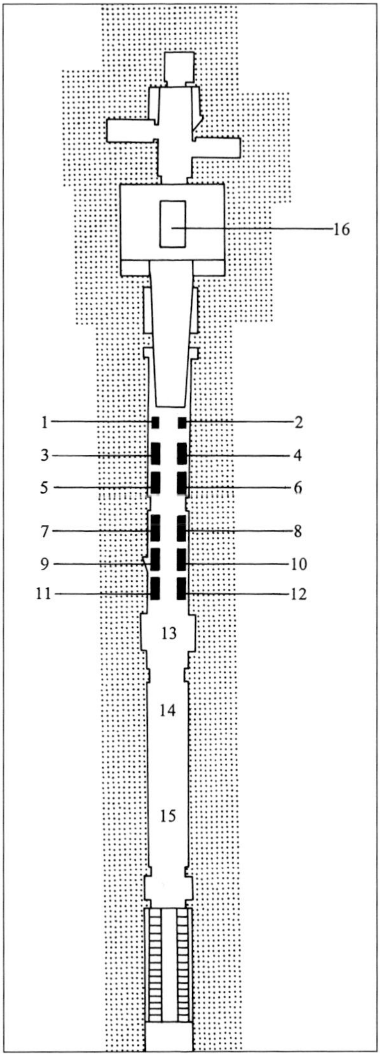

19 Grundriss des Grabmals von Ramses IV., in dem Champollions Team wochenlang Unterkunft fand.

1 = Nachtlager einer Gazelle
2 = Nachtlager einer Katze (beide Tiere wurden ihnen in Abu Simbel geschenkt und als Haustiere gehalten)
3 = Ricci
4 = Gaetano Rossellini
5 = L'Hôte
6 = Cherubini
7 = Champollion
8 = Ippolito Rossellini
9 = Bertin
10 = Duchesne
11 = Lehoux
12 = Angelelli
13 = Aufenthaltsraum
14 = Speisesaal
15 = Vorraum
16 = Sarkophag Ramses' IV.

27 Obelisk im ägyptischen Stil in Figeac zur Erinnerung an Jean-François Champollion.

28 Der Grabstein für Jean-François Champollion auf dem Friedhof Père-Lachaise in Paris ist einem ägyptischen Obelisken nachgebildet.

29 Karte von Europa und Ägypten:

1 = Figeac
2 = Grenoble
3 = Paris
4 = London
5 = Edinburgh
6 = Göttingen
7 = Turin
8 = Livorno
9 = Florenz
10 = Rom
11 = Neapel
12 = Paestum
13 = Toulon
14 = Alexandria
15 = Kairo

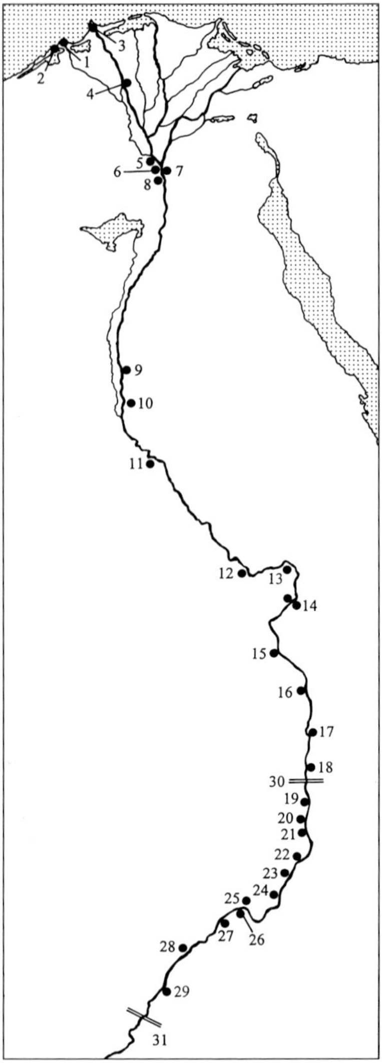

30 Karte des ägyptischen und nubischen Niltals:

1 = Abukir
2 = Alexandria
3 = Rosette
4 = Saïs
5 = Embaba
6 = Gize
7 = Kairo
8 = Saqqara
9 = Beni Hassan
10 = el-Amarna
11 = Assiut
12 = Abydos
13 = Dendera
14 = Theben / Luxor / Karnak
15 = Esna
16 = Edfu
17 = Kom Ombo
18 = Assuan / Philae
19 = Kertassi
20 = Beit el-Wali
21 = Kalabsha
22 = Girf
23 = Dakke
24 = Wadi el-Sebua
25 = Amada
26 = Derr
27 = Qasr Ibrim
28 = Abu Simbel
29 = Wadi Halfa
30 = Erster Katarakt
31 = Zweiter Katarakt

her, und während sich die Lebensumstände des Entzifferers bislang kaum geändert hatten, die Gesundheitsprobleme anhielten und sein Optimismus allmählich von der Schwermut zerfressen wurde, erhielt er neue, nicht gerade aufmunternde Nachrichten aus Grenoble. Seine Ehefrau Rosine, die inzwischen ein Kind erwartete, hatte dort eine Zeit lang ihren kranken Vater gepflegt, der im Januar 1824 verstarb. Ihre Mitgift hatte sie nie erhalten, und im Erbschaftsstreit mit ihren Brüdern wollte man ihr offenbar einen Anteil des väterlichen Vermögens vorenthalten – trotz des Zuspruchs durch Jacques-Joseph, der sich damals ebenfalls in Grenoble aufhielt. Durch eine Finanzspritze aus dem Familienbesitz seiner Frau konnte Champollions Geldnöten offenbar nicht abgeholfen werden. Deprimiert und zunehmend angeschlagen, schrieb Champollion seinem Bruder jetzt von den Strapazen, die das Fertigstellen des *Précis* mit sich brachte:

»…mein armer Kopf schmerzt, der Tinnitus, die summenden und brummenden Ohrgeräusche, sind schlimmer geworden und lassen mir keine Ruhe, weder tagsüber noch in der Nacht. Manchmal habe ich Krämpfe und bin kaum fähig, mich mehr als eine Viertelstunde ernsthaft zu beschäftigen. Diese Verschlechterung meines Zustands verdanke ich den Bildtafeln [des *Précis*], derentwegen ich über einen Monat gebückt arbeiten musste.« Um zu vermeiden, dass seine Frau sich ängstigte, setzte er hinzu: »Mit Rosine darüber zu sprechen ist nicht sinnvoll; erkläre ihr, dass… es mir nicht allzu schlecht geht.«

Ende Januar kehrte Jacques-Joseph nach Paris zurück – rechtzeitig, um seinen Bruder bei einem letzten Gang zu Louis Langlès zu begleiten, der Champollions Persischlehrer gewesen war. Der sterbende Langlès hatte sich schon früher mit Champollion ausgesöhnt, der über der erneuerten Freundschaft alles vergaß, was an Unbill zwischen ihnen stand. Es war ein trauriger Abschied, und Langlès starb am 28. Januar. Glücklicherweise waren die Beschwerden, an denen Blacas litt, weder tödlich noch lebensbedrohlich oder lang anhaltend. Die Rückkehr an den Hof zerstreute alle Gerüchte über eine Entfremdung vom König. Doch die Machenschaften der Gegner ließen sich nicht ohne weiteres rückgängig machen, weshalb sich das offizielle Erscheinen des *Précis* verzögerte, während Blacas auf eine günstige Gelegenheit für den Autor wartete, das Buch Ludwig XVIII. zu überreichen.

Obwohl der *Précis* schon seit Mitte Januar fertig vorlag, wurde die Übergabe immer wieder aufgeschoben. Dennoch gab Champollion die Hoffnung nicht auf, denn Blacas äußerte sich zuversichtlich über die Chance, dass seine ägyptologischen Forschungen in Italien gefördert würden. Blacas hatte sich persönlich bereit erklärt, das Projekt zu finanzieren, falls das Stipendium nicht vom König selbst kam. Mit wachsender Begeisterung und Vorfreude schmiedete Champollion daher Pläne für die bevorstehende Italienreise. Jacques-Joseph nahm innigen Anteil daran, und beide Brüder schrieben an ihre Freunde und Bekannten, um sich Empfehlungen für die wichtigsten Studienorte geben zu lassen, denn sollte es überhaupt eine Hoffnung auf ein königliches Stipendium geben, musste Blacas bei Hof einen detaillierten Reiseplan vorlegen.

Mittlerweile vermochte Champollion durch seine ständige Praxis des Entzifferns die Hieroglyphen mühelos zu lesen, wobei ihm zugute kam, dass er die dem Altägyptischen am nächsten verwandte koptische Sprache fließend beherrschte. Wollte er eine Inschrift verstehen, so übertrug er die Hieroglyphen mithilfe seines koptischen Alphabets in die koptische Sprache, und anschließend war es nicht mehr schwer, das Koptische ins Französische zu übersetzen. Champollion fand heraus, dass dieses Zwei-Phasen-Modell einfacher war und bessere Ergebnisse brachte, als wenn er versuchte, die Hieroglyphen zu entziffern und simultan ins Französische zu übersetzen. Gleichwohl war das System noch keineswegs perfekt, denn das Altägyptische steht dem Koptischen ebenso fern wie modernes Englisch oder Französisch dem Lateinischen. Es erscheint nicht unmöglich, die Bedeutung des lateinischen Wortes *plumbum* vom französischen *plomb* abzuleiten oder das lateinische *lacus* vom englischen Wort *lake*, doch Zweifel werden immer bleiben, denn alle Sprachen wandeln sich mit der Zeit. Heutzutage verwenden Ägyptologen noch immer ein Zwei-Phasen-Modell, aber sie transkribieren Hieroglyphen in ein eigenes Alphabet mit phonetischen Zeichen, um Laute zu verschriftlichen, die im herkömmlichen Alphabet nicht vorkommen, bevor sie den altägyptischen Text in eine moderne Sprache wie Englisch, Französisch oder Deutsch übersetzen. Beispielsweise wird 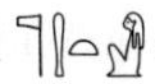 als *ḥmt-nṯr* transkribiert, was so viel wie »Priesterin« heißt.

In all den Jahren hatte Champollion nicht aufgehört, sein Koptisch zu vervollkommnen, was sich jetzt auszahlte. Im Februar bemerkte er in einem Brief an Graf Lodovico Costa in Turin über seine Fortschritte beim Hieroglyphen-Studium: »Alle meine Erkenntnisse beruhen auf Denkmälern… Kein einziges von ihnen bleibt mir unverständlich, wenn es nur irgendein religiöses Symbol oder eine ägyptische Inschrift trägt.«

Costa war der Botschafter für Sardinien-Piemont, mit dem er in Grenoble zusammengetroffen war und der ihm damals den Lehrstuhl für Geschichte und Alte Sprachen in Turin vermitteln wollte. Jetzt brannte Champollion darauf, nach Turin zu kommen, um dort die Drovetti-Sammlung zu sehen. Da selbst die Finanzierung des französischen Königs möglicherweise nicht ausreichen würde, erkundigte sich Champollion im selben Brief bei Costa, ob seine Regierung bereit wäre, für seinen Lebensunterhalt in Turin aufzukommen, wenn er ihnen einen wissenschaftlichen Katalog der Drovetti-Sammlung erstellte. Die Sichtung des Materials in Italien war so wichtig für ihn, dass er alles getan hätte, um ans Ziel zu gelangen.

Nach einigen Wochen geduldigen Antichambrierens gelang es Blacas, das Thema an allerhöchster Stelle zur Sprache zu bringen. Am 29. März kam es schließlich zu einer Begegnung zwischen Champollion und dem König. Im Verlauf einer langen Unterredung überreichte Champollion ein Exemplar seines *Précis*, doch die geplante Reise nach Italien kam gar nicht erst zur Sprache, weil entsprechende Gerüchte bereits bei Hof kursierten. Erneut versuchten Champollions Feinde, sein Ansehen zu schädigen, und brachten es immerhin so weit, dass der König seine Vergangenheit zum wiederholten Mal unter die Lupe nehmen ließ. Glücklicherweise konnte Blacas die Gerüchte und Anschuldigungen widerlegen. Im April erstattete er dem König Bericht und legte weiteres von Champollion und Jacques-Joseph geliefertes Material zur geplanten Italienreise vor – mit dem Ergebnis, dass der König auf der Stelle das nötige

Stipendium gewährte. Das Glück dieser Neuigkeit übertraf alle Erwartungen. Blacas konnte es jedoch noch vervollkommnen, indem er den Forscher zum Besuch nach Neapel einlud; damals wusste er schon, dass er den Posten des französischen Botschafters einnehmen würde, wenn Champollion nach Italien aufbrach.

Nach der Begegnung mit dem König hatte Champollion endlich freie Hand, seinen *Précis* zu veröffentlichen, der Mitte April 1824 herauskam. Das Buch holte weit aus, um zu erläutern, was in seinem *Lettre à M. Dacier* nur behauptet wurde, und es löste eine vergleichbare Reaktion aus. Der *Précis* war ein unglaubliches Buch voller neuartiger und weit reichender Erkenntnisse über Hieroglyphen. Im Vorwort führt der Autor aus, dass sein phonetisches Alphabet »unwiderleglich die Chronologie der ägyptischen Überlieferung absichert... deren Feststellung desto wichtiger ist, weil sie gewissermaßen für mich das ist, was man gemeinhin den *Schlüssel des Hieroglyphen-Systems* genannt hat«. Mehrere Seiten lang schilderte Champollion den Prozess der Entzifferung, zeigte auf, worin Young irrte und was er selbst erreicht hatte. Es folgen Erläuterungen einzelner Zeichen, was sie bedeuten und weshalb, Eigennamen von Königen und Privatpersonen, Herrschertitel, der Sinn unterschiedlicher Kartuschen, diverse Schrifttypen wie Hieratisch und Demotisch, die nicht-phonetischen Hieroglyphen (heute Piktogramme und Ideogramme genannt) sowie die ersten Grundzüge einer Grammatik.

Außerdem wird im *Précis* die Frage nach der Anzahl der Hieroglyphen gestellt: »Dem berühmten Georges Zoëga... ist es gelungen, eine Reihe von 958 Hieroglyphen aufzustellen, die er einigermaßen voneinander absonderte. Ich neige allerdings zu der Auffassung, dass dieser dänische Gelehrte nicht selten zwischen Zeichen unterschieden hat, die im Grunde nur inkonsequente Abweichungen ein und desselben Zeichens sind… Zahlenmäßig komme ich daher zu einem geringeren Ergebnis als Zoëga.«

Champollion zählte insgesamt nur 864 Zeichen. Heutzutage geht man davon aus, dass es in frühester Zeit etwa 1000 Hieroglyphen gab, von denen um 2000 v. Chr. noch 750 verwendet wurden – eine Zahl, die bis in ptolemäische und römische Zeit auf mehrere Tausend kletterte.

Die Reaktionen der akademischen Welt auf den *Précis* waren geteilt, wobei Freunde und Gegner Champollions gegensätzliche Positionen einnahmen. Doch außerhalb dieses kleinen Zirkels wurde sein Erfolg zum Zankapfel der Nationen, schon weil der Großteil der ablehnenden Kritik aus England kam. Nach den Drangsalen der napoleonischen Ära und der vielfachen Schmach ihres Vaterlands in der Folgezeit stürzten sich die Franzosen auf jede nationale Errungenschaft. In Paris wurde Champollion durch die Veröffentlichung des *Précis* erneut zur Berühmtheit. Gesundheitlich war er noch immer nicht hergestellt. Jacques-Joseph tat sein Bestes, seinen Bruder vor dem Andrang ungezählter Besucher und Bewunderer zu schützen, und reichte deren Briefe an Champollion weiter, der sich ganz auf die Vorbereitung seiner Italienreise konzentrieren musste.

Exemplare des *Précis* wurden an viele Persönlichkeiten versandt, die Champollion geholfen hatten, darunter auch an Louis-Philippe, den Herzog von Orléans. Wie Champollion war er Gründungsmitglied der Asiatischen Gesellschaft, hatte seine Arbeit unterstützt, deren weit reichende

Bedeutung ihm bewusst war. Als Ehrenpräsident der Asiatischen Gesellschaft hatte der Herzog im Vorjahr bei der ersten öffentlichen Versammlung die Eröffnungsrede gehalten und dabei auch Champollions Erfolge gewürdigt:

»Die geniale Entdeckung des Hieroglyphen-Alphabets gereicht nicht nur der Wissenschaft zur Ehre, sondern der gesamten Nation. Sie sollte stolz darauf sein, dass es ein Franzose war, der jene in der Antike nur wenigen Schriftkundigen zugänglichen Mysterien enthüllt und die Embleme entschlüsselt hat, über deren Bedeutung alle unsere Zeitgenossen vergebens rätselten!«

Im Mai stand der Abreise nach Italien nichts mehr im Wege, doch ein ungewöhnlich strenger Winter blockierte in den Bergen die Alpenpässe. In Paris war die politische Lage bei Hof alles andere als stabil. Angesichts der bevorstehenden Entsendung von Blacas nach Neapel befürchtete Champollion, seine Feinde könnten die Oberhand bekommen und seine eigene Studienfahrt verhindern. Da es ihm an Geld und Zeit nicht mehr mangelte, ergriff er die Gelegenheit und unternahm gemeinsam mit Jacques-Joseph einen Kurzbesuch in London, vor allem, um die Sammlungen des British Museum und die Inschriften des Rosette-Steins im Original zu besichtigen, von dem er vor Jahren nicht einmal gute Abschriften hatte bekommen können. Sein Abstecher währte notgedrungen nur kurz, denn er musste frühzeitig nach Frankreich zurück, um noch vor Blacas nach Italien aufzubrechen. Von Champollions Eindrücken während dieser Englandreise ist nichts überliefert als eine Bemerkung, die zwei Jahre später Cordeo di San Quintino, der Kustos des Ägyptischen Museums von Turin, in einem Brief festhielt. San Quintino hatte sich der gegnerischen Partei angeschlossen, und um Champollion zu schaden, hinterbrachte er Young in England: »Als Monsieur Champollion mir einst von seiner Reise nach England und seinem Besuch im British Museum erzählte, bezeichnete er die Engländer als Barbaren.«

8. HÜTER DER GEHEIMNISSE

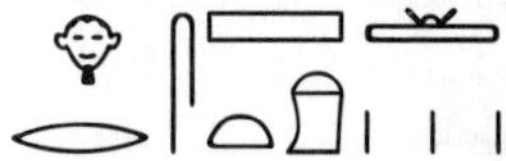

Als er Ende Mai 1824 aus London nach Paris kam, hielt es Champollion für geraten, heimlich nach Grenoble weiterzureisen und dort abzuwarten, bis die Cenis-Passstraße über die Alpen wieder frei war. So hoffte er, in Italien zu sein, bevor die Widersacher bei Hofe von seiner Abwesenheit Notiz nahmen. Bei seiner Ankunft in Grenoble wurde er von den alten Freunden wie ein Held empfangen. Doch zwei Tage später entzog er sich den unaufhörlichen Gesprächen und Fragen und Feierlichkeiten und ließ sich in Jacques-Josephs Haus im südlich von Grenoble gelegenen Vif nieder. Hier, wo seine Schwägerin Zoë den Haushalt führte, gab es auch ein Wiedersehen mit seiner Ehefrau Rosine. Zum ersten Mal schloss er seine Tochter Zoraïde in die Arme, die im März zur Welt gekommen war – als er noch immer in Paris festsaß und täglich einen Wink von Blacas wegen der Buchübergabe an den König erwartete.

In Vif verbrachte er idyllische Tage und erholte sich bei seiner Familie, frei von allen Verpflichtungen außer einer: Ägypten, dessen Geschichte und Hieroglyphen er sich nie ganz aus dem Kopf schlagen konnte. Dieser Urlaub hatte jedoch erst knapp eine Woche gedauert, als die Nachricht von der Öffnung der Gebirgspässe eintraf. Am 4. Juni brach er nach Italien auf und erreichte drei Tage später

Turin – nach einer Alpenüberquerung auf, wie er meinte, erstklassigen Straßen. Doch wie er seinem Bruder schrieb, »führen sie an Furcht erregenden Abgründen vorüber, und das Tageslicht reicht kaum aus, eine schwere Diligence zu lenken«. Auf steilem Gefälle musste er mehr als einmal fürchten, dass der Kutscher die Gewalt über sein schwankendes Fahrzeug verlieren könnte.

Graf Costa, der inzwischen zum Staatssekretär von Sardinien-Piemont befördert worden war, konnte ihn nicht persönlich willkommen heißen, aber Champollion wurde freundlich aufgenommen und erhielt eine vorläufige Unterkunft. Am 10. Juni war Costa wieder in Turin und bestand darauf, dass der Forscher bei ihm wohnte. Inzwischen war auch die offizielle Genehmigung eingetroffen, mit der Champollion die Drovetti-Sammlung einsehen und benutzen durfte, und er brannte darauf, sich im Turiner Museum diesen Herzenswunsch zu erfüllen.

Den ersten Eindruck von dieser bemerkenswerten Sammlung, die alle seine Vorstellungen übertraf, fasste Champollions Brief an seinen Bruder zusammen: »Lass es mich dir in einem Satz der hiesigen Landessprache schildern: *Questo e cosa stupenda!* [Es ist unglaublich!]« Die Säle waren gefüllt mit kolossalen, in grünem, grauem, schwarzem und rosenfarbenem Granit ausgeführten Skulpturen, alle säuberlich glatt poliert. Doch ihre begleitenden Inschriften wurden noch übertroffen von der riesigen Auswahl an Papyri. Während Champollion ein stammelndes Loblied auf die Sammlung anstimmte, wurde ihm bewusst, welch immense Aufgabe sie für ihn barg. Eine unermessliche Fülle von Texten stand zur Verfügung, die er mit zunehmendem Geschick entziffern würde und die ihm von unbekannten Königen erzählten, von exotischen Begräbnisritualen und diplomatischer Korrespondenz, von Briefen der alten Ägypter selbst, die jenen glichen, die er an Freunde und Angehörige zu schreiben pflegte. Dabei war es nur eine Sammlung, nichts als ein paar Sandkörner in der Wüste: Was war unter den anderen Schätzen in Italien und anderswo zu vermuten, was in Ägypten selbst?

Das Pensum, das sich vor ihm auftat, konnte in einer Lebenszeit allein unmöglich bewältigt werden, es überstieg jegliches Maß – und ein Gutteil der Arbeit brauchte es schon, um nur einen vagen Eindruck von der Informationsmenge zu geben, die hier zu erschließen war. Noch bevor er Turin wieder verließ, sollte sich Champollion über dic Notwendigkeit äußern, die Originale zu sehen, statt sich auf unvollkommene Abschriften anderer zu verlassen:

»Ich sehe den Weg, den ich gehen muss, ich kenne die Mittel, die noch immer bereitstehen, um mit sicheren Schritten dieses neue und ertragreiche Feld abzuschreiten, aber ich weiß nicht, ob die Kräfte eines Einzelnen und sein ganzes Leben für ein so gewaltiges Unternehmen reichen. Was auch geschieht, ich werde meine Forschungen fortsetzen und nach Originaldenkmälern suchen, den EINZIGEN WEGWEISERN, denen wir folgen dürfen ohne das Risiko, behindert zu werden – wie ich *zehn ganze Jahre* lang durch die fehlerhaften Inschriften, die im großen Werk der Commission de l'Égypte gedruckt sind.«

Von jetzt an war Champollion nicht mehr nur ein Besessener, sondern ein Getriebener. Da er der einzige Mensch war, der die Texte zu lesen verstand, würde er sie übersetzen, um ihre Inhalte zugänglich zu machen; zugleich musste er andere sein System der Entzifferung lehren, und vor allem galt es, seine neuesten Methoden und Ergebnisse zu publizieren, um sie so weit wie möglich zu verbreiten.

Nach anfänglichem Staunen über den Reichtum der Sammlung machte er sich umgehend daran, die Texte systematisch zu untersuchen. Wenigstens hatte sich seine Gesundheit gebessert, und die Fahrt über die Alpen schien ihn vom Tinnitus (»das Instrumentalkonzert«, wie er es nannte) geheilt zu haben, der sein Leben zur Hölle machte. Auch der freundliche Empfang in Turin ermutigte ihn, wo alle erdenklichen Hilfsmittel für ihn bereitstanden, nicht zuletzt zahlreiche Freiwillige, die ihm bei Zeichnungen und Abgüssen der Inschriften und beim Abschreiben der Papyri assistierten. Allein die Stelen, die nur einen kleinen Teil der Sammlung bildeten, lieferten Unmengen an Informationen. Auch der beschädigte zweisprachige Stein fand sich darunter, um dessen Kopie sich Young vergebens bemüht hatte. Der Text auf dem Stein bestätigte Champollions Schlussfolgerung, dass Cäsarion, Kleopatras gemeinsamer Sohn mit Cäsar, als ihr Mitregent über Ägypten herrschte. An den parallelen Inschriften in Griechisch, Demotisch und in wenigen erhaltenen Hieroglyphen bewährte sich zwar das Entzifferungssystem, doch verglichen mit den übrigen Stelen waren sie kaum von Belang und hätten Young mit Sicherheit nicht den ersehnten Schlüssel zum Verständnis geliefert.

In diesem Stadium halfen Champollion auch die Inschriften des Rosette-Steins nicht mehr weiter; nicht einmal seine Übersetzung hat er je drucken lassen, und es sollte Jahrzehnte dauern, bis sich jemand dieser Mühe unterzog. Der Stein von Rosette war einzig bedeutend gewesen wegen der drei parallelen Texte, von denen einer in Hieroglyphen-

Schrift verfasst war. In Wirklichkeit waren diese Texte nur von geringfügigem Nutzen, denn von den Hieroglyphen war nur ein Fragment erhalten, wie Champollion in seinem *Lettre à M. Dacier* ausführt: »Der Hieroglyphen-Text der Rosette-Inschrift, der sich für diese Untersuchung so viel versprechend anbot, liefert wegen seiner Bruchstellen nur den Namen Ptolemaios.« Da ihn die Möchtegern-Entzifferer in den Mittelpunkt gerückt hatten, ist der Rosette-Stein bis heute ein nachdrückliches, populäres Symbol geblieben. Während er die spekulative Fantasie der Zeitgenossen anregte, ohne ihre Erwartungen zu erfüllen, lieferten andere Inschriften und Papyri wichtige Hinweise zur Entzifferung.

Während er sich den Zeugnissen ägyptischer Bildhauerkunst in der Drovetti-Sammlung zuwandte und ihre Inschriften entzifferte, stellte Champollion die Namen und individuellen Porträts von über 30 Pharaonen fest. Jetzt, wo ihre Figuren tatsächlich beim Namen genannt werden konnten, entdeckte er, dass ägyptischer Stil nicht immer so rein formalistisch war, wie man bislang glaubte. Zeigten die meisten Statuen die Pharaonen in stilisierter Pose, ließ man anderen offenbar eine realistische Porträtierung zuteil werden. Plötzlich begriff er, dass er bei einigen Statuen denjenigen, die Ägypten vor Jahrtausenden beherrscht hatten, von Angesicht zu Angesicht gegenüberstand. Selbst die kurzen Inschriften auf Statuen boten erstaunliche Resultate, denn als historische Quellen eignen sich ägyptische Kunstwerke weit besser als alles, was Griechen oder Römer hinterlassen haben. Seinem Schwager schrieb er einige Zeit später, noch immer fasziniert von der märchenhaft anmutenden Sammlung:

»Stell dir vor, ich wäre Gebieter meiner Stunden oder, besser noch, meiner Minuten, inmitten von über 50 ägyptischen Statuen voller alter Inschriften, von über 200 Manuskripten in Hieroglyphen-Schrift, von 25 bis 30 Mumien und von 4000 bis 5000 Kleinfiguren oder Statuetten, die nahezu alle eine Beschriftung tragen, aus der ich meinen Nektar sauge! Die erste Begeisterung ist noch nicht erloschen, obwohl ich seit dem 12. Juni alle Tage dem Studium dieser bemerkenswerten Überreste meines armen alten Ägypten gewidmet habe… Fast mein ganzes Leben verbringe ich hier *inmitten der Toten* und wirble den alten historischen Staub auf.«

Vollkommen hingerissen vom Datenmaterial, das die vergleichsweise knappen Inschriften auf ägyptischen Kunstwerken bieten, wandte sich Champollion bald der Unzahl von Papyri zu. Sie enthielten längere Texte in hieratischer und hieroglyphischer Schrift, manche mit unterschiedlichen Texten auf beiden Seiten oder mit flüchtigen Randbemerkungen versehen. Papyrus kannten die Ägypter unter dem Namen  (*schefedw*, »Papyrusrolle«). Dieses Material zum Beschreiben wird aus Papyrus gewonnen, dessen Stauden einst überall in den stillen, flachen Gewässern der ägyptischen Sumpfgebiete wucherten. Aus dieser Pflanze ließen sich die verschiedensten Gegenstände fertigen, von Sandalen und Körben bis hin zu Flusskähnen. Für die Papierherstellung wurde der Stängel verwendet. Nach der Ernte schnitt man die Stängel auf die gewünschte Länge, ihre Außenhaut oder -rinde wurde abgeschält. Das Mark des Stängels wurde anschließend in Streifen geschnitten, diese wurden nebeneinander gelegt, mit einer weiteren Lage Streifen darüber, im rechten Winkel zur unteren

Lage. Beide Lagen presste oder walzte man zusammen, und die natürlichen Klebstoffe in der Pflanze ließen die Streifen beim Austrocknen aneinander haften. Dabei entstand ein Papyrusblatt, gebrauchsfertig für den Schreiber, ein wenig dicker als modernes Schreibpapier.

Für viele Zwecke brauchte ein Schreiber eine nur sehr kleine Anzahl von Gegenständen, genannt  (*menhed*, »des Schreibers Palette«). Stifte wurden aus Schilfrohr geschnitten, deren Enden man ausfranste, um – statt einer Federspitze – ein eher pinselähnliches Schreibinstrument zu formen. Für herkömmliche Schriftstücke wurden schwarze und rote Tinten benutzt, doch für Illustrationen im Text waren auch andere Farben verfügbar. Tinten gab es zu festen Klumpen geformt, die in den Vertiefungen einer langen, rechteckigen und gewöhnlich aus Holz gefertigten Palette steckten. Der Schreiber benutzte also keine flüssige Tinte, sondern tunkte das Schilfrohr in Wasser, um es anschließend auf dem Tintenklumpen zu reiben. Praktischerweise ließen sich die Papyrusblätter zusammenrollen, verknoten und versiegeln. Solche Rollen wurden gewöhnlich in Holzkisten oder Töpfervasen gelegt. Ein längerer Text, beispielsweise eine Geschichte, die sich über mehrere Papyrusrollen hinzog, konnte durchaus seine eigene Kiste oder Vase für die Lagerung haben.

Als Champollion mit der Sichtung der Papyri begann, wurde ihm bald klar, dass viele von ihnen zu einer Sammlung von Zaubersprüchen gehörten, die einem Toten das Weiterleben im Jenseits erleichtern sollten (heute kennt man sie als »Totenbuch«). Unter ihnen fand sich aber auch der beschädigte Lageplan eines Grabes. Altägyptische Planskizzen von Gräbern sind selten, und diese ist bis heute die detaillierteste erhaltene Karte eines Königsgrabs, im Maßstab 1:28, wobei einige der Abmessungen angegeben sind. Beim Vergleich mit den Illustrationen aus dem Tal der Könige in der *Description de l'Égypte* kam Champollion zu dem Schluss, die Karte müsse das Grab von Ramses III. darstellen; später hat man allerdings herausgefunden, dass es sich aller Wahrscheinlichkeit nach um das von Ramses IV. handelt.

Nach vielen Tagen intensiver und systematischer Arbeit an den Turiner Papyri, wobei er mitunter vor der Lektüre einzelne Fetzen zusammensetzen musste, erfuhr Champollion, dass es in einem anderen Teil des Museums einige noch kleinere Papyrusfragmente gab. Man hatte sie ihm nicht gezeigt, weil sie als »unbenutzbar« ausgewiesen waren. Seine Bestürzung über den Anblick dieser Überreste schlug sich in einem Brief an seinen Bruder von Anfang November nieder:

»Als ich die Kammer betrat, die ich seither als *Mausoleum der Geschichte* bezeichne, erfasste mich ein tödlicher Schauder. Vor mir stand ein Tisch von drei Meter Länge, der völlig mit Papyrusresten bedeckt war, die eine mindestens 15 Zentimeter dicke Schicht bildeten. *Quis talia fando temperet a lacrymis!* [Wer könnte seine Tränen zurückhalten, wenn davon die Rede ist!] Um meiner Verzweiflung einigermaßen Herr zu werden, überlegte ich zunächst, ob es sich um *Grabbeigaben* handle, alles in allem 400 bis 500 Manuskripte. Dadurch fasste ich Mut und warf einen Blick auf das längste und am wenigsten aus der Form geratene. Die Wunde riss wieder auf, als ich ein Fragment aus dem Jahr 24 der Regierungszeit des Pharaos Amenophis-Memnon in der Hand hielt. In diesem Moment beschloss ich, jeden einzelnen dieser großen und kleinen Fetzen umzudrehen, die diesen Tisch des Elends bedeckten.«

Dass die Manuskripte in so traurigem Zustand waren, hängt weitgehend mit der unsachgemäßen Behandlung zusammen, die sie während des Transports erleiden mussten. Im ägyptischen Klima wurden die Papyri ausgezeichnet konserviert; das älteste Manuskript ist fast 5000 Jahre alt. Bei nachlässigem Umgang und höherer Luftfeuchtigkeit zerfällt das Material rasch in seine Einzelteile. Ein weiteres Problem besteht im Aufrollen der steifen Papyri, von denen noch heute viele ungeöffnet in den Museen liegen. Ihr Inhalt bleibt ein Geheimnis, bis man neue Techniken des Glättens erfunden hat.

Als er begann, die Fragmente der »unbenutzbaren« Papyri zu untersuchen, hielt sich Champollion bereits fünf Monate in Turin auf, wo er von morgens bis abends ohne Unterbrechung arbeitete. Wieder einmal begann sein Wohlbefinden unter der Anstrengung zu leiden. Mit Einsetzen des Winters und des feuchten Klimas, das Turin im Herbst mit ständigen Überflutungen heimsucht, meldeten sich Rheuma, Fieberanfälle und Schwindelgefühl zurück. Ein Übriges tat die wachsende Zahl der Museumsbesucher, denen er sich verpflichtet fühlte; oft ließ er sich von der Arbeit ablenken und erläuterte ihnen die Sammlung in ihren verschiedenen Aspekten. Das Zusammensetzen der Papyrifragmente und die Erschließung ihres Inhalts dauerten länger als erhofft, und was er darin las, versetzte Champollion in Angst und Schrecken:

»In meiner Hand entrollten sich die Namen der Jahre, die dem Gedächtnis der Geschichte längst entschwunden sind, Namen von Göttern, denen seit 15 Jahrhunderten kein

Altar mehr geweiht wird; ich wagte kaum zu atmen, während ich winzige Papyrusreste sammelte, damit sie nicht zu Staub zerfielen – die letzte und einzige Zuflucht des Andenkens an einen König, der womöglich zeitlebens im gewaltigen Palast von Karnak eingeschlossen ausharrte!«

Und schließlich fand er, unter Überresten von abertausend Dokumenten, ein paar besonders verlockende Schnipsel. Nach acht Tagen fieberhafter Suche hatte er insgesamt 50 Teile eines Manuskripts vor sich, das er *canon royal*, »Königskanon«, nannte.

Der Königskanon von Turin ist ein Papyrusfragment aus der Regierungszeit von Ramses II. (1279–1213 v. Chr.), das die Abfolge früherer ägyptischer Herrscher auflistet. Als ihn Drovetti erwarb, war der Papyrus mit über 300 Herrschern offenbar noch weitgehend komplett. Doch die Überfahrt von Ägypten nach Italien hatte das Material ruiniert, wobei einige Teile verloren gingen. Der Papyrus nennt nicht nur die landesfremden Herrscher, die in anderen Listen gewöhnlich fehlen, sondern auch die genaue Regierungszeit jedes einzelnen. Champollion erkannte den unschätzbaren Wert dieser Königsliste für die Erforschung der ägyptischen Frühgeschichte und für eine abgesicherte Chronologie. Doch trotz gründlichster Suche blieben manche Partien unauffindbar und die Herrscherfolge lückenhaft. Champollion empfand jede Lücke als persönliche Tragödie. »Als größte Enttäuschung meines Forscherlebens muss ich dir eingestehen«, klagte er Jacques-Joseph in seiner Verzweiflung, »dass ich dieses Manuskript in einem derart erbärmlichen Zustand vorfand. Ich werde das nie verwinden – diese Wunde wird noch lange bluten.«

Aus Turin schrieb Champollion seinem Bruder und

seinen Freunden fast täglich, doch zweimal schilderte er ausführlich die Entdeckungen seinem Beschützer, dem Herzog von Blacas. Der erste Brief handelt von der ägyptischen Kunst und wurde im Juli 1824 in Paris veröffentlicht. Ursprünglich sollte er eine ganze Serie eröffnen, doch schließlich kam nur ein weiterer Brief zwei Jahre später zum Druck. Während er die Papyrusmassen durchpflügte und seine Fertigkeit in der Lektüre des Hieratischen – der in den meisten Papyri verwendeten handschriftlichen Version der Hieroglyphen – verbesserte, wurde die Ankunft einer neuen großen Papyrussammlung in der Quarantänestation von Livorno gemeldet. Sie gehörte Henry Salt, dem britischen Konsul in Ägypten, und stand zum Verkauf. An die Bereitschaft der französischen Regierung, eine solche Sammlung zu erwerben, wagte Champollion nicht im Traum zu denken. Seinem Bruder schrieb er, soweit er sehe, »werden ägyptische Denkmäler überall gehortet, außer in Frankreich... Bald wird es ein Ägyptisches Museum in der Hauptstadt der Republik San Marino geben, während wir in Paris nur isolierte Einzelstücke haben«. Aus der Hauptstadt kamen freilich andere, weit beunruhigendere Nachrichten. König Ludwig XVIII., sein neu gewonnener Schutzpatron, war am 16. September verstorben; der Herzog von Artois trat als König Karl X. seine Nachfolge an. Der Herzog von Artois gab sich stets reaktionärer als sein Bruder Ludwig XVIII., weshalb er die Stütze der radikalen Ultraroyalisten gewesen war, die Champollion in der Vergangenheit so viel Unheil beschert hatten. Immerhin war Champollion mit Ludwig ausgesöhnt, der seine Italienfahrt finanziert hatte; ähnlich gute Beziehungen ließen sich vielleicht auch zum neuen Herrscher knüpfen, schon weil man Karl X. nachsagte, er sei stärker an wissenschaftlichen Projekten interessiert und weniger knauserig als sein Vorgänger. Champollion nahm sich vor, den Mut nicht sinken zu lassen.

Auch in Turin ergaben sich für Champollion einige Schwierigkeiten. Zwischen ihm und dem Direktor des Museums, Cordeo di San Quintino, gab es wachsende Spannungen. Wahrscheinlich war eine Entfremdung der beiden unvermeidlich, denn man hatte Champollion als Berühmtheit und Kapazität seines Fachs begrüßt. Monatelang nahm er das Museum geradezu in Beschlag, das normalerweise die persönliche Domäne San Quintinos darstellte. Voller Leidenschaft für den Gegenstand seiner Forschungen, erteilte Champollion freigebig Ratschläge, wobei er nicht immer diplomatisch vorging; San Quintino fürchtete seinerseits um seinen Posten als Museumsdirektor und verabscheute die Einmischung des Ausländers, der Freunde in einflussreichen Kreisen hatte.

Obwohl noch immer viel zu tun blieb, beschloss Champollion im Januar 1825, sich auch noch anderswo in Italien umzusehen, wollte aber auf jeden Fall nach Turin zurück, um seinen Auftrag zu erfüllen. San Quintino und seine Anhänger hielten die Gelegenheit für günstig, die Drovetti-Sammlung im Museum zu inventarisieren und den Katalog zu schreiben, um Champollion keinen Anlass zur Wiederkehr zu geben. San Quintinos Gegner wurden dadurch angespornt, Champollions Aufnahme in die Akademie von Turin zu betreiben; Mitte Januar wurden er und Jacques-Joseph einstimmig zu Mitgliedern gewählt. Schließlich brach Champollion Anfang März von Turin nach Rom auf.

In zehn Tagen legte er die Strecke zurück, mit kurzen Zwischenstationen an Orten wie Mailand und Bologna, wo er rasch die anderen ägyptischen Sammlungen in Augenschein nahm, um ihr Hieroglyphen-Material zu kopieren. Nachdem er den größten Teil der Reise bei sintflutartigem Regen absolviert hatte, mit schlaflosen Nächten und unbequemen Wirtshäusern, traf er am 11. März um sechs Uhr früh in Rom ein, erschöpft und mit geschwollenen Händen und Füßen. Gleichwohl konnte er sein Entzücken nicht verbergen und ließ sich, wie jeder Tourist, der zum ersten Mal nach Rom kommt, nur kurz im Hotel blicken, bevor er wieder in die Stadt ging. Seinem Bruder Jacques-Joseph gestand er:

»Ich suchte umgehend die Peterskirche auf, so begierig war ich auf ihren Anblick, und wollte mit den größten Sehenswürdigkeiten beginnen. Ich kann dir den Eindruck kaum schildern, als ich vor dieser Basilika ankam. Wie arm sind wir in Frankreich – die unsrigen sind jämmerlich neben diesen großartigen römischen Bauwerken.«

In aller Eile setzte er den Rundgang fort und besichtigte zuallererst die Obelisken und andere ägyptische Denkmäler, um erst nach Mitternacht in sein Hotel zurückzukehren. Nachdem er im Brief an seinen Bruder die Faszination dieser wenigen Stunden geschildert hatte, endete er mit: »Das war mein erster Tag in Rom. Ich werde ihn nie vergessen!«

Trotz der ersten ungestörten Nacht seit seiner Abreise von Turin konnte Champollion am anderen Morgen mit seinen geschwollenen Füßen kaum gehen, doch ein Bekannter stellte ihm eine Kutsche zur Verfügung. Die nächsten vier Tage verbrachte der Reisende mit Besuchen bei Freunden und Kollegen in Rom und mit der Besichtigung möglichst vieler antiker Stätten. Zeitplan und Geld setzten ihm allerdings enge Grenzen, weshalb er seine Fahrt nach Süden fortsetzte, um Blacas zu treffen, der seinen Posten als französischer Gesandter in Neapel inzwischen angetreten hatte. Nach all den Reisen und dem kurzen, aber eindrucksvollen Aufenthalt in Rom sehnte sich Champollion nach Ruhe, und während er noch diversen geselligen Verpflichtungen nachkam, verzichtete er vorerst auf das Studium der ägyptischen Überlieferung, das sein tägliches Brot in Turin geworden war. Seine Hauptaufgabe bestand in dieser Zeit darin, einen Bericht über Kanopengefäße und andere ägyptische Kostbarkeiten im Besitz des neuen Königs von Neapel, Francis I., fertig zu stellen. Mehrmals wurde er zur Audienz bei Königin Isabella geladen, die sein System der Hieroglyphen-Entzifferung kennen lernen wollte. Es war keineswegs das erste Mal, dass man ihn bat, seine Methode zu erläutern. Allmählich nahm sein Ansehen zu; nicht wenige Menschen, denen er begegnete, wollten die Hieroglyphen durch denjenigen erklärt bekommen, der ihr Rätsel gelöst hatte.

Entschlossen, bei seinem kurzen Aufenthalt in Neapel möglichst viel mitzunehmen, stattete Champollion auch den Ruinen von Pompeji einen Besuch ab. Man hatte begonnen, sie aus Asche und Lava freizulegen, unter denen die römische Siedlung beim Ausbruch des Vesuv im Jahr 79 v. Chr. verschüttet worden war. Der letzte ernst zu nehmende Vulkanausbruch hatte erst 30 Jahre vor seinem Besuch stattgefunden, wobei die ins Meer strömende Lava Pompeji knapp verfehlt hatte. Im Brief an Jacques-Joseph wird das Staunen über die kurz zuvor entdeckte Ruinenstadt deutlich:

»Am 1. April verging mir der Tag wie im Fluge. Ein ganzes Buch müsste ich schreiben, um genau zu schildern, was einen dort alles erwartet. Ich besichtigte den Marktplatz, eilte zum *Forum*, sprach mein Vaterunser in den Tempeln des Merkur, des Neptun, des Jupiter, der Diana und der Venus, hielt eine lange Andacht im Isistempel und verquickte das Heilige mit dem Weltlichen, indem ich die beiden Theater besuchte, die ich rasch wieder verließ, um rechtzeitig ins Amphitheater zu kommen... Endlich rannte ich durch *die Straßen*, betrat eine Menge von Häusern, wo sich mehr oder minder bedeutende Fresken finden. Besonders staunte ich über zwei Wandmalereien, die noch immer an Ort und Stelle sind und vor ungefähr einem Monat entdeckt wurden... Die Zeichnung war eindrucksvoll, die Farben exzellent. Es sind die schönsten antiken Malereien überhaupt, jedenfalls nach meiner Meinung.«

Der Anblick der geschmückten Gräber in Ägypten stand ihm allerdings noch bevor.

Sosehr ihn Pompeji faszinierte: Was Champollion eigentlich sehen wollte, war die altgriechische und römische Stadt Paestum, auch Poseidonia genannt, mit ihren drei gut erhaltenen frühgriechischen Tempeln. Doch versuchte jedermann, ihn davon abzuhalten, denn Paestum lag mitten in einem ungesunden, abgelegenen Sumpfgebiet, wo es von Wegelagerern wimmelte. Allen Warnungen zum Trotz verließ er unbeirrt Neapel am 10. April und verbrachte die Nacht in der Stadt Eboli. Anderntags zeigte er sich von den imposanten Ruinen zutiefst bewegt:

»Nach dreieinhalb Stunden Fußweg, dank meinem Fuhrmann, der die gute Straße verpasst hat, um am Fuß der Berge liegen zu bleiben, erreichte ich zwischen den Felsklippen die auf einer wüsten Ebene verstreuten Überreste des antiken Poseidonia. Die Ruinen von Paestum sind schon hundertmal beschrieben worden. Was könnte schlichter sein als die Architektur seiner Gebäude? Doch nichts gäbe die Wirkung und den tiefen Eindruck, den die drei griechischen Tempel hinterlassen, angemessen wieder; sie sind außergewöhnlich gut erhalten, und mit Sicherheit stammen sie aus der frühesten Blütezeit der griechischen Kolonie in Italien… Aus einer gewissen Distanz, und besonders, weil sie sich goldgelb vor dem leuchtenden Azur des Himmels und der See abzeichnen, glaubte ich *ägyptische Tempel* zu sehen… Schon früher habe ich den antiken Stil geliebt, doch jetzt ist er meine erklärte Leidenschaft. Es versteht sich von selbst, dass ich wie alle, die in Paestum waren (und deren Zahl ist, wegen der griechischen Helden neuen Stils, die das Land heimsuchen, nicht gerade überwältigend), nicht anstehe zu beschwören, in ganz Italien nichts Imposanteres und Schöneres zu kennen, und ich würde nicht einmal Rom von diesem Urteil ausnehmen… Kein Laut ist in dieser Abgeschiedenheit zu vernehmen als der Schrei der Krähen und das Blöken der Büffel, welche den schönen Tempel des Neptun entschieden bevorzugen. Die einen flattern in den Wäldern der Kapitelle oder hocken auf dem Gesims, die anderen dösen im Schatten riesiger Säulenhallen. Nie werde ich diese Szenerie vergessen, und von all meinen Ausflügen ist es dieser, der sich mir unauslöschlich eingeprägt hat.«

In dieser Nacht schlief er in Salerno und kehrte erst anderntags nach Neapel zurück. Zwischendurch hielt er sich noch einmal vier Stunden lang in Pompeji auf und brachte »mit *Lacrymae Christi* im Tempel der Isis ein Trankopfer dar… und ein anderes im Venustempel«. Mit dem Wein aus der Region, dessen Name von der Legende herrührt, dass Christus auf die schöne Bucht von Neapel herniedersah und über die Sünden ihrer Bewohner weinte, huldigte er in ihren jeweiligen Kultstätten der römischen Göttin der Liebe sowie Isis, der Hauptgöttin Ägyptens. Die tiefere Symbolik dieses Vorgangs kann auf vielfältige Weise gedeutet werden, möglicherweise sogar als Aufgabe der christlichen Religion zugunsten der Liebe und Ägyptens; Champollion selbst hat diese Trankopfer nicht weiter begründet und blieb, zumindest nach außen hin, zeitlebens Katholik.

Den Brief an Jacques-Joseph mit der Schilderung Paestums beendete er in besserer Stimmung denn je, als er nach Neapel zurückkehrte: »Mit meiner Gesundheit steht, von den üblichen Schmerzen einmal abgesehen, alles zum Besten. Pflege sorgfältig deine Zähne, die wir am nötigsten brauchen, um uns zu verteidigen; meine sind in gutem Zustand und brauchen nur etwas zu beißen!«

Nachdem er die Stätten besichtigt hatte, an denen ihm am meisten gelegen war, und angesichts der vor ihm liegenden Arbeit wollte Champollion nicht länger in Neapel verweilen. Zehn Tage später war er wieder in Rom, wo er sich umgehend den ägyptischen Obelisken widmete, die von römischen Kaisern über 1500 Jahre zuvor aus Ägypten hergebracht worden waren. Champollion unterzog sich der nicht geringen Mühe, mitten in den unschönen Trümmern, von denen die Obelisken oft umgeben waren, die Inschriften abzuzeichnen. Abwechselnd von der Sonne gebraten und von Aprilschauern durchnässt, stieß er auf immer mehr Irrtümer in den von früher her bekannten Versionen.

Unzulänglich waren vor allem die Inschriften, die Athanasius Kircher publiziert hatte, der Kleriker und vermeintliche Hieroglyphen-Entzifferer des 17. Jahrhunderts. Dies bestärkte Champollion in seinem Entschluss, möglichst viele Inschriften im Original zu sehen, und nur ein einziger Fundort kam dafür eher als Italien infrage: Ägypten selbst.

Anfangs hatte er in Rom bei Blacas gewohnt, der gemeinsam mit ihm den Rückweg antrat und ihm viele einflussreiche Leute vorstellte. Allerdings war das keine reine Freude für Champollion, der seine kostbare Zeit Leuten widmen musste, die seine Entzifferungsmethode aus erster Hand erfahren wollten. Wieder einmal war er der Star, wo er viel lieber das Dasein eines weltfernen Gelehrten geführt hätte. Doch profitierte er immerhin von der Neugier, indem er sich auf diese Weise eine Bleibe verschaffte, als Blacas ihn in Rom zurückließ. Außer öffentlich aufgestellten Denkmälern wie Obelisken konnte er sich nun den Privatsammlungen ägyptischer Altertümer widmen, darunter auch den Schätzen des Vatikan, von denen er manches bereits aus seiner Studienzeit in Paris kannte – ein Teil der vatikanischen Beute war nach Napoleons endgültigem Sturz in die ewige Stadt zurückgekehrt.

Am 15. Juni 1825, nur zwei Tage vor seiner Abreise aus Rom, wurde Champollion die Ehre einer persönlichen Audienz bei Papst Leo XII. zuteil, der ihn freundlich empfing. Anschließend schrieb er seinem Bruder, dass »der Papst, der ausgezeichnet Französisch sprach, die Güte hatte, mir dreimal zu beteuern, mit meinen Entdeckungen hätte ich *der Religion einen schönen, großen und guten Dienst erwiesen*«. Das päpstliche Lob gründete freilich weniger auf der Entzifferung der Hieroglyphen als auf Champollions Datierung des Dendera-Tierkreises, mit der er die Gegner der biblischen Chronologie vorübergehend zum Verstummen gebracht hatte. In seiner Begeisterung bot der Papst ihm sogar einen Kardinalshut an. Verwirrt und kleinlaut wehrte Champollion mit dem Hinweis ab, er sei verheiratet und habe eine Tochter. Dennoch wollte der Papst ihm etwas Gutes tun und machte seinen Einfluss auf den französischen König geltend: Kaum einen Monat später teilte die Regierung mit, dass Champollion zum Ritter der Ehrenlegion ernannt war; den gleichen Titel hatte Jacques-Joseph zehn Jahre zuvor von Napoleons Gnaden erhalten.

Mittlerweile hatte Champollion gelernt, dass ihm die Gunst und Freundschaft der Mächtigen nicht selten mit Neid und Hass von jenen vergolten wurden, die über weniger Einfluss verfügten. Kein Wunder, dass die Anerkennung des Papstes den Chor seiner Gegner noch verstärkte und durchaus nicht alle Kleriker auf seine Seite brachte, von denen manche in seiner Arbeit einen Anschlag auf die kirchliche Autorität erkennen wollten. In der europäischen gelehrten Welt bildete sich ein wechselndes Muster von Anerkennung und Feindseligkeit. Wie San Quintino, der Museumsdirektor von Turin, sahen sich manche veranlasst, gegen Champollion Stellung zu nehmen und sich mit seinem Rivalen Young zu verbünden – und benutzten sein Entzifferungssystem trotzdem, einfach weil es funktionierte. Andere erkannten ihren Irrtum und wandten sich von Young ab, übrigens auch Sir William Gell, der Champollion in Rom persönlich kennen gelernt und sich von der Schlüssigkeit seiner Methode überzeugt hatte. Viele Forscher aus Deutschland pflichteten Champollion bei, andere jedoch ließen kein gutes Haar an ihm.

Friedrich-August Spohn, der anderthalb Jahre jünger als Champollion und Professor für griechische und römische Literatur in Leipzig war, wollte die Hieroglyphen ebenfalls entziffert haben, doch starb er Anfang 1824, ohne die Probe aufs Exempel geliefert zu haben. Mit der Veröffentlichung seines Nachlasses wurde der Orientalist Gustav Seyffarth betraut, der Champollion zeitlebens befehden sollte. Inzwischen war auch Heinrich Julius von Klaproth, ein ausgezeichneter Orientalist, der mit dem Titel und der Besoldung eines Berliner Professors für asiatische Sprachen seit 1815 in Paris lebte, von den Unterstützern Champollions ins Lager der entschiedensten Gegner gewechselt. Seit dem Zeitpunkt seiner Abreise nach Italien, als Champollion sich unmissverständlich geweigert hatte, an Klaproths akademischen Intrigen mitzuwirken, hatte dieser Gelehrte – meist in kleinen anonymen Flugschriften, die in den folgenden Jahren zu einer wahren Landplage wurden – einen Rachefeldzug gegen Champollions Entdeckungen geführt.

Von Rom aus reiste Champollion nach Florenz im Großherzogtum Toskana, wo er sich kaum mehr als zwei Wochen aufhielt – was jedoch ausreichte, um sich in die Stadt zu verlieben. Er betrachtete Florenz als »den *einzigen Ort* in Italien, wo man wahre und gerechte Freiheit genießt; es ist im Grunde genommen der einzige Landstrich, wo es eine Regierung gibt – und das will etwas heißen«. Wieder einmal geriet er in den Sog der geselligen und akademischen Verpflichtungen, die fast schon zur Routine geworden waren. Aber er drosselte die Anstandsbesuche bei einflussreichen Persönlichkeiten und die Vorträge über Hieroglyphen-Kunde, so gut es ging, um das Studium der ägyptischen Altertümer nicht zu vernachlässigen. Großherzog Leopold II. lud ihn ein, seine kürzlich erworbene Sammlung zu inventarisieren. Als erholsam, besonders nach seinen Erfahrungen in Rom, empfand er das in Florenz vorherrschende Klima geistiger Freiheit. Hier wurde seine Arbeit nach Kriterien beurteilt, die er selbst gutheißen konnte: vom Standpunkt der logischen und nüchternen wissenschaftlichen Analyse aus, ohne Vorurteile und Bigotterie.

Als er Florenz Anfang Juli verließ, wollte Champollion den Heimweg nach Frankreich nur in Turin unterbrechen, doch unternahm er rasch noch einen Abstecher nach Livorno, um die neuen ägyptischen Altertümer und Papyri zu besichtigen, die dort seit einigen Monaten zum Verkauf angeboten wurden. Der Eigentümer der Sammlung hatte anonym bleiben wollen, doch wusste Champollion, dass Henry Salt dahinter steckte. Nachdem er alles durchgesehen hatte, schrieb er wie elektrisiert an seinen Bruder: »Diese Sammlung, die noch schöner ist als die von Drovetti (wenn man vom Fehlen der großen Statuen absieht), soll verkauft werden, und die Regierung könnte sie für nur 250 000 Francs haben.« Einen detaillierten Bericht sandte Champollion an Blacas in der Hoffnung, dieser könne die französische Regierung zum Zugreifen bewegen. Von Turin aus wandte er sich noch einmal an seinen Bruder und unterstrich die Bereitschaft Salts, Frankreich den Zuschlag zu geben:

»Wie ich schon sagte und jetzt wiederhole, er gibt sie für so gut wie nichts weg, und es sollte Frankreich zur Ehre gereichen, wenn es die Früchte der Wühlarbeit eines Goddam [abfälliger Ausdruck für Engländer] ernten würde, der aus Nationalstolz unter keinen Umständen genannt sein will und nicht abgeneigt wäre, von den *French dogs* Geld anzunehmen.«

Henry Salt war damals 45 und diente seinem Vaterland seit fast einem Jahrzehnt als Konsul in Ägypten. Seine erste Sammlung ägyptischer Altertümer war drei Jahre zuvor an das British Museum gegangen, doch die Verhandlungen über den Ankauf hatten ihn nicht zufrieden gestellt. Entgegen Champollions Meinung war er keineswegs entschlossen, seine zweite Sammlung den Franzosen zu überlassen, wie er einem Freund schrieb: »Es wäre mir ein Vergnügen, sie nach England zu geben, doch ein *Feilschen* mit dem British Museum kommt nicht mehr infrage.« Vor allem wünschte sich Salt, aus Ägypten heimkehren zu dürfen und eine Pension zu erhalten: »Was ich angehäuft habe – und meine Sammlung befindet sich zurzeit in Livorno –, sind Antiquitäten im Wert von 4000 Pfund Sterling: die herrlichste Papyruskollektion, die es gibt, eine Auswahl der besten ägyptischen Bronzen, mehrere Wachsbrandmalereien und reiche Schätze aus Gold und Keramik. Mit solchen Kostbarkeiten wäre die Sammlung im [British] Museum *die erlesenste der Welt.*«

Champollion, der in Turin um die Fertigstellung des Katalogs der ägyptischen Abteilung bemüht war, verlor angesichts der Untätigkeit der französischen Regierung allmählich die Hoffnung auf den Erwerb der Salt-Altertümer. Doch wenigstens ließ ihn Museumsdirektor San Quintino in Ruhe seine Arbeit fortsetzen. Ermutigt wurde er auch durch das kürzlich von Salt herausgegebene Buch über Hieroglyphen *(Essay on Dr. Young's and M. Champollion's Phonetic System of Hieroglyphs)*, das ihm vom Autor selbst zugesandt worden war. Salt, der die Sammler in England mit Antiquitäten belieferte, hatte anfangs zu Young gehalten, doch sein Buch ließ erkennen, dass auch er mittlerweile von der Richtigkeit der Entdeckungen Champollions überzeugt war. Erst im Jahr zuvor hatte er William Hamilton mitgeteilt: »Sie werden erstaunt sein, von mir zu hören, dass ich mich zum Anhänger des Systems bekehrt habe, mit welchem Mons. Champollion filius [!] die Hieroglyphen erklärt… Es dauerte nicht lange, bis ich einsehen musste, dass ich es zu Unrecht verspottet habe.«

Seine eigenen Entzifferungsversuche weisen Salt allerdings kaum als ernst zu nehmenden Rivalen aus, und man beurteilte das Buch als »missratenes Werk, worin alles, was von ihm selbst stammte, heillos und grundfalsch« sei.

Dass Champollion in verschiedenen Zeitungen des Auslands als Kenner gepriesen wurde, versetzte diesen ebenfalls in Hochstimmung. Mehrere Diplomaten in Rom hatten ihren Regierungen in höchsten Tönen von seiner Arbeit berichtet, was sich auch bei den Journalisten herumsprach. Champollion hoffte, dieser unerwartete Ruhm würde seinem Urteil mehr Gewicht verleihen, wenn er der französischen Regierung den Ankauf der Salt-Sammlung empfahl.

Champollion brauchte fast dreieinhalb Monate, um seine Forschungen in Turin abzuschließen. Inzwischen war es Anfang November, und bald drohte wieder die Sperrung der Alpenpässe. Bei der Überquerung des Mont Cenis wurde er von einem schrecklichen Unwetter aufgehalten, das in den umliegenden Dörfern große Verwüstungen anrichtete. Champollion erreichte Grenoble gegen zehn Uhr abends und konnte seine Frau überraschen, die ihn erst anderntags erwartet hatte. Nach anderthalb Jahren der Trennung staunte er, wie groß seine Tochter Zoraïde geworden war; das Vergnügen an ihr war trotz der langen Abwesenheit ungebrochen: »Hätte ich nicht die Ehre, ihr Vater zu sein, würde ich sagen, dass der Ruf, den sie bereits in zwei oder drei Gemeinden genießt, vollkommen berechtigt ist: Sie ist das schönste Kind in der ganzen Dauphiné!«

Auch mit Jacques-Joseph gab es ein Wiedersehen, und die Brüder hatten viel miteinander zu beraten, was selbst in ihrem regen und oft freimütigen Briefwechsel nicht zur Sprache kommen durfte. Natürlich ging es auch um den Widerstand, der dem Ankauf der Salt-Sammlung durch die französische Regierung in Paris entgegenschlug. Allen Ehren und Lobsprüchen zum Trotz, mit denen der Papst Champollion überhäuft hatte, waren die Vertreter der katholischen Kirche nach wie vor gegen ihn eingenommen, nicht zuletzt wegen seiner Studien in Turin. Vorläufig hatte Champollion durch die Neudatierung des Tierkreises von Dendera die biblische Chronologie gerettet, diese geriet jedoch durch den Königskanon erneut ins Wanken, denn die Dynastien der frühesten Könige reichten weit zurück hinter den Anfang der Welt, wie ihn die biblische Genesis schildert. Da es sich um Fragmente handelte, die mehr einem Puzzle ähnelten denn einer handschriftlichen Quelle, konnte der Klerus den Königskanon mühelos zurückweisen, doch jede neue altägyptische Papyrussammlung lieferte womöglich weitere Belege für eine Fehldeutung der Bibel durch das kirchliche Dogma. Dessen Vertreter wollten verhindern, dass ein solcher Nachweis durch den Ankauf der Salt-Sammlung ins Land kam. Vorläufig behielt Champollion seine Erkenntnisse über das wahre Alter der ägyptischen Dynastien zurück; ganz so überwältigend und unbestreitbar waren seine Belege noch keineswegs. Dennoch ahnten seine kirchlichen Gegner die wahre Sachlage und unternahmen alles, um ihn zu diskreditieren.

Bald schon musste Jacques-Joseph nach Paris zurückkehren. Champollion blieb in Grenoble, wo er seine Manuskripte überarbeiten und die Entscheidung über den Salt-Ankauf abwarten wollte. Einige Monate zuvor, im Juli, war eine weitere Sammlung von Antiquitäten in Paris eingetroffen. Sie gehörte Giuseppe Passalacqua, einem ehemaligen Pferdehändler aus Italien, der sich als Archäologe und Sammler betätigte. Edme-François Jomard, Herausgeber der *Description de l'Égypte*, betrieb diesen Ankauf nach Kräften, denn mit einiger Sicherheit würde man ihn, falls Passalacqua den Zuschlag bekam, als Kurator für die Betreuung der Schätze einstellen. Eine Entscheidung für die Salt-Sammlung könnte wiederum bei der Postenvergabe günstig für Champollion ausfallen. Da Champollion mehrere Berufungen ins Ausland erhalten hatte, kalkulierten seine Widersacher, sie könnten ihn aus Frankreich vertreiben, wenn er als Kandidat für die Kuratorenstelle in Paris nicht mehr infrage kam. Deshalb scharten sie sich hinter Jomard. Obwohl die Passalacqua-Sammlung weitaus billiger war als Salts Angebot, zögerte der König noch mit der Entscheidung, was zu überschäumender Polemik in der Presse führte.

Der Streit, an dem auch Jacques-Joseph maßgeblich beteiligt war, zog sich bis ins Frühjahr 1826 hin. Als es irgendwann danach aussah, als wolle der König zugunsten Champollions entscheiden, wurde dies von Jomard und den Seinen mit der unverhohlenen Denunziation einer solchen »Ungerechtigkeit« erwidert. Doch gegen Ende Februar erfuhr Champollion, dass ihm 5000 Francs für eine Reise nach Livorno bewilligt werden sollten, um die Salt-Sammlung zu begutachten und ihren Marktwert zu schätzen. Immerhin hatte er einen Etappensieg errungen. Champollion nahm die Gelegenheit beim Schopf, bereitete sich umgehend auf die Abreise vor und brach am 1. März nach Grenoble auf. Für die Überquerung der Alpen war es eigentlich noch zu früh im Jahr, und der Pass am Mont Cenis war noch immer verschneit, wie er seinem Bruder in einem bewusst untertriebenen Bericht mitteilte:

»Ich bestieg die Kutsche wieder und verließ sie erst... am Fuße des Mont Cenis, um mich dort in eine anderthalb Meter tiefe Kiste zu setzen, die auf einem an den Schweif eines Pferdes geschirrten Schlitten stand. Der Aufstieg verlief einigermaßen glimpflich, ebenso die Abfahrt, wenn auch nicht ganz ohne Schrecken: Es fällt nicht ganz leicht, über eine acht bis zehn Meter tief verschneite Straße zu schlittern – dieselbe, deren Pflaster ich vor vier Monaten bereist hatte – und dabei keine Miene zu verziehen.«

Er war keine Minute zu früh gekommen, denn die erste Nachricht von der italienischen Seite der Alpen lautete: »In drei Tagen gelangt man nur noch unter Lebensgefahr hinüber. Die Schneemassen beginnen zu schmelzen, zwei Lawinen haben die Strecke schon unterbrochen und einen Teil des Tals unter sich begraben.«

Als er Mitte März in Livorno eintraf, machte sich Champollion sofort an die Arbeit. Die Sammlung war inzwischen angewachsen, denn bei seinem ersten Besuch waren größere Skulpturen und ein riesiger Steinsarkophag noch unterwegs nach Italien. Nun musste er alle Bestandteile – insgesamt 5000 Stücke – einer sorgfältigen Prüfung unterziehen. Bald darauf erfuhr er, dass Karl X. einen Bericht des Herzogs von Blacas über die Sammlung entgegengenommen und den Kauf gebilligt hatte. Jetzt wandelte sich Champollions Auftrag von der bloßen Kalkulation zur gründlichen Inventarisierung, damit keines der Altertümer bei der Überführung verloren ging, und mit gleichem Eifer bereitete er das Verpacken und den Abtransport nach Paris vor.

Champollions Ruhm war inzwischen so verbreitet, dass er von akademischen Instituten in aller Welt willkommen geheißen und ehrenvoll aufgenommen wurde. Auch in Livorno machte man ihn zum Mitglied der Akademie der Wissenschaften. Dadurch lernte er Ippolito Rossellini kennen, einen Professor für orientalische Sprachen aus Pisa, der bei ihm in die Lehre gehen wollte. Man hatte ihm ein Reisestipendium bewilligt für den Fall, dass er Champollion begleiten durfte. Rossellini war 25 Jahre alt und betrieb seit zwölf Monaten Hieroglyphen-Kunde. Champollion zögerte nicht, ihn als Schüler anzunehmen. Die Mitgliedschaft in der Akademie führte noch zu einer weiteren schicksalhaften Begegnung, als zu Champollions Ehren am 2. April eine öffentliche Sitzung stattfand. Eine der Vortragenden war Angelica Palli. Die 28-jährige Tochter eines höchst erfolgreichen Geschäftsmannes in Livorno genoss als Lyrikerin hohes Ansehen. Bei der Veranstaltung rezitierte sie ein Gedicht auf Champollion. Der zeigte sich entzückt von dieser poetischen Ehrung und betrachtete sie als »süßesten Lohn für all den ägyptischen Staub, den ich seit 15 Jahren fressen muss«. Es scheint, als habe er sich auf der Stelle in die Dichterin verliebt. Seinem Freund Costanzo Gazzera, Bibliothekar an der Universität von Turin, der mithilfe des Champollion'schen Systems selbst ein findiger Entzifferer geworden war, beschrieb er sie als »...hoch gebildet, von perfekter Grazie, und ihr müsst zweifellos von ihr gehört haben, wenn ihr keine Barbaren seid. Was mich betrifft, danke ich dem großen Amun-Ra, dass er uns zusammengeführt hat und dass ich mich ihrer Gunst erfreue. Doch weil auch Mumien ihre Rechte haben, obwohl sie stumm sind, verharre ich so oft wie möglich in ihrer Mitte und sehe die liebenswerte Sibylle [Angelica Palli] nur selten, weil ich besorgt bin, Hathor [die ägyptische Göttin der Liebe] würde sich allzu sehr in meinen Dank einmischen.«

Nur eine Hand voll Briefe Champollions an Angelica Palli sind überliefert. Aus ihnen geht deutlich seine Leidenschaft für sie hervor, die allerdings nur mit Freundschaft, nicht mit Gegenliebe erwidert wurde. Später heiratete Angelica Palli den Sohn einer der ältesten Familien von Livorno, doch für ein paar Wochen hatte sie sein Herz erobert, während Champollion die Salt-Sammlung für den Transport vorbereitete und auf ein Schiff wartete, das ihn zurück nach Frankreich bringen würde. Ende April hatte er sein Gutachten über die Sammlung eingereicht, das in Paris auch noch gedruckt worden war, um diejenigen zum Schweigen zu bringen, die den Ankauf des Königs missbilligten. Doch im Juni wartete Champollion noch immer auf sein Schiff. Die Zeitverschwendung ärgerte ihn, doch wollte er nicht heimkehren, bevor nicht alles an Bord gebracht war – zumal sein Bruder ihm im Mai eine freudige Mitteilung machte: Man hatte Champollion für das begehrte Amt des Direktors der neu zu gründenden ägyptischen Abteilung im Louvre ausersehen. Damit war er nun erst recht verantwortlich für die Salt-Sammlung und hatte endlich, nach all den Jahren auf der akademischen freien Wildbahn, eine Lebensstellung gefunden.

Für einen Menschen, der normalerweise jede Minute seines Tageslaufs zu arbeiten pflegt, waren die Wochen des Wartens in Livorno eine Zerreißprobe. Immerhin leistete ihm Rossellini Gesellschaft, der von Champollion möglichst viel über Hieroglyphen und ägyptische Altertümer lernen wollte. Das so erworbene Wissen sollten Rossellini und seine Schüler später zur Begründung eines eigenen ägyptologischen Forschungszweigs in Italien nutzen. Ende Juni traf das Schiff endlich ein, zwei Wochen später war die Sammlung verladen und wurde im Juli nach Le Havre verschifft, dem Hafen an der Seinemündung in Nordfrankreich, und von dort stromaufwärts nach Paris. Einige Wochen blieben noch, bis das Entladen der Salt-Sammlung Champollions Anwesenheit in Paris erforderte, und nun wollte er das Beste daraus machen. Über Pisa und Florenz reiste er mit Rossellini erneut nach Rom, wo er Mitte Juli ankam.

Dort schloss Champollion die Dokumentation der Inschriften auf ägyptischen Obelisken ab und korrigierte Druckfahnen von den Kupferstichen, die er nach seinen Zeichnungen anfertigen ließ. Mit der Zeit entstand daraus ein komplettes und genaues Verzeichnis aller Inschriften auf derartigen Obelisken, wozu Champollion durch die Aussicht auf einen Druckkostenzuschuss des Vatikans zusätzlich angespornt wurde. Rund drei Wochen verlebte er in Rom, wobei es zu einem ungewöhnlichen Zusammentreffen kam: Gustav Seyffarth, einer seiner schärfsten Gegner, forderte ihn zum »Duell«. Mit anderen Rivalen, denen er persönlich begegnete, wie Jomard, Roulhac oder Young, konnte Champollion ohne Streit und nach allen Regeln der Höflichkeit auskommen. Das war bei Seyffarth anders. Auf seinen Reisen durch Europa hatte Seyffarth ägyptische Sammlungen und koptische Manuskripte studiert, um – in lateinischer Sprache – die Publikationen des verstorbenen Spohn um seine angebliche Methode der Hieroglyphen-Entzifferung zu ergänzen. Seyffarth galt als Gelehrter von Rang und Namen und war Champollion womöglich ebenbürtig. Über einige Themen, beispielsweise Hieroglyphen, hegte er jedoch wunderliche Ansichten und vergeudete damit sein Talent. Champollions Erkenntnisse wies er größtenteils zurück und behauptete, die Hieroglyphen beruhten auf einer Frühform des Koptischen, das seinerseits vom Hebräischen abstamme. Hieroglyphen stünden demnach für Silben und seien das ursprüngliche Alphabet des biblischen Noah gewesen. Als Seyffarth erfuhr, dass Champollion in Italien weilte, begab er sich eigens nach Rom, um ihn vor Augenzeugen zu widerlegen. Eine Expertenrunde sollte entscheiden, welches Entzifferungssystem das tauglichere sei. Gelassen nahm Champollion die Herausforderung an und erklärte: »Ich werde ihn zu Füßen des Kapitols als Schlachtopfer darbringen.«

Auch Sir William Gell traf Anfang August mit Seyffarth zusammen. Sein Brief an Thomas Young erwähnt den bevorstehenden Zweikampf zwischen Seyffarth und Champollion: »Ich weiß nicht, ob Sie mit Champollion im Briefwechsel stehen, aber wir konnten ihn gerade voller Schwung in Rom erleben, wo schon zehn Tage zuvor mit Mr. Professor Seyffarth sein Gegenspieler eingetroffen war. Seyffarth ist ein sehr höflicher Herr vom Schlage eines Lord Palmerston.«

Gell wollte ihn mit der Entzifferung von Hieroglyphen-Namen auf die Probe stellen. Seyffarth traf nur bei denen ins Schwarze, die Champollion bereits veröffentlicht hatte, »aber als ich ihm andere, frisch aus Ägypten eingetroffene vorlegte, von denen er noch nichts gehört oder gesehen hatte, blieb er die Antwort schuldig, obwohl er seinen großen Quartband voller Bildtafeln in der Hand hatte... Ich hatte mir schon überlegt, dass Mr. Seufzfurz [›Sighpoop‹, Gells Spitzname für Seyffarth] nicht ganz bei Trost sei, als Champollion [nach Rom] kam und ich ihnen vorschlug, mit zwei Obelisken als Schwertern und dem Labrum von Monte Caballo [ein Bassin aus massivem Granit] als Schild zu kämpfen. Das Duell fand dann bei Italinsky statt. Nibby schätzt den Einfluss des großen Quartbands hoch ein und behauptet, Italinsky habe für Seufzfurz Partei ergriffen, doch alle Anwesenden behaupten das Gegenteil. Anderntags traf ich sie beide beim französischen Minister. Champollion fragte ihn, in welche Sprache er seine Hieroglyphen übersetzt habe, worauf er ›Koptisch‹ erwiderte. Spöttisch setzte Champollion hinzu: ›Ich will nicht behaupten, es gebe keinen Satz, aber es gibt kein einziges koptisches Wort in Ihrer Übersetzung!‹ – ›Ach‹, erwiderte Seyffarth, ›es ist ein älteres Koptisch als das in Ihrem Buch.‹ – C.: ›Und wo haben Sie das gelernt?‹ – S.: ›Von der Rosette-Inschrift.‹ – C.: ›Aus den beiden Zeilen, die Sie veröffentlicht haben?‹ – S.: ›Ja.‹ – C.: ›Dann erlauben Sie mir die Feststellung, dass sie in Ihrer Veröffentlichung völlig falsch wiedergegeben sind und mit der echten Inschrift gar nichts zu tun haben, denn bei Ihnen sind keine zehn Zeichen korrekt. Schlimmer noch, der Name, den Sie ausgesucht haben, ist der einzige schon im Original falsch geschriebene...‹ [was alles zutrifft]. Kurz und gut, Seyffarth versteht nichts von den Denkmälern und hat nie welche gesehen. Er gab keine Antwort und erklärte Nibby, er hielte es für besser zu schweigen, wenn Champollion so ausfallend werde, was gar nicht stimmte. Nach allem, was ich weiß, haben ihn nicht einmal die Deutschen unterstützt, und dass die Zeichen bei ihm je nach ihrer Position jeden Buchstaben des Alpbabets [!] wiedergeben können, raubt seiner Methode, selbst wenn sie richtig wäre, jeden Nutzen... Recht erstaunlich finde ich, dass Champollion im letzten Jahr beim Zuordnen der koptischen Wörter zu Bildzeichen so weit *fortgeschritten* ist [›progressed‹], wie die Amerikaner sagen würden.«

Champollions eigener Eindruck war, dass er seinen Rivalen bezwungen habe: »Ich habe ihm ohne Federlesens alle Gebrechen seiner Sache gezeigt und ihm mit Argumenten zugesetzt, auf die er nichts mehr erwidern konnte. Der Gerichtshof hat das Urteil über sein Schweigen gefällt. Inzwischen sehe ich ihn täglich, aber von Hieroglyphen ist gar keine Rede mehr!... In Italien ist er ein gefallener Mann.«

Viele Gelehrte hielten Seyffarths System für absurd und unbeweisbar, und die Opposition gegen ihn wuchs. Später im Jahr schrieb Champollion von Paris an Rossellini: »Wenn Sie Seyffarth in Turin antreffen, erteilen Sie ihm noch eine Predigt, auf dass er sich bekehre und nicht länger durch bizarre Träumereien lächerlich macht. In Deutschland ist er zum Gespött der Leute geworden, in Frankreich ergreift niemand mehr seine Partei. Seine Stellung in Italien ist Ihnen bekannt – es wäre ein Werk der Barmherzigkeit. Versäumen Sie es nicht, wenn Sie es vermögen!« Als er 1828 nach Deutschland zurückkehrte, wurde Seyffarths Lage immer schwieriger; rund zwei Jahrzehnte später wanderte er in die Vereinigten Staaten aus, wo er seinen unerbittlichen Kleinkrieg gegen Champollion und dessen Schule fortsetzte.

Nach der Auseinandersetzung mit Seyffarth wurde Sir William Gell, zum großen Leidwesen Youngs, einer von Champollions glühendsten Bewunderern. Young, der nach wie vor am St.-George's-Hospital arbeitete, hatte inzwischen ein geräumiges und vornehmes Haus am Park Square Nr. 9 in London bezogen, von wo er seine Korrespondenz über das Hieroglyphen-Problem mit Gelehrten in aller Welt fortsetzte. Zwei Dinge nahm er sich besonders vor: das Studium des Demotischen und die unablässige Beschwörung, er sei der erste Hieroglyphen-Entzifferer gewesen. Es dürfte ihm kaum Vergnügen bereitet haben, wenn Gell in seinen Briefen Champollion überschwänglich lobte und dessen Bereitschaft pries, sein Wissen mit anderen zu teilen: »Ich muss feststellen, dass besagter Champollion weit davon entfernt ist, mit neuen Funden zu geizen. Mir hat er eine solche Menge unveröffentlichten Materials gegeben, dass ich mich, wäre mir daran gelegen, ebenso wie er als Entdecker ausgeben könnte.«

In Rom verkehrte Champollion mit ausländischen Diplomaten, von denen er viele schon beim ersten Aufenthalt für seine Sache gewonnen hatte. Dieses Mal erkundigte er sich, was sie von einer europäischen Expedition nach Ägypten hielten, ausgerichtet von Experten mehrerer Länder unter seiner Führung. Sein nächstes Reiseziel stand für Champollion fest: Ägypten, wo er die Denkmäler und Inschriften an Ort und Stelle studieren konnte. Er hatte bereits den Herzog von Blacas auf das Thema angesprochen und konnte mit dessen Fürsprache rechnen. Gedanklich nahm Champollion schon seine nächsten Schritte vorweg: Den Rest seiner Zeit in Italien bis zum Eintreffen der Salt-Sammlung in Paris wollte er ausnutzen, so gut es ging, anschließend ein Jahr lang die neue Abteilung des Louvre-Museums einrichten, für die er schon eine Menge neuer Ideen entwickelte, und gleichzeitig seine Expedition nach Ägypten zusammenstellen. Schon jetzt, während er noch mit Rossellini durch Italien reiste, begann er mit der Auswahl der Teilnehmer. Rossellini lernte rasch und machte sich als Assistent unentbehrlich, sodass er automatisch als Kandidat infrage kam.

Auf der Reise in den Süden nach Neapel machte Champollion noch einmal Station in Paestum, wo ihn einst die Schönheit der Tempel überwältigt hatte. In Neapel trafen sie mit Sir William Gell zusammen, und mit dessen kürzlich erschienenem Buch *Pompeïana* im Gepäck besichtigten sie gemeinsam Pompeji. Beeindruckt von seiner Arbeit, merkte Champollion ihn als potenziellen Teilnehmer der ägyptischen Expedition vor. Blacas führte unterdessen Ausgrabungen in den etruskisch-römischen Ruinen von Nola durch, wo Kaiser Augustus, der Eroberer Ägyptens, die letzten Lebensjahre verbracht hatte. Champollion besichtigte die Grabungsstätte und erfreute sich der reinen, balsamischen Luft in der Umgebung von Neapel, die ihn kräftigte und seiner Gesundheit besser als alles andere zustatten kam. Eigentlich hatte er nach Rom zurückkehren und seine Forschungen wieder aufnehmen wollen, doch inzwischen wütete dort die Pest. Wer es sich leisten konnte, hatte die leidgeprüfte Stadt längst verlassen, sogar der Papst. Weil ihm die Zeit davonlief und er bald in Paris gebraucht wurde, reiste Champollion nordwärts über Livorno und Florenz, mit einem kleinen Abstecher nach Venedig, und kam Ende Oktober 1826 wieder heim nach Grenoble. Italiens »strahlend blauen Himmel«, Rossellini und viele andere seiner Freunde hinter sich zu lassen stimmte ihn traurig. Dass im Norden auch das Wetter schlechter wurde und die Heilerfolge seines Neapelbesuchs wieder zunichte machte, tat ein Übriges. Champollion war kaum in Grenoble zurück, als ihn heftige Gicht im rechten Fuß befiel. Doch zum Auskurieren blieb keine Zeit. Seine eigene und Jacques-Josephs Familie hatten schon die nötigen Vorkehrungen getroffen, um ihn nach Paris zu begleiten. Dort würden sie in der Rue Mazarine Nr. 19 zum ersten Mal alle unter einem Dach wohnen. Nach fünftägiger Reise trafen sie am 20. November dort ein.

Jetzt nahm er die Einrichtung einer ägyptischen Sektion des Musée Charles X. im Louvre-Palast wieder auf. Hier hatte man ihm vier Säle im ersten Stock des zur Seine gelegenen Cour Carrée zugewiesen, jenes rechteckigen Palastes, der das Ufer flankiert, ferner einige Räume im Erdgeschoss für Skulpturen, die sich nicht in die obere Etage transportieren ließen. An Gazzera in Turin schrieb Champollion, wie sein neues Museum aussah: »Ich habe einen herrlichen Saal im Obergeschoss des Louvre. Bald wird es hier von Malern, Architekten und Schreinern wimmeln. Mit der Zeit wird es auch an Problemen nicht mangeln.«

Die ersten Probleme stellten sich im Handumdrehen ein, denn nicht nur die alten Feinde missgönnten ihm den Posten, sondern auch einige neue. Speziell Jomard war verbittert, dass man ihn übergangen und Champollion als Kurator eingestellt hatte, und er eiferte unablässig gegen ihn. Doch auch Champollions Kollegen im Museum betrachteten ihn als Eindringling und rieben sich an seinen Ideen über die Anordnung der neuen ägyptischen Ausstellung. In Briefen an Rossellini klagte Champollion: »Mein Leben ist ein Kampf geworden... Meine Ankunft im Museum hat alle empört, und meine Mitarbeiter intrigieren gegen mich. Denn statt meine Abteilung als Pfründe zu betrachten, möchte ich mich tatkräftig um sie kümmern, wodurch ohne Zweifel enthüllt wird, dass sie mit ihren Abteilungen gar nichts im Sinn haben. Da liegt der Hund begraben! Schon um einen Nagel zu bekommen, muss man Schlachten ausfechten.«

Viele dieser Schlachten gingen verloren. Trotz seiner heftigen Proteste wurden die Ausstellungsräume der Sammlungen eher in klassischem denn im ägyptischen Stil dekoriert. Die Deckenmalerei nahm sich, wenn sie überhaupt auf Ägypten anspielte, eher biblisch und antik aus; Champollion wurde nicht gefragt. Es gelang ihm, als persönlichen Assistenten Jean-Joseph Dubois durchzusetzen, jenen Künstler, der seine *Panthéon*-Serie mitgestaltet hatte. Unnachgiebig kämpfte Champollion für seine eigene Systematisierung nach logischen und wissenschaftlichen Kriterien. Als erfahrener Lehrer wollte Champollion die Ausstellung dazu nutzen, die Besucher zu informieren und zu bilden. Das bedeutete einen radikalen Bruch mit der bisherigen Museumspraxis, wonach Kunstwerke in Beziehung zueinander gesetzt wurden, um ihren künstlerischen Rang aufs Vorteilhafteste zu präsentieren. Mit seinen Ideen setzte Champollion neue Maßstäbe. Seiner Meinung nach sollte man die Exponate »so gruppieren, dass sie möglichst komplett die Serie der Gottheiten darstellen und die Reihenfolge der Denkmäler, die das Andenken der Namen ägyptischer Herrscher von der Frühzeit bis zu den Römern tragen. Ferner sind jene Objekte, die sich auf das öffentliche und private Leben der Ägypter beziehen, thematisch zu ordnen. Dadurch erreicht man eine konsequente Verbindung von Denkmälern, die sich auf *Religion*, auf die *Geschichte der Könige* und auf die *Sitten und Gebräuche* der Ägypter beziehen«.

Da die meisten seiner Ausstellungsstücke Inschriften aufwiesen, brauchte Champollion die Hieroglyphen nur zu entziffern, um ein wohl durchdachtes Arrangement zu schaffen. Seine mit anderen Epochen befassten Kollegen hatten diesen Vorteil nicht, denn die Denkmäler der klassischen Antike tragen viel seltener Inschriften. Es bedurfte jahrzehntelanger archäologischer Forschungen, bevor ihre Sammlungen in ähnlicher Weise strukturiert werden konnten.

Während er im Museum gegen starke Widerstände ankämpfte, konnte Champollion sich wenigstens am Zusammensein mit seinen Angehörigen in der Rue Mazarine 19 erfreuen. Die beiden Familien – seine und die seines Bruders – bildeten eine harmonische »Grenobler Kolonie«, und wollten sich die Kollegen im Louvre nicht von ihm belehren lassen, so hatte er seinen Spaß daran, daheim die Kinder selbst zu erziehen. Seinen Plan einer Expedition nach Ägypten verlor er darüber nicht aus den Augen, und tatsächlich machte Drovetti, der französische Konsul, seinen ganzen Einfluss für eine Expedition geltend, um so viel wie möglich zu dokumentieren und zu retten, bevor die Denkmäler endgültig der Zerstörung preisgegeben würden. Für Mehemet Ali, den neuen Herrscher Ägyptens, stand die wirtschaftliche Entwicklung des Landes im Mittelpunkt; ausgedehnter Anbau von Zucker und Baumwolle sollte für die Vermehrung des Wohlstands sorgen. Fabriken zur Raffinierung des Zuckerrohrs und Baumwollmühlen wurden errichtet, wobei man die Steine aus altägyptischen Bauwerken plünderte. Je früher Champollion nach Ägypten gelangte, desto größer die Chance, dass die wichtigsten Denkmäler erkannt und womöglich vor dem Abriss bewahrt wurden. Durch seine Beziehungen zum Hof wusste Champollion allerdings auch, dass es immer noch Opponenten im Umkreis des Königs gab. Der Bescheid über seine Expedition musste warten, bis die neue ägyptische Abteilung des Louvre eröffnet war. Champollion blieb nichts anderes übrig, als die täglichen Drangsale im Museum hinzunehmen, bis sein Auftrag erledigt war.

Inzwischen stand ein neues Konvolut von Altertümern zum Verkauf, die wiederum Drovetti angehäuft hatte. Der König von Sardinien-Piemont hatte auf den Ankauf dieser neuen Sammlung für Turin bereits verzichtet, doch plädierten Champollion und Jomard – in dieser Sache ausnahmsweise einmütig – dafür, sie nach Frankreich zu holen. Drovetti hatte Karl X. bereits mit Geschenken umgarnt, unter anderem mit einem monolithischen Schrein, und im Herbst 1827 erfolgte der Ankauf seiner Schätze, die den Salt-Altertümern im Louvre zugeschlagen wurden. In seinem Brief an Gazzera in Turin jubelte Champollion: »Einer der wichtigeren Ankäufe ist vor kurzem erfolgt: der einer neuen Sammlung von Drovetti, die nach *Paris* gelangt ist, …und ägyptischen Schmuck von unglaublicher Kostbarkeit aufweist… Die meisten der Objekte, beispielsweise ein Becher aus massivem Gold, tragen königliche Inschriften.«

Dann fuhr er fort: »Diese Sammlung enthält außerdem Statuen, 50 ägyptische oder griechische Manuskripte, 500 Skarabäen, Gefäße, 80 Stelen etc. etc. Am Ende stehen wir, wie Sie zugeben müssen, schöner und reicher da als Sie, der Sie das *Vorkaufsrecht* hatten und nicht zugreifen wollten.«

Wider besseres Wissen gab sich Champollion alle Mühe, die ägyptische Sektion des Museums bis zur offiziellen Eröffnung am Geburtstag des Königs, dem 4. November, fertig zu stellen – getrieben auch durch das, was er aus erster Hand über die Vorgänge in Ägypten erfuhr. Drovetti selbst war im August nach Paris gekommen, mit unguten Neuigkeiten: Erstens schreite die Zerstörung der Denkmäler immer schneller voran, zweitens habe sich die politische Krise im Orient derart verschärft, dass eine Einreise nach Ägypten bald nicht mehr möglich sei. Seit 1820 kämpften die Griechen für die Unabhängigkeit ihrer Nation von der türkischen Oberherrschaft des Osmanischen Reiches. Die Großmächte Europas hatten anfangs nicht eingreifen wollen, doch 1825 sicherte Mehemet Ali den Türken ägyptische Hilfe zu. Daraufhin setzten Russland und Großbritannien die Türkei unter Druck, sich mit den Griechen an den Verhandlungstisch zu setzen. Während sich die Situation zuspitzte, vereinbarten England, Frankreich und Russland im Juli 1827, ein türkisches Abkommen notfalls mit Gewalt zu erzwingen. Am 20. Oktober war es so weit, dass britische, französische und russische Kriegsschiffe in der Schlacht von Navarino die vereinte türkische und ägyptische Flotte versenkten. Gleichwohl blieb Mehemet Ali den Franzosen gewogen. Ein Erlass, der die Europäer in Ägypten unter seinen besonderen Schutz stellte, erschien gegen Jahresende in den Pariser Zeitungen.

Weil die Dekoration der Säle noch nicht abgeschlossen war, konnte die ägyptische Ausstellung im Louvre nicht pünktlich zum 4. November präsentiert werden. Offiziell eröffnete König Karl X. das neue Museum erst Mitte Dezember. Zu diesem Zeitpunkt hatte Drovetti Paris wieder verlassen und war nach Alexandria zurückgekehrt ohne eine feste Verabredung wegen der wissenschaftlichen Expedition. Doch sowohl seine als auch Henry Salts Sammlung machten aus der ägyptischen Abteilung im Louvre eine der weltweit wichtigsten Forschungsstätten. Tragischerweise hat Champollion den britischen Konsul, dessen Leidenschaft ihm zu einer Lebensstellung in Paris verholfen hatte, nie kennen gelernt. Am 29. Oktober 1827 war Henry Salt, der schon so lange um seine Pensionierung und Heimkehr nach England nachgesucht hatte, im Alter von 47 Jahren verstorben. Bestattet wurde er in Alexandria, und sein Grabstein trägt die Inschrift: »Hieroglyphen und andere hiesige Altertümer hat sein wissbegieriger Geist erforscht und erhellt.«

Young hatte mittlerweile den Entschluss gefasst, die Hieroglyphen-Kunde ganz aufzugeben und sich nur noch dem Demotischen zu widmen. Als er erfuhr, dass der englische Gelehrte Reverend Henry Tattam an einer koptischen Grammatik arbeitete, bot er ihm an, ein begleitendes demotisches Wörterbuch zu schreiben. Doch am Ende des Jahres warnte er Tattam, dass er zur Niederschrift mehrere Monate brauchen werde. Die Ironie des Schicksals wollte, dass jetzt, wo Champollions Stern im Aufstieg begriffen war und er über reiches Quellenmaterial verfügte, Young an der Reihe war, über das Fehlen geeigneter Texte für sein Vorhaben zu jammern. »Wie ein Hund am Futtertrog wollen diese Leute ihr Heu gar nicht fressen und lassen auch mich nicht mal dran knabbern. Von den zahllosen demotischen Verträgen auf Papyrus, die überall in Europa existieren müssen, kann ich keine Zeile bekommen.«

Trotz seiner erneut angegriffenen Gesundheit wegen der umfangreichen Arbeiten für die Ausstellung im Louvre war Champollion gleichwohl zuversichtlich, die Expedition nach Ägypten zustande zu bringen – zumal eine Regierungsumbildung dafür sorgte, dass einige seiner Gegner bei Hof ihre Schlüsselpositionen räumen mussten. Auch der allgemeine Erfolg seines Konzepts bei der Museumseröffnung stärkte seine Position. Im Frühjahr 1828 war es seinen Gönnern gelungen, den Monarchen für das Projekt zu interessieren. Ende April sicherte Karl X. seinen Beistand zu, jetzt war der Weg für Champollion frei. Geplant war nun eine französisch-toskanische Expedition, unter gemeinsamer Schirmherrschaft von Karl X., König von Frankreich, und Leopold II., Großherzog von Toskana, und Champollion sollte sie mit Rossellinis Unterstützung leiten.

Nachdem dieser zwei Jahre lang von einem solchen Projekt geträumt und daran gefeilt hatte, überzeugte er nun auch seinen Bruder. Unverzüglich machte sich Champollion an die Arbeit, schrieb den Experten, die ihn begleiten sollten, beschaffte Proviant, Ausrüstung, diplomatische Pässe und Ausweispapiere, bis zwei Monate später alles bereitstand. Im Juni kam Young nach Paris, um den soeben erworbenen Sitz als eines von acht auswärtigen Mitgliedern der Akademie der Wissenschaften einzunehmen. Er wurde freundlich empfangen und ließ sich auch ein Treffen mit Champollion nicht entgehen. Dieser sorgte, obwohl er mit den Vorbereitungen seiner Expedition alle Hände voll zu tun hatte, großzügig dafür, dass demotische Manuskripte für den Engländer kopiert wurden. Überrascht von Champollions Entgegenkommen und durch dessen Erfolg kleinlaut geworden, schrieb Young Anfang Juli dem französischen Astronomen Arago: »Gern will ich gestehen, je mehr ich von seinen Forschungen kenne, desto mehr bewundere ich sein Genie und ebenso seinen Fleiß und lege bei jeder sich bietenden Gelegenheit Zeugnis ab von seiner Freundlichkeit und Großzügigkeit, die er mir erwiesen hat, indem er mir Abschriften von allem, dessen ich bedurfte, gegeben oder beschafft hat.«

Ende Juli hielt sich Champollion in Toulon auf und wartete auf günstige Winde, um in See zu stechen. Unterdessen nahm der politische Druck zu, denn die Nachricht von der Vernichtung der osmanischen Kriegsflotte war jetzt auch nach Ägypten gelangt. Alexandria rüstete gegen die Europäer, und Drovetti hielt die Aussichten für düster und riskant. Anfang Mai hatte er Champollion geschrieben, er solle gar nicht nach Ägypten aufbrechen, doch der Brief brauchte bis Paris fast drei Monate, und zu dieser Zeit war Champollion bereits in Lyon. Am 31. Juli 1828, rund 30 Jahre nach der Reise, die Napoleon und seine Leute vom gleichen Hafen aus begonnen hatten, startete Champollion seine eigene Expedition nach Ägypten.

9. DER ÜBERSETZER

Die »Églé« war eine schnelle, gut bewaffnete Korvette und begleitete normalerweise Handelsschiffe, die zwischen Frankreich und dem Mittelmeer verkehrten. Doch wegen des griechischen Freiheitskampfs hatte sich die Lage im Orient noch immer nicht stabilisiert, weshalb der französische Handel im östlichen Mittelmeergebiet fast zum Erliegen kam. Stattdessen war die »Églé« mit dem Auftrag unterwegs, Champollions Expedition samt Ausrüstung nach Ägypten zu transportieren. Von seiner Familie hatte der Entzifferer Abschied genommen mit dem optimistischen Ausruf: »Macht euch keine Sorgen, die Götter Ägyptens wachen über uns!« Trotz eines schweren Seesturms waren ihnen die Winde günstig, weshalb die Überquerung des Mittelmeers in 19 Tagen bewältigt wurde. Ohne dass man an Bord davon wusste, eilte die Expedition den schweren Frachtern voraus, die Champollion mit der Botschaft folgten, er möge heimkehren, die Lage in Ägypten sei zu riskant für seine Leute. Statt den Mut sinken zu lassen und zu resignieren, ging er am 18. August 1828 nichts ahnend in Alexandria an Land und berührte spontan den Boden des Landes, dem er seit vielen Jahren sein Leben geweiht hatte.

An der gemeinsamen französisch-toskanischen Expedition, die von Jean-François Champollion und seinem Stellvertreter Ippolito Rossellini geleitet wurde, nahmen zwölf weitere Männer teil. Viele von ihnen waren Künstler und Grafiker, was auf die Bedeutung hinweist, die der Dokumentation von Inschriften und Denkmälern zukam. Aus Frankreich kamen der Ägyptologe und Numismatiker Charles Lenormant, der Architekt Antoine Bibent, der Reiseschriftsteller und Maler Alexandre St. Romain Duchesne, der Archäologe und Zeichner Nestor L'Hôte sowie die Maler Édouard François Bertin und Pierre François Lehoux. Das toskanische Kontingent wurde von Rossellini angeführt; weitere Teilnehmer waren dessen Onkel Gaetano Rossellini als Ingenieur und Architekt, die Künstler Salvatore Cherubini und Giuseppe Angelelli, der Botaniker Giuseppe Raddi und dessen Assistent Galastri sowie der Entdecker und Mediziner Alessandro Ricci, der schon einmal in Ägypten gewesen war.

Der Anblick von Alexandria versetzte alle in Erstaunen mit dem Wald von Masten besonders der französischen und englischen Schiffe, die den Hafen blockierten: »Dieses Gewimmel von Schiffen aller Nationen, Freund und Feind einträchtig nebeneinander, ist ein höchst bemerkenswertes Zeichen und für unsere Zeit wahrhaft charakteristisch.« Die erste Aufgabe bestand darin, sich an die Botschaften Frankreichs und der Toskana zu wenden. Der französische Konsul Drovetti wunderte sich, Champollion zu sehen. Als dieser von der brieflichen Warnung erfuhr, die ihn von der Reise hätte abhalten sollen, entgegnete er seelenruhig: »Mein guter Stern hat mich bei diesem wichtigen Anliegen beschützt, als Ihr Brief mich nicht erreichte!« Obwohl er der politischen Krise wegen immer noch skeptisch war, zeigte sich Drovetti hilfsbereit, als es darum ging, beim ägyptischen Herrscher Mehemet Ali die notwendigen Genehmigungen zu beantragen.

Während die Reiseerlaubnis für Fahrten durch Ägypten und Nubien auf sich warten ließ, unternahmen die Mitglieder der Expedition Ausflüge in Alexandria. Wie die Gelehrten der napoleonischen Expedition waren sie neugierig auf die Obelisken, die man »die Nadeln Kleopatras« nennt. Dreißig Jahre zuvor war den Forschern wenig mehr übrig geblieben, als die Obelisken als Relikte zu bestaunen. Jetzt konnte Champollion die Hieroglyphen lesen und ihre Herkunft klären. Trotz eines Nachtrags aus der Zeit Ramses' II. ging aus den frühesten Inschriften hervor, dass die Obelisken einst den Sonnentempel in Heliopolis flankiert hatten. Dort, 160 Kilometer entfernt, hatte sie Thutmosis III. aufstellen lassen. Man begann, die Inschriften der Obelisken zu kopieren, obwohl sie bereits in einem Band der *Description de l'Égypte* erschienen waren. Im Vergleich der authentischen Quelle mit der gedruckten Version ergaben sich viele Lesefehler, und Champollion konnte seinem Bruder berichten: »Bibent hat bald die drei Seiten des Obelisken fertig, den wir von der Kommission kennen… Sie hat die Hieroglyphen freizügig verstümmelt!«

Bei den hieroglyphischen Inschriften hatten die Gelehrten Napoleons nicht viel Eindrucksvolles geleistet, doch die Ägypter hatten sie nicht vergessen. Ältere Einheimische konnten sich noch immer in französischer Sprache artikulieren, und Champollion freute sich, dass sie Joseph Fourier als besonders großherzigen und freigebigen Administrator in Erinnerung hatten. Einmal begegnete Champollion einem blinden Araber, der ihn auf Französisch anredete: »Sei gegrüßt, Bürger, gib mir etwas, ich habe heute noch nichts gegessen!« Verwundert über die republikanische Anrede, die noch aus der Zeit des napoleonischen Feldzugs stammen musste, gab er dem Alten ein paar französische Münzen, der sie durch Berühren erkannte: »Die sind nicht mehr gültig, mein Freund!« Champollion tauschte sie gegen ägyptisches Geld aus. Später notierte er in sein Tagebuch: »Bei jeder Gelegenheit stößt man in Alexandria auf das Andenken unseres Feldzugs in Ägypten.« Dem Zeichner L'Hôte war aufgefallen, dass sie von vielen Ägyptern gemieden wurden, weil man sie für Steuereintreiber hielt: Erst wenn sich herausstellte, dass sie Franzosen waren, hieß man sie willkommen, weil »die Erinnerung an die denkwürdige Expedition Bonapartes noch nicht ganz geschwunden ist bei den armen Arabern, die seinerzeit – das waren ihre eigenen Worte – jeder einen Esel und eine Kuh ihr Eigen nannten und keine doppelten Steuern zahlen mussten«.

Da es an Denkmälern oder Kunstwerken in Alexandria nicht viel zu studieren gab, konnte Champollion immerhin das Alltagsleben der Ägypter beobachten, wodurch sogar einige hartnäckige Verständnisprobleme beim Hieroglyphen-Lesen gelöst wurden. Nicht zu übersehen waren die Rudel streunender Hunde, die er mit ihren antiken Abbildern verglich: »Der HUND lebt in Ägypten im Zustand vollkommener Freiheit... Abgesehen vom rötlich gelben Pelz ähneln sie stark den *Schakalen*. Jetzt wundert mich gar nicht mehr, dass es in der Hieroglyphen-Schrift so schwer fällt, den *Hund* vom *Schakal* zu unterscheiden!« Tatsächlich sind diese vier Hieroglyphen leicht zu verwechseln: 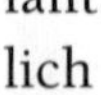 (»Windspiel«),  (»kauernder Hund«), 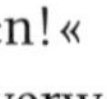 (»Schakal«) und 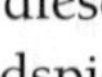 (unklar, möglicherweise »Wolf auf einer Standarte«).

Das wochenlange Warten auf die Reisegenehmigung half den Expeditionsteilnehmern, sich an das Land, seine Sitten und Gebräuche zu gewöhnen. Mit der Zeit ertrugen sie sogar die Hitze besser. Sie lernten auf Eseln zu reiten und ruhten während der heißesten Stunden des Tages aus. Um weniger aufzufallen, legten sie die europäischen Kleider ab und wählten ägyptische Trachten: imposanter Turban auf kahl rasiertem Schädel, bunt bestickte Weste über gestreiftem seidenem Rock, Pluderhosen mit weitem Bund und Dolch, weiche Lederschuhe oder Sandalen. Mit seinem dunklen Teint und fehlerfreien Arabisch hätte Champollion als Einheimischer gelten können. Um für die Reise nilaufwärts Ausrüstung und Vorräte zu besorgen und ihre beiden Boote dafür vorzubereiten, konnten sie diesen Aufschub gut brauchen.

Mehrere Wochen verstrichen, und als noch immer keine Genehmigung eintraf, dämmerte ihnen, dass jemand die Expedition aufzuhalten versuchte. Champollion fand heraus, dass die Antiquitätenhändler dahinter steckten, waren sie doch »alle erbebt bei der Nachricht von meiner Ankunft in Ägypten, weil ich angeblich ausgraben wolle«. Da Drovetti gute Verbindungen zum Exporthandel pflegte, argwöhnte Champollion, er könne daran beteiligt sein. Allmählich musste er sich fragen, ob dies der eigentliche Grund war, weshalb Drovetti der Expedition nahe gelegt hatte, nicht nach Ägypten zu kommen. Er brachte das Thema zur Sprache, indem er Drovetti darauf hinwies, dass die Forschungsreise von Karl X. persönlich angeordnet worden war. Sollten die Genehmigungen nicht bald eintreffen, sei er gezwungen, den König darüber aufzuklären, wie sein wissenschaftliches Vorhaben im Interesse einiger weniger Antiquitätenhändler hintertrieben werde. Nach diesem Ultimatum dauerte es nur noch Tage, bis alle Reisedokumente ausgestellt waren.

Die beiden Boote der Forschungsgruppe, »Isis« und »Hathor«, waren nach den beiden wichtigsten Gottheiten des ägyptischen Altertums benannt. Am 14. September brachen die Teilnehmer mit Dienerschaft, Bootsleuten und zwei von Mehemet Ali eigens abgestellten Sergeanten auf. Anfangs befuhren sie den Mahmoudieh-Kanal, der erst neun Jahre zuvor gebaut worden war, um Alexandria mit dem Nilarm von Rosette zu verbinden. Nach Champollions Plänen wollten sie dem Nil südwärts bis zum Zweiten Katarakt folgen und nur anhalten, um die wichtigsten Denkmäler kurz zu besichtigen und ihre Inschriften und Reliefskulpturen abzuzeichnen. Wenn der Zweite Katarakt erreicht war und sie die relative Bedeutung des Vorgefundenen einschätzen konnten, wollten sie auf der Rückreise detaillierte Untersuchungen der interessantesten Stätten vornehmen. Außerdem war die Expedition auf der Suche nach geeigneten Funden für die ägyptischen Sammlungen in Frankreich und in der Toskana. Fast einen ganzen Tag benötigten sie, bis sie den Mahmoudieh-Kanal wieder verließen. Von jetzt an waren sie fast nur noch auf dem Nil unterwegs – den Champollion, nachdem er einen Schluck von seinem Nass gekostet hatte, den »Champagner unter den Gewässern« nannte.

Auf dem Nilarm von Rosette südwärts segelnd, kamen sie am Dorf Desuk vorüber, wo Champollion an Henry Salt und seine herrliche Antikensammlung erinnert wurde, die er für den Louvre erworben hatte. »In einem Landhaus ganz in der Nähe des Dorfs«, notierte er bedrückt in sein Tagebuch, »so heißt es, ist Monsieur Salt, der britische Generalkonsul, vor wenigen Monaten gestorben. Noch immer bin ich untröstlich, diesem hoch gebildeten Mann und großen Liebhaber der Hieroglyphen-Kunde in Ägypten nicht mehr begegnen zu dürfen.« Anderntags gingen die Reisenden kurzfristig vor Anker, um die erste antike Stätte am Ufer zu besichtigten: Saïs, das Zentrum des Kultes der Göttin Neith. Saïs entpuppte sich als ödes Ruinenfeld, das mit Unmengen von Tonscherben übersät und weiträumig vom Nil überflutet war. Der allgegenwärtige Gestank eines nahe gelegenen neuzeitlichen Friedhofs führte zu heftigen Diskussionen unter den Expeditionsteilnehmern, auf welche Weise man der Seuchen in Ägypten Herr werden könne.

Auf der Weiterfahrt hielten sie überall, wo es Hinweise auf das Vorhandensein antiker Überreste gab, und sahen im Vorübergleiten auch die Schlachtfelder, auf denen Napoleon die Mamelucken besiegt hatte. So brauchten sie fünf Tage, um das Stadtgebiet von Kairo zu erreichen und von fern die ersten Umrisse der Pyramiden zu sehen. Eine lebhafte Schilderung dieses Anblicks findet sich in Champollions Brief an Jacques-Joseph:

»Als wir am Morgen des 19. erwachten, sahen wir endlich die Pyramiden, deren riesenhafte Gestalt wir schon auf eine Entfernung von 80 Kilometern einschätzen konnten. Um 13.45 Uhr gelangten wir zur Spitze des Deltas (*Bathn-el-Bakarah*, ›der Bauch der Kuh‹), an genau jenem Punkt, wo sich der Nil in seine beiden Arme, den von Rosette und den von Damiette, aufspaltet. Die Aussicht ist wundervoll, die Breite des Stroms erstaunlich. Im Westen erheben sich, über Palmen hinweg, die Pyramiden; ungezählte Barken und andere Wasserfahrzeuge bewegen sich kreuz und quer nach allen Seiten. Nach Osten zu... nimmt das Bergland von *Muqattam* den Hintergrund des Bildes ein, dessen Gipfel die Zitadelle von Kairo krönt und dessen Fuß ein Wald von Minaretten der großen Hauptstadt verbirgt.«

Bald lag auch die Gegend hinter ihnen, wo die Schlacht bei den Pyramiden stattgefunden hatte und wo sie dem Schatten Napoleons und seiner Soldaten ihre Reverenz erwiesen. Anderntags erreichte die Expedition Kairo. Da man in Kürze den Geburtstag des Propheten Mohammed feierte, herrschte fieberhafte Vorfreude in der Stadt, und die Expedition wurde unerwartet liebevoll begrüßt. Es rührte Champollion, dass ihn viele bereits kannten als »Mann, der die Schrift auf alten Steinen zu lesen vermag«. Anderntags streiften sie durch Kairo, und im Gegensatz zu Napoleon war Champollion ganz entzückt von der Stadt:

»Über Kairo hat man viel Schlechtes erzählt; was mich betrifft, fühle ich mich sehr wohl hier, und die viel gescholtenen Straßen, die acht bis zehn Meter breit sind, erscheinen mir perfekt berechnet, um die extreme Hitze nicht aufzustauen... Kairo ist eine ganz und gar monumentale Stadt... Eine Vielzahl von Moscheen, eine eleganter als die andere, mit zierlichsten Arabesken dekoriert und von schlanken Minaretten voller Erlesenheit und Grazie gekrönt, geben dieser Metropole eine prächtige und abwechslungsreiche Erscheinung... Kairo ist noch immer die Stadt aus Tausendundeiner Nacht.«

Sein Gesundheitszustand hatte sich seit der Ankunft in Ägypten zunehmend stabilisiert, wie er Jacques-Joseph melden konnte: »Es geht mir noch immer ausgezeichnet und besser als in Europa, weil ich dir diese sieben Seiten in einem Atemzug schreiben konnte, was mir in Paris nicht ohne Gehirnkrämpfe möglich gewesen wäre. Es stimmt, dass ich ein ganz neuer Mensch geworden bin.« Ihm war bewusst, dass eine lange und beschwerliche Reise vor ihnen lag, weshalb er den Expeditionsteilnehmern in der Stadt alle Freiheit gewährte – ein kurzer Urlaub, bevor sie die schweren Strapazen fortsetzten. Doch wie immer fühlte er sich unter Zeitdruck, und nach zehn Tagen Aufenthalt in Kairo legten die Boote, mit frischer Verpflegung beladen, wieder ab.

Der erste Halt fand flussaufwärts gleich hinter Kairo statt: Tura, ein riesiges Kalksteingebiet, das seit prähistorischer Zeit als Steinbruch diente. Hier erprobte die Forschungsgruppe erstmals eine Routine, die sie auf der Weiterfahrt durch das Niltal von einer Stätte zur nächsten beibehielten. Jedem Teilnehmer wurde ein bestimmtes Gebiet zur Durchsuchung und Berichterstattung zugeteilt, und wo immer es etwas von besonderem Interesse gab, wurde Champollion herangezogen, namentlich bei den Inschriften: »Ich besuchte jede Stelle, um die Bedeutung der Funde einzuschätzen. Erschien die Inschrift wichtig, zeichnete ich selbst oder ließ andere zeichnen, sofern die Konturen noch deutlich genug waren.«

In Tura gab es viele demotische und einige hieroglyphische Inschriften, und das Abschreiben in der glühenden Hitze erwies sich als Knochenarbeit, die so rasch als möglich erledigt wurde.

Am Westufer des Nil gelangte die Gruppe zu den Ruinen von Memphis, das eine Zeit lang als Hauptstadt des alten Ägypten diente. Inzwischen war das Gelände wegen der Nilschwemmen teilweise überflutet. Dieses jährlich wiederkehrende Ereignis war das Ergebnis der schweren sommerlichen Regenfälle in Äthiopien, deren Wasserströme

Assuan spät im Juni erreichten, Kairo gegen Ende September. Danach begann die Flut wieder zu sinken. In antiker Zeit hing von der Höhe der Überflutung ab, ob eine reiche Ernte bevorstand oder ein Hungerjahr, weshalb man den Wasserstand stromauf- und -abwärts durch so genannte »Nilometer« registrierte. Die Gottheit Hapi wurde als Personifikation der Überschwemmung verehrt. Das jährliche Hochwasser, seit Menschengedenken der Lebensnerv Ägyptens, ist seit nunmehr 30 Jahren ausgeblieben, weil heutzutage das Flutwasser im riesigen Nasser-Stausee hinter dem Assuandamm im Süden des Landes gesammelt wird.

Als die Gruppe Anfang Oktober in Memphis eintraf, erwies sich die Nilschwemme vollends als Hindernis. Die ausgedörrte Gegend bot wenig mehr als verstreute Granitblöcke im Sand. Aber man konnte Überreste der Kolossalstatue Ramses' II. ausmachen, eines der wenigen antiken Denkmäler in der einsamen Wüste, die man noch heute dort vorfindet. Bei Mît-Rahineh, einem Dorf ganz in der Nähe, das sich seitlich an die antike Stadt schmiegt, führten die Forscher Ausgrabungen durch. Dabei entdeckten sie ein Gräberfeld sowie Tempel, die der Göttin Hathor geweiht waren. Die Furcht vor weiterer Überflutung kürzte die Grabungen ab; Zelte und Ausrüstungen wurden auf einen Kameltreck geladen, der sie drei Kilometer weiter nach Saqqara führte. Auf den Booten konnten sie nicht übernachten, weil der Nil zu weit weg lag. Während sie ihr Lager aufschlugen, trafen sie auf eine Gruppe Beduinen, mit denen sie – im Gegensatz zu Napoleons Expedition – freundschaftlich verkehrten. Mehrere Beduinen wurden als Erdarbeiter und Nachtwächter angeheuert. Champollion, der viel Sinn für Gerechtigkeit hatte, hielt sie für »tapfere und ausgezeichnete Männer, wenn man sie als Menschen behandelt«.

Enttäuscht war die Reisegruppe vom ersten Anblick, den Saqqara bot, die wichtige antike Nekropole für den König und die Vornehmen des Landes. Sie hatten prächtige Gebäude, zahlreiche Pyramiden, Tempel, Grabmäler und Sphingen-Alleen erwartet – stattdessen fanden sie nichts als Trümmer. Seit über 20 Jahren hatten Plünderer die Stätte vollkommen auf den Kopf gestellt, und was sie übrig ließen, ruhte an vielen Stellen unter Sandbänken begraben. Champollion beklagte den Zustand in einem Brief an seinen Bruder: »Hier in Saqqara habe ich die Ebene der Mumien besichtigt, den alten Friedhof von Memphis mit seinen geschändeten Gräbern und Pyramiden. Dank der barbarischen Gier der Antiquitätenhändler ist diese Stätte fast völlig unergiebig für die Forschung.«

Hier verließ übrigens der Architekt Bibent, der sich seit ihrem Aufbruch zunehmend unwohl fühlte, die Expedition. Energie und Begeisterung, die Champollion bei ihrer ersten Begegnung an ihm feststellen konnte, waren geschwunden, und tatsächlich hatte Bibent nach seiner Abreise aus Ägypten nur noch ein Jahr zu leben.

Ein Thema, das in Champollions Briefen fast gar keine Rolle spielt (Jacques-Joseph hatte einen Großteil überarbeitet und in Frankreich drucken lassen), waren die bedeutenden Pharaonennamen, die er in Saqqara vorfand. Die Kartuschen

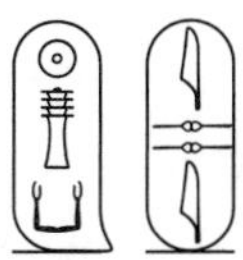

(»Djedkare« und »Isesi«)

kündeten von einem Pharao der fünften Dynastie, der nach 2414 v. Chr. rund 40 Jahre lang regiert hatte. Über die genauen Lebensdaten dieses Pharaos war sich Champollion nicht klar, doch reichte es, um die Existenz eines Pharaos der fünften Dynastie nachzuweisen. Von der Frühzeit ägyptischer Herrscherhäuser wusste man aus den griechischen Schriften Manethos, der im späten 3. Jahrhundert v. Chr. die Chronik des Landes verfasst hatte: angefangen bei Göttern, Halbgöttern und Geistern der Toten, gefolgt von der Sintflut und den anschließenden 30 Königsdynastien. Dieses System der Auflistung von Pharaonen wurde von Champollion übernommen; es ist noch heute gebräuchlich. Da es mit anderen, bedeutend älteren Listen wie dem Königskanon von Turin einigermaßen übereinstimmt, führt man Verzweigungen in Manethos Liste auf die Residenzen zurück, in denen eine bestimmte Gruppe von Königen regiert hat, wie Memphis und Theben. Die biblische Chronologie ignorierte die Existenz der ersten 15 Dynastien bei Manetho – sie reichen viel zu weit zurück und durften daher gar nicht existieren. Deshalb stand die Entdeckung eines Pharaonennamens aus der fünften Dynastie in direktem und quälendem Widerspruch mit dieser Chronologie und dem von ihr unterstellten Datum der Welterschaffung. Champollion sollte bald immer neue Belege entdecken, die das theologische Lehrgebäude ins Wanken brachten. Doch war er vorsichtig genug, sie nur seinen privaten Aufzeichnungen anzuvertrauen, und schreckte sogar vor ihrer Erörterung mit anderen Teilnehmern der Expedition zurück.

Wider Erwarten entpuppte sich eines der Gräber in Saqqara als vorzügliche Quelle für den altägyptischen Kalender. In seinem Tagebuch hielt Champollion fest, dass die Ägypter die Nacht in zwölf Stunden und den Tag in zwölf Stunden gliederten, wobei er zutreffend  als »Stunde« identifizierte (was normalerweise  geschrieben wird).

Tatsächlich waren die Ägypter wohl die Ersten, die nach dieser Einteilung lebten und den Tag mit 24 Stunden berechneten. Das Jahr selbst wurde in drei Jahreszeiten geteilt:  (*achet* – die Jahreszeit der Nilüberschwemmung),  (*peret* – das Gegenstück zum Frühling, wenn die Saat keimt) und 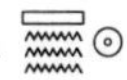 (*schemu* – Erntezeit). Jede dieser Jahreszeiten zählte vier Monate, und jeder der Monate hatte drei zehntägige Wochen, was 360 Tage im Jahr ergibt. Um die Zahl auf die astronomisch korrekten 365 Tage zu bringen, wurden fünf Tage addiert, die als Geburtstage der Gottheiten Osiris, Isis, Horus, Seth und Nephthys galten. Die Datierung erfolgte nach dem Regierungsjahr des jeweils herrschenden Pharaos. Beispielsweise bedeutet  »Jahr zwei, zweiter Monat der Überschwemmung, Tag eins unter der Majestät des Königs Chakaure«. Chakaure war der Thronname des Pharaos Sesostris III., der mutmaßlich von 1878 bis 1841 v. Chr. regierte.

Nach der Ernüchterung von Saqqara zog die Karawane der Expedition 16 Kilometer nordwestwärts, um eine weitere am äußersten Stadtrand von Kairo gelegene Nekropole zu besichtigen: die Pyramiden und den Großen Sphinx von Gize. Wie viele Besucher dieser berühmten Stätte erlag auch Champollion der Sinnestäuschung, dass die drei großen Pyramiden zu schrumpfen scheinen, wenn man vor ihnen steht, und er schilderte dieses Phänomen in seinem Tagebuch:

»Jeder wird ebenso überrascht sein wie ich, dass die Wirkung dieses Ehrfurcht gebietenden Monuments nachlässt, je näher man ihm kommt. Es war mir gewissermaßen peinlich, als ich ohne die geringste Gefühlsregung aus einer Distanz von 50 Schritt die Konstruktion betrachtete, deren Maße allein ihre immense Ausdehnung verraten. Schreitet man auf sie zu, scheint sie zu versinken, und die Steine, aus denen sie gefügt ist, wirken nur wie ein Gesteinsschutt von dürftigem Umfang. Um sich der enormen Größe der Bauelemente und der massiven Formen zu vergewissern, die das Auge in diesem Moment wahrnimmt, muss man den Koloss förmlich mit eigenen Händen *berühren*. Aus zehn Schritt Entfernung nimmt die Halluzination [des Anscheins geringer Ausdehnung] weiter zu, und die Große Pyramide erscheint als ganz normales Bauwerk. Man bedauert wirklich, es aus der Nähe zu sehen!«

Andererseits blieb der Sphinx eindrucksvoll durch seine Rätselhaftigkeit. Der Zeichner L'Hôte notierte: »Dieses Monument, das bekanntlich ein symbolisches Wesen mit dem Körper eines Löwen und einem menschlichen Kopf darstellt, liegt bis zur Höhe der Schultern im Sand begraben, durch den man die tierischen Formen des Rückens und der Kruppe erkennen kann.«

Drei Tage nach Erkundung des Areals rings um die Gize-Pyramiden, der Dokumentation von Szenen und Inschriften im Inneren der Grabmäler kehrte die Expedition zu den Booten zurück, um sich flussaufwärts den langen Weg nach Beni Hassan bringen zu lassen. Sie brauchten zwölf Tage für die 200 Kilometer, und am späten Abend des 23. Oktober langte die Expedition in Beni Hassan an. Frühere Reisende hatten berichtet, die Stätte mit ihren in den

Kalkstein gehauenen Grabkammern sei unbedeutend, und Champollion glaubte, die notwendigste Arbeit in ein bis zwei Tagen erledigen zu können. Eine erste Untersuchung im Inneren der Gräber förderte keine nennenswerten Dekorationen oder Inschriften zutage, bis auf ein paar merkwürdige Konturen unter einer dicken Staubschicht. Champollion wollte gerade eine kleinere Stelle mit dem nassen Schwamm reinigen, als darunter, zu aller Erstaunen, die schönsten Wandmalereien zum Vorschein kamen. In lebhaften Farben stellten sie eine Fülle von Themen dar: Landwirtschaft, Kunst und Handwerk, Militärszenen, Spiele und Musiker, Sänger und Tänzer – wundervolle Bilder, für deren Aufnahme weit mehr als anderthalb Tage nötig waren.

Als die Expedition Anfang November Beni Hassan endlich wieder verließ, lag man weit hinter dem von Champollion festgelegten Zeitplan, wie er Jacques-Joseph berichtete: »Schuld daran ist nur der ehrwürdige Jomard, der mir in seiner Schilderung der Felsengräber dieser Gegend nur eine höchst unvollkommene Vorstellung vermittelt hat, mit kleinen, unkorrekten Zeichnungen und mehr als zweifelhaften Andeutungen, sodass ich die Höhlen in *einem* Tag zu erkunden hoffte. In Wirklichkeit haben sie uns 15 gekostet... Unser Leben in den Gräbern hat uns eine Mappe perfekter und vollständig exakter Zeichnungen eingebracht, inzwischen über 300 an der Zahl. Ich möchte behaupten, dass sich meine Reise schon allein für diese Schätze gelohnt hat und ertragreicher war als alle Aktenberge der *Commission...*«

Nicht alle Wandmalereien und Inschriften in den Grabkammern waren ägyptisch, denn verschiedene Durchreisende hatten sich hier verewigt. In einem Grab fand sich die verblasste Kritzelei eines napoleonischen Soldaten, die schlicht lautete: 1800, 3. Dragonerregiment. Champollion malte die Buchstaben mit Tinte nach, um sie wieder lesbar zu machen, und hinterließ darunter seinen eigenen Eintrag: J. F. C. Rst. 1828.

Zwar bescherte der überraschende Reichtum der Gräber von Beni Hassan der Gruppe reichlich Material, doch die Begleiterscheinungen waren weniger angenehm. Champollion, der so rasch wie möglich nach Theben wollte, trieb sich und die anderen zur Eile an. Um den Zeitplan der Expedition so weit wie möglich einzuhalten, musste die Dokumentation der Wandmalereien in Windeseile abgeschlossen werden. Das Ergebnis war, dass sich Champollions Gesundheit ebenso verschlechterte wie die Laune einiger Mitstreiter – es war eine mürrische Gruppe erschöpfter Männer, die schließlich die 320 Kilometer nach Theben zurücklegten und noch einmal so viel bis zum Zweiten Katarakt.

Obwohl die Zeit drängte, besuchte die Expedition immer noch die größeren Sehenswürdigkeiten, widmete ihnen aber nur das absolute zeitliche Minimum. Abgekürzt wurden die Besichtigungen leider auch durch die Entdeckung, dass manches inzwischen zerstört worden war. In der römischen Stadt Antinopolis – gegründet im 2. Jahrhundert n. Chr. von Kaiser Hadrian zum Andenken an seinen Liebhaber Antinous, der im Nil ertrunken war – mussten sie feststellen, dass sämtliche von den Gelehrten Napoleons geschilderten Säulen, Bäder, Triumphbogen und Säulenhallen des Hippodroms und Theaters verschwunden waren, was Champollion zur Weißglut brachte: »Keines der Denkmäler, das die Commission de l'Égypte hier vorfand, ist der

Zerstörungswut der barbarischen Einwohner entkommen. Mit Erlaubnis ihrer Regierung haben sie alles bis auf die Grundmauern zerstört.«

Im Eiltempo erreichten sie schließlich nach über einer Woche Dendera, wo sie am 16. November nach Einbruch der Dunkelheit Station machten.

Vom Nilufer aus war Dendera nicht zu erkennen, das die napoleonischen Truppen und den Maler Vivant Denon fasziniert hatte und von wo man den umstrittenen Tierkreis nach Paris geschafft hatte. Doch im Schimmer des Mondlichts übte schon der bloße Gedanke an die Stätte eine magische Anziehungskraft auf die Reisenden aus. In einem Brief Champollions an Jacques-Joseph wird ihre angespannte Erregung spürbar:

»Der Mond schien hell und klar, und es war nur eine Wegstunde bis zu den Tempeln, wie sollten wir der Versuchung widerstehen? Das frage ich den kaltblütigsten aller Sterblichen! Essen und auf der Stelle aufbrechen war eines: Allein und ohne Führer, aber bis an die Zähne bewaffnet, liefen wir in die Felder und glaubten, die Tempel lägen in gerader Linie vor unserem Boot. So wanderten wir anderthalb Stunden, die neuesten Opernmärsche absingend, ohne etwas zu finden. Schließlich entdeckten wir einen Menschen, riefen ihn zu uns, aber er nahm die Beine in die Hand, weil er uns für Beduinen hielt. Denn mit unserer orientalischen Bekleidung und unter den großen weißen Kapuzenmänteln ähnelten wir in seinen Augen einem Beduinenstamm, während uns ein Europäer ohne Zögern für die Kampftruppe eines Kartäuserordens gehalten hätte – mitsamt Gewehren, Säbeln und Pistolen. Der Ausreißer wurde mir vorgeführt, und… ich befahl ihm, uns zu den Tempeln zu führen. Der arme Teufel traute sich anfangs nicht, brachte uns aber auf den richtigen Weg, den er dann aufrecht mit uns bis zu Ende ging. Abgemagert, vertrocknet, schwärzlich und mit alten Lumpen bedeckt, war er eine *wandernde Mumie*, führte uns jedoch leidlich gut, und wir behandelten ihn entsprechend. Endlich tauchten die Tempelanlagen vor uns auf. Ich versuche gar nicht erst, den Eindruck zu schildern, den der vorgebaute Pylon und ganz besonders die Säulenhalle des großen Tempels auf uns machten. Ausmessen kann man ihn, doch eine Vorstellung lässt sich nicht davon geben: Es ist Schönheit und Majestät zugleich in höchster Vollendung.«

Sie kehrten auf die Boote zurück und gingen um drei Uhr früh schlafen, um vier Stunden später aufzustehen und die Anlagen bei Tageslicht zu erkunden. Jetzt, wo er die wundervollen Halbreliefs sah und ihre Hieroglyphen entziffern konnte, erkannte Champollion den ptolemäischen Ursprung des Tempels, der nicht Isis geweiht war, wie man zuvor glaubte, sondern der Göttin Hathor – mitunter fällt es schwer, die Gottheiten zu unterscheiden, besonders Isis und Hathor, es sei denn, man versteht die begleitenden Inschriften. Champollion hielt den Tempel für ein Meisterwerk der Architektur, mit Skulpturen der Spätzeit überdeckt, doch was ihn am meisten erstaunte, waren die leeren Kartuschen – 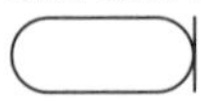 –, denen die Herrschertitel oder -namen fehlten:

»Im ganzen Inneren des Naos [Kultraum des Tempels] findet sich keine einzige beschriftete Kartusche, ebenso wenig an den auf der Tempelterrasse errichteten Hallen und Bauwerken: Alle sind leer, und keine wurde weggemeißelt. Das Vergnüglichste an der Sache ist, *risum teneatis, amici!*

[Haltet das Lachen zurück, Freunde!], dass die Stelle des berühmten Tierkreises mit der Kartusche immer noch vorhanden ist, und diese Kartusche ist ebenfalls *leer* und vom Meißel gänzlich unberührt wie alle andern im Tempelinneren! Das Wort *autokrator* wurde willkürlich von den Mitgliedern der Commission ergänzt, wohl im Glauben, sie hätten eine Inschrift zu zeichnen vergessen, die gar nicht existiert!«

Da hatte man jahrelang um das Alter des Tierkreises von Dendera gestritten, und Young missverstand die beigefügte Kartusche, die von der ägyptischen Kommission veröffentlicht worden war, gar als Arsinoë. Erst Champollion hatte dieser Debatte ein Ende bereitet – indem er die (nur im Druck vorhandenen) Hieroglyphen korrekt als Autokrator identifizierte, ein in römischer Zeit gebräuchlicher Titel, womit er die Entstehungszeit bestimmt zu haben glaubte. Und jetzt stellte sich heraus, dass sich die Kommission einer Inschrift von anderswo bedient hatte, um die leere Kartusche in ihrer Abbildung zu füllen! Dass Champollions Datierung des Dendera-Tierkreises, die ihm den Ruf eines Fürsprechers der biblischen Chronologie, die päpstliche Gunst und indirekt die Ernennung zum Ritter der Ehrenlegion eingetragen hatte, auf einem gefälschten Kupferstich beruhte, war ein Treppenwitz der Weltgeschichte.

Trotz der Verlockungen von Dendera waren sie inzwischen Theben so nahe, dass Champollion auf die Weiterfahrt drängte. Nach dreitägigem Segeln gegen den Wind schrieb er bei der Ankunft: »*Theben!* Dieser Name beherrschte längst meine Gedanken und wurde übermächtig, seit ich über die Ruinen der alten Hauptstadt geschritten bin, der ältesten aller Städte der Welt. Vier Tage lang bin ich von einem Mirakel zum nächsten gelaufen.«

Einen Großteil dieser Zeit widmete er den ungezählten Monumenten an beiden Ufern des Nil. Am Ankunftstag untersuchte Champollion den Tempel von Ramses II. und die Kolossalstatuen, die allein von den Tempeln Amenhoteps III. übrig sind. Den zweiten Tag verbrachte man bei den Tempeln von Medinet Habu, den dritten in den Gräbern. Die spektakulären Sehenswürdigkeiten von Luxor und Karnak wurden in einem langen, begeisterten Brief an Jacques-Joseph beschrieben:

»Am vierten Tag… verließ ich das linke Nilufer, um den Ostteil von Theben zu besuchen. Zuerst sah ich *Luxor*, den Riesenpalast, vor dem zwei Obelisken von 24 Meter Höhe stehen, aus einem einzigen Block Rosengranit gemeißelt und von exquisiter Verarbeitung, mit vier Kolossalstatuen in der Nachbarschaft aus dem gleichen Material und von ungefähr zehn Meter Höhe, sie sind nämlich bis zur Brust im Sand begraben… Endlich ging ich zum Palast oder besser zur Stadt der Monumente, nach *Karnak*. Dort wurde ich der ganzen pharaonischen Größe gewahr; hier ist alles, was Menschen Gewaltiges ersinnen und ausführen können. Was ich sonst in Theben gesehen hatte, auch was am linken Ufer meine Bewunderung erregte, kam mir jetzt kümmerlich vor im Vergleich zur Größe der Anlage, die mich hier umgab… Wir in Europa sind doch bloß Zwerge, und kein Volk der Antike oder Neuzeit hat die Kunst der Architektur auf solch ein erhabenes, großartiges und grandioses Niveau geführt wie die alten Ägypter!«

Nur 16 Kilometer südwestlich von Theben verbrachten die Teilnehmer einen Tag, um die Inschriften am ptolemäischen Tempel von Hermonthis zu dokumentieren. Später wurde die Tempelfassade abgetragen, und ihre Reliefarbeiten wurden in Kalksteinöfen verbrannt; die Berichte der französisch-toskanischen Expedition sind fast die einzige Quelle, die von der Existenz dieses Tempels künden. Weiter flussaufwärts mussten sie am Rückstand ihres Terminplans verzweifeln, denn nur zwölf Tage vor ihrer Ankunft hatte man einen Tempel bei Esna zerstört. Die Steine wurden zur Verstärkung des nahe gelegenen Staudamms verwendet, der von der jährlichen Nilschwemme überspült zu werden drohte. Weiter südwärts stellten sie mit Erleichterung fest, dass der Tempel von Edfu noch unbeschädigt, wenn auch ringsum und oberhalb von Geröllhaufen und Araberhütten verdeckt war. Nachdem sie die zugänglichen Inschriften dokumentiert hatten, kamen sie am 4. Dezember endlich nach Assuan.

Der Erste Katarakt von Assuan bildet die Grenze zwischen den Ländern Ägypten und Nubien. Die natürliche Barriere zwang die Teilnehmer, ihre Boote zu verlassen und Ausrüstung sowie Nahrungsmittel auf mehrere kleinere Schaluppen zu verteilen, die unterhalb des Katarakts auf sie warteten. Mit diesen konnten sie die Reise fortsetzen. Assuan selbst war von Interesse, denn in antiker Zeit lag hier die Stadt Syene, und ganz besonders neugierig war Champollion auf die beiden Tempel der Insel Elephantine, die vor Assuan lag. Zu seiner großen Enttäuschung stellte sich heraus, dass sie wie viele andere antike Stätten in jüngster Zeit abgetragen worden waren. Man hatte die Steine gebraucht, um Militärkasernen und einen neuen Palast für Mehemet Ali zu errichten.

In Assuan wurde Champollion abermals kränklich, und die Gichtanfälle setzten ihm derart zu, dass er nur von zwei

Männern gestützt laufen konnte. In dieser Verfassung absolvierte er einen anstrengenden Besuch des Isistempels auf der nahe gelegenen Insel Philae. Ohne dass es ihm bewusst war, hatte man hier vor über 1400 Jahren, am 24. August 394 n. Chr., auf einem römischen Torbogen die letzte datierbare Hieroglyphen-Schrift in Stein gemeißelt. Er konnte noch eine Gedenktafel protokollieren, die von französischen Soldaten am 3. März 1799 angebracht worden war, um den südlichsten Punkt der napoleonischen Expedition zu kennzeichnen. Diesen Rekord überboten Champollion und seine Mitstreiter, als sie weiter südlich durch nubisches Gebiet bis zum Zweiten Katarakt gelangten. In dieser Phase war Champollions Gesundheit so angegriffen, dass er nach dem mühevollen Besuch des Tempels von Philae zur Erholung mehrere Tage Rast einlegte. Doch am 16. Dezember 1828 wurde alles Gepäck auf eine Flottille von sieben Booten verladen, und die Expedition brach aus Ägypten ins Land Nubien auf.

Der Vorsatz, die Fahrt nach Süden möglichst selten zu unterbrechen, wurde einigermaßen eingehalten, und nach zehn Tagen erreichte man die beiden aus dem Stein gehauenen Tempel von Abu Simbel. Champollion brannte darauf, die Inschriften mit eigenen Augen zu sehen, deren Zeichnungen – angefertigt vom Architekten Huyot – ihm vor nun über sechs Jahren wichtige Aufschlüsse über die Grundsätze der Hieroglyphen-Schrift gegeben hatten. Zwei Tage verbrachte die Expedition mit der Untersuchung der gigantischen Tempel und konzentrierte sich auf den größeren von beiden. Nachdem man Unmengen von Sand beseitigt hatte, war ein ungefährlicher Zugang geschaffen worden, wie Champollion seinem Bruder Jacques-Joseph schrieb:

»Der große Tempel von Abu Simbel lohnt allein schon die Reise nach Nubien: Er ist ein Weltwunder, das selbst Theben alle Ehre machen würde. Die Arbeit, die seine Freilegung erfordern würde, übertrifft alle Vorstellungskraft. Vier sitzende, nicht weniger als 18 Meter hohe Steinkolosse bilden die Fassade. Alle vier sind wunderbar gearbeitet und stellen Ramses den Großen dar; ihre Gesichter sind *Porträts* und gleichen vollkommen den in Memphis, Theben und anderswo befindlichen Darstellungen dieses Königs. Dieses Monument verdient höchste Bewunderung. So viel zum Eingang: Das Innere wird ihm gerecht, aber das Betreten ist ein waghalsiges Unternehmen. Bei unserer Ankunft hatten der Sand und die für seine Beseitigung zuständigen Nubier den Eingang verbarrikadiert. Wir legten ihn gerade so weit frei, um so gut wie möglich den schmalen Korridor zu erreichen, den sie offen gelassen hatten, und trafen alle denkbaren Vorsichtsmaßnahmen gegen die infernalische Sandflut, die in Ägypten und Nubien alles zu verschlingen droht. Ich entkleidete mich fast vollständig und behielt nichts als mein arabisches Hemd und meine leinene Unterhose, um auf allen vieren durch die winzige Pforte zu kriechen, die – ganz freigelegt – mindestens siebeneinhalb Meter hoch wäre. Mir war, als steckte ich in der Öffnung eines Backrohrs, und als ich ins Innere schlüpfte, schlug mir eine Hitze von 52 Grad entgegen. Rasch durcheilten wir die beeindruckende Stätte: Rossellini, Ricci, ich und einer unserer Araber, jeder mit einer Kerze in der Hand... Nach zweieinhalb Stunden Staunens hatten wir alle Basreliefs gesehen, sehnten uns nach frischer Luft und mussten den Eingang des Backofens wieder aufsuchen.«

Draußen vor dem Tempel wickelte sich Champollion in verschiedene Schichten Kleidertuch, die man damals zum Schutz gegen die Hitze benutzte: zwei Flanellwesten, Umhang und Burnus, und setzte sich neben eine der Windschutz bietenden, riesenhaften Statuen Ramses' II., um zu Kräften zu kommen. Der Schweiß rann ihm von der Stirn nach der Anstrengung des Tempelbesuchs, doch als er ins Boot zurückkehrte, schwebten ihm die Nachbilder der exquisiten Reliefs vor Augen. Er war entschlossen, sie abzeichnen zu lassen – und »wollte alles tun, um sie zu besitzen«.

Seine Ungeduld zügelnd, führte Champollion die Expedition von Abu Simbel auf den kurzen Weg nach Wadi Halfa, das heute im Sudan liegt, gleich hinter dem Zweiten Katarakt. Um von hier aus die Reise fortzusetzen, hätten sie die Boote und einen Großteil ihrer Vorräte zurücklassen und die Wüste durchwandern müssen. Aber damals herrschte Hungersnot in Nubien, und die Gruppe hätte wohl kaum größere Strecken zurücklegen können, ohne dass ihr in kürzester Zeit die Lebensmittel ausgegangen wären. Daher beschloss man, planmäßig die Rückreise anzutreten und unterwegs die wichtigsten Stätten gründlicher zu studieren. Neujahr verbrachte man in Wadi Halfa, und zumindest fand Champollion hier die Zeit, gründlich zu resümieren, was sie geleistet hatten und was noch vor ihnen lag. In den vier Monaten, die er jetzt in Ägypten war, hatte er seine Methode an den unterschiedlichsten Inschriftentypen erprobt. Sie hatte sich nicht nur bewährt, sondern wurde noch beständig verfeinert und erweitert. Auch wenn es seine Gegner nicht wahrhaben wollten: Nun gab es keinen Zweifel mehr, dass die Hieroglyphen-Schrift entziffert war und die Texte des alten Ägypten gelesen werden konnten.

In Wadi Halfa schrieb Champollion mehrere wichtige Briefe, die auf jeweils andere Weise seine damaligen Überlegungen, Hoffnungen und Ängste wiedergeben. Sein Brief an Dacier fasst zusammen, was die Expedition bis dahin erreicht hatte und wie sein Entzifferungssystem funktionierte:

»Heute, da ich dem Lauf des Nil von der Mündung bis zum Zweiten Katarakt gefolgt bin, darf ich mit Stolz verkünden, dass in unserem *Lettre sur l'alphabet des hiéroglyphes* nichts geändert werden muss. Das Alphabet ist einwandfrei: Es lässt sich mit gleichem Erfolg auf ägyptische Denkmäler der römischen und griechischen Epoche anwenden, ferner – was von noch größerem Interesse ist – auf die Inschriften aller Tempel, Paläste und Gräber der Pharaonenzeit. Alles dies rechtfertigt den Zuspruch, den Sie meinen Hieroglyphen-Studien zuteil werden ließen, als niemand sonst sie zu fördern bereit war … Die Stätten von Philae wurden in den zehn Tagen, die wir auf unserer Reise nilaufwärts dort waren, fast ganz ausgewertet. Die Tempel von Ombos, Edfu und Esna, die von den Mitgliedern der Commission de l'Égypte bevorzugt wurden zum Nachteil derjenigen in Theben, die jene Herren nicht *zu schätzen wussten*, werden mich wenig Zeit kosten … Meine Mappen sind schon reich gefüllt: Ich freue mich im Voraus darauf, Ihnen die ganze ägyptische Antike zur Ansicht vorzulegen: Religion und Geschichte, Kunst und Handwerk, Sitten und Gebräuche. Ein Großteil meiner Zeichnungen sind farbig, und ich zögere nicht, sie weit über die unseres Freundes Jomard zu stellen, denn sie geben mit gewissenhafter Treue den authentischen Stil der Originale wieder.«

Seinem Bruder gegenüber nahm Champollion, was die vor ihm liegende Aufgabe betraf, kein Blatt vor den Mund: »Meine Arbeit *beginnt eigentlich erst heute*, obwohl ich über 600 Zeichnungen in der Mappe habe, doch mir bleibt noch so viel zu tun, dass es mir beinahe Angst einjagt.« Im selben Brief betraute er Jacques-Joseph mit der Entsendung eines französischen Seglers, der sie Anfang Oktober in Alexandria abholen sollte, und gegenüber seinem alten Freund Thévenet, dem er ebenfalls schrieb, äußerte er trocken: »Mein Zustand hat sich gebessert, und ich hoffe, es hält an – ich bleibe nüchtern aus Tugend wie aus Not, und wenn diese weiterhin jene befördert, bleiben mir die Gebrechen dieses Landes erspart.«

Der Ägyptologe Charles Lenormant hatte Champollion nur zugesagt, ihn bis zum Zweiten Katarakt zu begleiten, und obwohl er ein treuer Mitstreiter der Expedition war, hielt sich Lenormant an seinen Vorsatz und reiste in einem der Boote allein nach Norden weiter. Zusammen mit dem frühen Weggang Bibents war die Gruppe jetzt auf zwölf Personen geschrumpft. Nachdem sie sich am 1. Januar 1829 von Wadi Halfa flussabwärts gewandt hatten, hielten die Boote anderntags unterhalb der Höhlen von Machakit, die hoch oben in einer Klippenwand liegen. Nur Champollion, L'Hôte und Ricci wagten die gefährliche Kletterpartie zu den Höhlen, die um 1300 v. Chr. unter Pharao Horemheb zu einer Kultstätte geworden waren. Während Champollion Inschriften kopierte, zeichneten die anderen beiden die Wandreliefs ab. Der Abstieg von den Höhlen wurde zusätzlich durch einsetzenden Sturm behindert, doch gelang den dreien die Rückkehr unversehrt, und die Boote legten sofort wieder ab. Eine halbe Stunde waren sie unterwegs, bis kräftige Böen zur erneuten Landung zwangen. Dort mussten sie bleiben, bis der Sturm anderntags in den ersten Morgenstunden wieder nachließ.

Am Tag nach dem Sturm erlitt Champollion heftige Krämpfe im rechten Knie, weshalb strenge Bettruhe ratsam erschien. Bei der Ankunft in Abu Simbel ärgerte er sich, die Inschriften nicht selbst abschreiben zu können. Während die übrigen Teilnehmer die wichtigsten Zeichnungen und Dokumentationen im Inneren und Äußeren des Haupttempels ausführten, beschäftigte er sich mit der Zusammenstellung seiner Notizen zu einem Hieroglyphen-Wörterbuch und lauschte voller Mitgefühl den Klagen des Naturwissenschaftlers Raddi. Dieser hatte soeben entdeckt, dass einer der Bootsleute seine umfassende Sammlung von Gesteinsproben im Nil versenkt hatte, weil er fürchtete, sie könne das Boot zum Sinken bringen.

Am 6. Januar wünschte Champollion, der noch immer nicht wohlauf war, selbst in den Tempel zu gehen, und musste fast dorthin getragen werden. Im Inneren verlieh ihm der Anblick all der Statuen, Reliefs und Inschriften neue Kräfte, und für etwa zwei Stunden beteiligte er sich an der Arbeit. Die schwüle Hitze im Inneren linderte seine Gicht; in den nächsten Tagen arbeitete er jeweils drei Stunden hintereinander, wobei sich sein Zustand nach und nach besserte.

Alle Expeditionsteilnehmer litten unter dem Klima im Tempelinneren, doch die angesammelten Informationen waren zu wichtig, um sie zu vernachlässigen. Champollion berichtete Jacques-Joseph von den Schwierigkeiten, wobei er großes Lob für die vorzügliche Arbeit seiner Kollegen fand.

»Alles hier ist gewaltig, einschließlich der Arbeit, die wir uns aufgehalst haben und deren Ertrag überall Aufsehen erregen wird. Wer diesen Ort kennt, weiß um die Schwierigkeiten, die zu überwinden sind, bevor man auch nur eine einzige Hieroglyphe im großen Tempel abzeichnet... Wenn du wissen willst, welche Temperaturen wir in diesem heute *unterirdisch* (weil der Sand die Fassade fast vollständig bedeckt) gelegenen Tempel erdulden müssen: Sie lassen sich mit einem gut eingeheizten türkischen Dampfbad vergleichen. Wenn du hörst, dass wir fast nackt hineingehen und unaufhörlich transpirieren, bis der Schweiß die Augen hinab aufs Papier tropft, das in diesem Backofenklima ohnehin schon durchnässt ist, dann kannst du den Mut unserer jungen Leute nur bewundern, die sich dem drei bis vier Stunden am Tag aussetzen und nur vor Erschöpfung pausieren und die Arbeit erst einstellen, wenn die Beine nicht mehr tragen.«

Während Maler und Zeichner alles und jedes aufs Papier bannten, blieb es die Aufgabe Champollions und Rossellinis, die Richtigkeit der Hieroglyphen-Abschriften zu prüfen.

»Rossellini und ich haben uns die Hieroglyphen selbst vorgenommen, die oft in großer Zahl bei jeder Figur und jeder Gruppe in den historischen Reliefs stehen. Wir schreiben sie vor Ort ab oder nach Drucken auf Papier, wenn sie in großer Höhe angebracht sind. Ich überprüfe mehrmals im Vergleich mit dem Original, mache genaue Abschriften und gebe sie gleich den Zeichnern weiter, die schon vorher die Kolumnen markiert und umrissen haben, in denen sie stehen.«

Dreizehn Tage schwerster Anstrengung brauchten sie, bis alle nötigen Details der beiden Tempel von Abu Simbel verzeichnet waren, unter den vorgefundenen, denkbar schwierigen Bedingungen. Am Ende dieser Zeit hatten sie den Eindruck, die Heimreise antreten zu können. Champollion notierte in sein Tagebuch: »Ich kann ein Gefühl der Trauer nicht verhehlen, dass wir für immer von hier fortgehen… dieses schöne Denkmal, der erste Tempel, den ich verlasse, um ihn nie wiederzusehen!«

Weniger als einen Tag brauchten sie von Abu Simbel nach Qasr Ibrim, einer uneinnehmbar auf einem Felsvorsprung gelegenen Festung, die Mehemet Alis Truppen einige Jahre zuvor zerstört hatten, damit sie den Mamelucken keine Zuflucht böte. Die Expedition hielt kurz inne, um die Höhlen am Fuß der Klippen, die nur über Leitern zu erreichen waren, zu untersuchen. Diese Höhlen waren, wie sich herausstellte, in den Fels gehauene Unterkünfte oder Kultstätten und reichten mindestens bis zur 18. Dynastie um 1500 v. Chr. zurück. Beim Bau des Assuan-Staudamms in den sechziger Jahren unseres Jahrhunderts wurde das ausgedehnte Gelände einschließlich Qasr Ibrim vom Nasser-See überflutet. Heute brechen sich die Wellen des Sees an den Trümmerwänden der einst mächtigen Festung, und die Höhlen liegen mehrere Meter unter der Wasseroberfläche. Ein Großteil Nubiens fiel dem Bau des Staudamms zum Opfer. Zwar konnten manche der von Champollion und seinen Leuten besichtigten Sehenswürdigkeiten durch das von über 40 Ländern getragene UNESCO-Projekt gerettet werden. Andere jedoch ließen sich nicht versetzen und ruhen heute unwiederbringlich auf dem tiefen Grund des Nasser-Sees. Die spektakulärste

Rettungsaktion betraf die beiden aus dem Fels gehauenen Tempel von Abu Simbel. Sie wurden herausgelöst und an einen anderen Ort geschafft, mit künstlichen Felsklüften über einer Betonkuppel.

In den frühen Morgenstunden waren sie in Qasr Ibrim eingetroffen, nun eilte die Expedition weiter und kam noch am selben Abend nach Derr, der Hauptstadt Nubiens. Ein zeitgenössischer Reiseführer bezeichnet sie als »ausgedehntes Dorf aus verstreuten Lehmhütten… mit einer Moschee, der einzigen, die hinter Philae zu sehen ist«. Champollion sprach von einem »großen Dorf mit 200 Häusern, doch angenehmer und sauberer als die meisten ägyptischen Städte; die Straßen sind breiter, und vor allem sind die Häuser von kleinen Palmengruppen umgeben«.

Nach einem Abendessen im Mondschein sprach Champollion mit einem Einheimischen und wollte wissen, »ob er den Namen des *Sultans* kenne, der den Tempel von *Derri* [Derr] gebaut habe. Ohne Zögern gab er zur Antwort, er sei zu jung, um das zu wissen. Allerdings schienen die Alten dieser Gegend einig darin, dass dieser *Birbé* [Tempel] rund 3000 Jahre vor dem Islam gebaut worden sei, doch seien diese Alten sich nur über eine Frage im Ungewissen: ob es nun die *Franzosen*, die *Engländer* oder die *Russen* gewesen seien, die damals solche Bauwerke ausführten«. Entzückt von dieser Auskunft, bemerkte Champollion: »Und so schreibt man also in Nubien Geschichte!«

Bei Sonnenaufgang unternahm man einen Besuch im Felsentempel von Derr, der ihm die Lösung für ein kleineres, ihn schon länger quälendes Problem liefern sollte. Ein Löwe (das Tiersymbol, dem er sich noch immer verbunden fühlte) wurde in manchen gemeißelten Reliefs als Begleiter des Pharaos Ramses II. in der Schlacht gezeigt. Was Champollion wissen wollte: Handelte es sich eher um eine Metapher, wonach Ramses in der Schlacht die Tapferkeit und Kraft eines Löwen gezeigt hätte, oder um einen echten, für den Krieg dressierten Kampflöwen? In Derr wurde der Löwe des Pharaos sogar dargestellt, wie er sich auf die Feinde stürzt, mit der Unterzeile:   (»Der Löwe, Diener seiner Majestät, reißt seine Feinde in Stücke«), was Champollion zu der Feststellung veranlasste: »Damit scheint bewiesen, dass der Löwe tatsächlich existierte und Ramses in die Schlacht gefolgt ist!«

Auf dem Weg nach Norden nahmen sie noch eine Reihe von Tempeln unter die Lupe, bis sie am Abend des 1. Februar in Philae eintrafen. Hier verbrachten sie sechs Tage, während ihre Ausrüstung über den Ersten Katarakt geschleppt und wieder auf ihre eigenen Boote »Isis« und »Hathor« verbracht wurde. Von Assuan aus rückten sie immer weiter flussabwärts vor, nahmen noch mehrere Stätten auf und waren am 8. März wieder in Theben. Die ersten beiden Wochen in Theben dienten dem detaillierten Studium des Luxortempels am Ostufer des Nil. Dort waren auch die Boote festgemacht, um darauf zu schlafen, weil eine andere geeignete Unterkunft nicht zu finden war. Als Nächstes wollte die Expedition den Friedhof der Pharaonen am Westufer untersuchen. Für diese Nekropole kannten die Ägypter mehrere Namen, darunter »Schöner Ort«, »Großes Feld« oder »Schöne Leiter des Westens«, doch ihre formelle Bezeichnung lautete: 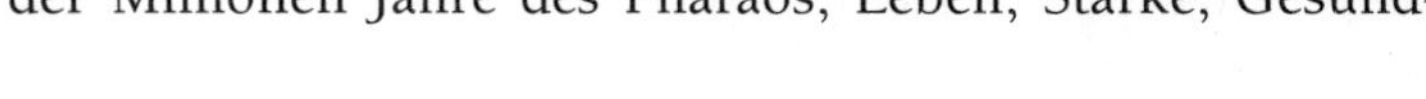, was so viel bedeutet wie »Großes und Vornehmes Grab der Millionen Jahre des Pharaos, Leben, Stärke, Gesundheit, im Westen von Theben«. Champollion erfuhr, dass der arabische Name des Gräberfelds *Biban el-Moluk* lautete (»Pforten des Königs«) – ein unbewusstes Echo des »hunderttorigen Thebens«, wie die ägyptische Hauptstadt in der homerischen *Ilias* beschrieben wird, um sie vom gleichnamigen Theben in Griechenland mit den sieben Toren zu unterscheiden. Champollion, der den Namen nur leicht abwandelte, nannte das Gräberfeld Tal der Könige, und dieser Ausdruck ist bei Europäern noch heute der gebräuchlichste.

Die Expedition richtete sich im Grab des Pharaos Ramses IV. häuslich ein, das schon seit langer Zeit vollständig ausgeraubt war und schon manchen Reisenden Obdach geboten hatte. Seinem Bruder schrieb Champollion ein paar Tage später über ihre ungewöhnliche Herberge:

»Unsere Karawane, bestehend aus Eseln und Weisen, hat sich also noch am selben Tag hier niedergelassen, und wir suchten das beste und prächtigste Hotel auf, das sich in ganz Ägypten finden ließ. Es ist König Ramses (der vierte aus der 19. [nach heutiger Zählung 20.] Dynastie), dessen Gastfreundschaft wir genießen, denn wir sind alle in seinem famosen Grabmal untergekommen, das zweite von rechts, wenn man ins Tal von Biban el-Moluk kommt. Dieses Felsengrab ist erstaunlich gut erhalten, gut belüftet und ausreichend hell, sodass wir uns nicht schöner einquartieren könnten. Wir wohnen in den ersten drei Kammern, die sich über eine Länge von 65 Schritt erstrecken. Die Wände sind viereinhalb bis sechs Meter hoch, die Decken mit bemalten Reliefs geschmückt, deren Farben ihre ursprüngliche Leuchtkraft fast gänzlich bewahrt haben. Dieser Palast wäre eines Prinzen nicht unwürdig… Da hast du unser Etablissement im *Tal der Könige*, dem wahren Ruhesitz der Toten, denn hier findet man keinen Grashalm und kein lebendes Wesen, abgesehen von Schakalen und Hyänen, die vorgestrige Nacht nur 100 Schritt von unserem *Palast* entfernt den Esel zerfleischt haben, der meinen Diener Mohammed trug.«

Seinem Brief legte Champollion einen Lageplan des Grabes bei, um zu zeigen, wie der lange Eingangstunnel in Hallen unterteilt war, in denen sie sich zum Schlaf betteten. Die Karte bestätigt seine Identifikation des Grabmals als das von Ramses IV. – aus irgendeinem Grund, vielleicht, weil die römischen Ziffern IV. und VI. leicht verwechselt werden, wurde der Expedition später nachgesagt, sie habe das Grab Ramses' VI. bewohnt. Unversehens hatten sie sich im selben Grab häuslich eingerichtet, dessen antiken Grundriss Champollion unter den Papyri der Drovetti-Sammlung in Turin entdeckt hatte. Weil der alte Lageplan unvollständig war und ihm als einzige Orientierung ein neuerer, unkorrekt gezeichneter Grundriss der Commission de l'Égypte vorlag, entging ihm dieses bemerkenswerte Spiel des Zufalls. Viele Jahre später fertigte Howard Carter – bevor er das Grab von Tutanchamun entdeckte, genau 100 Jahre nach Champollions Durchbruch bei der Entzifferung, und ebenso wie dieser weltberühmt wurde – einen korrekten Grundriss an und konnte beweisen, dass die antike Zeichnung das Grab Ramses' IV. zeigt.

Im Tal der Könige dokumentierten die Reisenden sorgfältig Wandmalereien und Inschriften der 16 Gräber, die ganz oder teilweise zugänglich waren und die schönste Dekoration aufwiesen. Wegen der späteren Zerstörungen durch einsickerndes Wasser, Springfluten, Steinschlag, Versalzung der Böden und den neuzeitlichen Einbruch der Touristenmassen sind diese frühen Zeichnungen heute kostbare historische Quellen. Die französisch-toskanische Expedition trug selbst zum Verfall bei (oder rettete womöglich das Wertvollste vor dem Verfall?), indem Champollion und Rosellini jeweils eine Gipsfläche mit einzigartigen Wandmalereien von der Felswand des Grabes von Seṭi I. lösten; diese sind heute im Pariser Louvre und im Archäologischen Museum von Florenz zu bewundern.

Die Briefe der Gruppe von und nach Kairo wurden von einem Kurier besorgt, der zu Fuß unterwegs war. Wenigstens einmal kam es vor, dass er ausblieb; ein zweiter Kurier wurde hinterher geschickt, um ihn tot oder lebendig aufzufinden. Am 2. April versiegelte Champollion den letzten eines ganzen Stapels von Briefen, weil der Bote anderntags aufbrechen sollte. Dieser Brief an Jacques-Joseph enthielt die Nachricht, dass sie abends ein Festmahl veranstalten wollten, um den vierten Geburtstag seiner Tochter Zoraïde zu feiern, was am richtigen Datum, dem 1. März, nicht möglich gewesen war – damals näherten sie sich dem Ersten Katarakt und hatten kaum noch Vorräte. Für dieses Festmahl jedoch hatten sie endlich ein Krokodil erbeutet; seit ihrer Abreise von Alexandria im vergangenen September waren sie vergebens auf die Pirsch gegangen, denn frisches Krokodilfleisch galt als Delikatesse. Doch noch bevor sich der Kurier auf den Weg machte, setzte Champollion ein Postskriptum hinzu: »Unser Krokodilbraten ist über Nacht verfault – das Fleisch ist ganz grün und stinkig geworden. Welch ein Unglück!«

Obwohl er gelegentlich krank und überarbeitet war, fühlte sich Champollion während der abenteuerlichen und lehrreichen Monate in Ägypten ganz in seinem Element. Wenigstens hatte er die Chance, seiner Bestimmung nachzukommen, in Theben mehr noch als anderswo. Kein Wunder, dass ihm größtenteils entging, wie heftig der Streit über seine Hieroglyphen-Entzifferung in Europa und besonders in Paris tobte, angeheizt von respektlosen Polemiken der Herren Jomard, Young und Klaproth. Tratsch und üble Nachreden nahmen kein Ende, doch in seinen Mitteilungen äußerte sich Jacques-Joseph selten darüber, vermutlich ganz bewusst, weshalb ihm nicht immer viel zu schreiben blieb. Champollion zeigte sich enttäuscht: »Ich finde dich in deinen Briefen reichlich kurz angebunden. Vergiss nicht, dass ich 1000 Kilometer weit weg bin!« Schließlich informierte Jacques-Joseph seinen Bruder, dass Young mit mehreren Akademikern in Paris korrespondiere – auch mit ihrem gemeinsamen Freund, dem Astronomen Arago – und sich beklagt habe, sie nähmen Champollions Entdeckung viel zu wichtig. Champollion, der seiner Leistung völlig sicher war, erwiderte seinem Bruder in einer Mischung von Unwillen und Mitleid:

»Der arme Dr. Young ist also unbelehrbar? Wozu den alten, schon mumifizierten Kram noch einmal aufwärmen? Dank an Monsieur Arago für das Kriegsbeil, das er so ritterlich erhoben hat zu Ehren des *franko-pharaonischen Alphabets*. Was immer der Britonier macht – *es wird unser bleiben*, und das gesamte *alte* England wird vom *jungen* Frankreich lernen müssen, wie man Hieroglyphen auf andere Weise buchstabiert als ›die von Lancaster‹ [eine Stichelei gegen Young und Jomard]. Mehr noch, der Doktor disputiert noch immer über das Alphabet, und ich befinde mich seit Monaten inmitten ägyptischer Quellen und *erschrecke* vor dem, was ich hier, flüssiger als ich je zu träumen wagte, *lese*. Und ich erhalte unerwartet fatale Ergebnisse *(das muss aber unter uns bleiben!)*.«

Der Brief enthielt weitere, reichlich vage Andeutungen, aus denen vermutlich auch Jacques-Joseph nicht immer schlau wurde. Kaum wagte Champollion, sich selbst die Konsequenzen seines Wissens einzugestehen: Die gesammelten Zeugnisse aus der Frühzeit der Pharaonen waren so unwiderleglich, dass die biblische Chronologie ein für allemal erledigt war.

Der April ging vorüber, und die zunehmende Hitze des ägyptischen Sommers machte das Arbeiten unerträglich. Alle Teilnehmer der Expedition litten, und das nicht nur unter der Hitze. Der Naturforscher und Entdecker Ricci wurde von einem Skorpion in den Arm gestochen und musste seine Tätigkeit einstellen. Zwar harrte er bei der Gruppe aus, doch erholte er sich nie mehr ganz und starb 1834 in Florenz. Anderen machte die Müdigkeit zu schaffen, nicht zuletzt Champollion, der am Ende seiner Kräfte war. Seine Mitstreiter machten sich ernsthafte Sorgen um ihn. Er bestand darauf, in den Gräbern im Tal der Könige allein zu arbeiten, und mehrmals fanden sie ihn ohnmächtig über seinen Papieren zusammengebrochen. Einige der Teilnehmer waren es leid, mit welcher Besessenheit er den Inschriften nachjagte, und L'Hôte klagte in einem Brief an seine Eltern über die Hieroglyphen: »Wir sind von ihnen umzingelt! Ein Jahr Arbeit, ein Jahr ohne Pause – ohne einen Ruhetag, ohne eine Minute des Durchatmens.« Gegen Ende Juli drohten die Künstler Bertin, Lehoux und Duchesne, ihn zu verlassen; am Ende war es aber nur Duchesne, der abreiste. Am 30. Juli trat er eine Reise nach

Griechenland an; für Champollion nahm er einige Kisten mit Antiquitäten nach Alexandria mit.

Champollions Zuversicht und Enthusiasmus waren trotz seiner Entkräftung ungebrochen. Ein Brief an Jacques-Joseph von Anfang Juli bezeugt seinen rückhaltlosen Idealismus:

»Endlich komme ich dazu, mein allerbester Freund, und vielleicht ein wenig spät, deine drei Briefe vom 30. Januar, 22. März und 10. April zu beantworten... Doch wirst du mir zugestehen, dass ich ein Mann bin, der gerade ins Leben zurückgekehrt ist: Bis in die ersten Tage des Juni war ich ein Bewohner der Gräber, wo man sich nur wenig um die Angelegenheiten dieser Welt bekümmert. Doch unter diesen dunklen Vorzeichen blieb mein Herz gleichwohl lebendig und hat oft die beiden Länder Ägyptens und das Mittelmeer überquert, um sich in schönen Erinnerungen an die Ufer der Seine zu ergehen. Diese *Familienbäder* erfrischten mein Blut und stärkten mir das Herz... Vergiss nicht, bei passender Gelegenheit Monsieur de Sacy meinen Dank auszurichten: Ich wäre geschmeichelt, wenn das Ergebnis die Güte rechtfertigt, die er meinen Arbeiten erwiesen hat. Auf die beiden Briefe, die ich dem Herzog von Blacas gesandt hatte, erhielt ich noch keine Antwort... Ich wäre todunglücklich, wenn sie nicht angekommen wären, denn aus meinem Schweigen könnte er schließen, ich hätte seiner Großmut vergessen; dies läge meinem Naturell ganz fern, sein Andenken ist mir noch immer teuer.«

Nachdem sie im Tal der Könige fertig waren, bezog die Gruppe Quartier in einem Haus im benachbarten Qurna, das sie ihr »Schloss« nannten. Von dort brachen sie allmorgendlich auf, um ihre Arbeit von sieben Uhr morgens bis Mittag und weitere zwei Stunden am Nachmittag fortzusetzen. Die Abende waren der Niederschrift von Berichten, dem Anfertigen von Duplikaten der Zeichnungen und ihrer jeweiligen Korrespondenz vorbehalten. Champollion begann, die Inschriften im nahe gelegenen Deir el-Bahari zu studieren, wo er vor einem Rätsel stand: Zwar konnte er die Namen zweier Pharaonen entziffern. Einer von ihnen, den er bislang nicht kannte, wies eine weibliche Endung auf, und doch bezog er sich auf das Bildnis eines bärtigen Pharao. Nachdem er herausgefunden hatte, dass einige Namen im Femininum absichtlich ausgelöscht worden waren, zog er den Schluss, dass ein Pharao als Regent geherrscht hatte, bis der andere an die Macht kam – eine Regentschaft, die verhasst war und zum Ausmeißeln des Herrschernamens geführt hatte. Doch für die weibliche Endung wusste er noch immer keine Erklärung. In Deir el-Bahari am Westufer des Nil bei Theben, vor dem großartigen Panorama der Kalksteinklippen, hatte man einst die wichtigsten aller Totentempel errichtet (wo der Kult des verstorbenen Pharaos gefeiert wurde), und Champollion kam der Erkenntnis zum Greifen nahe: dass der als Regent herrschende Pharao tatsächlich eine Frau war und dies ihr Totentempel – eine Vorstellung, die bis dahin allen Gelehrten fremd war.

Der weibliche Pharao hieß 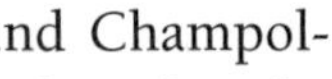 (*Maatkare Hatschepsut-Amun*, allgemein bekannt als Hatschepsut). Die Tochter des Pharaos Thutmosis I. war als Regentin für ihren jungen Neffen Thutmosis III. an die Macht gelangt, als sie die Thronfolge ihres Halbbruders Thutmosis II. antrat. Hatschepsut vollzog den ungewöhnlichen Schritt, sich selbst zum Pharao auszurufen, und regierte vermutlich zwischen 1498 und 1483 v. Chr., wobei sie die Macht längere Zeit mit ihrem Neffen teilte. Nach ihrem Tod wurde ihr Name ausgelöscht, vermutlich mehr aus Hass gegen die Blasphemie eines weiblichen Pharao als wegen der Vorbehalte ihres Neffen.

Nach Deir el-Bahari dokumentierte Champollion die anderen Stätten Thebens am westlichen Nilufer, einschließlich des Tempelkomplexes von Medinet Habu und seiner bewundernswerten Reliefskulpturen. Hier erkannte und registrierte er nach authentischen Quellen die altägyptische Methode, nach einer Schlacht die Zahl der Gefallenen auf feindlicher Seite zu ermitteln, wie sie eine der Reliefszenen festhält:

»Die Fürsten und Anführer der ägyptischen Armee führten vier Gefangenenkolonnen vor den siegreichen König: Schreiber zählten und dokumentierten die Anzahl der rechten Hände und der Geschlechtsteile, die man den tot auf dem Schlachtfeld gebliebenen *Robu* [asiatischer Volksstamm] abgeschnitten hatte. Textlich lässt sich die Inschrift lesen als ›Die Gefangenen in die Nähe Seiner Majestät führen: Dies sind 1000 an der Zahl; Hände abgeschnitten, 3000.‹ Der Pharao, zu dessen Füßen man die Trophäen niederlegte, saß ruhig auf seinem Streitwagen, dessen Pferde von Offizieren gehalten wurden, und hielt vor seinen Kriegern eine Rede.«

Die Tempel- und Grabanlagen von Theben versorgten Champollion reichlich mit Belegstücken für seine Überzeugung, dass sich der ägyptische Stil unabhängig von griechischen Vorbildern und früher als diese entwickelt habe. Entsprechende Thesen stellte er Jacques-Joseph brieflich vor:

»Das ist nur einer von 1001 schlüssigen Beweisen gegen die Auffassung jener, die noch immer behaupten, die Kunst Ägyptens habe erst unter dem Einfluss der Griechen zur Vollendung gefunden. Ich wiederhole es nochmals: *Die ägyptische Kunst verdankt alles sich selbst*, was sie Großes, Edles und Schönes geschaffen hat… das alte Ägypten hat die Griechen die Bildhauerei gelehrt, ihnen den Weg zur Vervollkommnung gewiesen, doch ohne Ägypten wäre Hellas wohl nie das klassische Land der Kunst geworden. Da hast du mein ganzes Glaubensbekenntnis in dieser großen Frage. Ich schreibe diese Zeilen vor Reliefbildern, die von Ägyptern mit größter Meisterschaft und Eleganz 1700 Jahre vor christlicher Zeitrechnung gefertigt worden sind. Und wo waren damals die Griechen…?«

In einem Brief an seinen Bruder von Anfang Juni fasste Champollion den überarbeiteten Reiseplan für den Rest der Expedition zusammen: Am 1. August gedachte er, den Nil zu überqueren und am Ostufer Luxor und Karnak zu erforschen, am 1. September wollten sie die Heimreise antreten und unterwegs nur noch in Dendera und Abydos Station machen, bevor sie in den letzten Septembertagen nach Alexandria zurückkehrten. Ein zunächst geplanter Abstecher nach Rom zur Fertigstellung seines Obeliskenprojekts wurde wieder aufgegeben, weil sein Gönner Papst Leo XII. im Februar verstorben war. Desto dringender bat Champollion seinen Bruder, für ein Segelschiff zu sorgen, das die Expeditionsteilnehmer in Alexandria aufnehmen sollte.

Sehr besorgt, wie er den Winter in Paris verbringen würde, gab er auch genaue Anweisungen für die Wohnung, die seine Ehefrau Rosine für sie suchen sollte. Während seiner Zeit in Ägypten hatte Rosine bei Jacques-Joseph und seiner Familie gewohnt – als Mitarbeiter der Nationalbibliothek, der er seit einem Jahr war, stand ihm eine Dienstwohnung zu. Champollion drängte darauf, dass es »vor allem ein *beheiztes* Appartement« sein sollte, »das brauche ich, um die kalte Jahreszeit zu überstehen, die mich bei der Rückkehr erwartet – mich friert schon jetzt bei dem Gedanken daran!«

Die Überanstrengung ließ sich Champollion in seinen Briefen nicht anmerken. Mit den verbliebenen Teilnehmern überquerte er Anfang August den Nil, wo sie ihre Dokumentation des legendären Luxortempels und seiner beiden Obelisken rasch fertig stellten. Im Briefwechsel zwischen den Brüdern ist viel von der Überführung eines Obelisken nach Paris die Rede, wobei Champollion einen vor dem Tempel stehenden Pfeiler bevorzugte. Begeistert schrieb er:

»Ich komme noch einmal auf die Idee zurück; wenn die Regierung einen *Obelisken* in Paris wünscht, wäre es eine nationale Ehrensache, sich für einen aus Luxor zu entscheiden (den beim Eingang zur Rechten gelegenen), ein Monolith von erlesener Schönheit und über 20 Meter hoch... ein Musterbeispiel exzellenter Handwerkskunst und bemerkenswert gut erhalten! Bestehe darauf und suche einen Minister, der seinen Namen unsterblich machen will, indem er Paris mit einem Weltwunder schmückt: 300 000 Francs, mehr braucht es nicht. Lass uns das ernsthaft angehen. Wenn sie's wirklich machen wollen, müssten sie einen Architekten oder *praktischen* Ingenieur (keinen Stubengelehrten!) zur Tempelanlage schicken, die Taschen voll Geld, und schon setzt sich der Obelisk in Bewegung... Ich besitze exakte Abschriften dieser beiden schönen Pfeiler.

Sie wurden mit besonderer Sorgfalt angefertigt, um die Irrtümer in den Kupferstichen der Commission auszuräumen und sie durch Ausgrabungen zu ergänzen, die wir direkt am Fuß der Obelisken unternommen haben. Zu meinem Leidwesen ist es unmöglich, die obere Ostseite des Obelisken auf der rechten Seite und die Westseite des linken Obelisken zu zeichnen; hierfür wäre es unvermeidlich, einige angrenzende Erdhütten abzureißen und dadurch mehrere arme Fellachenfamilien obdachlos zu machen.«

Gleichzeitig schrieb Champollion an Drovetti, den französischen Konsul in Alexandria, und drängte ihn, seinen Einfluss geltend zu machen, damit Frankreich einen Obelisken aus Luxor statt einen aus Alexandria bekäme. Obwohl man ihn zu den späteren Verhandlungen nicht mehr herangezogen hat, wurde schließlich sein Lieblingsobelisk nach Paris geschafft und im Oktober 1836 auf der Place de la Concorde aufgestellt.

Als Nächstes machten sie sich über Karnak her, jene enorme Anhäufung kultischer Bauten auf dem über 100 Hektar großen Gelände rund um Theben. Karnak hatte schon bei ihrem ersten Besuch im vergangenen Jahr keinen Expeditionsteilnehmer gleichgültig gelassen. Ihr Hauptquartier war der kleine Tempel der Göttin Opet, nahe der Sphingen-Allee, die zum Luxortempel führt. Die als Personifikation der Mütterlichkeit und Beschützerin der Gebärenden verehrte Opet wird gemeinhin als weibliches Nilpferd dargestellt. Eines der beiden wichtigsten Ereignisse in Theben war das jährliche Opet-Fest, bei dem sich eine kultische Schiffsprozession zu Lande mit Götterbildern die Allee der Sphingen entlang Karnak zum Luxortempel bewegte. Die andere bedeutende Feier war das »Schöne

Fest des Tals«, bei dem man Kultstatuen von Karnak über den Nil ans Westufer brachte.

Nach sechs Monaten in Theben segelte die Expedition am 4. September 1829 weiter nach Dendera und besichtigte anderntags erneut den Tempel, damit Champollion die leeren Kartuschen des Tierkreises noch einmal überprüfen konnte. »Ich wollte mich vergewissern, mit *eigenen Augen und Händen*, dass die Kartuschen zu beiden Seiten des Tierkreises wirklich *leer* sind und nie gemeißelt wurden: So verhält es sich definitiv, und der berüchtigte *autokrator* war das Werk unseres Freundes Jomard.«

Beim Aufbruch von Dendera trafen sie noch zwei Kuriere, die ihnen Briefe brachten: Einer war von Jacques-Joseph, der im Februar eingestanden hatte, dass Champollion aufgrund der Intrigen Jomards und seiner Helfershelfer abermals nicht zum Mitglied der Inschriften-Akademie gewählt worden war. Obwohl er selbst seit vielen Jahren Dacier, dem ständigen Sekretär der Akademie, assistierte, hatte auch Jacques-Joseph nur den Status eines korrespondierenden Mitglieds mit Hauptwohnsitz in Grenoble inne.

Jetzt bewegte sich die kleine Expeditionsflotte immer rascher flussabwärts, während der Pegel des Nil diesmal besonders hoch stand. Champollion betrachtete die Überschwemmung als großartiges Naturschauspiel. Allerdings taten ihm die Bauern Leid, deren Ernten und Felder überflutet wurden. Der geplante Besuch in Abydos unterblieb wegen der Nilschwemme, was angesichts der zerrütteten Gesundheit von Champollion wohl kein allzu großer Verlust war: Jetzt freute er sich noch auf einen Zwischenhalt in Kairo, auf Alexandria und die Heimkehr. Allen Warnungen zum Trotz und selbst nicht ganz wohlauf, hatte der

Naturforscher Raddi mutterseelenallein den Weg ins Delta angetreten. Sein Assistent war schon einige Monate zuvor krankheitshalber nach Italien zurückgekehrt. Raddi ist vermutlich im Delta ums Leben gekommen – denn niemand hat ihn je wiedergesehen.

In Kairo erfuhr Champollion die erschütternde Nachricht vom Tode seines alten Widersachers und Kollegen Thomas Young. Sie hatten sich kurz vor Champollions Abreise nach Ägypten, wo Young nie gewesen war, in Paris wiedergetroffen. Von dort war Young nach Genf weitergereist. Als er im Herbst 1828 wieder in seinem Haus am Park Square in London war, bedachte er seinen ziemlich unbeschwerten Lebenslauf mit den Worten: »Was mich betrifft, kann ich mit meinem Dasein vollkommen zufrieden sein: Täglich von elf bis zwei Uhr gehe ich zur Arbeit, den Rest des Tages verbringe ich mit meinen Hieroglyphen oder mathematischen Aufgaben und tausche mich in meiner Bibliothek mit den Menschen jenseits der Alpen oder des Mittelmeers aus.«

Young hatte an seinem Wörterbuch des Demotischen (das er »Enchorial« nannte) weitergearbeitet, bis es als Nachtrag zu Tattams koptischer Grammatik erscheinen konnte. Mitte Dezember – als Champollion von Philae Richtung Nubien ablegte – hatte er seinem alten Freund und ehemaligen Schüler Hudson Gurney geschrieben:

»Gerade habe ich die Reinschrift meines kleinen ägyptischen Wörterbuchs beendet, abgesehen davon, dass ich alles noch einmal abschreiben muss, während die Lithografie gemacht wird. Das wird den Fingern und den Augen noch zwei bis drei Monate Arbeit geben, nicht aber dem Kopf. Es enthält nichts oder wenig Überraschendes, doch wird das, was ich in der Kursivschrift entdeckt habe und was noch nirgends systematisch dargestellt wurde, der Vergessenheit entrissen. Es sind rund 100 Seiten geworden.«

Als er Young einen Monat zuvor aus Neapel schrieb, hatte Sir William Gell gemeint: »Ich wünschte, Sie hätten mich mit Champollion nach Ägypten geschickt, der mich mitnehmen wollte, allerdings fehlte mir das nötige Geld. Zweifellos hätte ich etwas leisten können, denn ich kann Ansichten und Karten schneller skizzieren als jeder andere und habe noch mehr Geduld beim Reinzeichnen der Hieroglyphen… Froh bin ich, dass Sie sich mit Champollion wieder ausgesöhnt haben und dass Sie Ihr Enchorial-Wörterbuch bald herausgeben, bevor es irgendein widerlicher Deutscher macht, denn gegenwärtig mühen sich, wie ich vermuten muss, ein paar Dutzend damit ab, die mit nichts anderem beschäftigt sind.«

Von Februar 1829 an, als Champollion aus Nubien wieder nach Philae kam, erlitt Young mehrere Asthma- und Schwächeanfälle, und im April erkrankte er an Herz und Lunge. Ans Bett gefesselt, erklärte er all seine Arbeiten für beendet, ausgenommen sein Wörterbuch, dessen Druck er fortlaufend überwachte, obwohl er so entkräftet war, dass er statt der Feder nur noch einen Bleistift halten konnte. Die Kompilation seines Wörterbuchs sei ein Vergnügen für ihn, erklärte er, und »wenn diese Krankheit sein Leben verkürze, sei er's schon zufrieden, wenn er sein Lebtag nicht müßig gewesen ist«. Schließlich, am 10. Mai 1829 – Champollion hielt sich zu dieser Zeit bei den Gräbern im Tal der Könige auf –, erlag Young im Alter von 55 Jahren einer »Verknöcherung der Hauptschlagader«. Beigesetzt wurde er im Familiengrab seiner Frau in der Krypta der Abteikirche St. Giles, die zur Gemeinde Farnborough in Kent gehört. Seine Witwe unternahm ihr Möglichstes, um für ihn eine Gedenktafel in Westminster Abbey durchzusetzen, die dann als Medaillon mit einer Inschrift Gurneys gestaltet wurde. Einige weitere Andenken an Young sind bis heute erhalten, darunter Tafeln an seinem Geburtshaus in Milverton, Somerset, sowie an seinem Haus in der Welbeck Street in London. In der Shire Hall des Bezirks- und Krongerichtshofs zu Taunton, Somerset, steht Youngs Büste, versehen mit einer Kurzversion der Gurney-Inschrift:

»Thomas Young, M. D., Fellow und Auslandssekretär der Royal Society, Mitglied des Institut de France, unübertroffen in der Breite und Gründlichkeit seines Wissens. Nur von Newton übertroffen in seiner Einsicht in die Zusammenhänge von Phänomenen der physikalischen Optik. Der erste Entdecker der ägyptischen Hieroglyphen. Autor von Vorlesungen über Naturphilosophie. Einer der klassischen Autoren der wissenschaftlichen Literatur. Von den Freunden geliebt, seiner häuslichen Tugenden wegen. Von aller Welt geehrt für seine ruhmvollen Leistungen. Er starb in Erwartung der Auferstehung der Gerechten. Geboren in Milverton in Somersetshire den 13. Juni 1773. Gestorben in Park Square, London, am 10. Mai 1829 im 56. Lebensjahr.«

Youngs *Rudiments of an Enchorial Dictionary in the Ancient Enchorial Character; Containing All the Words of Which Sense Has Been Ascertained* (»Vorarbeiten zu einem Wörterbuch des Enchorial in antiker enchorialer Schrift, alle Wörter enthaltend, deren Sinn bisher erschlossen wurde«) erschien ein Jahr später auf Betreiben von Tattam und Gurney, die einiges aus seinen Notizen ergänzen mussten. Das Buch erschien mit einer biografischen Skizze Youngs und einem Verzeichnis der gedruckten Schriften. Es enthielt außerdem Kommentare zur ägyptischen Chronologie, die sich hauptsächlich auf astronomische Erkenntnisse stützen, einen Abschnitt über demotische Zahlen sowie Monatsnamen und Daten, für die Young viele von Champollion zur Verfügung gestellte Papyri auswerten konnte. Der abschließende und umfangreichste Teil war das Verzeichnis demotischer Wörter und Sätze mit englischen Übersetzungen.

Zwar war ihm der ersehnte Durchbruch bei der Entzifferung der Hieroglyphen missglückt. Immerhin gehört Young jedoch zu den Ersten, die beim Studium des Demotischen – Sprache und Schrift des antiken Ägypten seit Mitte des 7. Jahrhunderts v. Chr. – zu greifbaren Fortschritten gelangt sind. Auch wenn er in seinen frühen Arbeiten das Demotische und Hieratische verwechselte, darf Thomas Young wohl als Entdecker des Demotischen gelten. Zur Tragik seines Lebens gehört, dass die Kontroverse über seinen Anteil an der Hieroglyphen-Entzifferung seine eigentliche Leistung überschattet hat.

Gegen Ende September, vier Monate nach Youngs Ableben, brachen die verbliebenen Mitglieder der Expedition von Kairo auf, um rechtzeitig beim Eintreffen des Schiffs aus Frankreich in Alexandria zu sein. Leider stellte sich heraus, dass die Kiste mit Funden, die Duchesne einige Monate zuvor mitgenommen hatte, nicht im Safe des Nachfolgers von Drovetti in der französischen Gesandtschaft lag. Sie war stattdessen einem Händler anvertraut worden, und einige Stücke fehlten. Nun begann eine unerquickliche, fruchtlose Warterei, denn das versprochene französische

Schiff hatte noch nicht einmal den Hafen von Toulon verlassen. In der Zwischenzeit wurde Champollion mehrmals von Mehemet Ali empfangen. Der Herrscher Ägyptens bat ihn darum, einen Abriss der Geschichte seines Landes im Altertum niederzuschreiben. Champollion erfüllte diesen Wunsch, und sein Bericht enthüllte erstmals seine neuesten Erkenntnisse zum Ursprung Ägyptens, den er mit »6000 Jahre vor dem Islam« – und damit mindestens 1000 Jahre vor der Welterschaffung nach christlich-theologischer Auffassung – datierte.

Mehemet Ali erhielt noch einen zweiten, unerbetenen Bericht zu einem Thema, das Champollion sehr am Herzen lag. Darin stellte er mit dem nötigen Takt, aber doch voller Besorgnis fest, wie viele Reisende und Gelehrte »die Zerstörung wertvoller Denkmäler Ägyptens und Nubiens bitter beklagen, die in den letzten Jahren völlig eingeebnet wurden, ohne dass auch nur eine Spur von ihnen blieb. Man weiß, dass dieses barbarische Zerstörungswerk gegen die aufgeklärten Ansichten und wohl bekannten gütigen Bestrebungen Ihrer Majestät geschieht«. Im Folgenden listete Champollion die in jüngster Zeit vernichteten Monumente auf sowie jene, die um jeden Preis erhalten bleiben müssten. Er schloss mit dem Rat, man möge – ohne die archäologische Forschung zu behindern, weil die von ihr bereitgestellten Erkenntnisse zu wichtig seien – die Exzesse der Raubgräberei unterbinden.

»Kurz, das wohlverstandene wissenschaftliche Interesse verlangt nicht, Ausgrabungen zu verhindern (denn die Forschung erlangt durch solche Arbeiten täglich neue Gewissheit und ungeahnte Aufschlüsse); vielmehr gilt es, die Ausgrabungen zu kontrollieren, damit die heute und in Zukunft entdeckten Gräber gesichert und bewahrt werden gegen Übergriffe der Ignoranz und der blinden Raffgier.«

Rossellini und die übrigen Italiener wollten nicht länger auf die versprochene französische Überfahrt warten und nahmen ein Handelsschiff, das direkt nach Livorno fuhr. Nun blieben nur noch Champollion, Cherubini, L'Hôte, Bertin und Lehoux in Alexandria zurück. Die drei Maler aus Frankreich beschlossen, in Ägypten zu bleiben, denn man hatte ihnen Aufträge für Porträts und Theaterdekorationen versprochen. Anfang Dezember trat Champollion schließlich allein mit dem treuen Cherubini die Rückfahrt mit der »Astrolabe« an. Am 23. Dezember 1829, Champollions 39. Geburtstag, liefen sie im Hafen von Toulon ein, um noch einen Monat in Quarantäne zu verbringen. Man hielt das für notwendig, weil in Ägypten noch immer die Beulenpest wütete. Die öden Tage der Quarantäne im schlimmsten Winter seit Menschengedenken verbrachten sie in der verwahrlosten, unbequemen und vom Ofen verräucherten Quarantänestation; nachts schlief man an Bord des ungeheizten Schiffs.

Als er im Januar 1830 die Quarantäne endlich verlassen durfte, fürchtete sich Champollion geradezu vor der Rückkehr nach Paris, wo seine Gesundheit noch mehr leiden würde. Er zog es vor, bis Februar im kalten, aber trockeneren Klima des Südens zu bleiben, um Freunde zu besuchen und ägyptische Altertümer zu besichtigen. »Welch einen Dämon von Winter hat uns der Himmel dieses Jahr geschickt«, schrieb er seinem Bruder, »ich leide entsetzlich darunter und fürchte, dass mich im nebligen Klima von Paris die Gicht wieder packt!« Dass er die Rückkehr hinauszögerte, hing auch mit der während seiner Ägyptenreise erstarkten Opposition gegen ihn zusammen. Inzwischen wurde er sogar beschuldigt, Quellen zu fälschen, um sie seinem Entzifferungssystem anzupassen. In einem Brief an Rossellini versprach Champollion, als Nächstes seine ägyptische Hieroglyphen-Grammatik fertig zu stellen, die »Ende dieses Jahres erscheinen soll; es ist das unverzichtbare Vorwort zu unserem Reisebericht. Natürlich wird sie diejenigen, die mein System bekämpfen und meine Arbeit missbilligen, kaum umstimmen, denn diese Herrschaften wollen sich nicht umstimmen lassen und sind ausnahmslos unredlich... Ich speie auf sie!«

Am 4. März um zwei Uhr in der Frühe traf Champollion wieder in Paris ein, wo ihn ein heftiger Gichtanfall sofort in sein Zimmer verbannte. Die neue Wohnung lag im dritten Stock in der Rue Favart Nr. 4, nur wenige Minuten zu Fuß von Jacques-Josephs Wohnung und vom Louvre entfernt. Seine bescheidene Ankunft in Paris stand in deutlichem Kontrast zur Rückkehr der vier Mitglieder der toskanischen Kommission, die begeistert empfangen und in ganz Italien mit Beifall und Ehren überhäuft wurden. Großherzog Leopold II. brannte darauf, die gesammelten Ergebnisse so rasch wie möglich zu veröffentlichen. Deshalb fragte Rossellini Ende April bei Champollion wegen seines Beitrags an. Er drängte ihn sogar, nach Pisa zu kommen und bei ihm und seiner Frau zu wohnen: »Nehmen Sie Ihre Unterlagen und kommen Sie her... Ich und meine Frau leisten Ihnen Gesellschaft, wir können den ganzen Sommer gemeinsam verbringen und den Herbst... Mme. Rosine und die kleine Mignonette dürfen gern mit Ihnen kommen!«

In Paris war die Lage nicht einfach. Champollion fiel es zunehmend schwer, sich auf seine Aufgabe zu konzentrieren. Die Funde aus Ägypten waren gerade im Louvre eingetroffen. Wegen des Ankaufs der Drovetti-Sammlung kurz vor der ägyptischen Reise war eine neue Inventarisierung der gesamten Sektion dringend erforderlich. Trotz ständiger Ablenkungen bemühte er sich, die Hieroglyphen-Grammatik abzuschließen, bevor er mit einem größeren Bericht über seine ägyptische Expedition begann. Zugleich musste er Rücksicht auf seine schwache Konstitution nehmen. Im März verfehlte er ein weiteres Mal die Wahl in die Akademie. Bei Wissenschaftlern in ganz Europa herrschte ungläubiges Staunen; das Institut de France schien diskreditiert. Die Akademie sah sich zum Handeln gezwungen und führte eine Massenzuwahl neuer Mitglieder durch, und am 7. Mai 1830 wurde Champollion schließlich aufgenommen.

Neun Tage später verstarb Joseph Fourier im Alter von 62 Jahren, in lebhafter Erinnerung an Ägypten, denn kurz zuvor war Champollion bei ihm gewesen und hatte von der eigenen Reise berichtet. Bei Napoleons Rückkehr aus dem Exil hatte Fourier den Posten als Präfekt von Isère verloren und war 1815 nur wenige Wochen Präfekt des Rhône-Départements geblieben. In Paris, wo er sich niederließ, war er zunächst für das Statistische Büro und anschließend für die Akademie der Wissenschaften tätig gewesen, die ihn im August 1822 zum ständigen Sekretär der mathematischen Sektion ernannte. In den letzten Jahren hatte er großen Anteil an Champollions Fortschritten genommen. Auch am Vorabend der französisch-toskanischen Expedition waren sie zusammen gewesen. Fourier hatte auf das Panthéon gedeutet, die nationale Ruhmeshalle der Geistesgrößen, und Champollion mit den Worten ermutigt: »Eines Tages wird *Ägypten* Ihnen einen Platz in diesem Allerheiligsten sichern!«

In der zweiten Jahreshälfte 1830 kam es in mehreren europäischen Ländern zum Umsturz, und auch diesmal machte Frankreich den Anfang. Die Liberalen wehrten sich zunehmend gegen das ultrakonservative, immer repressiver werdende Regiment Karls X. Die Royalisten hatten die kürzlich gewählte Kammer aufgelöst und am 25. Juli sogar die Verfassung abgeschafft. Daraufhin griff das Volk zu den Waffen. Am 27. Juli erfolgte die Revolution der *Trois Gloirieuses* (der »Drei glorreichen Tage«). Der Louvre war damals noch mit dem Tuilerienpalast verbunden und wurde vom Militär besetzt, um den König von dort aus zu schützen. Am 29. Juli stürmten Tausende bewaffneter Bürger das Musée Charles X. im Louvre, doch die meisten waren mehr am Plündern interessiert als an der Revolution. Zahlreiche kleine Statuen und Figurinen, Amulette, Papyri und Gegenstände aus Gold, Silber und Edelsteinen ließen sie aus Champollions ägyptischer Ausstellung mitgehen, darunter auch solche, die er gerade erst aus Ägypten mitgebracht hatte. Manches aus den Sammlungen Salts und Drovettis tauchte nie wieder auf – ein tragischer Verlust ebenso für Champollion wie für die Ägyptologie.

Karl X. floh nach England, während Louis-Philippe, der Herzog von Orléans, zum König der Franzosen ausgerufen wurde – nicht so sehr zum König von Frankreich, denn noch immer war die politische Lage des Landes unruhig, und die Aussicht auf die neue Monarchie eines Emporkömmlings stellte niemanden zufrieden. Viele Adlige gaben ihre hochrangigen Posten auf. Der Herzog von Blacas bereitete seine Emigration vor; zu nahe hatte er Karl X. gestanden. Wenige Wochen nach dem Tod Fouriers musste der verzweifelte Champollion auch vom Herzog von Blacas Abschied nehmen, der seit Jahren sein Freund und Gönner gewesen war. »Die Trennung von ihm hat mich um Jahre altern lassen«, gestand er seinem Freund Lenormant.

Als Champollion von Ägypten heimgekehrt war, hatte Blacas vergebens versucht, Karl X. zu einer Geste der Dankbarkeit zu bewegen und Champollion persönlich auf einen Lehrstuhl für Ägyptologie zu berufen. Doch Louis-Philippe war dem Entzifferer der Hieroglyphen freundlicher gesinnt. Mehrmals wurde er zu Gesprächen mit dem neuen König bestellt, wobei es um wichtige Angelegenheiten wie den bevorstehenden Transport des Obelisken aus Luxor nach Paris ging. Nachdem sich die Wirren der Revolution gelegt hatten, konnte Champollion erst im September wieder seine normale Arbeitsroutine aufnehmen. Jetzt antwortete er auf Rossellinis Brief, womit er so lange gezögert hatte, und entwarf ihm seinen Plan: Im Oktober und November wollte er letzte Unklarheiten seiner Hieroglyphen-Grammatik beseitigen, um sie in den folgenden beiden Monaten drucken zu lassen, während er den großen, gemeinschaftlichen Bericht der ägyptischen Expedition zusammenstellte.

Champollions verspätete Antwort erreichte Rossellini, als er gerade die geplante Publikation in Italien ankündigen wollte, die periodisch vom folgenden Jahr an erscheinen sollte. Entsprechend verärgert über den erneuten Aufschub fiel seine Antwort Anfang Oktober aus. Noch immer gärte in Frankreich untergründig die Revolution, im Dezember wurde der Louvre, der wieder als militärisches Hauptquartier diente, zum Angriffsziel der Aufständischen. Doch nicht nur politische Unruhen machten Champollion zu schaffen. Daheim und im Louvre wurde er von ungezählten Bewunderern aus Frankreich und aller Welt heimgesucht, und seine Arbeitslast vermehrte sich noch durch die fällige Generalrenovierung des Museums. Für die eigene Forschung blieben ihm daher nur die Nachtstunden, was wiederum seiner Gesundheit abträglich war.

Eines seiner Projekte betrieb Champollion gemeinschaftlich mit dem Astronomen Jean-Baptiste Biot – die Auswertung seiner Reisenotizen und die Zeichnungen zum Kalender, zu Jahreszeiten, Aussaat und Ernte sowie Sternkunde im alten Ägypten. Im März und April 1831 wurden vor der Akademie der Wissenschaften und der Inschriften-Akademie Vorträge über diese Themen gehalten, die in der Öffentlichkeit großes Aufsehen erregten. Champollion und Biot führten nämlich den Nachweis, dass sich aus astronomischen Ereignissen wie Sonnenfinsternissen oder Tag- und Nachtgleichen einwandfreie Datierungen gewinnen ließen. Nach der wichtigsten dieser Sitzungen am 18. März erhielt Champollion eine vom König gezeichnete Urkunde, die ihn zum Professor am Collège de France ernannte, an dem er 13 Jahre zuvor sein Studium begonnen hatte.

Der wochenlangen beschwerlichen Quarantäne in Toulon war ein grausamer Winter gefolgt. Lunge und Kehlkopf waren entzündet, weshalb Champollion über längere Zeit nicht sprechen konnte und seinem Arbeitsplatz im Louvre immer häufiger fernblieb. Stattdessen verließ er sich zunehmend auf die Hilfe seines Assistenten Dubois und auf einen Schüler, den ihm vor einigen Monaten ein glücklicher Zufall beschert hatte und der unter seiner Anleitung lernen wollte. Francesco Salvolini war 21 Jahre alt und hatte orientalische Sprachen in Bologna studiert. Außerdem konnte er erstklassige Empfehlungen von Champollions Freund Gazzera in Turin vorweisen, der Salvolini für noch begabter als Rossellini hielt. Dieser Student half bereitwillig im Louvre aus, wo er konnte, ging bei Champollion aus und ein, überbrachte Nachrichten vom und ans Museum, half bei der Hieroglyphen-Grammatik ebenso wie bei der Planung der Universitätsveranstaltungen. Er selbst erhielt auf diese Weise die einzigartige Gelegenheit, sein eigenes Wissen zu vervollkommnen und Champollions Gedanken zur Hieroglyphen-Kunde und zur Ägyptologie aus erster Hand kennen zu lernen.

Inzwischen bereitete Champollion seine ersten Seminare an der Universität vor. Das Vorlesungsverzeichnis kündigte an, Monsieur Champollion werde »in die Prinzipien der *Ägyptisch-koptischen Grammatik* einführen und daraus das gesamte System der *geheiligten Schriften* entwickeln, wobei er alle in *hieroglyphischen und hieratischen Texten* gebräuchlichen grammatischen Formen erläutert«. Die Antrittsvorlesung sollte später das Vorwort für die im Erscheinen begriffene Grammatik werden, doch krankheitshalber musste sie um mehrere Wochen verschoben werden. Am 10. Mai 1831 trat Champollion endlich die Professur am Collège de France an und hielt die erste Vorlesung, in der er seine Erkenntnisse zu den altägyptischen Schriften zusammenfasste. Das Studium alter Sprachen, führte er aus, beruhe auf einem Zusammenwirken von Philologie und Archäologie:

»Grundsätzlich gehören zur Domäne der beiden eng miteinander verbundenen Fächer Archäologie und Philologie, den unverzichtbaren Hilfswissenschaften der Geschichtsschreibung, ihrem eigenen *Wesen* nach, wenn man es so ausdrücken darf, die Denkmäler der ägyptischen Antike, die den Hauptgegenstand meiner heute beginnenden Vorlesungen bilden.«

Die Resonanz auf diesen ersten Vortrag war ermutigend. Zahlreiche Gelehrte aus ganz Europa hatten den weiten Weg auf sich genommen, um ihn zu hören, doch die Anstrengung machte Champollion sehr zu schaffen. Seine Bronchitis hatte sich akut verschlimmert, weshalb er daheim bleiben und die nächste Vorlesung, die zwei Tage später terminiert war, um 14 Tage verschieben musste. Daraufhin wandte er sich an den toskanischen Herzog Leopold II. und bat darum, dem noch immer verärgerten Rossellini Urlaub zu gewähren, damit sie ihr gemeinsames Publikationsvorhaben in Paris realisieren konnten. In der Universität konnte Champollion nur noch zweimal erscheinen, bevor ihm das Sprechen wieder so schwer fiel, dass die Vorlesungen für dieses Semester abgesagt wurden. Heftige und wiederholte Gichtanfälle machten ihm zu schaffen, und jedermann riet ihm, Paris zu verlassen, wo zudem eine Grippeepidemie ausgebrochen war. Doch konnte er diesem Rat nicht Folge leisten, weil er tagtäglich Rossellinis Besuch erwartete.

Mitte Juli, in einer Zeit drückender Sommerhitze und erneuter Unruhen, traf Rossellini in der französischen Hauptstadt ein. Champollions Gebrechlichkeit erschütterte ihn. Gegen Ende des Monats besserte sich Champollions Zustand ein wenig, und die beiden konnten das Material ihrer Expedition bearbeiten, wobei Rossellini von den jüngsten Theorien und Entdeckungen erfuhr. Jacques-Joseph, der seinen Bruder wie immer vor allzu großem Freimut beim Mitteilen seiner Forschungsergebnisse bewahren wollte, sorgte dafür, dass die Bedingungen der gemeinsamen Publikation in einem Vertrag festgehalten wurden. Den neuen König bat Champollion um die Erlaubnis, ihm das Werk widmen zu dürfen – ganz im Gegensatz zu seiner ablehnenden Haltung 17 Jahre zuvor, als er eine Widmung seines ersten Buchs an Ludwig XVIII. unbedingt hatte verhindern wollen. Mitte August kam es zu einer Privataudienz, bei der Louis-Philippe die Widmung genehmigte. Wenige Tage später, am 21. August, verließ Champollion ohne großes Aufsehen die Hauptstadt und kehrte in seine Vaterstadt Figeac zurück – in Paris fiel ihm das Atmen zunehmend schwer.

In Figeac traf er vier Tage später ein, und er suchte gleich das Haus seiner Familie auf, dessen Straße ihm zu Ehren bereits in »Rue Champollion« umbenannt worden war. Seine beiden Schwestern Marie und Thérèse waren überglücklich, ihn zu sehen, und sein Besuch war das Tagesgespräch in der ganzen Stadt. Einmal aus Paris heraus, fühlte sich Champollion gleich kräftiger und begann mit der Reinschrift seiner Grammatik für den Druck. Nur gegen Mittag verließ er kurz das Haus, um spazieren zu gehen. Seine Schwestern bewahrten ihn vor dem Andrang unerwünschter Besucher und taten ihr Bestes, ihm den Aufenthalt so angenehm und erholsam wie möglich zu machen. Champollion sorgte sich vor allem um sein Buch. Dessen Zukunft erschien ihm ungewisser denn je, angesichts drohender Kriege, Revolutionen und der verheerenden Choleraseuche, die damals Europa überzog. Zugleich hatte er aber noch immer Bedenken gegen eine verfrühte Publikation von Forschungsergebnissen. Auch dieses Manuskript hätte er lieber noch zurückgestellt, wie er Lenormant mehrmals versicherte, wenn er sicher gewusst hätte, wie viele Lebensjahre ihm noch blieben. Seinen Bruder drängte er indessen, alles für die Drucklegung in Paris vorzubereiten, wohin er im November zurückkehren wollte. Jacques-Joseph hatte inzwischen den Vertrag in allen Einzelheiten mit Rossellini ausgehandelt, der in den ersten Septembertagen mit einer von beiden Partnern unterschriebenen Ausfertigung nach Italien abreiste.

Da es ihm in Figeac gesundheitlich viel besser ging, zögerte Champollion, ebenso wie anderthalb Jahre zuvor während der Quarantäne in Toulon, mit der Rückkehr in die Hauptstadt. Jacques-Joseph ließ er brieflich wissen, er wolle erst wiederkommen, wenn seine Anwesenheit in der Universität zu Semesterbeginn nötig sei. Die Vorlesung um acht Uhr in der Frühe zu halten erschien ihm in den Wintermonaten zu strapaziös. Es war das erste Mal seit seiner Ägyptenreise, dass er ungestört seinen Forschungen nachgehen konnte, aber lange sollte der Friede nicht währen. Jacques-Joseph bestand darauf, dass er sofort nach Paris zurückkäme: Er werde im Louvre dringend gebraucht, de Sacy erwarte ihn im Collège de France – obwohl er Bescheid wissen musste, denn die Grammatik war ihm ja gewidmet –, und das Marineministerium wünsche seinen Rat bei der Verschiffung des Luxor-Obelisken. »Auf mich wartet der Tod in Babylon«, gestand Champollion ahnungsvoll einem Freund in Figeac. Seinem Bruder versprach er, die Arbeit an der Hieroglyphen-Grammatik in kürzester Zeit zu beenden, wenn man ihm die nötige Ruhe gönnte: »Nur einen Monat noch – und meine 500 Seiten wären fertig. Aber man muss sich fügen und mit dem, was möglich ist, zufrieden geben.«

Mit der Kutsche begab sich Champollion am 28. November nach Paris, und drei Tage später wollte er dort eintreffen, um am 2. Dezember seine Vorlesung zu halten. Doch waren Unruhen in Lyon ausgebrochen, die ihn an der Weiterreise hinderten, und auch die kalte Witterung unterwegs tat ihm nicht gut. Erst am Montag, dem 5. Dezember, las er wieder im Collège de France, und seine Zuhörer waren begeistert von der Klarheit seines Ausdrucks und seinem unbeirrten Enthusiasmus. Eine weitere Vorlesung konnte er noch halten; mit der dritten am 9. Dezember hatte er eben begonnen, als er am Katheder zusammenbrach. Vier Tage später erlitt er einen Schlaganfall, der ihn teilweise lähmte, und obwohl er kurze Zeit später wieder aufstehen durfte, fiel ihm das Schreiben furchtbar schwer. Zu Tode erschrocken, vertraute er seinem Bruder das Manuskript der Grammatik und seine Aufzeichnungen an.

Unterdessen freute sich Rossellini auf die Publikation des ersten Teilbands ihres Reiseberichts im Januar 1832. Erneut drängte er Champollion, ihn in Pisa zu besuchen: »Ich würde Ihnen alle Sorgen des Alltags abnehmen – bei mir und meiner Frau würden Sie sich ganz wie zu Hause fühlen!« Während er allmählich zu Kräften kam, glaubte Champollion, die Arbeit bald wieder aufnehmen zu können. Gelegentlich packte ihn die Schwermut. Während dieser Zeit leistete ihm oft der Student Salvolini Gesellschaft, doch Jacques-Joseph traute ihm nicht über den Weg, denn man munkelte, der König von Sardinien-Piemont habe ihn als Spitzel entsandt.

Am 23. Dezember 1831, seinem 41. Geburtstag, bestand Champollion darauf, ihn in sein altes Zimmer in der Rue Mazarine 28 zu bringen, wo er sich eine Weile aufhielt und tief bewegt seufzte: »Hier ist nämlich meine Wissenschaft zur Welt gekommen, und wir bilden ein unzertrennliches Ganzes – wir sind eins!« Um diese Zeit besuchte er Dacier, der seit Jahren bettlägerig war und oft nach Champollion verlangte. Am 11. Januar 1832 kam der Astronom Biot zu Champollion, und sie diskutierten eifrig über weitere Studien auf dem Gebiet der durch astronomische Ereignisse abgesicherten Datierung. Als sie das Gespräch anderntags fortsetzten und einen Arbeitsplan erstellen wollten, schrie Champollion vor Schmerz plötzlich auf und stürzte zu Boden. Eilig herbeigerufene Ärzte diagnostizierten einen Gichtanfall und akute Lähmung. Zu allem Unglück konnte Champollion kaum sprechen. Doch diese Symptome legten sich allmählich wieder. Ende Januar war sogar eine leichte Besserung zu verzeichnen, obwohl Champollion immer noch unruhig war und ausrief: »Mein Gott, zwei Jahre noch – warum denn nicht?« und, auf seine Stirn zeigend, »Zu früh – hier drinnen ist noch so viel zu tun!«

Seine Krankheit zog sich noch mehrere Wochen hin. Als der Februar zu Ende ging, verlor er ab und zu das Bewusstsein. Am späten Abend des 3. März richtete sich Champollion auf und konnte plötzlich wieder artikuliert sprechen. Doch Jacques-Joseph spürte, dass das Ende gekommen war, und ließ einen Priester rufen, der Champollion die Letzte Ölung gab. Einige Freunde und Angehörige waren bei ihm, um Abschied zu nehmen, auch seine eben erst achtjährige Tochter Zoraïde. Seine Neffen hatten seit acht Wochen regelmäßig Nachtwachen gehalten; jetzt bat Champollion sie darum, einige Andenken aus Ägypten aus seinem Arbeitszimmer zu holen: sein arabisches Kostüm, die Sandalen und seine Notizbücher. Am Morgen des 4. März 1832, zwei Jahre und zwei Stunden nach seiner Rückkehr aus Ägypten nach Paris, starb Jean-François Champollion gegen vier Uhr früh.

Die Nachricht von seinem Tod schlug in Paris hohe Wellen. Viele, die von seiner Krankheit wussten, hatten sie nicht so ernst genommen, denn die Familie hatte in der Presse nichts durchsickern lassen. Da er vom Tod stark gezeichnet war, durften nur die wenigsten Freunde seinen Leichnam sehen. Am 6. März brachte man Champollions Sarg gegen elf Uhr morgens in die nahe gelegene Kirche Saint-Roch, wo ihn vor einem knappen Vierteljahrhundert ein Priester Koptisch gelehrt hatte. Von hier brach der endlose Trauerzug ostwärts auf, mitten durch das turbulente Gedränge des Karnevals, um den Leichnam auf den Friedhof Père-Lachaise zu bringen – jenen Friedhof, den Napoleon vor den Toren von Paris anlegen ließ, um später selbst vergebens dort ein Grab zu erbitten.

Die Grabrede hielt Monsieur Walckenaër, Präsident der Inschriften-Akademie, der das frühe Dahinscheiden dieses jugendlichen Genies beklagte und mit den Worten schloss:

»Er hatte gerade seine *Ägyptische Grammatik* beendet und ihre Publikation angekündigt, als er uns plötzlich entrissen wurde: seiner Familie, die ihn von Herzen liebte, unserer Akademie, wo so viele seiner Kollegen mit ihm befreundet waren, seinem Vaterland, das ihn zur Schar seiner ruhmreichsten Männer zählt, der gelehrten Welt Europas, wo sein Name bereits in die Annalen der Literatur aufgenommen ist. Dieser Name wird nie mehr untergehen, doch das klare Licht, das Monsieur Champollion über Ägypten und seine antiken Denkmäler ausgoss, erlosch im selben Moment, wo es am hellsten schien; die Schatten, deren Vertreibung durch jenes Licht wir erhofften, erfüllen uns mit Sorge, die unsere Nachkommen vielleicht noch für lange Zeit teilen werden. Die Trauer einer einzigen Familie wurde zur allgemeinen Trauer all derer, die der Literatur verpflichtet sind und an ihren Fortschritten Anteil nehmen.«

10. DER WORTE UND SCHRIFT GAB

Jacques-Joseph war nie in Ägypten gewesen. Dass ihm kein Platz in der napoleonischen Expedition von 1798 gewährt wurde und sich während seiner Laufbahn nie mehr eine ähnliche Gelegenheit bot, hat er nie ganz verwunden. Und doch kam ihm eine entscheidende Rolle bei der Entwicklung der Ägyptologie als Wissenschaft zu, indem er die Arbeiten, die sein Bruder nicht mehr fertig stellen konnte, druckfertig machte und herausgab. Als Champollion starb, war Jacques-Joseph am Boden zerstört. Er war jetzt 54 Jahre alt, und nach all dem, was sie gemeinsam durchlitten hatten, erschütterte ihn der vorzeitige Tod seines Bruders zutiefst.

In einer Zeit, als die Medizin noch wenig entwickelt war, vermochten die Ärzte weder Champollions Leben zu retten noch genau zu diagnostizieren, was ihm fehlte. Von den wiederkehrenden Gichtanfällen abgesehen, sind die Berichte über seine tödliche Erkrankung widersprüchlich; niemand bestreitet, dass ein schweres Leiden wie Tuberkulose, Herzschwäche oder Diabetes hinzugekommen sein muss. Mit einiger Sicherheit steht fest, dass er letztlich seinem Schlaganfall erlegen ist. Während seiner nur allzu kurzen Lebenszeit hatte Champollion die Folgen der Französischen Revolution erlebt, den Aufstieg und

Untergang Napoleons, die Herrschaft dreier Könige von Frankreich. Er hatte Ägypten und Italien bereist, in Schulen und Universitäten gelehrt, die ägyptischen Sammlungen im Louvre organisiert und Forschungsarbeit in so vielen Bereichen des ägyptischen Altertums geleistet, dass ein Großteil seiner wichtigsten Werke noch der Veröffentlichung harrte. Um den Traum zu verwirklichen, dem er zeitlebens nachhing, hatte er sich mit einer einzigen wissenschaftlichen Großtat unsterblich gemacht: der Entzifferung der Hieroglyphen.

Jacques-Josephs erste Aufgabe war, die Regierung zu einem Ankauf der ungedruckten Manuskripte des Bruders zu bewegen, um seinen Nachlass wie auch den Lebensunterhalt seiner Witwe Rosine und seiner Tochter Zoraïde zu sichern. Zu diesen Papieren gehörten neben einer Unmenge Material, das von der ägyptischen Expedition herrührte, das Manuskript der Hieroglyphen-Grammatik samt Wörterbuch, seine koptische Grammatik samt Wörterbuch sowie zahllose Aufzeichnungen zu Themen wie altägyptische Religion, Chronologie der Geschichte des Landes und vieles andere. Mit Schrecken stellte Jacques-Joseph fest, dass manches Manuskript fehlte, darunter die Arbeiten Champollions zum Zahlensystem der Ägypter sowie mehr als die Hälfte seines Wörterbuchs der Hieroglyphen. Er teilte den Freunden mit, was er vermisste, und sein Verdacht fiel augenblicklich auf Salvolini, der während Champollions Krankheit jederzeit Zugang zu dessen Arbeitszimmer hatte. Salvolini leugnete hartnäckig und pikiert jeden Vorwurf, doch von nun an publizierte er unter dem Beifall des gelehrten Publikums einige bahnbrechende Artikel über Hieroglyphen.

Anfangs glaubte die Regierung, sich den Champollion-Nachlass nicht leisten zu können. Doch unter dem Druck einer heftigen Pressekampagne wurde eine Kommission gegründet, die das Angebot prüfen sollte, und zur Sicherheit wurden die Papiere fürs Erste der Nationalbibliothek in Verwahrung gegeben. Die Kommission kam zu dem Schluss, dass die koptische Grammatik nicht wert wäre, gedruckt zu werden, empfahl jedoch den Ankauf des übrigen, vor allem aus der Expedition herrührenden Materials, das letztendlich Champollions Tod mitverschuldet habe:

»Es fällt schwer, sich vorzustellen, wie ein Einzelner während seines kurzen Aufenthalts in Ägypten und ohne fremde Hilfe Notizen und Aufzeichnungen in solcher Menge angefertigt hat. Auf nahezu jeder Seite finden sich Hieroglyphen in mehr oder minder großer Zahl. Nur schwer kann man sich des Gedankens erwehren, dass diese übermenschliche Anstrengung und kolossale Leistung ein für die Wissenschaft so wertvolles Leben um Jahre verkürzt haben muss.«

Im April 1833, gut ein Jahr nach Champollions Tod, entschied sich die Regierung schließlich zum Ankauf der Manuskripte für den Preis von 50 000 Francs und gewährte Rosine eine Jahresrente von 3000 Francs. Der Nachlass umfasst heute 88 Bände in der Handschriftenabteilung der Nationalbibliothek zu Paris.

Zur Kommission, die über den Ankauf entschied, gehörte auch Silvestre de Sacy, der kurz zuvor die Nachfolge Daciers als ständiger Sekretär der Inschriften-Akademie angetreten hatte. Bei einer öffentlichen Sitzung der Akademie im August 1833 trug er eine längere Laudatio auf Champollion vor. Dabei äußerte er die Besorgnis, nach dem Tod des Entzifferers könne das ägyptische Altertum erneut im Dunkel der Unwissenheit versinken:

»Die literarische Welt hat nicht nur einen hervorragenden Gelehrten verloren; mit ihm scheinen alle Wissenschaft und alle Kunst des alten Ägypten ins Grab zu sinken, ins Reich der Schatten und des Todes zurückzukehren. Das Tageslicht, das auf die Denkmäler von Theben und Memphis gefallen war und sie aus den Ruinen lockte, ist verschwunden wie die imaginären Teiche, die eine geringe Luftfeuchtigkeit in der Wüste vorspiegelt und welche dem Blick des verdurstenden Wanderers entschwinden, sobald er glaubt, sie erreicht zu haben, um den plagenden Durst zu stillen. Hoffen wir, dass es anders kommt, dass die Arbeiten des genialen und unermüdlichen Champollion noch immer fruchtbar sind bei seinen geistigen Erben, die ein Feld bestellen, das er als Erster gepflügt hat.«

Nach einer Schilderung des Lebenslaufs und der wichtigsten Arbeiten Champollions schloss de Sacy seine Lobrede damit, dass er die Ehrungen des Forschers ins Gedächtnis rief:

»Abgesehen vom Kreuz der Ehrenlegion hatte Monsieur Champollion den Verdienstorden der Toskana erhalten. Die Akademien von Göttingen, Sankt Petersburg, Turin, Stockholm, die Royal Asiatic and Literary Societies in London und mehrere andere gelehrte Gesellschaften im In- und Ausland beeilten sich im gegenseitigen Wettstreit, ihn aufzunehmen. In der Inschriften-Akademie wurde Monsieur Eugène Burnouf sein Nachfolger. Der für ihn geschaffene Lehrstuhl am Collège royal de France ist noch immer vakant.«

Als Nächstes machte sich Jacques-Joseph daran, die Werke seines Bruders zur Publikation vorzubereiten. Dabei war der Druck der *Grammatik*, von der ein Großteil des Manuskripts fertig vorlag, die erste und leichteste Aufgabe – obwohl ein Teil fehlte, vermutlich von Salvolini entwendet. Während seines Aufenthalts in Figeac hatte Champollion über die Hälfte des Manuskripts ins Reine geschrieben, die als erster Band von Jacques-Joseph herausgegeben wurde. Er versah sie mit einer Widmung an de Sacy und legte ihm am 23. Dezember 1835 – zur Feier von Champollions 45. Geburtstag – ein Exemplar vor. Die *Grammaire égyptienne, ou principes généraux de l'écriture sacrée égyptienne appliquée à la représentation de la langue parlée* (»Ägyptische Grammatik oder allgemeine Prinzipien der geheiligten ägyptischen Schriften, angewandt auf die Darstellung der gesprochenen Sprache«) erschien ab 1836 in Fortsetzungen, die sich über einen Zeitraum von fünf Jahren erstreckten. Im Vorwort erklärte Jacques-Joseph, wie viel Arbeit Champollion auf dies letzte Werk aus seiner Feder verwandt hatte. Während seiner tödlichen Erkrankung hatte ihm sein Bruder das Manuskript mit den Worten anvertraut: »Pass gut darauf auf. Hoffentlich wird es meine Visitenkarte für die Nachwelt.«

Während die *Grammatik* erschien, sank Salvolini zunehmend in der Gunst des Publikums, weil mittlerweise erwiesen war, dass zumindest ein Teil seiner Resultate nicht von ihm selbst stammte. Im August 1833 hatte de Sacy bei einer öffentlichen Akademiesitzung alle Personen, die im Besitz von Champollions Manuskripten seien, zu deren Rückgabe aufgefordert. Doch Salvolini betonte damals nur, wie sehr ihn die Ereignisse mitgenommen hätten. Durch eine merkwürdige Verkettung von Zufällen wurde wenige Jahre später das Plagiat in seinem ganzen Ausmaß enthüllt, als Salvolini 1838 in Paris mit nur 28 Jahren eines frühen Todes starb. Anstatt seine Papiere zurückzufordern, überredete seine Familie in Italien einen alten Freund in Paris, sie zu veräußern, doch niemand wollte sie kaufen. Als Charles Lenormant gebeten wurde, ihren Wert zu begutachten, erkannte dieser die Aufzeichnungen Champollions wieder.

Nachdem er die gestohlenen Manuskripte zurückbekommen hatte, schrieb Jacques-Joseph für die Freunde einen kleinen Bericht über die Wiedergewinnung und setzte die Arbeit am Hieroglyphen-Wörterbuch mit den vermissten Papieren fort. Diese Aufgabe erwies sich als wesentlich schwieriger, denn das hinterlassene Manuskript war alles andere als druckfertig. Ohne zu wissen, wie er die Begriffe systematisieren sollte, wählte er schließlich die Gliederung nach Themen – beispielsweise Vögel und Säugetiere –, während man heutzutage eher alphabetisch geordnete Einträge bevorzugt. Das *Dictionnaire égyptien en écriture hiéroglyphique* (»Wörterbuch des Ägyptischen in Hieroglyphen-Schrift«) erschien von 1841 bis 1844 in Fortsetzungen, war jedoch nicht leicht zu benutzen, und die Forscher beklagten das Fehlen eines Registers. Gleichwohl ist Jacques-Josephs Einsatz für die Publikationen seines Bruders – auf Kosten seiner eigenen Forschungen – bewundernswert. Selbst wenn die posthumen Drucke der *Grammatik* und des *Wörterbuchs* Fehler enthalten, die Champollion selbst gewiss ausgemerzt hätte, erwiesen sie sich als gewaltiger Impuls für das künftige Hieroglyphen-Studium, während in ganz Europa – namentlich in Deutschland, England und Frankreich – eine neue Generation von Ägyptologen heranwuchs.

Die Veröffentlichung der Ergebnisse der Expedition nach Ägypten und Nubien erwies sich als schwieriger. Um Champollions Lebensleistung zu schützen, weigerte sich Jacques-Joseph, sie mit der toskanischen Expedition zu verknüpfen. Rosselini machte daher den Anfang und ließ mehrere Bände in Italien drucken, konnte sein Werk jedoch nicht vollenden, denn er starb 1843 im Alter von 42 Jahren. Er war nur ein Jahr älter geworden als Champollion selbst. Von den Berichten der französischen Expedition kamen als Erstes die Aufsehen erregenden Zeichnungen aller Ausgrabungsstätten mit kurzen Erläuterungen zum Druck: vier Bände mit mehr als 500 Tafeln, die seit 1835 über ein Jahrzehnt hinweg herausgegeben wurden. Um einige Lücken zu füllen, wurde Nestor L'Hôte 1838 von der französischen Regierung noch einmal nach Ägypten geschickt, wo er bitter bereute, dass er Champollion zu Lebzeiten nicht näher gestanden hatte, insbesondere nicht während ihrer gemeinsamen Expedition. Sein Gefühl der Vereinsamung wurde noch verstärkt durch den Anblick Ägyptens. In den letzten zehn Jahren hatte es sich unglaublich verändert, selbst im Tal der Könige. Hier schlug er sein Lager im Grabmal Ramses' IV. auf, wo Champollion einst übernachtet hatte, suchte Trost in der Erinnerung an gemeinsam verlebte Zeiten und huldigte Champollions Andenken.

Eine weitere Revolution sollte Frankreich im Jahr 1848 erschüttern, die auch Louis-Philippe vom Thron stieß und unter der Präsidentschaft von Josephines Enkel Louis Napoleon (der sich dann 1852 als Kaiser Napoleon III. ausrufen ließ) die Zweite Republik brachte. Jacques-Joseph verlor dadurch seinen Posten an der Nationalbibliothek und war gezwungen, die Veröffentlichung der Expeditionsberichte aufzugeben. Erst 1868, im Jahr nach seinem Tod, wurde die Arbeit an der Edition wieder aufgenommen; der letzte Band erschien dann 1889 – 60 Jahre nachdem Champollion von Ägypten heimgekehrt war. Diese abschließende Arbeit wurde dem jungen Gaston Maspero anvertraut, der einer der hervorragendsten Ägyptologen des späten 19. Jahrhunderts werden sollte.

Durch den tragischen Tod Champollions ließen sich seine Gegner kaum beirren; vor allem Jomard und Klaproth fuhren fort, sein Werk zu verunglimpfen. Während viele Gelehrte mit Champollions Resultaten nichts anfangen konnten und Polemiken gegen ihn schrieben, machten sich andere, wie Richard Lepsius in Deutschland, Samuel Birch in England, Edward Hincks in Irland und Emmanuel de Rougé in Frankreich, die bahnbrechenden Fortschritte zunutze und setzten den eingeschlagenen Weg zum Verständnis der Hieroglyphen fort. Lepsius brachte sich aus der gerade erschienenen *Grammatik* selbst das Hieroglyphen-Lesen bei und begann, Champollions Entzifferungssystem zu ergänzen und zu berichtigen. Zu seinen wichtigsten Leistungen zählt der Nachweis, dass es nicht nur uniliterale phonetische Zeichen gab – Konsonanten mit einer Silbe –, sondern zwei- und dreisilbige phonetische Zeichen (Biliterale und Triliterale).

Als Kustos der Sammlungen im Berliner Ägyptischen Museum richtete Lepsius 1866 seine zweite Expedition nach Ägypten aus, bei der er das Delta und die Region des Suezkanals erforschte. Tanis (das moderne San el-Hagar, rund 110 Kilometer nordöstlich von Kairo) war die wichtigste Ausgrabungsstätte im östlichen Delta, mit Königsgräbern aus der Zeit um 1000 v. Chr., doch Champollion hatte damals keine Gelegenheit gefunden, sie zu besichtigen. Hier untersuchte Lepsius eine Kalksteinstele, die sein Expeditionsteam entdeckt hatte – eine Stele mit einem Priesterdekret aus dem Jahr 238 v. Chr. unter der Herrschaft von Ptolemaios III. Das Dekret handelte von einer Reform des ägyptischen Kalenders, und die Stele war eine von vielen, die in den Tempeln Ägyptens aufgestellt wurden. Die Priester waren in Kanopus zusammengekommen (der Hafenstadt, die später als Abukir bekannt wurde), weshalb man die in Tanis gefundene Stele auch das Kanopusdekret oder die Tafel von Tanis nannte. Diese Stele, die sich heute im Ägyptischen Museum von Kairo befindet, ist wie der Stein von Rosette in drei Schriften und zwei Sprachen beschriftet: 37 Hieroglyphen-Zeilen und 76 Zeilen griechische Schrift auf der Vorderfront, 74 demotische Zeilen auf einer der Seiten, die bei der Bergung noch gar nicht bemerkt worden waren. Mit dieser Inschrift war der letzte Beweis erbracht, dass Champollions Entzifferungssystem und das seiner Nachfolger völlig einwandfrei war.

Während die Widersacher Champollions auch in der zweiten Hälfte des 19. Jahrhunderts keine Ruhe gaben, hatte Sir Peter Le Page Renouf, Orientalist und Ägyptologe aus Guernsey, seit Jahrzehnten für das Entzifferungssystem geworben. 1863 stellte er die Frage:

»Wie kommt es, wenn so viel für seine Nachfolger zu tun bleibt, dass Champollion dennoch ›Hieroglyphen-Texte mit Leichtigkeit und Gewissheit las‹? Tatsache ist, dass er *manche* Texte mit Leichtigkeit und Gewissheit lesen konnte, andere wiederum nicht. Wie alle anderen Texte weisen auch Hieroglyphen bei der Übersetzung unterschiedliche Schwierigkeitsgrade auf. Einige sind vergleichsweise leicht, andere extrem schwierig. Manche entziehen sich bis jetzt dem Verständnis.«

Doch die Polemik nahm kein Ende. Als Präsident der Society of Biblical Archaeology hielt Renouf 1896, also über drei Jahrzehnte später, eine Rede, in der er die einstigen und aktuellen Argumente für Young und gegen Champollion zu widerlegen suchte. Er schloss mit den Worten:

»Zwei unleugbare Tatsachen bleiben nach allem, was darüber geschrieben worden ist: Champollion hat nichts von Young gelernt, ebenso wenig wie jeder andere. Allein durch Champollion und die von ihm benutzte Methode hat die Ägyptologie die Bedeutung erlangt, die ihr heute zukommt. Nur bei striktester Anwendung dieser Methode konnten Lepsius, Birch und de Rougé die Irrtümer und Mängel berichtigen, die dem darauf begründeten System anhafteten, ohne dass sie es im Wesentlichen beeinträchtigt hätten.«

Mit den Jahren wurde es still um die meisten der Gegner Champollions. Diejenigen, die ihn noch immer angreifen wollten, konnten lediglich missbilligen, dass er Youngs Leistung nicht ausreichend gewürdigt habe.

Die Entzifferung der Hieroglyphen hatte ungeheure Konsequenzen. Letzten Endes wurde durch sie eine ganze Zivilisation neu entdeckt. Nachdem man ernsthaft an die Übersetzung altägyptischer Texte in hieroglyphischer und hieratischer Schrift gehen konnte, wurde eine erstaunliche Fülle von Informationen über das ägyptische Altertum erschlossen. Ein britischer Ägyptologe, Francis Llewellyn Griffith, fasste dies im Jahr 1922 so zusammen: »Durch Champollion wurde aus einem trügerischen Ratespiel verständliche und kontinuierliche Lektüre.« Dieser Prozess der Entzifferung wurde von den Ägyptologen fortgesetzt, die nach ihm kamen, darunter auch Griffith selbst.

Das Gesamtbild, das sich aus all den Übersetzungen ergab, war in seinem Ausmaß und seiner Vielfalt überwältigend. Wie es Texte auf Papyrus, Holztafeln und Leder gab, fanden sich auch in Tonscherben und Kalksteinreste (Ostraka) geritzte Notizen, gemalte und gemeißelte Inschriften auf Kapellen- und Grabwänden sowie Unmengen beschrifteter Gegenstände, von Kolossalstatuen der Pharaonen bis hin zu den Leinenbandagen, in die ihre Leichen während der Mumifizierung gewickelt wurden. Endlich waren die Hoffnungen der Gelehrten, die Napoleons ägyptischen Feldzug begleitet hatten, in Erfüllung gegangen: Sie hatten als Erste davon geträumt, die Geheimnisse des ägyptischen Altertums zu entschleiern, und nun war der Traum Wirklichkeit geworden. Sogar die Worte selbst, wie beispielsweise  »Annalen«,  »Hängematte«,  »grüner Lidschatten«, 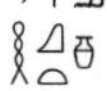 »Bier«,  »Bogenschütze«,  »eine Lüge« und 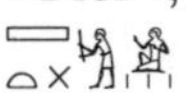 »Steuerzahler«, zeigen die Komplexität der ägyptischen Zivilisation und die breite Palette von Informationen, die als Ergebnis von Champollions Methode verfügbar wurden.

Allein der Umfang und die Reichhaltigkeit dessen, was aus hieroglyphischen und hieratischen Quellen über das ägyptische Altertum erschlossen werden kann, macht ihre Entzifferung zu einer vordringlichen Aufgabe. Dass Texte in so gewaltiger Zahl überliefert sind, darunter Tausende und Abertausende auf Papyri und Ostraka, ist einerseits dem günstigen Klima, andererseits der Liebe der alten Ägypter zur Schrift zu verdanken. Sie betrachteten das Schreiberamt als einen der vornehmsten Berufe (auch der

Pharao ließ sich als Schreiber darstellen), und was schriftlich fixiert wurde, diente nicht allein den Zeitgenossen, sondern auch künftigen Generationen. Dieses Bewusstsein lässt sich zahlreichen Texten entnehmen, die den hohen Rang der Schreiber betonen. Einer davon ist ein mindestens 3000 Jahre altes Lehrgedicht, in dem es heißt, das geschriebene Wort könne alles, was sonst geschaffen ist, überdauern. Heute kennt man es als das »Loblied auf die toten Schriftsteller«:

»Jene gelehrten Schreiber
seit der Zeit derer, die nach den Göttern kamen,
die die Zukunft vorhersagten,
die sind solche geworden, deren Namen in Ewigkeit
dauern,
obwohl sie dahingegangen sind, nachdem sie ihre
Lebensspanne vollendet hatten, und obwohl ihre
Angehörigen vergessen sind.

Sie haben keine Pyramiden aus Erz
und keine Grabsteine aus Eisen errichtet.
Sie konnten auch keine Erben hinterlassen in Gestalt
von Kindern …
die ihre Namen lebendig erhielten.
Doch haben sie sich Erben geschaffen
in Gestalt von Büchern und Lehren, die sie verfasst haben.

Sie schufen sich die Papyrusrolle als Vorlesepriester
(im Totendienst)
und die Schreibtafel als ›liebenden Sohn‹.
Lehren sind ihre Pyramiden,

das Schreibrohr ihr Kind,
die Steinoberfläche ihre Frau.
Groß und klein wurden ihm (so!) zu Kindern,
aber der Beamte,
das ist ihrer aller Oberhaupt.

Es wurden ihnen Tore an ihre Gräber gemacht,
sie sind verschwunden.
Ihre Totenpriester sind dahingegangen,
ihre Opfersteine mit Erde bedeckt,
ihre Grabkammern vergessen.
Aber ihre Namen werden noch genannt wegen ihrer Bücher,
die sie geschrieben haben,
da sie ja gut sind,
und das Gedächtnis an den, der sie verfasst hat,
dauert ewiglich.

Werde Schreiber, das nimm dir vor,
damit es deinem Namen ebenso ergehe.
Nützlicher ist ein Buch als ein Grabstein mit Inschrift,
als eine festgefügte Grabkammer (?).
Diese machen es als Grab und Pyramide
im Herzen derer, die ihre Namen nennen,
und es ist doch wahrhaftig ein Name im Munde der Leute
nützlich im Jenseits.

Ein Mann ist zugrunde gegangen, sein Leichnam ist Staub,
alle seine Zeitgenossen sind zur Erde gegangen:
Das Buch aber ist es, das sein Andenken weiterreicht
von Mund zu Mund.
Eine Schrift ist nützlicher als ein gemauertes Haus,

als Kapellen im Westen;
besser ist sie als ein wohl gegründetes Schloss,
als ein Denkstein im Tempel.« *

Der Gebrauch der Schrift war im alten Ägypten auf die Elite beschränkt, die weniger als fünf Prozent der Bevölkerung ausmachte: Königsfamilie, Höflinge, Schreiber, Priester und einige hervorragende Werkleute. Hieroglyphen-Texte geben ein gewissermaßen tendenziöses Bild des ägyptischen Altertums wieder, unter einem speziellen Blickwinkel, der nur selten das Leben gewöhnlicher Menschen streift. Doch deren Lage war nicht viel schlechter, als sie zu Lebzeiten Champollions in Europa gewesen ist, als durchschnittlich höchstens 50 Prozent der Bevölkerung lesen und schreiben konnten, normalerweise weit weniger, und als in manchen Regionen der Analphabetismus nicht minder verbreitet war als im alten Ägypten.

Allen Vorbehalten zum Trotz gewährt uns die schriftliche Überlieferung bemerkenswerte Einblicke in die Kultur der Ägypter, schon wegen der Vielfalt der erhaltenen Quellen, deren Inhalte kaum zu ermessen sind: Kaufverträge, Rechnungen, Staatsakten, Steuerunterlagen, Bevölkerungszahlen, Dekrete, technische Anleitungen, militärische Befehle, Königslisten, Begräbnisrituale und Zaubersprüche, Briefe an die Lebenden und Toten, Erzählungen und Märchen – fast jede Textsorte ist vertreten, die es auch in modernen Gesellschaften gibt, mit einer auffallenden Ausnahme: Dramen. Zahlreiche Aufzeichnungen, die man auf Ton-

* zit. nach: Hellmut Brunner, *Altägyptische Erziehung*. Wiesbaden: Otto Harrassowitz 1957, S. 177 f.

scherben und kleineren Steintafeln gefunden hat, handeln von banalen Dingen wie Baumaterial, Anwesenheitslisten für bestimmte Arbeitstage, das Inventar eines Lagerraums. Manches wurde vermutlich als Lernmittel oder Lexikon gebraucht, wie die so genannten Onomastika: nach bestimmten Kategorien gegliederte Wortlisten wie Pflanzen, Tiere, Naturphänomene und sogar Wassersorten. Einige Wörter der ägyptischen Sprache kennen wir ausschließlich aus derartigen Listen.

Die ägyptische Gesellschaft war stark von der Religion und von der Hoffnung auf ein Leben im Jenseits geprägt. Das wird in einer Fülle der überlieferten Texte ebenso erkennbar wie im relativ guten Erhaltungszustand vieler Gebäude, den schon die Gelehrten im napoleonischen Feldzug nach Ägypten bewunderten. In seinen Aufzeichnungen von der Reise mit den Soldaten ins Niltal bemerkt der Künstler und Schriftsteller Vivant Denon über die dort vorgefundenen Ruinen:

»Waren das lauter Tempel? Waren es Paläste? Wohnten die Könige in dem Portikus und den Säulenhallen der Tempel? Oder hatten ihre Gebäude dieselbe Form wie die Tempel? Oder bewohnten die Fürsten und Könige gewöhnliche Häuser, die die Zeit nicht überdauerten?... Hier war kein Zirkus, keine Rennbahn, kein Theater. Tempel nur, Mysterien, Weihungen, Priester, Schlachtopfer! Zum Vergnügen leere Zeremonien! Gräber und Leichentücher für den Luxus!«

Es ist wahr: Tempel und Grabmäler waren ihnen so wichtig, dass die Ägypter sie für die Ewigkeit und aus Stein errichteten. Im Gegensatz dazu wurden sämtliche Unterkünfte der Lebenden, von der einfachsten Bauernhütte bis zur Residenz des Pharaos, nur aus Lehmziegeln errichtet, und von diesen Hausbauten sind kaum Überreste vorhanden. In ihrer Konzentration auf den Tod und das Jenseits folgten die Ägypter einer streng rationalen Überlegung: Ein Palast oder eine Hütte konnte nur während weniger Lebensjahre genutzt werden, ein Grab hingegen war 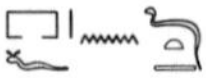 (*per n djet*, »ein Haus für die Ewigkeit«).

Das alte Ägypten kannte keine einzige, alles dominierende Religion, weil sich der religiöse Glaube der Ägypter aus einer Vielzahl von Göttern mit unterschiedlichen Mythologien herleitet. Doch im ganzen Land galt der Pharao als Vermittler zwischen Göttern und Menschen. An vielen Orten versahen Priester stellvertretend für den Pharao den Tempeldienst, dessen Ritual die göttliche Ordnung aufrechterhielt und das Chaos der Zerstörung bannte, das alles zu verschlingen droht: eine ganz natürliche Reaktion auf die Umwelt, in der die Ägypter lebten. Der Alltag im Niltal war gewiss angenehm, solange man die Naturgewalten unter Kontrolle hatte, die Abfolge der Jahreszeiten ungestört verlief und wenn es keine Kriege oder Überfälle benachbarter Völker gab. Doch schon eine ungewöhnlich hohe oder geringe Nilüberschwemmung brachte alles aus dem Gleichgewicht, zerstörte die Ernte und führte zu Trockenheit und Hungersnöten. Jede Veränderung konnte verheerende Katastrophen nach sich ziehen, weshalb die Grundhaltung der Ägypter konservativ war, auf Stabilität und Wahrung des Bestehenden ausgerichtet. Die umfassende Harmonie des Weltalls wurde in der Göttin  *(Maat)* personifiziert, die außerdem die persönlichen Aspekte dieser Harmonie wie Wahrheit und Gerechtigkeit vertritt. Doch glaubte man, dass auch viele andere Götter und Göttinnen an der Verhinderung des

Chaos beteiligt seien. Daraus erklärt sich, weshalb so viele den unterschiedlichsten Gottheiten geweihte Tempel einer einzigen Religion angehören.

Für die Mehrheit der Bevölkerung war die Beziehung zu den Göttern gewöhnlich weit inniger. Obwohl auch sie immer darauf bedacht waren, die Ordnung zu erhalten und dem Chaos Einhalt zu gebieten, erwarteten die einzelnen Gläubigen, dass die Göttergestalten direkt in ihr Leben eingriffen. Neben einer Fülle lokaler und regionaler Kulte, wie beispielsweise 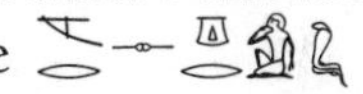 (*Meretseger*, die Kobragöttin der Berge oberhalb des Tals der Könige in Theben), gab es zugleich Gottheiten, die in ganz Ägypten verehrt wurden, wie die Göttin  (*Isis*). Noch mehr Verbreitung fanden Götter des Haushalts, die selten eigene Tempel hatten, aber in Schreinen innerhalb gewöhnlicher Häuser verehrt wurden. Einer der populärsten dieser Götter war  (*Bes*), der gewöhnlich als grotesker, hässlicher Zwerg dargestellt wird – sein fürchterlicher Anblick sollte böse Geister fern halten. Man betrachtete ihn als Glücksbringer, der die Mitglieder eines Haushalts beschützt, und erflehte seine Hilfe vor allem, wenn ein Kind geboren wurde – im alten Ägypten ein besonders riskantes Ereignis.

Die moderne Differenzierung zwischen Religion und Kultus, Gebeten, Magie und Wissenschaft hätten die alten Ägypter kaum nachvollziehen können. Von einem Arzt wurde erwartet, dass er die Krankheit ebenso mit Zaubersprüchen und Ritualen wie mit Medizin bekämpft – all das galt als wichtiger Bestandteil des Heilungsprozesses. Amulette trug man gewöhnlich zum Schutz vor speziellen Übeln; eines hat Napoleon aus Ägypten mitgebracht und als Glücksbringer getragen, bis sein Sohn zur Welt gekommen war. Der folgende, auf Papyrus überlieferte Zauberspruch sollte über einem Amulett gesprochen werden – einem Siegel aus Karneol (hier »Knoten« genannt) mit eingravierten Bildern eines Krokodils und einer Hand –, um ein Kind gegen Fieber zu schützen:

»Spruch für einen Knoten
für ein Kind, ein flügge gewordenes,
ist dir heiß im Nest?
Brennst du in dem Busch?
Ist deine Mutter nicht bei dir?
Ist keine Schwester da, die dir Luft zufächelt?
Ist keine Pflegerin da, die dich behütet?
Möge mir eine Perle von Gold überbracht werden,
vierzig Glasperlen, ein Siegelamulett aus Karneol,
mit einem Krokodil und einer Hand darauf,
zu Fall zu bringen und zu vertreiben den bösen Geist der Not,
die Glieder zu wärmen,
zu Fall zu bringen die männlichen und weiblichen Feinde
des Westens.
Du sollst ausbrechen! Dies ist ein Schutz.
Dieser Spruch soll gesagt werden über der Goldperle,
den vierzig Glasperlen, dem Siegelamulett aus Karneol
mit dem Krokodil und der Hand.
Aufzureihen auf eine Schnur aus feinem Leinen,
verwandelt in ein Amulett,
um den Hals des Kindes gelegt.
Gut.«

Amulette sollten nicht nur die Lebenden schützen, sie wurden auch zum Schutz der Toten in Mumienbänder gewickelt und gelegentlich mit Zauberworten aus dem »Totenbuch« beschriftet, das Champollion *rituel funéraire* nannte und die Ägypter  (»Sprüche vom Herausgehen am Tage«). Um das Leben der Toten im Jenseits zu gewährleisten, wurden diese Sprüche von Angehörigen oder Priestern rezitiert. Für den Fall, dass sie unterließen, das Ritual zu vollziehen, traf man Vorkehrungen, um den Sprüchen eine dauerhafte Existenz zu verleihen. Den Pharaonen wurden die Texte seit etwa 2300 v. Chr. an die Wände ihrer Grabkammern im Inneren der Pyramiden gemalt (weshalb man sie heute »Pyramidentexte« nennt). Sie sollten wirksam bleiben, solange die Inschrift existierte. Um 2000 v. Chr. wandelte sich das Ritual; jetzt beschriftete man nicht mehr die Grabwände, sondern die Särge der Verstorbenen mit den Sprüchen. Die Einführung dieser so genannten »Sargtexte« ging mit einer Zunahme derjenigen einher, die das Weiterleben nach dem Tod durch Mumifizieren und Zaubersprüche absichern wollten. Ursprünglich war diese Behandlung das Vorrecht des Pharaos gewesen, dessen Höflinge so nahe wie möglich an seinem Grabmal beerdigt werden wollten, um an seiner Auferstehung zu partizipieren. Jetzt ließen sich die Vornehmen ihre Zaubersprüche selbst auf den Sarg schreiben und bemühten sich, das Nachleben unmittelbar und ohne jeden Anschluss an den Pharao zu erlangen. Die Sprüche sollten helfen, jeden Zweifel auszuräumen, angefangen bei Vorkehrungen gegen das Eingeschlossensein im Sarkophag bis zur »Sicherung gegen die Verwesung und Sicherung dagegen, im Reich der Toten arbeiten zu müssen«.

Rund 500 Jahre später lösten die Texte, die wir heute das »ägyptische Totenbuch« nennen, die Sargtexte ab. Das

Buch der Toten ist keine geschlossene Überlieferung mit spezifischem Inhalt, sondern eine Sammlung von rund 200 oft von Pyramiden- und Sargtexten abgeleiteten Sprüchen. Unterschiedliche Exemplare des »Totenbuchs« enthielten geringfügig variierte Sprüche, die man nicht länger auf Sarkophage schrieb, sondern auf eine Papyrusrolle, die dem Toten ins Grab oder in den Sarg gelegt wurde. Viele von ihnen hat Champollion zuerst in der Drovetti-Sammlung von Turin entziffert und untersucht. Weil diese Zaubersprüche für den Schutz der Toten haltbar sein mussten, um möglichst lange wirksam zu sein, sind Abschriften dieser Spruchsammlung häufiger als alle anderen Gattungen der ägyptischen Literatur erhalten. Wie die Pyramiden- und Sargtexte sollten die Sprüche des »Totenbuchs« den Leichnamen, denen sie beigegeben wurden, die Auferstehung und das Leben nach dem Tod garantieren. Doch dieses Ziel erlangte man nicht ohne weiteres, sondern auf verschlungenen Umwegen. Für die alten Ägypter bestand der Mensch nicht aus Körper und Seele, oder Verstand, Körper und Seele, sondern aus fünf unterscheidbaren Elementen: physischer Leib oder Leichnam *(chat)*, *(ba)*, *(ka)*, Name der jeweiligen Person *(ren)* und Schatten der Person *(shut)*.

Das *ba*, gelegentlich vage mit »Identität« übersetzt, ist aus allen nicht-materiellen Elementen zusammengesetzt, die eine Persönlichkeit unverwechselbar machen. Das *ka*, meist ungenau als »Seele« bezeichnet, wurde als Lebenskraft des Individuums angesehen, die für das Leben im Jenseits Nahrung benötigte. Zwar sollten die Speiseopfer, die dem Toten dargebracht wurden, nicht vom *ka* aufgezehrt und verbraucht werden, doch seine lebensspendenden Kräfte eignete sich das *ka* unmittelbar aus den Opfergaben an. Um nach dem Tod weiterzuleben, musste der oder die Verstorbene vom Grab aus eine Reise antreten, um mit seinem oder ihrem *ka* vereint zu werden. Da der körperliche Leichnam dies nicht mehr leisten konnte, übernahm statt seiner das *ba* diese Aufgabe.

Einmal wiedervereint, wurden *ba* und *ka* zu 𓅜 (*ach* – gelegentlich mit »der erlöste Verstorbene« übersetzt), zur unveränderlichen Form, in der die Toten ewig in der Unterwelt weiterleben. Die Sprüche des »Totenbuchs« sollten für die reine Formung des *ach* sorgen, es gegen alle im Jenseits drohenden Gefahren absichern und ihm die angenehmste Lebensweise gewähren, frei von Arbeit und Sorge: Der düstere moderne Titel des »Totenbuchs« ist eigentlich unpassend; nach ägyptischer Auffassung hätte diese Sammlung von Zaubersprüchen viel richtiger »Buch des Ewigen Lebens« heißen müssen oder »Buch der Auferstehung«.

Man ging davon aus, dass sich die Welten der Lebenden und der Toten überschneiden. Daher wurden Briefe an die Toten geschrieben, entweder auf Papyrus oder auf Schalen, die ihre Speiseopfer enthielten. Doch von Hofbeamten, Königen, Priestern und Kunsthandwerkern existieren auch zahlreiche profane Briefe, einige bloß als kurze Mitteilungen auf Tonscherben. Über private Familienangelegenheiten schrieb beispielsweise Heqanacht, ein greiser Priester des Totenkults für den verstorbenen Wesir Ipi, an seine Angehörigen in Theben. Einen Brief schließt er mit Klagen darüber, wie schlecht sie seine neue Zweitfrau Iutenheb behandeln, während er sich geschäftlich flussaufwärts im Niltal aufhält, und verlangt, sie ihm zuzuführen (Hotepet ist vermutlich eine Schwester oder Tante):

»Ich habe euch befohlen: ›Haltet keinen ihrer Freunde fern von Hotepet, weder ihren Friseur noch ihren Diener!‹ Kümmert euch gut um sie! O möget ihr in Eintracht gedeihen! Und doch habt ihr sie [Hotepet] in früherer Zeit nicht geliebt. Ihr solltet jetzt dafür sorgen, dass Iutenheb zu mir gebracht wird. Ich schwöre bei diesem Manne – ich spreche von Ipi – dass jeder, der einer Missetat gegen das Geschlecht meiner neuen Frau schuldig wird, gegen mich ist und ich gegen ihn. Denn sehet, dies ist meine neue Frau, und was der neuen Frau eines Mannes gebührt, ist wohl bekannt. Sehet, was für jeden gilt, der sie behandelt, wie ich sie behandele – würde einer von euch geduldig zusehen, wenn seine Frau bei ihm angeschwärzt wird? Ich werde nicht geduldiger sein, als ihr es wärt!«

In den Tempelarchiven wurden alle möglichen Dokumente entdeckt, darunter medizinische Papyri, die über Diagnosen und Behandlung unterschiedlichster Gebrechen unterrichten. Ein Papyrus enthält den ältesten Schwangerschaftstest der Welt: Dabei sollte die Frau mit ihrem Urin täglich Weizen- und Gerstenkörner bewässern. Wenn beide Sorten keimten, war es ein Zeichen für Schwangerschaft; wenn als Erstes der Weizen emporspross, wurde es ein Junge, wenn die Gerste schneller wuchs, ein Mädchen. Moderne Untersuchungen haben erwiesen, dass Urin von einer Frau, die nicht schwanger ist, den Hafer vom Keimen abhält, sodass einiges für diese antike Methode spricht. Andere medizinische Texte handeln von der Diagnose und Behandlung von Verletzungen – zum Beispiel Knochenbrüche, Schlangenbiss oder Bisse von anderen Tieren, Augenkrankheiten. Aus alledem können wir uns von den Gesundheitssorgen der alten Ägypter ein Bild machen.

Manche Texte erteilen eher moralische Ratschläge wie die »Weisheitslehren des Wesirs Ptahhotep«, in denen Lebensregeln gesammelt sind wie:

»Wenn du jemand bist, an den man Gesuche richtet,
dann höre geduldig auf das, was der Bittsteller sagt.
Weise ihn nicht ab, ehe er seinen Leib ausgekehrt hat,
bis er das gesagt hat, weshalb er gekommen ist.
Einem Bittsteller ist es wichtiger, dass man seine Rede geneigt anhört,
als dass erfüllt wird, weshalb er gekommen ist.
Er freut sich darüber mehr als irgendein (anderer) Bittsteller,
mehr, als wenn dem stattgegeben wird, was zuvor angehört wurde.
Es tut dem Herzen wohl, wenn man das Recht sagt.
Wer einen Bittsteller (ungeduldig) abweist,
von dem sagt man: ›Weshalb hat er so etwas getan?‹« *

Champollion war fest überzeugt, dass er mit den Hieroglyphen die älteste bekannte Schrift der Welt entziffert habe und sich die Kunst des Schreibens zuerst in Ägypten entwickelt hätte. Einige Jahrzehnte nach seinem Tod wurde endlich auch die Keilschrift erschlossen, die ursprünglich aus Mesopotamien stammte. Bei einigen Textproben der Keilschrift konnte man nachweisen, dass sie älter waren als die frühesten bekannten Hieroglyphen. Seither betrach-

* *Die Weisheitsbücher der Ägypter. Lehren für das Leben.* Eingeleitet, übersetzt u. erläutert v. Hellmut Brunner. Düsseldorf, Zürich: Artemis & Winkler 1998, S. 119.

tete man die Region des Zweistromlands als die Wiege der Schrift. Doch obwohl es sehr frühe Varianten der Keilschrift gibt, scheinen neueste archäologische Funde in Ägypten darauf hinzudeuten, dass Champollion am Ende doch Recht gehabt hat. Es handelt sich um die ältesten Beispiele einer *phonetischen* Schrift aus der Zeit um 3400 v. Chr. – den Vorläufer jener Schrift, die Champollion zeitlebens studiert hat. Zumindest lässt sich festhalten, dass die Schreibkunst sich in Wahrheit gleichzeitig in Ägypten und Mesopotamien entwickelt hat, aber es wäre gut möglich, dass sie in Ägypten zuerst da war.

Noch bevor es ihm gelungen war, die Hieroglyphen zu lesen, ahnte Champollion, dass zu den wertvollsten daraus zu gewinnenden Erkenntnissen die Chronologie des ägyptischen Altertums gehörte. Denn die Hieroglyphen-Texte entstammen einer unglaublich großen Zeitspanne und halten oft Daten historischer Ereignisse fest. Trotz mancher Lücken und Widersprüche weist die ägyptische Geschichte, verglichen mit allen anderen Völkern des Mittelmeers bis zum Aufstieg der römischen Zivilisation, das vollständigste und verlässlichste Datengerüst auf. Wegen der Beziehungen, die Ägypten zu den bronzezeitlichen Kulturen in Arabien, Anatolien und der Levante im Nordosten, zur minoischen und mykenischen Kultur von Griechenland und Kreta und zu den afrikanischen Kulturen von Libyen im Westen und südlich bis in den Sudan unterhielt, wurde die ägyptische Geschichte zum Angelpunkt der gesamten Altertumsforschung in dieser Region. Die Entzifferung hat nicht nur die Frühzeit Ägyptens erschlossen, sondern das Studium der alten Geschichte eines riesigen geografischen Raums bedeutend erleichtert.

Obwohl er heutzutage in Frankreich als Nationalheld gefeiert wird, herrschen in manchen Nischen der Wissenschaft immer noch Vorbehalte gegen Champollions Beitrag zur Erforschung der Weltgeschichte. Die Antipathie seiner Feinde und der Schüler von Thomas Young hat besonders bei englischen Akademikern unverhältnismäßig großen Widerhall gefunden. Während man Champollion herabsetzt, werden Youngs Leistungen gewöhnlich in den glühendsten Farben gemalt. Nur selten trifft man auf ein abgewogenes Urteil, und der entscheidende Punkt wird zumeist übersehen: Ganz gleich, wer zuerst welches einzelne Bildzeichen erkannt oder wer wessen Vorarbeiten benutzt hat, Champollions System hat sich bewährt, Youngs Methode nicht. Im wohlmeinenden Bemühen, Young als den wahren Entzifferer der Hieroglyphen herauszustellen, haben ihm seine Anhänger schwer geschadet, denn seine eigentlichen Verdienste bei der Erforschung des Demotischen wurden weithin übersehen.

In Frankreich sind viele Lebensspuren von Jean-François Champollion zu finden, darunter Statuen, Porträtbüsten, Gedenktafeln, Straßennamen, Denkmäler, eine Gesellschaft und ein Museum. Sein posthum von Léon Cogniet angefertigtes Porträtbild wird in Paris im Louvre gezeigt, nicht weit von der ägyptischen Sammlung, deren Kurator er einst war. Besonders ergreifend sind die Statue im Hof des Collège de France, die Frédéric Auguste Bartholdi geschaffen hat, und sein Grab auf dem Friedhof Père-Lachaise. Den Grabstein, den ihm seine Witwe Rosine setzen ließ, bildet ein schlichter Obelisk mit der Inschrift »Champollion dem Jüngeren«; in der Umzäunung findet sich eine Steintafel mit der Inschrift: »Ici repose Jean-François Champollion, né à Figeac dept. du Lot le 23 décembre 1790, décédé à Paris le 4 mars 1832« (»Hier ruht Jean-François Champollion, geboren in Figeac, Département du Lot am 23. Dezember 1790, gestorben in Paris am 4. März 1832«). Das Haus in der Rue Mazarine 19, wo er gelebt hat, steht noch, und an der Nr. 28 in derselben engen Gasse, wo er hauptsächlich an der Entzifferung arbeitete, erinnert eine Gedenktafel an Champollions Leistung. Nur sein Sterbehaus in der Rue Favart Nr. 4 ist abgerissen worden. Straßen sind nach ihm benannt wie die Rue Champollion in Paris oder die in Grenoble. Dort, wo er die wichtigsten Jahre seines Lebens verbrachte, hat die rasante Stadtentwicklung seit Beginn des 20. Jahrhunderts dafür gesorgt, dass die meisten der von ihm und Jacques-Joseph bewohnten Gebäude nicht mehr stehen. Nur das Lycée – heute Lycée Stendhal genannt –, dem Champollion als Schüler und Lehrer verbunden war, und den nahe gelegenen Eingang zur Bibliothek, wo beide Brüder arbeiteten, würden sie wohl heute noch wiedererkennen. Ein Lycée Champollion (das die Bevölkerung von Grenoble liebevoll »Champo« nennt) wurde 1886 eröffnet.

Obwohl er nur die geringste Zeitspanne seines Lebens dort verbracht hat, ist Champollion in Figeac noch am stärksten in Erinnerung geblieben. Das Haus in der Rue Boudousquerie (heute Rue des frères Champollion), wo Jacques-Joseph und Jean-François zur Welt gekommen sind, ist heute ein kleines, aber sehenswertes Museum mit einer Sammlung ägyptischer Altertümer und einer Abteilung, die der Entzifferung der Hieroglyphen gewidmet ist. Die Buchhandlung seines Vaters, wo er als Kind gespielt hat, beherbergt heute das Café Sphinx, doch die oberen Stockwerke sind umgebaut worden; und der Platz, auf dem die Exekutionen und Revolutionsfeiern stattfanden, wurde in Place Champollion umbenannt. Den Namen Champollion tragen noch andere Gebäude der Stadt zu seinen Ehren, auch das moderne Lycée, und am Rand der verkehrsreichen Hauptstraße am Fluss Célé, am Südrand der Stadt, steht ein Obelisk als Denkmal, das nach Champollions Tod von den Bürgern der Stadt gestiftet wurde.

Von seinem Geburtsort abgesehen, existieren nur wenige Hinweise auf Jacques-Joseph Champollion-Figeac und seine Rolle als Förderer Champollions zu Lebzeiten und darüber hinaus. Im Gefolge der Revolution vom Februar 1848, die zur Abdankung des Bürgerkönigs Louis-Philippe führte, hatte Jacques-Joseph seine Professur an der École des Chartes (wohin er 1830 berufen worden war) verloren. Auch aus der Handschriftensammlung der Nationalbibliothek, wo man ihn des Diebstahls von Manuskripten bezichtigt hatte, und seiner Dienstwohnung wurde er vertrieben. Nachdem Napoleon III. die Zweite Republik 1852 in das Zweite Kaiserreich überführt hatte, erlangte Jacques-Joseph wieder dessen Gunst und wurde zum Bibliothekar von Schloss Fontainebleau ernannt. Diesen Posten behielt er bis zu seinem Tod im Alter von 89 Jahren am 9. Mai 1867. Seinen Bruder hatte er um 35 Jahre überlebt, als er im Friedhof von Fontainebleau zur letzten Ruhe gebettet wurde. Außer seiner Ehefrau Zoë (1853) waren auch seine Söhne Ali (1840) sowie Jules und Paul (1864) früh gestorben. Nur sein Sohn Aimé und seine Tochter Zoë überlebten ihn. Champollions Schwester Marie war ihm ein Jahr später in den Tod gefolgt (1833), Pétronille überlebte sie um 14 Jahre, und Thérèse starb Ende 1851. Ein äußerst schlichtes Familiengrab, wo neben Marie und Thérèse auch ihre Eltern begraben sind, befindet sich auf dem Friedhof im Norden Figeacs. Das Haus der Familie in der Rue de la Boudousquerie war 1854 verkauft worden, der Buchladen ein Jahr später. Nachkommen von Jacques-Joseph leben noch immer im Umland von Grenoble, während Champollions Tochter Zoraïde 1845 Amédée Chéronnet heiratete und eines ihrer Kinder, René Chéronnet-Champollion, den amerikanischen Zweig der Familie begründete, durch die Ehe mit einer Amerikanerin namens Mary Corbin und die Auswanderung nach New York.

Ein weiteres Denkmal für Champollion erscheint auf den ersten Blick ein wenig absonderlich – ein Mondkrater wurde nach ihm benannt. Auch Joseph Fourier lieh seinen Namen einem Krater; ein weiterer heißt nach Thomas Young, Champollions wichtigstem Rivalen. Auf merkwürdige Weise scheint dieser Tribut nicht unpassend für drei Männer, deren Leben so eng mit der Entzifferung der Hieroglyphen verknüpft ist. Im alten Ägypten galt der Mond als Domäne des Gottes Thot, der in der ägyptischen Mythologie mehrere Funktionen einnimmt – eine davon ist die des Schutzherrn der Toten. Die Hieroglyphe  spielte eine entscheidende Rolle bei der Entzifferung, als Champollion sie als Symbol für Thot erkannte im Namen  (*Thotmes*, d.h. »Der Gottheit Thot geboren«). In der ägyptischen Religion wurde Thot mit dem Mond identifiziert und als 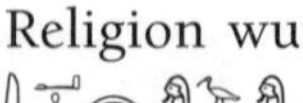 (»Mond-Thot«) verehrt. In einigen Regionen Ägyptens glaubte man, dass die Toten unter seinem Schutz den Himmel durchqueren und auf den Mond gelangen müssen. Aber was noch wichtiger war, im ganzen Land war Thot als Gottheit der Schreiber, der Wahrheit und des Wissens bekannt. Überdies galt er auch noch als Erfinder der Hieroglyphen – einer seiner zahlreichen Titel war : »Der Worte und Schrift gab«.

Die alten Ägypter waren überzeugt, dass der Name eines Menschen unlöslich mit seiner Persönlichkeit verbunden ist. Einen Namen vollständig auslöschen hieß, die betreffende Person zu vernichten. Zu Lebzeiten oft von Rivalen und Gegnern verleumdet, die ihn um seinen Namen und seinen guten Ruf bringen wollten, wusste Champollion, dass sein Erfolg eines Tages anerkannt werde. Nicht weniger zuversichtlich als die Schreiber des ägyptischen Altertums, vertraute er darauf, dass seine Lehre alle Zeitlichkeit überdauern würde, und beherzigte die weise Lebensregel der Ägypter: »Gut ist es, zur Zukunft zu sprechen, denn sie wird zuhören!« Sein unauslöschliches Andenken besteht darin, dass sein Name für immer mit der Wiederentdeckung einer ganzen Zivilisation verbunden bleibt. Die Schlüssel zum alten Ägypten öffneten Jean-François Champollion die Pforte zu einem Ehrenplatz in der Geschichte.

ZUM WEITERLESEN

Um die Schätze des ägyptischen Altertums kennen zu lernen, ist die Kenntnis der Hieroglyphen-Schrift nicht notwendig. Doch je mehr man von der Funktion der Hieroglyphen im ägyptischen Alltag weiß, desto größer das Vergnügen. Verständlich dargestellt wird das Thema in den Einführungen von Hilary Wilson: *Understanding Hieroglyphs: A Complete Introductory* (1995; dt.: *Hieroglyphen lesen*, 2000), Jaromir Málek: *ABC of Egyptian Hieroglyphs* (1994) und William Vivien Davies: *Egyptian Hieroglyphs* (1987). Gründlichere Erläuterungen finden sich in Maria Carmela Betrò: *Geroglifici. 580 Segni per Capire l'Antico Egitto* (1995; dt.: *Heilige Zeichen. 580 ägyptische Hieroglyphen. Das Land der Pharaonen im Spiegel seiner Schrift*, 1996) und Richard H. Wilkinson: *Reading Egyptian Art. A Hieroglyphic Guide to Ancient Egyptian Painting and Sculpture* (1992). Einen reich illustrierten Band über die historische Entwicklung der Hieroglyphen-Schrift bieten Werner Forman und Stephen Quirke mit *Hieroglyphs and the Afterlife in Ancient Egypt* (1996; dt.: *Die Macht der Hieroglyphen. Das Leben nach dem Leben im Alten Ägypten*, 1996). *Papyrus* von Richard Parkinson und Stephen Quirke (1995) handelt von Schreibern und ägyptischen Manuskripten ebenso wie von der Herstellung und Verwendung von Papyrusrollen.

Wer selbst lernen möchte, Hieroglyphen zu lesen, sollte eines der besten Lehrbücher heranziehen: *How to Read Egyptian Hieroglyphs: A Step-by-step Guide to Teach Yourself* von Mark Collier und Bill Manley (1998). Für das gründlichere Studium eignet sich noch immer Alan Gardiners *Egyptian Grammar: Being an Introduction to the Study of Hieroglyphs* (3. Auflage 1957). Auch wenn sie in manchen Punkten veraltet ist, gibt es keine Sprachlehre, die ein größeres Spektrum abdeckt; einzig James P. Allens *Middle Egyptian: An Introduction to the Language and Culture of Hieroglyphs* (2000) könnte Gardiners *Grammar* eventuell als Standardwerk ablösen. In englischer Sprache existiert kein kurz gefasstes Wörterbuch der Hieroglyphen. Von den geläufigen ist *A Concise Dictionary of Middle Egyptian* von Richard O. Faulkner (1962) noch am ehesten zu empfehlen. Ein weit ausführlicheres in deutscher Sprache hat Rainer Hannig 1995 mit *Die Sprache der Pharaonen. Großes Handwörterbuch Ägyptisch-Deutsch (2800–950 v. Chr.)* vorgelegt.

Um die jüngsten Forschungen zu Hieroglyphen und zum Stein von Rosette kennen zu lernen, ist Richard Parkinsons *Cracking Codes: The Rosetta Stone and Decipherment* sowie – in französischer Sprache – *La pierre de Rosette* von Robert Solé und Dominique Valbelle heranzuziehen (beide 1999). Mehr über Pharaonen und ihre Kartuschen erfährt man von Stephen Quirke: *Who were the Pharaohs? A History of their Names with a List of Cartouches* (1990) sowie aus Peter Clayton: *Chronicle of the Pharaohs: The Reign-by-reign Record of the Rulers and Dynasties of Ancient Egypt* (1994; dt.: *Die Pharaonen. Herrscher und Dynastien im alten Ägypten*). Lesenswerte Übersetzungen von Hieroglyphen-Texten finden sich in den beiden Sammlungen von R. B. Parkinson: *Voices from Ancient Egypt: Anthology of Middle Kingdom Writing* (1991) und in *The Tale of Sinuhe and Other Ancient Egyptian Poems 1940–1640 BC* (1997). Die englischen Übersetzungen von Miriam Lichtheim in der Serie *Ancient Egyptian Literature. A Book of Readings* zeigen die ganze Vielfalt der altägyptischen Dichtung; die einzelnen Bände erschienen unter den Titeln I: *The Old and Middle Kingdom* (1973), II: *The New Kingdom* (1976) und III: *The Late Period* (1980). Eine illustrierte Version des »Totenbuchs« in der Übersetzung von Raymond O. Faulkner und von Carol Andrews herausgegeben: *The Ancient Egyptian Book of the Dead* (durchgesehene Neuauflage 1985). In Deutschland veröffentlichte Erik Hornung einige deutschsprachige Anthologien (*Meisterwerke altägyptischer Dichtung*, 1978; *Totenbuch der Ägypter*, 1979; *Gesänge vom Nil. Dichtung am Hofe der Pharaonen*, 1990). Hellmut Brunner übersetzte 1988 *Die Weisheitsbücher der Ägypter. Lehren für das Leben.*

Über den Feldzug Napoleons durch Ägypten sind mehrere Bücher geschrieben worden. Zu den besten gehören *Bonaparte in Egypt* von J. Christopher Herold (1962) sowie – in französischer Sprache – Henry Laurens: *L'expédition d'Égypte 1798–1801* (1997) und Yves Laissus: *L'Égypte, une aventure savante 1798–1801* (1998). Vivant Denons Reisebericht erschien 1978 in einer deutschen Übersetzung unter dem Titel *Mit Napoleon in Ägypten*, der 1982 nachgedruckt wurde.

Eine grundlegende, zweibändige Biografie Champollions wurde 1906 in deutscher Sprache von Hermine Hartleben vorgelegt: *Champollion. Sein Leben und sein Werk*. 1983 wurde sie von Denise Meunier in gekürzter Form ins Französische übersetzt: *Jean-François Champollion. Sa vie et son œuvre 1790–1832*. Eine neuere Biografie schrieb Jean

Lacouture 1988 in französischer Sprache unter dem Titel *Champollion: Une vie de lumières.*

Für Thomas Youngs Lebensgeschichte ist *Thomas Young, Natural Philosopher 1773–1829* von Alexander Wood und Frank Oldham (1954) die neueste und am leichtesten zugängliche Quelle. Die gescheiterten Versuche von Rivalen Champollions und früheren Forschern, die Hieroglyphen zu entziffern, schildert Erik Iversen in seinem Buch *The Myth of Egypt and its Hieroglyphs in European Tradition* (1961, Neudruck 1993).

Es gibt zahlreiche illustrierte Werke, die das ägyptische Altertum unter verschiedensten Aspekten darstellen. Ein nützliches Nachschlagewerk ist das *British Museum Dictionary of Ancient Egypt* von Ian Shaw und Paul Nicholson (1994; dt.: *Reclams Lexikon des alten Ägypten*, 1998). Zum Thema Mumien, aber gar nicht »verwickelt«, äußern sich Salima Ikram und Aidan Dodson in ihrem 1998 erschienenen Buch *The Mummy in Ancient Egypt: Equipping the Dead for Eternity*. Den Pyramiden gehen Mark Lehner: *The Complete Pyramids* (dt.: *Das erste Weltwunder. Die Geheimnisse der ägyptischen Pyramiden*, beide 1997) und Alberto Siliotti: *The Pyramids* (1997, dt.: *Pyramiden. Pharaonengräber des Alten und Mittleren Reiches*, 1998) auf den Grund. In leicht verständlichem Stil beschreiben Nigel und Helen Strudwick die eindrucksvollen Funde in Theben, der einstigen Hauptstadt Ägyptens: *A Guide to the Tombs and Temples of Ancient Luxor* (1997). Ins Tal der Könige entführen uns Alberto Siliotti: *Guide to the Valley of the Kings* (1996) sowie Nicholas Reeves und Richard H. Wilkinson: *The Complete Valley of the Kings* (1996; dt.: *Das Tal der Könige. Geheimnisvolles Totenreich der Pharaonen*).

Ausgrabungsstätten in ganz Ägypten und Nubien finden sich im *Atlas of Ancient Egypt* von John Baines und Jaromir Málek verzeichnet und kartografiert (1984; dt.: *Ägypten. Weltatlas der Kulturen*, 1980). Und schließlich vermittelt das von Regine Schulz und Matthias Seidel herausgegebene Buch *Das alte Ägypten. Geheimnisvolle Hochkultur am Nil* (1999) einen Eindruck vom Reichtum der ägyptischen Zivilisation.

DANKSAGUNG

Den vielen Menschen und Institutionen zu danken, die uns während der Niederschrift dieses Buches geholfen haben, ist uns ein besonderes Vergnügen. Unser aufrichtiger Dank gilt zunächst L'Asiathèque für die Erlaubnis, den Brief an Angelica Palli zu zitieren, der erstmals in *Jean-François Champollion. Lettres à Zelmire* von Edda Bresciani (1978) zitiert wurde. Ein Teil der *Lehren des Wesirs Ptahotep* und die Worte »Gut ist es, zur Zukunft zu sprechen, denn sie wird zuhören«, beide ursprünglich zitiert in *Tale of Sinuhe and Other Egyptian Poems 1940–1640 v. Chr.*, übersetzt, mit einer Einführung und Anmerkungen versehen von R. B. Parkinson (1997), werden mit freundlicher Erlaubnis der Oxford University Press wiedergegeben. Außerdem bedanken wir uns für die Erlaubnis, aus einem Brief des Heqanacht eine Beschwörungsformel zum Schutz eines Kindes und ein Loblied auf die toten Autoren zu zitieren. Diese Texte fanden wir in *Voices from Ancient Egypt. An Anthology of Middle Kingdom Writings* von R. B. Parkinson (1991); das Copyright liegt beim British Museum, British Museum Press. Die Beschwörungsformel wird nach der durch R. B. Parkinson freundlicherweise verbesserten Version der *Voices from Ancient Egypt* wiedergegeben.

Die Rechte an den Illustrationen gehören der Lesley and Roy Adkins Picture Library, mit Ausnahme der Porträts des jungen Jean-François Champollion und seines Bruders Jacques-Joseph Champollion-Figeac, die wir dem Buch *Les deux Champollions* von Aimé-Louis Champollion-Figeac (1887) entnommen haben und die mit freundlicher Erlaubnis der British Library wiedergegeben werden.

Unschätzbare Dienste leisteten uns die Mitarbeiter zahlreicher Bibliotheken, allen voran die London Library, die University of Bristol Arts and Social Sciences Library und die Worsley Chemical Library, die Bibliothek des Griffith Institute und die Bodleian Library, Oxford, die British Library; Bernard Nurse und Adrian James von der Bibliothek der Society of Antiquaries of London, David Bromwich von der Somerset Studies Library sowie Marie-Françoise Bois-Delatte von der Bibliothèque municipale in Grenoble. Überdies durften wir in Grenoble die Hilfe von Jean-William Dereymez und der Societé Champollion in Anspruch nehmen; auch Monsieur und Madame Châteauminois im nahe gelegenen Vif sind wir sehr verbunden. Ergiebig und angenehm war auch unser Aufenthalt in Figeac, wo uns Madame Prévôt vom Musée Champollion, die Mitarbeiter der Bibliothèque municipale, das Château du Viguier du Roy und Taxi Fricou hilfreich zur Seite standen.

Ein besonderer Dank geht auch an Dr. Richard Parkinson von der Abteilung für ägyptische Altertümer im British Museum, der uns großzügig Auskünfte gab. Für nützliche Hilfestellung sind wir Nigel Strudwick verpflichtet. Auch den praktischen Beistand von Gill und Alfred Sims wollen wir nicht vergessen.

Im Haus HarperCollins sind wir von Larry Ashmead, Michael Fishwick und Kate Morris vorbildlich betreut worden. Der Dank, den wir zum Schluss aussprechen, kennt keine Grenzen. Er sei in ganz besonderem Maße Patrick Walsh, , vorbehalten, ohne den dieses Buch gewiss nie geschrieben worden wäre.

PERSONENREGISTER

Auf den Spuren der altägyptischen Könige

Vandenberg erzählt die Geschichte zweier Männer, die verschiedener nicht sein konnten: der eine Franzose, wagemutig, ein Draufgänger; der andere Deutscher, feinsinnig und schüchtern – Auguste Mariette und Heinrich Brugsch. Ihr Ziel war dasselbe: die Wiederentdeckung des alten Ägypten und seiner verschollenen Kultur. Sie begegneten sich im legendären Tal der Könige, der größten archäologischen Schatzkammer der Welt.
Nach den persönlichen Aufzeichnungen der beiden Forscher schrieb Vandenberg einen spannungsgeladenen Hintergrundbericht zur Ägyptologie.

ISBN 3-304-64193-0

BASTEI
LÜBBE